Nachhaltige Unternehmensführung erfolgreich umsetzen

Rudolf Fellner
Albert Mayr
Klaus Pirklbauer

Nachhaltige Unternehmensführung erfolgreich umsetzen

Aktuelle Themen und Trends aus Wissenschaft und Unternehmenspraxis

Rudolf Fellner
Albert Mayr
Klaus Pirklbauer
(Hrsg.)

Haufe Gruppe
Freiburg · München

Bibliografische Information der Deutschen Nationalbibliothek
Die Deutsche Nationalbibliothek verzeichnet diese Publikation in der Deutschen Nationalbibliografie; detaillierte bibliografische Daten sind im Internet über http://dnb.dnb.de abrufbar.

Print ISBN: 978-3-648-06679-9 **Bestell-Nr. 10117-0001**

Rudolf Fellner | Prof. Dr. Albert Mayr | Dr. Klaus Pirklbauer (Hrsg.)
Nachhaltige Unternehmensführung erfolgreich umsetzen

www.haufe.de
info@haufe.de
Produktmanagement: Jürgen Fischer

Satz: kühn & weyh Software GmbH, Satz und Medien, 79110 Freiburg
Umschlag: RED GmbH, 82152 Krailling
Druck: BELTZ Bad Langensalza GmbH, 99947 Bad Langensalza

gemeinsam grenzenlos gestalten
INTERREG
Bayern – Österreich
2007-2013
EUREGIO

Gefördert aus Mitteln des Europäischen Fonds für Regionale Entwicklung (EFRE)

Inhaltsverzeichnis

Vorwort der Herausgeber

Nachhaltige Unternehmensführung ist eines der bestimmenden Themen im heutigen Wirtschaftsleben. „Wirtschaftliche, ökologische und soziale Dimensionen in das Ziel- und Wertesystem integrieren und konsequent berücksichtigen" — so kann nachhaltige Unternehmensführung/Corporate Social Responsibility (CSR) definiert werden.

Der Best Business Award (BBA) prämiert seit 15 Jahren Unternehmen der Europaregion Donau-Moldau, die nachhaltig erfolgreich am Markt agieren. Jeder Sieger des BBA ist für sich auf eine ganz spezielle Art einzigartig. Was jedoch alle Sieger auszeichnet, ist, dass Sie sowohl in ökonomischen als auch in ökologischen und sozialen Belangen hervorragende Leistungen erbracht haben.

In diesem Buch erhalten viele dieser besonderen Unternehmen Gelegenheit, ihr Verständnis von nachhaltiger Unternehmensführung darzulegen, und ihre ganz speziellen Erfolgsrezepte, die sie letztendlich zu Siegern gemacht haben, zu präsentieren. Diese Fachbeiträge von Unternehmen bilden sicherlich das Kernstück des Buches. Ein wesentliches Element sind aber auch Beiträge von Wissenschaftlern und anderen herausragenden Persönlichkeiten. In deren Ausführungen werden sowohl methodische als auch organisatorische Fragen der nachhaltigen Unternehmensführung thematisiert. Ergänzend erfolgt eine kritische Auseinandersetzung mit dieser Thematik.

Insgesamt umfasst dieses Werk 5 Kapitel mit 30 Fachbeiträgen. Im ersten Kapitel „Best Business Award — eine Vorstellung" wird von den Herausgebern die Entwicklung des BBA, das Auswahlverfahren der Preisträger und eine empirische Studie über die Preisträger dargelegt. Die Studienergebnisse zeigen, dass die Preisträger zu Recht prämiert wurden. Sie weisen auch nach Jahren noch überdurchschnittliche Ergebnisse auf.

„Nachhaltigkeit auf der Meta-Ebene" wird im zweiten Kapitel behandelt. Einleitend beleuchtet Professor Wilderer Nachhaltigkeit aus ganzheitlicher Sicht und wie sie durch die Erhaltung und Steigerung von Resilienz erreicht werden kann. Einen sehr kritischen Blick auf Nachhaltigkeit wirft Professor Weizsäcker. Für ihn entwickelt sich der Begriff der Nachhaltigkeit immer mehr zu einem Modewort, mit dem sich Unternehmen gerne schmücken, wobei es aber an Aufrichtigkeit fehlt. Professor Schellnhuber und Claudia Köhler erörtern die Folgen des Klimawandels. Eine Erderwärmung um 2 °C markiert dabei eine Art Brandmauer, die keinesfalls überschritten werden sollte. Neueste wissenschaftliche Erkenntnisse zu den katastrophalen Konsequenzen einer bis zu 4 °C wärmeren Welt werden ebenfalls dargelegt. Ökonomie muss völlig neu gedacht werden, nämlich zum Wohle des Menschen. Dies ist Gegenstand der Erörterungen von Dr. Enrico Savio in seinem Beitrag über Humanökonomie. Ambros Pree erörtert in seinem Beitrag das Thema Zukunftsfähigkeit. Er thematisiert darin verschiedene Szenarien zukünftiger wirtschaftlicher Entwicklungen und welche Verantwortung Unternehmen für eine zukunftsfähige Welt zu tragen haben. Im vorletzten Beitrag des zweiten Kapitels beleuchtet Professorin Carola Jungwirth das Thema Innovationskraft und Nachhaltigkeit. Sie behandelt darin verschiedene Arten von Innovation, wie Innovationen zu managen sind und wie Wissenstransfer sichergestellt werden kann. Der „ehrbare Kaufmann" als Leitbild nachhaltiger Unternehmensführung ist nicht nur seit der letzten Finanz- und Wirtschaftskrise gefragter denn je. Dr. Otto Wiesheu beschreibt in seinem Beitrag unternehmerisches Handeln als ethisches Handeln, bei dem es nicht nur um kurzfristige Gewinninteressen gehen sollte, sondern um die Berücksichtigung der Interessen aller Stakeholder.

Im dritten Kapitel werden verschiedene Instrumente der Nachhaltigkeitsmessung erörtert. Professor Heimo Losbichler geht in seinem Beitrag auf die Thematik des Shareholder Value Management ein. Er thematisiert darin die scheinbare Widersprüchlichkeit zwischen Maximierung des Unternehmenswertes und nachhaltiger Unternehmensführung. Wie eine Balanced Scorecard nachhaltiges Wirtschaften begleiten kann, beschreibt Dr. Walter Schmidt in seinem Beitrag. Professorin Christa Hangl gibt einen Überblick über die Thematik der Nachhaltigkeitsberichterstattung und deren praktische Umsetzung. Nachhaltig wettbewerbsfähig zu bleiben bedeutet, als Unternehmen eine gewisse Einzigartigkeit zu erlangen. Dieser Thematik widmet sich Hubert Preisinger in seinem Beitrag „Von Alleinstellungsmerkmalen zu exzellenten Wettbewerbsvorteilen".

Im vierten Kapitel „Branchenabhängige Perspektiven zum Thema Nachhaltigkeit" stellen Vertreter aus den Branchen Kreditwirtschaft, Versicherung und Chemie Möglichkeiten nachhaltigen Wirtschaftens vor. Zu Beginn erläutert der Präsident des Deutschen Sparkassen- und Giroverbandes, Georg Fahrenschon, wie Kreditinstitute Nachhaltigkeitsleistungen erbringen können. Aus der Perspektive einer großen Versicherung betrachtet Dr. Joachim ten Eicken Nachhaltigkeit. Für einen dauerhaften Fortbestand von Unternehmen in seiner Branche sind die Absicherung gegen Risiken und die Durchführung entsprechender Risikoanalysen von hoher Bedeutung. Der Vorstandsvorsitzende der Siemens AG, Joe Kaeser, beschreibt wie Unternehmen nachhaltiges Wachstum schaffen können und welche Voraussetzungen hierfür notwendig sind, nämlich: erfolgreiche Innovationstätigkeit, Ressourceneffizienz, funktionierende Finanzmärkte und eine gesunde Unternehmenskultur. Die Rolle der Chemieindustrie für eine nachhaltige Entwicklung in der Welt wird von Dr. Rudolf Staudigl in seinem Beitrag thematisiert.

Im letzten und auch umfangreichsten Kapitel des Buches werden Erfolgsstorys der BBA-Preisträger und deren Nachhaltigkeitssichtweisen präsentiert. Wie man zu einer fundierten Unternehmensstrategie kommt und dadurch nachhaltig erfolgreich wird, zeigt Dr. Andreas Buske in seinem Beitrag. Mit der Thematik Innovation und Innovationskraft beschäftigen sich die Ausführungen von Thomas Bader, Max Wittrock, Dr. Fritz Audebert, Veronika Hackl und Thomas Kasparbauer. Sie zeigen, wie man durch kreative Lösungen langfristig den Unternehmenswert steigern kann und gleichzeitig auch einen Mehrwert für die Gesellschaft schafft. Im Drei-Säulen-Modell nachhaltiger Entwicklung ist eine wesentliche Säule soziale Nachhaltigkeit. Die Vermeidung sozialer Spannungen ist das Hauptziel dieser Säule. Zufriedene ArbeitnehmerInnen bzw. ein gut funktionierender Arbeitsmarkt tragen dazu wesentlich bei. Wie man es schafft, MitarbeiterInnen zu gewinnen, sie zu begeistern und zu BotschafterInnen des Unternehmens zu machen, zeigen die Beiträge von Václav Hanzlik, Andreas Fill und Barbara Wohanka. Drei weitere Erfolgsstorys von Unternehmen beschließen dieses Kapitel. Gerald Hanisch, Stefan Rixinger und Franz Obermayer zeigen in Ihren Ausführungen, warum sie zu Recht zu Siegern des BBA gekürt wurden. Außerdem stellen sie ihre Sichtweise von Nachhaltigkeit dar.

Mit der Herausgabe dieses Buches ist die Hoffnung verbunden, dass die LeserInnen eine Fülle von hilfreichen Denkanstößen zum Thema nachhaltige Unternehmensführung erhalten. Lassen Sie sich von den Erfolgsstorys der BBA-Preisträger inspirieren und auch motivieren, eventuell selbst am Best Business Award teilzunehmen und in einigen Jahren Ihre besondere Geschichte in einer Neuauflage des Buches zu präsentieren.

Unser Dank gilt allen Beteiligten, die durch ihr Mitwirken dieses Buchprojekt ermöglicht haben. Besonders hervorzuheben sind jedoch drei Akteurinnen, ohne die es nicht möglich gewesen wäre, das Buch in dieser Qualität zu realisieren. Elisabeth Grabmann und Lisa Falschlunger haben in vielen, vielen Arbeitsstunden die Beiträge Korrektur gelesen, die Grafiken überarbeitet bzw. neu gestaltet. Außerdem haben sie wertvolle Anregungen für die Buchkonzeption gegeben. Wir möchten uns dafür ganz herzlich bedanken. Jene Person, bei der alle Fäden zusammen gelaufen sind, ist Andrea Höfler. Sie hat sich in sehr, sehr vielen Arbeitsstunden darum gekümmert, dass alle AutorenInnen die wesentlichen Informationen immer rechtzeitig erhalten haben, die Buchbeiträge zeitgerecht abgeliefert wurden und um all die vielen „Kleinigkeiten“, die man erst bemerkt, wenn sie fehlen oder unerledigt sind, und die dann plötzlich zu großen Problemen werden. Liebe Andrea, wir danken Dir für Dein großes Engagement.

Rudolf Fellner   Albert Mayr   Klaus Pirklbauer

Hinweis: Sämtliche personenbezogenen Bezeichnungen in diesem Werk (wie z. B. Mitarbeiter, Experte usw.) sind geschlechtsneutral zu verstehen. Sie werden aus Gründen der Kürze und besseren Lesbarkeit verwendet und drücken daher keinerlei Geschlechtspräferenz aus.

Best Business Award – eine Vorstellung

Europaregion Donau-Moldau (EDM) …
3 Länder, 2 Sprachen, 1 gemeinsame Region[1]

Die wirtschaftliche, soziale und gesellschaftliche Entwicklung in Bayern, Tschechien und Österreich wird seit 25 Jahren nicht mehr von Grenzlinien bestimmt. So wurden im Lauf der Jahre Netzwerke über die Grenzen hinweg aufgebaut und so die Attraktivität der Region gesteigert. Die Vielzahl der in den letzten Jahren gemeinsam umgesetzten Projekte zeugt von einem ausgeprägten Interesse an der Kooperation mit den Nachbarregionen. Konkret umfasst die politische Arbeitsgemeinschaft Europaregion Donau-Moldau die folgenden Partnerregionen:

Abb. 1: Partnerregionen der Europaregion Donau-Moldau

[1] Dieser Beitrag wurde in Anlehnung an die offizielle Broschüre der Europaregion Donau-Moldau verfasst, welche unter folgendem Link zum Download zur Verfügung steht: http://www.evropskyregion.cz/de/dokumente/publikationen.html.

Ziele der Europaregion Donau-Moldau

Die Partnerregionen wollen durch ihre trilaterale Zusammenarbeit

- die Zukunft der Region gemeinsam entwickeln und gestalten,
- einen intakten Lebens-, Natur- und Kulturraum gemeinsam erhalten und stärken,
- Forschungs- und Bildungsmöglichkeiten durch Zusammenarbeit von Universitäten und Schulen ausbauen,
- attraktive Arbeitsplätze durch Zusammenarbeit der Unternehmen schaffen,
- wettbewerbsfähige Unternehmen durch Kooperation von Politik und Verwaltungen unterstützen.

Die EDM ist Teil der EU-Donauraumstrategie, mit welcher die Europäische Kommission den Bürgern im Donauraum bis 2020 bessere Chancen auf höhere Bildung, Beschäftigung und Wohlstand in ihrer Heimatregion ermöglichen möchte. Durch ihr flexibles Netzwerk mit über 200 Experteninstitutionen und durch ihre straffe Organisationsstruktur kann die EDM rasch gute Projektideen aufgreifen, diese umsetzen und so etwa Pilotprojekte für den gesamten Donauraum entwickeln. Hierbei orientiert sich die EDM zugleich an den Schwerpunkten der Wachstumsstrategie „Europa 2020", um eine intelligente, nachhaltige und integrative Wirtschaft für Europa zu ermöglichen. Die fünf Schwerpunktbereiche Beschäftigung, Innovation, Bildung, soziale Integration und Klima/Energie spiegeln sich in den folgenden Zukunftsfeldern der Europaregion wider:

- Forschungs- und Innovationsraum,
- Hochschulkooperationen,
- Unternehmenskooperation und Clusterbildung,
- Qualifizierte Arbeitskräfte und Arbeitsmarkt,
- Natur- und Gesundheitstourismus, Städte und Kulturtourismus,
- Erneuerbare Energien und Energieeffizienz,
- Mobilität, Erreichbarkeit und Verkehr.

Zu diesen Zukunftsfeldern wurden sogenannte Wissensplattformen eingerichtet, an denen über 200 Experten aus allen sieben EDM-Regionen beteiligt sind. Ihre Aufgabe ist es, auf Basis ihres Fachwissens und ihrer Kontakte konkrete Maßnahmen im Rahmen der EDM-Strategie zu entwickeln und zu planen. Je eine Region der EDM übernimmt die Betreuung einer Wissensplattform für die gesamte EDM.

► BEISPIELE für konkrete Projekte

- flächendeckende Erhebung der Energiesituation in der EDM → Grundlage für weiterführende Projekte im Bereich Energie- und Ressourceneffizienz
- Hochschulführer → Übersicht über Studienmöglichkeiten in der EDM
- Wörterbuch Deutsch-Tschechisch
- Schulwettbewerb „Präsentiere die Europaregion Donau-Moldau — was hat sich 25 Jahre nach dem Fall des Eisernen Vorhangs verändert“
- Koordination von Maßnahmen zur Berufsorientierung
- Verkehrsmasterplan der EDM als Basis für eine abgestimmte Planung im Bereich Verkehrsinfrastruktur
- gemeinsame Maßnahmen im Bereich Radtourismus und Barock in der EDM

Geschäftsstelle der Europaregion Donau-Moldau

Amt der Oö. Landesregierung
Geschäftsstelle der Europaregion Donau-Moldau
Bahnhofplatz 1, 4021 Linz, Austria
edm.post@ooe.gv.at
+43 732 77 20 14 845
www.europeanregion-danube-vltava.eu

Europaregion | Evropský region
Donau Dunaj
Moldau Vltava

BBA: Chronologie eines Unternehmerpreises

Dipl.-Kfm. Rudolf Fellner
Geschäftsführer, FMC Personal- und Unternehmensberatung

Management Summary

Nachhaltigkeit ist aus Sicht der Herausgeber kein Begriff, der sich nur auf die Dimension Ökologie beschränkt.

Die Geschichte des „Best Business Award für nachhaltige Unternehmensführung" zeigt die Entwicklung eines grenzüberschreitenden Unternehmerpreises auf, mit dem Ziel als „lernendes Netzwerk" eine Region weiter voranzutreiben.

Wer nachhaltig handelt im Sinne ökonomischer, sozialer und ökologischer Verantwortung, agiert auf Dauer erfolgreicher am Markt.

Gedanken zur Nachhaltigkeit

Modewörter und Schlagwörter werden immer mehr in unserer Gesellschaft. Sie kommen schnell und verschwinden noch schneller. Schuld daran ist eine über 365 Tage zu jeder Tages- und Nachtzeit vernetzte Welt.

Der Begriff der Nachhaltigkeit, englisch „sustainability", macht hierbei keine große Ausnahme. Viele führen den Nachhaltigkeitsbegriff auf den Oberberghauptmann Hans Carl von Carlowitz aus Sachsen zurück. 1713 beschreibt er diesen in seinem Buch über die Waldkultur „Sylvicultura oeconomica". Demnach dürfte nur so viel Holz eingeschlagen werden, dass auch die nachfolgenden Generationen noch davon leben können. Tatsächlich gibt es älteren Überlieferungen zufolge bereits Regularien, u. a. bei den Römern, Venezianern, um den Raubbau beim Holzeinschlag einzudämmen. Es bestand damals hoher Bedarf für den Schiffs- und Bergbau, sowie für das Hüttenwesen. Historisch bedingt wird Nachhaltigkeit daher meist mit dem forstwirtschaftlichen Aspekt assoziiert. Aber wie sagte Prof. Dr. Hans Schellnhuber, Direktor Potsdam-Institut für Klimaforschung, kürzlich in einem Vortrag: „Nachhaltigkeit ist nicht nur grün", was heißen mag, dass es auch andere Dimensionen hierzu gibt.

In der Tat hat sich die heutige Nachhaltigkeitsdiskussion über den CSR-Ansatz hinaus auch in die ökonomische Dimension bewegt. Und genau das ist der Ausgangspunkt der Überlegungen des „Best Business Award für nachhaltige Unternehmensführung“ (BBA): Was sind die Kriterien, die ein Unternehmen dauerhaft im Sinne des Fortbestands, erfolgreich machen? Dass hier natürlich Fragen des wirtschaftlichen Erfolgs, des Mitarbeiterstellenwerts, der Innovationskraft, der Marktdifferenzierung und der Zukunftsfähigkeit im Vordergrund stehen ist selbsterklärend. Wer diese Fragen positiv beantworten kann, schafft aus unserer Erfahrung heraus Voraussetzungen für eine soziale und ökologische Verantwortung in der Unternehmensführung. Das heißt nach dem Verständnis der BBA-Akteure: Nachhaltigkeit muss man sich als Unternehmen leisten können. Wer nur sozial und ökologisch agiert, wird dauerhaft kein erfolgreicher Unternehmer sein. Wie heißt es so schön: „Wer kein Geld verdient, ist irgendwann Pleite“. Oder wie es Joe Kaeser, CEO Siemens AG, formuliert: „Grün allein reicht nicht für Nachhaltigkeit.“

Das bedeutet aber nicht, dass wir zukünftig nicht noch mehr Gewicht auf soziale und ökologische Belange legen müssen, um auf der Erfolgsspur „Nachhaltigkeit“ bleiben zu können. Konsumenten mit hoher Kaufkraft lieben Marken mit grünem Anstrich. Junge Stellenbewerber bevorzugen Firmen, die soziale Verantwortung und ökologisches Bewusstsein in ihrer Firmenphilosophie aufzeigen und auch glaubhaft belegen können. Selbst der Kapitalmarkt reagiert heute nachweislich darauf. Georg Fahrenschon, Präsident des Deutschen Sparkassen- und Giroverbandes, beschreibt es so: „Kunden berücksichtigen das soziale und ökologische Profil des Anbieters“. Unsere nachkommenden Generationen sind auf dem Weg, nachhaltiges Denken und Handeln zu akzeptieren und dafür auch zu bezahlen.

„Unsere Weltbevölkerungsentwicklung verbunden mit der entsprechenden Ressourcenverknappung sorgt dafür, dass aus dem Schlagwort Nachhaltigkeit ein von der Menschheit ernst genommenes Thema wird“. Das ist meine zukunftsgerichtete Einschätzung eines als mehrdimensional zu verstehenden Nachhaltigkeitsbegriffes.

BBA: Geburt und der Weg zum Erwachsenwerden

Es gibt mittlerweile — eine genaue Zahl ist auf kurze Zeit nicht ermittelbar — wahrscheinlich weit über 300 Unternehmenspreise im deutschen Sprachraum. Jeder davon wird seine Geschichte haben. Der Ursprung des „Best Business Award für nachhaltige Unternehmensführung“ gehört sicher in die Kategorie „ungewöhnlicher Ort und Zeitpunkt der Geburt“. Der Zeitpunkt ist nicht mehr exakt ermittelbar, aber es dürfte kurz vor Mitternacht werktags im Frühjahr 1999 gewesen sein, mitten in einem kilometerlangen Stau auf der A6 nach dem Weinsberger Kreuz. Auf dem Heimweg von einem Kongress für Management-Informationssysteme mit anschließender IT-Preisverleihung beschließen ein Kollege und ich, einen Unternehmenspreis auszuloben. Die aus unserer Sicht nicht gerade professionelle Preisverleihung, die wir an diesem Tag erlebt hatten, erweckte in mir den Ehrgeiz und brachte mich auf den Plan.

Gesagt, getan. Im Bewertungsbogen zum Passauer Unternehmerforum, einer jährlich abgehaltenen Tagung für mittelständische Unternehmen aus der Dreiländerregion Ostbayern-Oberösterreich-Südböhmen, hatten wir eine Abfrage angelegt, welches wohl das beste Unternehmen der Region nach Kriterien wie wirtschaftlicher Erfolg, Innovationskraft, Mitarbeiterführung und Umweltbewusstsein sein würde. Es gab sieben verschiedene Nennungen vom Sporthaus bis zum Hightech-Messgerätehersteller Micro Epsilon. Nach der Auszählung hatte dieses Unternehmen klar die Nase vorn. Die ausgewählten Kriterien waren nachvollziehbar und es gab eine Art Jury, welche aus dem Publikum des Unternehmerforums bestand. Dies war zu unserem vorher genannten IT-Preis eine kleine Verbesserung. Kreativ wie wir „Jungberater" nun mal waren, hatten wir auch schnell einen Namen gefunden: Der „Best Practice Award" (BPA) sollte es sein.

Die erste Hürde war genommen, ein Preisträger stand fest. Aber jetzt kam das große Bangen: Würde diese durchaus angesehene Firma einen No-Name-Preis überhaupt in Empfang nehmen? In unserem Übereifer hatten wir das nicht bedacht. Die Lösung bestand darin, einen Fürsprecher, einen Mittler für den Preis zu finden. Jürgen Karl, stellvertretender Hauptgeschäftsführer der IHK für Niederbayern in Passau, hatte einen guten Zugang zum Geschäftsführer und Gründer von Micro Epsilon, Herrn Dipl.-Ing. Karl Wisspeinter. Die Ampel stand auf grün, es kam ein Termin zustande. Herr Wisspeintner nahm den Preis mit netten Worten des Dankes entgegen, stellte die Frage, wie es dazu kam, und dann zog man ohne großes Aufheben wieder von dannen. Die Preisverleihung bekam kein großes Aufsehen in den Printmedien und man ging durchaus erleichtert und zufrieden wieder zum Tagesgeschäft über.

Diese selbstgefällige Zufriedenheit wurde aber von der eigenen Umtriebigkeit, Rastlosigkeit und vorhandenem Ideenreichtum bald wieder verdrängt. Eine Jury musste her. Diese muss valide Kriterien erarbeiten. Der Preis muss in den Medien bekannt werden. Und last not least: Um den Preis vom Wettbewerb abzuheben, war die Idee der Grenzüberschreitung geboren.

Zur Jury: Dr. Hans Aigner aus Linz, stellvertretender Geschäftsführer der Industriellen Vereinigung Oberösterreich, konnte schnell überzeugt werden. Um die Wissenschaft nicht außen vor zu lassen, stellte sich Prof. Dr. Burkhard Freitag, ein Informatiker der Universität Passau, zur Verfügung. Wissend um sein gutes Netzwerk wurde Dipl.-Volkswirt Jürgen Karl um ein Ehrenamt reicher. Und was wäre ein Unternehmerpreis ohne Unternehmer? Karl Wisspeintner sollte ein weiterer Protagonist dieser Runde sein. Er sagte zu, entsandte aber später aus zeitlichen Gründen Herrn Dr. Martin Sellen aus der Geschäftsleitung seines Unternehmens. Als Initiator dieses Preises wollte/musste ich selbstverständlich ebenfalls einer dieser Juroren sein. Nach zwei Jahren war mir jedoch klar, dass so eine Tätigkeit ein „Geschmäckle" bekommen könnte, und ich verlies diesen Kreis wieder, mit der Genugtuung, dass er sich konstituiert und etabliert hatte.

Die Jury traf sich zu einer konstituierenden Sitzung und begann sehr zügig mit dem Entwurf eines Fragebogens: Fragen zur wirtschaftlichen Entwicklung, zur Mitarbeiterführung, zur internen und externen Kommunikation sowie zur Innovationskraft wurden gestellt. Ein Grafiker brachte das Ganze in ein vernünftiges Design. Die Jury legte fest, dass am Preis Unternehmen aller Branchen, aber auch NPO's, teilnehmen dürfen. Das Zielgebiet wurde wegen ähnlicher Wirtschaftsstruktur vorerst auf Ostbayern (Regierungsbezirke Niederbayern und Oberpfalz) und Oberösterreich begrenzt. Weiteres wurde im Büro des Initiators in die Wege geleitet, so wurde gleich zu Beginn mit dem Aufbau einer Datenbank für potenzielle Teilnehmer sowie einer für Unterstützer oder Multiplikatoren begonnen.

Der Start zum BPA 2000 konnte erfolgen. Die Vorbereitungen fielen auf fruchtbaren Boden. Es gab eine ansehnliche Zahl von einreichenden Unternehmen aus dem grenzüberschreitenden Raum. Willi Schmöller, damaliger Oberbürgermeister der Stadt Passau, ließ es sich nicht nehmen und gratulierte anlässlich des 9. Passauer Unternehmerforums auf der altehrwürdigen fürstbischöflichen Festung Oberhaus in Passau der Zollner Elektronik AG, Zandt, zum Gewinn des Wettbewerbs. Jürgen Karl als geübter Schreiber und Redner übernahm die Laudatio auf den Preisträger, der damals mit 470 Mio. DM Umsatz und 4000 Mitarbeitern (2014: 900 Mio. € Umsatz, 9000 MA!) als EMS (Electronic Manufacturing Supplier) sehr erfolgreich unterwegs war. Gut, dass Micro Epsilon erster Preisträger war! Dr. Josef Weber, Vorstand für Entwicklung und Forschung der Firma Zollner, kannte die MICRO gut von seiner früheren Tätigkeit als Entwickler und gab den nötigen Kick zur Teilnahme seines Unternehmens am BPA.

Bekanntlich ist Stillstand gleichzusetzen mit Rückschritt und ich bemühte mich gleich bei der Preisüberreichung, den Vorstandsvorsitzenden von Zollner, Dipl.-Ing. (FH) Hans Weber, einen Bruder des Entwicklers Weber, als Jurymitglied zu gewinnen. Irgendwie waren wir auf gleicher Wellenlänge und er sagte spontan zu, ohne wirklich genau zu wissen, worauf er sich einließ. Und dieser Herr Weber erwies sich für die weitere Entwicklung des BPA als Glücksgriff. Nicht nur, dass seine Macherqualitäten in der Jury einschlugen. Ihm war bei der ersten Sitzung sofort klar, dass Papier geduldig ist, und deshalb auf die eingereichten Selbstbewertungsbögen ein Audit vor Ort durch die Jurymitglieder folgen musste, und zwar immer im Vier-Augen-Prinzip. Im dritten Durchgang des BPA wurde die Jury um einen Fachmann aus der Personalwirtschaft, Univ.-Prof. Dr. Wolf Böhmisch von der Johannes Kepler Universität in Linz, erweitert. Der Fragebogen wurde um die Themenkreise Einzigartigkeit (Produkt-/Leistungserstellung) und Kooperationsfähigkeit ergänzt. Die Preisträger wurden im Rahmen des 10. Passauer Unternehmensforums an einem für die Idee symbolträchtigen Ort, dem Grenzkraftwerk Jochenstein an der Donau, ausgezeichnet. Die österreichischen Gäste gelangten durch einen kurzen Fußmarsch über die Staumauer in die festliche geschmückte Maschinenhalle der Anlage.

Erstmals wurde der Preis von Platz 1 bis Platz 3 vergeben. Die vorab in den Unternehmen durchgeführten Audits fanden guten Zuspruch. Der Aufsichtsratschef der Hans Einhell AG, Josef Thannhuber, lobte uns in höchsten Tönen: So eine gute Unternehmensberatung hätte er schon lange nicht mehr bekommen, und das auch noch kostenlos. Der erste Preisträger, die BWT AG in Mondsee, ein Wasseraufbereitungsaufnehmen, hat die Jury erstmals zu Gedanken über ökologische Fragestellungen des Unternehmertums angeregt. Der Leiter des dortigen Vorstandsbüros,

Ing. Christian Scharnhorst, ergänzte die bestehende Jury für den Jahrgang 2002. Der Fragebogen wurde um den Aspekt der Zukunftsfähigkeit erweitert. Als Medienpartner konnte erstmal die „Passauer Neue Presse“ gewonnen werden. Der Leiter des Ressorts Heimatwirtschaft, Alois Schießl, wurde bis zu seinem tragischen Unfalltod 2013 ein treuer, profunder Begleiter und Berichterstatter des BPA und späteren BBA. Um potenzielle Teilnehmer noch treffsichererer zu gewinnen, wurde ein Bündel an Nutzenargumenten geschnürt:

- Benchmark für Teilnehmer (man sollte voneinander lernen)
- Image-Gewinn (man sollte bekannter werden)
- Motivationsschub für Mitarbeiter (Leistungsbereitschaft sollte angestachelt werden)

In der Jurysitzung am 25.02.2002 beschloss man beim nächsten Zusammentreffen einen Jury-Sprecher zu bestimmen. Im Jahr 2003 wurde neben der Überarbeitung des Bewertungssystems (– / 0 / +) ein Leitfaden für den Auditprozess vor Ort entworfen um ein einheitliches Vorgehen aller Jurymitglieder zu gewährleisten. Da in den vorangegangenen Jahren immer größere Unternehmen als Preisträger hervorgingen und klar wurde, dass kleinere Unternehmen unter 50 Mitarbeitern oft keine Ressourcen haben für die Aufbereitung von Fragebögen, Vorbereitung von Auditgesprächen etc., wurde eine Klassifizierung in „kleiner und größer 50 Mitarbeiter“ eingeführt. Der Initiator machte sich die Mühe für den Zeitraum 2003 bis 2005 eine Art Strategiepapier/Businessplan zu entwerfen. Dieses Papier wurde dann zur Weiterentwicklung den Stakeholdern des BPA vielerorts vorgelegt. Die eine oder andere Anregung/Verbesserung entstand damit, z. B. sollte mit der anstehenden EU-Ost Eröffnung auch die historisch bekannten alten Verbindungen zu Südböhmen in Tschechien wieder aufgenommen werden. Eine Art Wanderpokal in Form eines Spiegelkunstwerks, auf dem jeder Preisträger eingraviert wurde, entstand im Atelier einer bekannten lokalen Glaskünstlerin. Eine eigene Homepage mit geändertem Namen „Best Business Award“ wurde online gestellt. Der Fragebogen, eine gute Erleichterung für den „Kunden BBA Teilnehmer“, wurde zum Download bereitgestellt. Namhafte Sponsoren konnten gewonnen werden. Für außergewöhnliche Leistungen der grenzüberschreitenden Zusammenarbeit wurde als Sonderpreis der „Cross Border Award“ ausgelobt.

So wurden 2003 drei Sieger in den verschiedenen Kategorien ausgezeichnet. Den Teilnehmern stellte man nach der Preisverleihung als Novum eine mehrseitige Ausarbeitung der Auditergebnisse in Form eines Benchmarks zur Verfügung. Auf Anregung der Sponsoren wagte man in diesem Jahr, eine vom Passauer Unternehmerforum losgelöste, eigenständige Preisgala durchzuführen. Der Preis sollte zur eigenen Marke werden. Die Veranstaltung im Beisein des Chefs unseres Hauptsponsors, einer namhaften Bank, wurde zum überwältigenden Erfolg. Über 200 Gäste im großartigen Ambiente des fürstbischöflichen Stadttheaters spendeten zum Schluss einen minutenlangen Applaus. Unsere Förderer, Mentoren waren voll des Lobes für das, was wir hier auf die Beine gestellt hatten.

Nach der Preisgala 2004 sollte das Jahr 2005 zur schöpferischen Pause genutzt werden. Gleich zu Jahresbeginn wurde deshalb eine größere Gruppe von Meinungsbildnern in der Region zu einem Strategieabend eingeladen. In einer „Open Space Moderation“ wurden sechs Themenkreise bearbeitet: Bewertungskriterien, Ausschreibungsverfahren, Juryarbeit-Audits, Kommunikation, Finanzierung, Künstlerwettbewerb/Preisgala. Es entstanden viele Ergebnisse, die inhaltlich von hoher Qualität und äußerst kreativ waren. So sollte z. B. ein „Club der Sieger“ die Vernetzung der Finalisten und Preisträger fördern. Die Preisgala sollte alternierend in den Zielgebieten Südböhmen, Oberösterreich und Ostbayern durchgeführt werden, um die Identifikation der Region mit dem Preis zu erhöhen. Aus den jeweiligen Regionen sollten Schirmherren zur Förderung der Reputation gewonnen werden. Die Bewertungskriterien sollten um den Aspekt CSR (Corporate Social Responsibility) erweitert werden. All diese Dinge haben auch nach 10 Jahren noch festen Bestand.

Es gab auch manchmal verrückte Ideen, die den BBA auf besondere Weise bereicherten. Wochen vor der Preisgala 2006, die diesmal im herrlichen Ambiente des Bergschlössl mitten in Linz stattfand, eröffnete mir Hans Weber, dass er aus Zeitgründen die Jury verlassen möchte. Er war es, der u. a. mit den Firmenaudits das Bewertungsverfahren entscheidend nach vorne brachte. Er versprühte Dynamik, Tatkraft und Charisma wie keiner vor ihm in der Jury. Ich erinnere mich noch lebhaft an eine ganz besondere Situation: Es war bereits nach Mitternacht auf einer Jurysitzung im Seminarraum des schon abgedunkelten Klosters Aldersbach. Einige Bewertungen standen noch aus. Prof. Dr. Heimo Losbichler, Juror aus Steyr in Oberösterreich, merkte an, dass er noch zwei Stunden Wegstrecke vor sich habe und am nächsten Tag gleich morgens eine Vorlesung an der Hochschule halten müsse. „Kein Problem“, meinte Hans Weber, „wir brechen für heute ab und treffen uns am Karfreitag um 08.00 Uhr in einem Hotel in Deggendorf, weil an so einem Tag am Vormittag sowieso niemand etwas Wichtiges zu tun hat“. Niemand widersprach und aus einem für Katholiken hochheiligen Feiertag wurde ein Arbeitstag zum Wohle des BBA.

Das Präsidium des BBA Forum e. V. beschloss, Herrn Weber zum Ehrenmitglied zu ernennen. Herr Weber hatte für einen CEO eines Unternehmens mit inzwischen fast 10.000 Mitarbeitern einen außergewöhnlichen Nebenjob: Seit Jahren leitete er im Ehrenamt die Geschicke der Feuerwehren im Landkreis Cham — für ihn eine Beschäftigung, die ihm die nötige Erdung für seinen Managerjob verschaffte. Jede negative Äußerung über das Feuerwehrwesen nahm Herr Weber fast als persönliche Beleidigung auf. Was lag näher, als zu seinem Ausscheiden und seiner Ehrung „irgendetwas mit Feuerwehr“ auf die Beine zu stellen? Und tatsächlich gelang es nach längerer Überzeugungsarbeit, einen gespielten Alarmeinsatz der Linzer Berufsfeuerwehr zum Ende der Preisgala zu arrangieren. Ein Feuerwehrfahrzeug fuhr mit Sirenengeheule und Blaulicht am Bergschlössl vor. Die Moderatorin bat Herrn Weber, Herrn Dr. Aigner und den Verfasser dieses Beitrags, sich an eines der Saalfenster zu begeben und in den Rettungskorb der Feuerwehrleiter zu steigen. Die Leiter fuhr hoch und Herr Weber, sichtlich überrascht und gerührt, wurde in luftiger Höhe mit kräftigem Dankesapplaus zum Ehrenmitglied ernannt.

Eine weitere, sicherlich etwas verrückte Form, die Preisgala mit einem jährlich wechselnden, bunten Programm aufzuwerten, war der Künstlerwettbewerb. So wurden ab 2006 über mehrere Jahre hinweg junge Nachwuchskünstler aus der Region zu Castings eingeladen. Unter der Leitung des Generalmusikdirektors des Südostbayrischen Städtetheaters, Basil Coleman – Vater englischer Bischof, Mutter Prinzessin mit Wiener Blut –, wurde die für die Gala beste Formation ausgewählt. So erwartete das Galapublikum jedes Jahr ein neuer Kunstgenuss, der manchmal auch etwas schräg daherkam. Dieser zusätzliche Wettbewerb verschlang jedes Jahr größere Ressourcen und musste im Jahr 2009 leider wieder eingestellt werden. Spannend war es trotzdem, sich mit Künstlern auszutauschen, die doch ganz anders ticken als nachhaltig agierende Unternehmensführer.

Der BBA für nachhaltige Unternehmensführung entwickelte sich über die Jahre kontinuierlich weiter. Anlässlich des 10-jährigen Bestehens des BBA blickte man am 20.05.2010 in der IHK für Niederbayern in Passau auf „10 Jahre Erfolgsgeschichte BBA – Praxisbeispiele nachhaltiger Unternehmensführung" zurück. Im Rahmen der dortigen Vorträge wurde eine interessante Statistik vorgestellt.

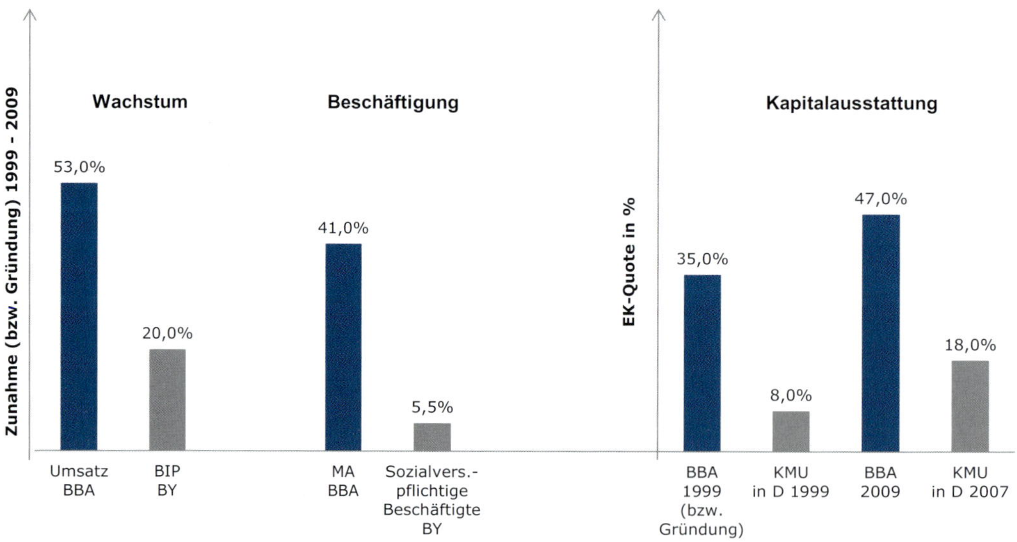

Abb. 2: Entwicklung BBA-Preisträger 1999–2009 im Vergleich zur Gesamtwirtschaft[2]

Aus der Abbildung ist deutlich ersichtlich, wie positiv besser sich BBA-Preisträger im Vergleich zur Gesamtwirtschaft entwickelt haben. In Verbindung mit der Erkenntnis, dass keiner der ca. 150 Teilnehmer vom Markt verschwunden ist, kann allen BBA-Finalisten ein nachhaltiges Wirtschaften attestiert werden.

[2] Quelle: Deutsche Bundesbank, DSGV, Agentur für Arbeit.

Auf 104 Mitglieder ist der am 20.04.2005 gegründete BBA Forum e. V. gewachsen. Das dem Verein vorstehende Präsidium besteht seit Gründung aus Interessenvertretern unterschiedlicher Professionen aus den Regionen Ostbayern, Südböhmen und Oberösterreich. Diesem Gremium obliegt es, die wesentlichen Weichenstellungen zur Weiterentwicklung des BBA zu treffen.

Im Veranstaltungsformat „Club der Sieger" wurden bis jetzt 20 hochkarätige Benchmarks der Preisträger von „Total Productive Maintenance TPM" bis zum „Personalmarketing im schwierigen Umfeld" in Unternehmen aus allen drei beteiligten Ländern vorgestellt. Ein jährliches Highlight ist ergänzend zur Preisgala der „Benchmark der Finalisten". Zu diesem Event sind alle Finalisten des BBA eingeladen. Unter Leitung des Jurysprechers mit seinem Team werden die Ergebnisse der Audits aufgezeigt und diskutiert. Frei nach dem Motto „Lernen von den Besten" können sich die Finalisten offen über ihre Stärken und Schwächen austauschen. Die inspirierende Atmosphäre des Schlosses Neuburg fördert den Gedankenaustausch und die Vernetzungsbereitschaft.

Zur noch stärkeren Differenzierung von anderen Preisinitiativen hat man dieses Lern-/Erfahrungsaustauschformat des „Club der Sieger" um die „BBA Winterschool" ergänzt. Im nunmehr dritten Jahr treffen sich (junge) Führungskräfte zum interaktiven Austausch mit Wissens- und Erfahrungsträgern in der historischen Umgebung des Weltkulturerbe-Städtchens Krumau in Südböhmen zur Winterzeit. Großer Wert wird dabei auch auf den interkulturellen Austausch und die einzigartigen „Social Events" gelegt. Mit dem Thema „Arbeitgeber der Zukunft — Version 4.0" hat man 2015 wieder ins Schwarze getroffen.

Nachdem das bisherige Zielgebiet des Preises Ostbayern-Südböhmen-Oberösterreich sich in den letzten Jahren als Ursprungskern zur Europaregion Donau-Moldau zusammengeschlossen hat, wollte man dieser europäischen Weiterentwicklung nicht nachstehen. Nach etlichen Verhandlungen mit den Entscheidungsträgern ist es im Jahr 2013 gelungen, das offizielle Signet „Unternehmerpreis Europa Region Donau/Moldau" tragen zu dürfen.

Das aus Sicht des Verfassers vorerst letzte Projekt im Werkraum „Best Business Award für nachhaltige Unternehmensführung" ist nun der Versuch, diesen Weg in Form einer Buchveröffentlichung aufzuzeigen. Ziel ist es Erfahrungen, Einschätzungen und Wissen zum komplexen Themenraum „Nachhaltige Unternehmensführung" festzuhalten. Das Buch erhebt keinen Anspruch, eine rein wissenschaftliche Publikation zu sein. Vielleicht gelingt es damit, den inzwischen überstrapazierten Nachhaltigkeitsbegriff mit Praxisbeispielen aufzuhellen, und der gesellschaftlichen Bedeutung dieses Themas gerade in der kurzlebigen, ressourcenverzehrenden Gegenwart wieder mehr Sinn und Ernsthaftigkeit zu verleihen. Alle, die in diesen 15 Jahren beim BBA sowie an diesem Buch — in den allermeisten Fällen ehrenamtlich — mitgearbeitet haben, leisten damit einen nicht zu unterschätzenden Beitrag zur sozialen Verantwortung und damit zur Nachhaltigkeit. Ihnen gebühren aufrichtiger Dank und Anerkennung.

BBA: Auswahlverfahren der Preisträger

Dr. Klaus Pirklbauer
CEO, Software Competence Center Hagenberg GmbH

Management Summary

Der Best Business Award sieht sich als qualitätsvoller Preis, der möglichst alle Aspekte einer nachhaltigen Unternehmensführung betrachten will. Dazu ist es wichtig, die richtigen Kriterien anzulegen und diese entsprechend ihrer Bedeutung gewichtet zu bewerten. Welche Informationen dazu erhoben werden und wie die Bewertung der teilnehmenden Unternehmen erfolgt, ist Inhalt dieses Beitrags. Dabei wird — ausgehend von der Idee hinter dem Preis — auf die Umsetzung, die Bewertungskriterien, deren Gewichtung und Bewertung sowie auf die generelle Vorgehensweise eingegangen. Einige Erfahrungen und Erkenntnisse runden den Beitrag ab.

Der Award

Die Historie ist wichtig, um zu sehen, wie es zu einem Preis gekommen ist, aber hinter so einem Projekt steckt immer eine Idee, die mehr oder weniger dynamisch gelebt wird und damit das Alleinstellungsmerkmal des Preises ausmacht.

Was treibt uns also an? Wie gehen wir vor? Was unterscheidet den Best Business Award von anderen Preisen? Welche Herausforderungen gibt es bei der Umsetzung?

Die Idee dahinter

Der Best Business Award ist ein Preis für nachhaltige Unternehmensführung in der Donau-Moldau-Region. Er ist offen für Unternehmen aller Größen und Branchen. Soweit die Hard Facts, aber was steckt dahinter?

Der Leitspruch hinter dem Best Business Award (BBA) ist „Lernen von den Besten“. Damit ist eigentlich schon alles gesagt. Es geht nicht darum, einen Preis des Preises willens zu haben. Sondern vielmehr sind der Preis und das damit verbundene Auswahlverfahren eine Möglichkeit, Unternehmen zu identifizieren, die nachhaltige Unternehmensführung in einer so herausragenden Art umgesetzt haben, dass andere etwas davon lernen können. Aus dieser Intention ergibt sich automatisch, dass der BBA auf Qualität bei dieser Auswahl der Besten achten muss, und dass der Award nicht der einzige Baustein sein darf. Entsprechende Veranstaltungen bei den „Champions“, eine „Winterschool“ mit Beiträgen aus Wissenschaft und Praxis und ein „Club der Sieger“, der den Finalisten einen noch direkteren Zugang zu den Champions und ihren Vorgehensweisen bietet, ergänzen den Award und ermöglichen das eigentliche Lernen.

Für das Lernen ist wichtig, dass der Award auf hohem Qualitätsstandard durchgeführt wird und die einzelnen Aspekte der nachhaltigen Unternehmensführung auch einer intensiven Hinterfragung standhalten. Informationen aus Fragebögen oder anderen Unterlagen sind für den BBA zu wenig. Nur eine ausführliche Auseinandersetzung mit einem Unternehmen in Form eines Audits vor Ort, am Sitz des Unternehmens, stellt sicher, dass nicht Unternehmen vor den Vorhang geholt werden, die sich lediglich gut darstellen können. Zur Qualität zählt aber auch, dass die Jury mit hochwertigen Experten aus Wissenschaft und Wirtschaft besetzt ist, und dass sowohl die Jury als auch der gesamte Prämiierungsprozess unabhängig und unbeeinflussbar sind. All das ist im BBA umgesetzt, wie in den folgenden Abschnitten ausgeführt wird.

Die Umsetzung

„Länderübergreifend für Unternehmen aller Größen und Branchen“ ist leicht gesagt, aber diese Ausrichtung birgt einige Herausforderungen in sich. Wie geht man damit um, dass ein Startup natürlich noch nicht so aufgestellt sein wird wie ein Großkonzern? Wie soll man einen reinen Dienstleister mit einem Handelsbetrieb oder einem industriellen Produktionsbetrieb vergleichen? Muss man diese unterschiedlichen Rahmenbedingungen unterschiedlich bewerten? Kann man so unterschiedliche Unternehmen überhaupt vergleichen?

Diese Fragen haben wir uns in der Jury des BBA sehr oft gestellt und wir sind zu einer Antwort gekommen, die man so vielleicht nicht erwarten würde: Nachhaltige Unternehmensführung hängt zum Großteil nicht von der Größe, der Branche oder dem Standort ab. Natürlich gibt es gewisse Unterschiede, aber die gibt es auch innerhalb einer Branche oder innerhalb einer Größenklasse.

Beim BBA verfolgen wir die Strategie, dass wir alle Teilnehmer des Awards nach den gleichen Kriterien beurteilen. Um dem ganzheitlichen Begriff einer nachhaltigen Unternehmensführung gerecht zu werden, decken diese Kriterien ein weites Feld ab und auf keinen Fall nur Aspekte, die vielleicht im engeren Sinne unter Nachhaltigkeit verstanden werden. Die Kriterien werden zu folgenden Kategorien zusammengefasst:

1. Wirtschaftlicher Erfolg
2. Einzigartigkeit
3. Mitarbeiterstellenwert
4. Innovationskraft
5. Kommunikation
6. Zukunftsfähigkeit
7. Gesellschaftliche Verantwortung

Diese Kategorien haben sich jetzt schon mehrere Jahre bewährt. Aber der Best Business Award stellt das Lernen in den Mittelpunkt, was sich wiederum auf den Award selbst reflektiert. Eine ständige Weiterentwicklung der Kriterien spiegelt den Lernprozess in der Beurteilung der Unternehmen wider. Sowohl die Kriterien selbst, ihre Gewichtung bei der Findung einer Gesamtbewertung als auch die Kategorien werden jährlich kritisch hinterfragt und angepasst. Manchmal geht es nur um eine exaktere Definition eines Kriteriums, manchmal wird die Bedeutung eines Themas durch mehr oder weniger Kriterien oder durch eine andere Gewichtung adaptiert.

Kriterien

In jeder Kategorie gibt es zahlreiche Kriterien, die dazu dienen, ein möglichst vollständiges Bild in Hinblick auf die nachhaltige Unternehmensführung zu bekommen. Hier werden nicht alle im Einzelnen dargelegt, aber die Charakteristik der Kriterien in den einzelnen Kategorien.

Wirtschaftlicher Erfolg. Die Grundlage jeder über viele Jahre erfolgreichen Unternehmensführung sind wirtschaftliche Kennzahlen. Umsatzentwicklung, Umsatzrendite, Eigenkapitalquote etc. werden über mehrere Jahre betrachtet. Dem Thema der unterschiedlichen Branchen und deren unterschiedlicher Entwicklung wird Rechnung getragen, indem neben den absoluten Zahlen auch Entwicklungen im Vergleich zu anderen Unternehmen der Branche abgefragt werden.

Einzigartigkeit. Für eine langfristig erfolgreiche Unternehmensentwicklung ist wichtig, wie ein Unternehmen aufgestellt ist und wie es sich von anderen unterscheidet. Dabei geht es nicht nur um einzigartige Produkte, auch Unterschiede z. B. in den Prozessen sind von Bedeutung.

Mitarbeiterstellenwert. Dass die Mitarbeiter ganz wesentlich für ein Unternehmen sind, zeigt sich unter anderem dadurch, dass Arbeitskräftemangel und Arbeitgebermarke immer stärker in den Fokus der Berichterstattung rücken. Die Motivation der Mitarbeiter wie auch deren Gewinnung und Entwicklung sind z. B. Kriterien in dieser Kategorie.

Innovationskraft. Beim Best Business Award wird der Innovationskraft eines Unternehmens eine große Bedeutung beigemessen. Auf den ersten Blick vermutet man deshalb vielleicht, dass z. B. Hochtechnologieunternehmen besser bewertet werden. Dem ist aber nicht so. Man darf bei Unternehmen nicht nur Produktinnovationen sehen. Innovation in Bezug auf Dienstleistungen und auf Prozesse oder auch sonstige Innovationen wie z. B. energieeffiziente Produktion stehen genauso im Fokus. In dieser Betrachtungsweise können alle Arten von Unternehmen Innovationskraft zeigen.

Kommunikation. Kommunikation sowohl mit Kunden und Lieferanten als auch mit Geldgebern ist sicherlich auch durch viele Entwicklungen in den letzten Jahren (z. B. Social Media) stärker ins Bewusstsein der Unternehmen gerückt. Erfolgreiche Unternehmen zeigen hier sowohl in der Innen- als auch der Außenkommunikation, dass sie strategieorientiert vorgehen.

Zukunftsfähigkeit. Unter Zukunftsfähigkeit wird beim BBA verstanden, ob Vision, Strategie und Planung entsprechend definiert, umgesetzt und überwacht werden. Damit ist gemeint, ob man sich zukünftiger Herausforderungen bewusst ist, und ob adäquate Strategien und Vorkehrungen zur Bewältigung solcher Herausforderungen oder Risiken existieren.

Gesellschaftliche Verantwortung. Zu guter Letzt darf auch die gesellschaftliche Verantwortung nicht zu kurz kommen. Hier wird speziell auf ökologische, soziale und gesellschaftspolitische Aspekte eingegangen.

Vorgehensweise

Eine erste Beurteilungsrunde wird anhand von Fragebögen durchgeführt, bei welchen nur eine Bewertung nach Kategorien vorgenommen wird. Aber auch schon in dieser Runde werden die Kategorien entsprechend der festgelegten Gewichtung berücksichtigt. Um eine möglichst große Objektivität zu erreichen, wird jeder Fragebogen von mehreren Jurymitgliedern unabhängig bewertet und die Ergebnisse in der gesamten Jury diskutiert. Am Ende dieser Bewertungsrunde stehen die Finalisten fest, also die zu auditierenden Unternehmen. Um Unternehmen, die sich im Fragebogen besser darstellen als sie sind, nicht zu bevorzugen, werden Teilnehmer bei geringem Unterschied in der Bewertung eher großzügig in die Gruppe der Finalisten aufgenommen.

Bei allen Finalisten wird ein Audit vor Ort im Unternehmen vereinbart. Jedes Audit wird von mindestens zwei Jurymitgliedern durchgeführt, wobei mindestens eines aus einem anderen Land sein soll. Ziele des Audits sind, die Angaben im Fragebogen zu hinterfragen, zusätzliche Informationen einzuholen und einen lebendigen Eindruck vom Unternehmen zu bekommen. Dazu werden nach einer kurzen Präsentation des Unternehmens in einem Gespräch mit der Unternehmensleitung die inhaltlichen Fragen geklärt. In einem Unternehmensrundgang werden noch zusätzliche Eindrücke gewonnen. Im Anschluss an das Audit nehmen die beiden Jurymitglieder unabhängig voneinander eine Bewertung vor.

Sobald alle Unternehmen auditiert sind, werden die Ergebnisse in einer Jurysitzung besprochen und die Preisträger festgelegt.

Mit der Ehrung der Sieger in der Preisgala ist der Award aber noch nicht abgeschlossen. Eine Feedback-Veranstaltung ermöglicht den Finalisten einen unmittelbaren Erkenntnisgewinn. Neben allgemeinen Informationen zu den Ergebnissen, sowie der Präsentation der Reihenfolge aller Teilnehmer pro Kriterium wird den Teilnehmern die Möglichkeit geboten, an einem Vier-Augen-Feedbackgespräch teilzunehmen. Es sind deshalb Vier-Augen-Feedbackgespräche, weil die Informationen aus den Fragebögen und den Audits streng vertraulich behandelt werden, es aber trotzdem für jedes auditierte Unternehmen die Chance geben soll, unmittelbar aus dem Audit Unterschiede und Verbesserungsmöglichkeiten zu erfahren.

Die Bewertungen im Rahmen des Awards dienen auch dazu, Unternehmen für Veranstaltungen zu identifizieren, bei denen herausragende Aspekte in den Vordergrund gebracht werden. Dabei muss es sich nicht immer nur um die Sieger des Awards handeln, weil der Beste in einer Kategorie nicht unbedingt in allen anderen Kategorien ebenfalls herausragend sein muss.

Diese Vorgehensweise ist sehr aufwendig, nicht nur für das Unternehmen sondern auch für die Jury. Sie spiegelt aber den hohen Qualitätsanspruch des Best Business Award wider. Nur so kann ein Lernen von den Besten wirklich gewährleistet werden. Auch für die Jurymitglieder, die ehrenamtlich mitwirken, bietet der BBA so die Möglichkeit aus den Erfahrungen bei den Audits bestmöglich für die eigene unternehmerische oder wissenschaftliche Tätigkeit zu profitieren.

Bewertung

Und wie erfolgt die eigentliche Bewertung? Seit geraumer Zeit wird die Bewertung punkteunterstützt vorgenommen. Das heißt, jedes Kriterium wird mit 0 bis 5 Punkten bewertet — von „nicht vorhanden“ bis „absolut herausragend“. Aus einer Gewichtung der Kriterien innerhalb der Kategorie und einer Gewichtung der Kategorien (siehe Abb. 3) ergibt sich dann eine Gesamtpunktezahl. Die Gesamtpunktezahl ist normiert und ergibt immer maximal 1000 Punkte.

Ganz selten kommt es vor, dass ein Kriterium für ein Unternehmen nicht sinnvoll anwendbar ist oder nicht beurteilt werden kann. In diesen Fällen kann das Kriterium nach Diskussion in der Jury für das betreffende Unternehmen aus der Wertung genommen werden. Im Punktesystem werden dann die anderen Kriterien der Kategorie in ihrer Gewichtung so angepasst, dass trotzdem die gleiche Punkteanzahl erreicht werden kann.

Ein Punktesystem ist hilfreich, um größtmögliche Objektivität bei der Bewertung zu erreichen. Es birgt aber auch die Gefahr, kleine Punkteunterschiede überzubewerten. Ein paar Punkte Unterschied können durch die Gewichtung aber durchaus schon aus minimalen Unterschieden in der Bewertung entstehen. Daher wird beim BBA der Letztentscheid in der Jury getroffen. Geringe Punkteunterschiede können damit trotzdem zum gleichen Platz unter den Siegern führen.

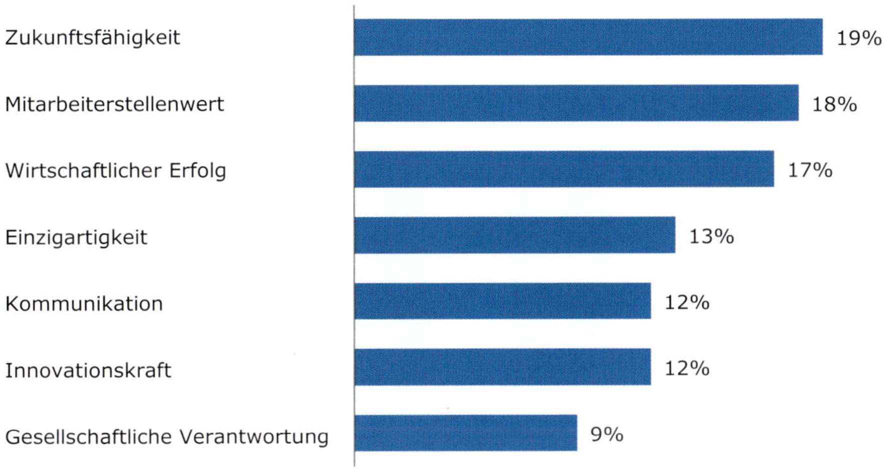

Abb. 3: Gewichtung der Kategorien im Kriterienkatalog 2014

Der BBA wird in drei Größenklassen vergeben: bis 30 Mitarbeiter, 31 bis 100 Mitarbeiter und über 100 Mitarbeiter. Die Bewertung erfolgt in allen drei Klassen ident. Punkte unterstützen Objektivität in der Bewertung und bilden die Basis für die Platzierung. Trotzdem ist die Platzierung immer relativ zu den anderen Teilnehmern eines Jahres. Die gleiche Punktzahl kann im einen Jahr zum Sieg reichen und im nächsten ist man nicht einmal unter den ersten Drei gelistet. Der Vergleich über die Jahre funktioniert beim BBA deshalb nur sehr eingeschränkt, weil wie schon beschrieben die Kriterien und ihre Gewichtung regelmäßig angepasst werden (siehe Abb. 4). Das heißt, ein Unternehmen, das in einem Jahr 900 Punkte erreicht hat, muss nicht besser sein als eines mit 867 Punkten im anderen Jahr.

Erfahrungen und Erkenntnisse

Der Best Business Award ist ein Unternehmerpreis der sich permanent weiterentwickelt. Teilweise geschieht dies dadurch, dass Kriterien geschärft oder ergänzt werden, und teilweise dadurch, dass die Gewichtung der Kriterien oder Kategorien geändert werden (vgl. Abb. 4). Teilweise ergeben sich Änderungsnotwendigkeiten aber auch durch Änderungen in der Wirtschaft und im Umfeld. Zum Beispiel wurde nach der Wirtschaftskrise ab 2007 den möglichen zukünftigen Herausforderungen und ihren Bewältigungsstrategien mehr Aufmerksamkeit gewidmet. Darüber hinaus hat auch der Fachkräftemangel Berücksichtigung gefunden, welcher zu einer stärkeren Gewichtung und zu einer Schärfung der Kriterien im Mitarbeiterstellenwert geführt hat.

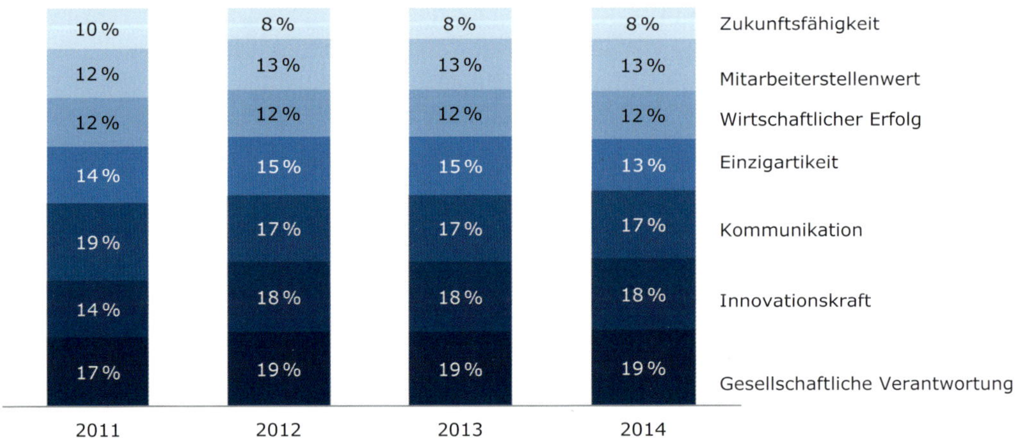

Abb. 4: Kategoriengewichtung in den Jahren 2011–2014

In Abbildung 5 sieht man deutlich, dass die Punktevergabe mit 2014 etwas restriktiver gehandhabt und die Punktezahl somit generell geringer wurde. Daher ist ein Vergleich der Jahre nicht sinnvoll, ein Vergleich der Größenklassen eines Jahres dagegen sehr wohl. Abbildung 5 zeigt klar die Tendenz, dass kleine Unternehmen aufholen und der Abstand zu den großen immer geringer wird. Diese Tendenz sieht man nicht nur im Gesamtergebnis, sondern auch bei den einzelnen Kriterien werden die Unterschiede – zumindest unter den Unternehmen, die beim Award teilnehmen – immer geringer. In manchen Kategorien, wie z. B. Mitarbeiterstellenwert und Kommunikation, haben sich über die Jahre viele Vorgehensweisen als Best-Practice etabliert und werden auch schon bei sehr jungen Unternehmen selbstverständlich eingeführt. Waren vor einigen Jahren Mitarbeitergespräche bei kleinen Unternehmen noch nicht die Regel, sind diese heute bei fast allen Unternehmen Standard. Unterschiede zeigen sich dabei eher noch in der Strukturierung der Mitarbeitergespräche und den darauf basierenden Personalentwicklungsmaßnahmen.

Größere Unterschiede zwischen den Unternehmen gibt es nach wie vor beim Umgang mit Innovationen, insbesondere bei deren Generierung und Bewertung. Wissenssicherung, z. B. bei Pensionierungen von Know-how-Trägern, und Wissenstransfer zwischen Mitarbeitern stellen für viele Unternehmen ebenfalls noch Herausforderungen dar.

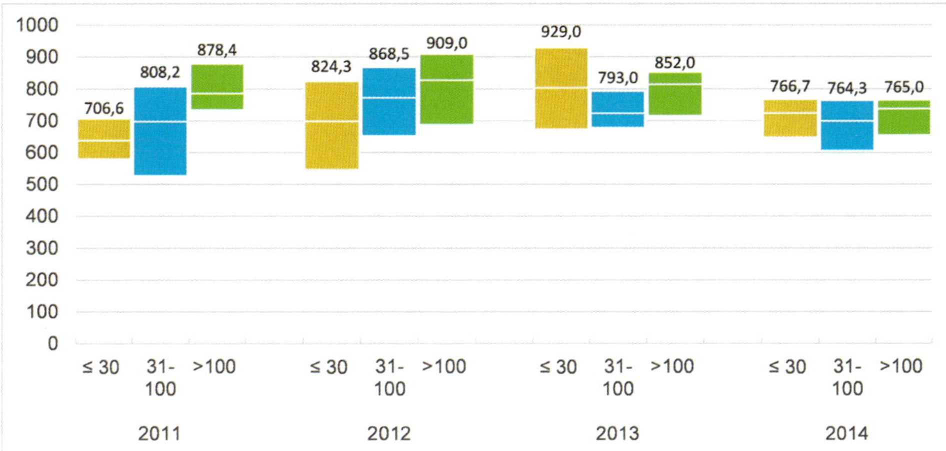

Abb. 5: Punkteentwicklung (Maximum, Durchschnitt und Minimum) in den Jahren 2011–2014 nach Größenklasse

In der Regel nehmen beim Best Business Award Unternehmen teil, die in vielen Bewertungskriterien schon überdurchschnittlich gut sind. Es gibt aber kein Unternehmen, das in allen Kategorien so perfekt aufgestellt ist, dass es sich nicht trotzdem noch verbessern könnte. Wenn der BBA hier einen Beitrag leistet, dass Unternehmen dazulernen, sich verbessern, sich mit anderen vergleichen und sich mit anderen – speziell auch aus der Region Donau-Moldau – vernetzen, dann ist das ein nicht zu unterschätzender Impuls im Sinne einer nachhaltigen Unternehmensführung.

Wie nachhaltig erfolgreich sind die Sieger des Best Business Award?

FH-Prof. Mag. Dr. Albert Mayr
Professor für Finanzen und Controlling an der FH OÖ

Harald Scherrer, BA
Finanzen/Interne Dienstleistungen bei der Kammer für Arbeiter und Angestellte für OÖ

Management Summary

Im vorliegenden Beitrag soll untersucht werden, ob der Best Business Award wirklich geeignet ist, jene Unternehmen zu prämieren, die nachhaltig erfolgreich sind. Hierfür wurde eine umfangreiche empirische Studie mit den Siegern seit Gründung des BBA durchgeführt. Resümierend kann Folgendes festgestellt werden. Die Sieger weisen sowohl bei der Umsatzentwicklung als auch bei der Ergebnisentwicklung sehr gute Werte auf. Sie liegen weit über dem Durchschnitt vergleichbarer Marktteilnehmer. Die Entwicklung der Eigenkapitalquote und der Beschäftigtenzahlen zeigen ein ähnlich positives Bild. Aktuell haben 96 % der Preisträger ein positives Betriebsergebnis erzielt. Die Umsatzrendite liegt im Durchschnitt bei 8 % und die Eigenkapitalquote bei 50 %.

Unter dem Aspekt der wirtschaftlichen Nachhaltigkeit kann festgehalten werden, dass das Auswahlverfahren dazu geeignet ist, nachhaltig exzellente Unternehmen zu prämieren.

Empirische Analyse der Sieger des Best Business Award

Der BBA wird seit 1999 vergeben. Wurde anfangs pro Jahr nur ein Sieger in einer Gesamtkategorie gekürt, erfolgte ab 2002 eine Ausweitung auf drei Kategorien. Seit 2006 gibt es eine Kategorisierung nach Mitarbeiteranzahl mit jeweils drei Preisträgern. Insgesamt wurden seit 1999 72 Unternehmen prämiert. 45 Preisträger kommen aus Bayern, 25 aus Oberösterreich und 2 aus Böhmen.

Zielsetzung der empirischen Analyse

Preisträger des BBA werden jene Firmen, die nachhaltig erfolgreich sind. Nachhaltigkeit bezieht sich hierrbei vor allem auf eine dauerhafte erfolgreiche Unternehmensführung. Anhand verschiedener Kriterien wie z. B. Alleinstellungsmerkmale in puncto Produkte, Prozesse, Mitarbeiter und Unternehmenskultur, wirtschaftlicher Erfolg, aber auch ökologischer Ressourceneinsatz werden die besten Unternehmen ausgewählt. Dabei wird nach einem zweistufigen Verfahren vorgegangen. In einem ersten Schritt erfolgen eine Begutachtung der eingelangten Unterlagen mit einer Vorauswahl und anschließend eine Auditierung unmittelbar vor Ort in den Unternehmen. Danach werden die Sieger in einer Jurysitzung ausgewählt.

Ob dieses Auswahlverfahren wirklich geeignet ist, jene Unternehmen zu prämieren, die tatsächlich dauerhaft erfolgreich sind, soll mit einer empirischen Analyse nachgewiesen werden. Die Grundhypothese dabei lautet: Das Bewertungsverfahren ist dann geeignet, wenn die Preisträger in den Folgejahren wirtschaftlich erfolgreich sind. In diesem Fall kann zumindest davon ausgegangen werden, dass das Bewertungsverfahren aus ökonomischer Sicht geeignet ist.

Vorgehensweise

An der Fachhochschule Oberösterreich, Fakultät für Management, in Steyr wurde 2014 von Herrn Harald Scherrer unter wissenschaftlicher Begleitung des Autors eine Studie durchgeführt.[3] Studienteilnehmer waren alle prämiierten Unternehmen seit 1999. Von den 72 Siegern haben 41 an der Studie teilgenommen, das bedeutet eine Rücklaufquote von 57 %. Die Erhebung erfolgte mittels Fragebogen. Die Fragebögen wurden entsprechend dem Jahr der Prämierung angepasst.

Gegenstand der Erhebung waren Fragen zum Thema Nachhaltigkeit aber vor allem auch zur wirtschaftlichen Entwicklung. Im Detail wurden folgende Fragen gestellt:

Thema Nachhaltigkeit:

- Was verstehen Sie unter dem Begriff „Nachhaltige Unternehmensführung?
- „Welche Erwägungen haben zu einer nachhaltigen Unternehmensführung geführt?
- Haben Sie durch Ihre nachhaltige Unternehmensführung spürbare Erfolge erzielt?
- Wie wird sich die Bedeutung nachhaltiger Unternehmensführung verändern?

[3] Vgl. Scherrer, 2014.

Thema Wirtschaftlicher Erfolg (über mehrere Jahre):

- Umsatz (konsolidiert, in Tausend Euro)
- Betriebsergebnis (Ergebnis ohne Zinsen und Steuern, konsolidiert, in Tausend Euro)
- Eigenkapitalquote (in % der Bilanzsumme)
- Mitarbeiterstand (in Vollzeitäquivalenten)
- Zusätzlich wurde zu jedem dieser vier Punkte die Frage gestellt, ob das Unternehmen damit über oder unter dem Branchenschnitt liegt.

Ergebnisse der Erhebung zum Thema „nachhaltige Unternehmensführung"

In der Literatur findet man zahlreiche Definitionen von Nachhaltigkeit. Die meisten orientieren sich am Brundtland-Bericht aus dem Jahr 1987 mit den drei Dimensionen Ökonomie, Soziales und Ökologie.

Aus unternehmerischer Sicht hat Ökonomie die langfristige, wirtschaftliche Existenzsicherung zum Ziel, die soziale Dimension beschäftigt sich mit der Schaffung bzw. Wahrung der Rechte aller Personen in der Wertschöpfungskette und die Ökologie hat den Umweltschutz als Thema. Dass daraus ein erhebliches Spannungsfeld zwischen den betreffenden Stakeholdern entstehen kann, liegt auf der Hand. Trotzdem belegen zahlreiche Studien, dass nachhaltige Unternehmensführung zu Kontinuität und Stabilität führt und auch den finanziellen Unternehmenserfolg positiv beeinflusst.[4]

Da der BBA Unternehmen für ihre nachhaltige Unternehmensführung prämiert, wurde auch erhoben, was die Sieger unter dem Begriff „nachhaltige Unternehmensführung" verstehen.

[4] Vgl. Kreipl et al., 2013, S. 138; Peemöller et al., 2013, S. 2092; Hüttermann et al., 2014, S. 393; Studie der Universität Witten/Herdecke, 2008, S. 1; Weber et al., 2012, S. 245.

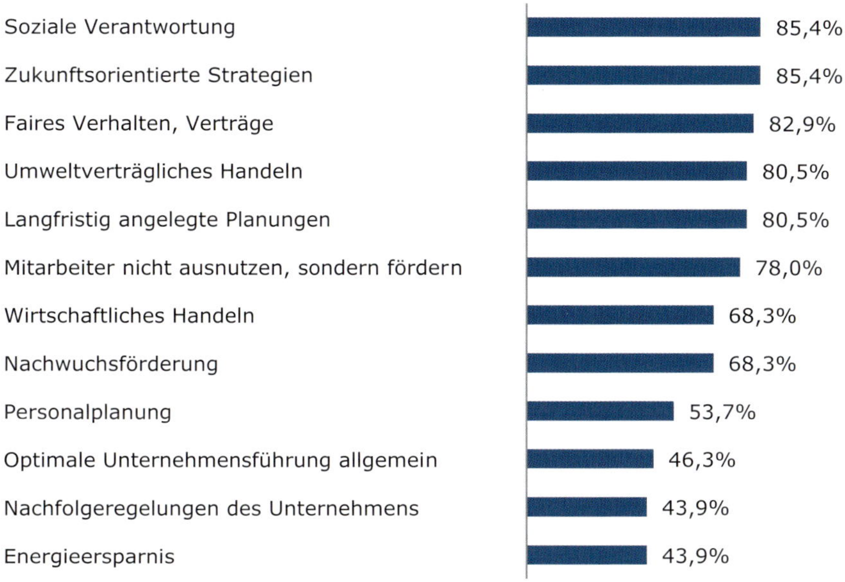

Abb. 6: Was verstehen die BBA-Sieger unter dem Begriff „nachhaltige Unternehmensführung“?

Der Großteil der BBA-Sieger versteht unter nachhaltiger Unternehmensführung die Wahrnehmung von sozialer Verantwortung und die Findung zukunftsorientierter Strategien. Faires Verhalten und umweltverträgliches Handeln waren weitere wichtige Kategorien.

Dieses Verständnis vom Begriff der nachhaltigen Unternehmensführung deckt sich auch mit der Studie der Berner Fachhochschule, dem UNESCO Lehrstuhl für Entrepreneurship und Interkulturelles Management und der Wirtschaftsprüfungsgesellschaft Ernst & Young GmbH aus dem Jahr 2011, in der die ersten sechs Begriffe ebenfalls die höchste Zustimmung erhielten.[5]

Die zweite Frage beschäftigte sich mit den Beweggründen für die Einführung einer nachhaltigen Unternehmensführung.

[5] Vgl. Studie: Nachhaltige Unternehmensführung, 2012, S. 3.

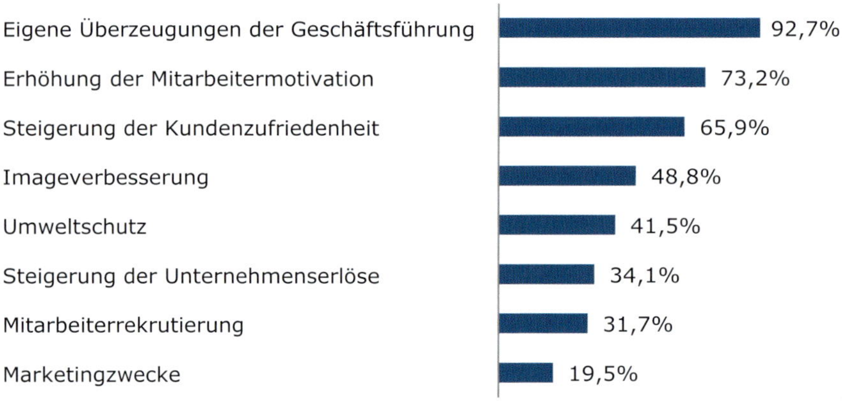

Abb. 7: Welche Erwägungen haben die BBA-Preisträger zu einer nachhaltigen Unternehmensführung geführt?

Als dominantes Motiv für eine nachhaltige Unternehmensführung wurde die eigene Überzeugung der Geschäftsführung genannt. Interessanterweise war die Steigerung der Mitarbeitermotivation schon das zweithäufigste Motiv. Damit wurde die soziale Dimension tangiert. Der Umweltschutz war ein verhältnismäßig wenig genannter Grund.

Die dritte Frage zielte darauf ab herauszufinden, ob durch nachhaltige Unternehmensführung spürbare Erfolge erzielt werden. Dieses Thema wird in der Literatur sehr intensiv diskutiert. Dabei ergaben sich ähnliche Ergebnisse wie in den bereits angeführten Studien. Drei Viertel der Preisträger konnten eine Steigerung der Mitarbeiterzufriedenheit und Zufriedenheit am Arbeitsplatz feststellen. Besonders positive Wirkungen gab es auch im Bereich der Kundenzufriedenheit und der Imageverbesserung.

Abb. 8: Spürbare Erfolge der nachhaltigen Unternehmensführung

In der letzten Frage zur Nachhaltigkeit wurden die BBA-Preisträger gebeten, eine Einschätzung zur künftigen Bedeutung nachhaltiger Unternehmensführung abzugeben. 82,9 % der Befragten glauben, dass die Bedeutung noch zunimmt, 17,1 % sahen eher eine gleichbleibende Bedeutung und kein einziger Preisträger war der Meinung, dass die Bedeutung abnehmen würde.

Abb. 9: Steigende Bedeutung nachhaltiger Unternehmensführung

Ergebnisse zum wirtschaftlichen Erfolg der BBA-Sieger

Ein erstes positives Indiz für den nachhaltigen Erfolg ist, dass noch sämtliche Preisträger ihre Unternehmenstätigkeit ausüben. Hierfür wurde analysiert, ob von den Unternehmen noch eine Homepage existiert. Außerdem wurde die Existenz im österreichischen Firmenbuch bzw. dem deutschen Handelsregister überprüft.

Ein erstes Ergebnis war: Sämtliche Preisträger sind noch unternehmerisch tätig!

Aktuelle Umsatzrendite (2013)

Ein wesentlicher Indikator wie erfolgreich Unternehmen sind ist die Ertragskraft. Die Ertragskraft wird hier als Verhältnis des Betriebserfolgs zum Umsatz definiert.

Für 2013 ergibt sich folgende Situation:

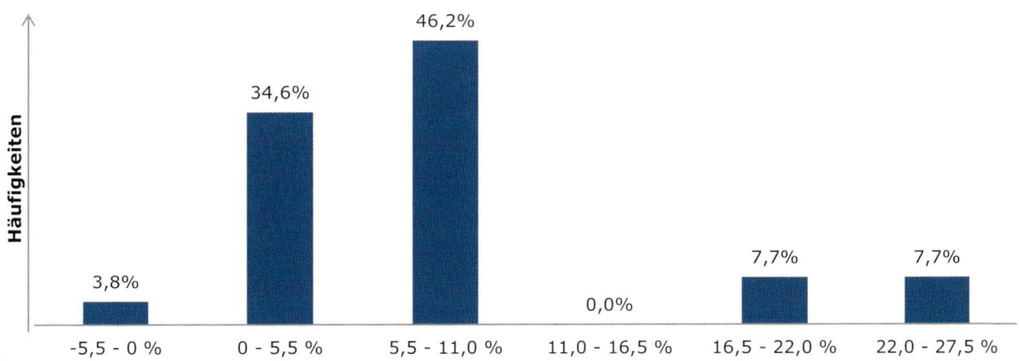

Abb. 10: Häufigkeitsverteilung – Umsatzrendite 2013 – BBA-Preisträger

Das Ergebnis zeigt, dass im Jahr 2013 nur rund 4 % der Preisträger einen negativen Betriebserfolg erwirtschafteten, ca. 35 % eine Umsatzrendite zwischen 0 % und 5,5 % aufweisen und bei ungefähr 46 % diese Kennzahl zwischen 5,5 % und 11 % liegt. Jeweils rund 8 % der Preisträger konnten sogar Umsatzrenditen zwischen 16,5 % und 22 % bzw. zwischen 22 % und 27,5 % erwirtschaften.

Anhand dieser Kennzahl zeigt sich, dass 96 % der Preisträger einen positiven Betriebserfolg im Jahr 2013 erwirtschafteten und diese Unternehmen durchschnittlich 8 % ihrer Umsatzerlöse als Betriebsergebnis verbuchen können.

Aktuelle Eigenkapitalquote (2013)

Eine der wesentlichen Kennzahlen für das unternehmerische Risiko ist die Eigenkapitalquote. Sie drückt den Anteil Eigenkapitals am Gesamtkapital aus. Das Eigenkapital kann als „Gewinnspeicher" betrachtet werden, aus dem mögliche (künftige) Verluste abgedeckt werden können. Je höher die Eigenkapitalquote, umso geringer ist ein mögliches Insolvenzrisiko.

Sehr vorsichtig agierende Unternehmen tätigen nur so viel Investitionen wie sie durch Eigenkapital finanzieren können. Dadurch ist aber oftmals die Gefahr gegeben, dass sich langfristig die Wettbewerbsfähigkeit reduziert.

In starken Wachstumsphasen erhöht sich der Fremdkapitalbedarf, damit reduziert sich zwangsläufig der Eigenkapitalanteil.

Im Schnitt weisen in Österreich KMUs EK-Quoten zwischen 19,5 % (Kleinstunternehmen) und 31,5 % (Mittelunternehmen) auf. 20 % der Unternehmen weisen gar ein negatives Eigenkapital auf.[6] Für 2013 ergab sich bei den Preisträgern folgende Situation:

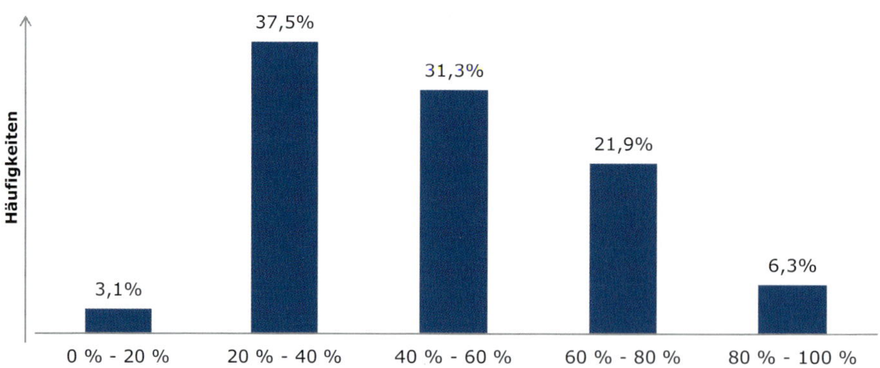

Abb. 11: Häufigkeitsverteilung – Eigenkapitalquote 2013 – BBA-Preisträger

[6] Durchschnittswerte aus den Jahresabschlüssen von rd. 70.500 bilanzierenden KMU der marktorientierten Wirtschaft (exkl. Realitätenwesen und Holdings), Bilanzstichtage zwischen 1.7.2011 und 30.6.2012, Quelle: KMU-Daten ÖNACE, http://www.kmuforschung.ac.at/index.php/de/kmu-daten-oenace.

Die Analyse der Eigenkapitalquote der Preisträger des BBA aus dem Jahr 2013 hat ergeben, dass nur 3 % der Unternehmen eine Eigenkapitalquote unter 20 % haben. Dem Großteil, nämlich mehr als 37 % der Unternehmen, stehen Eigenmittel zwischen 20 % und 40 % des Gesamtkapitals zur Verfügung. Über 31 % der Preisträger haben eine Eigenkapitalquote zwischen 40 % und 60 %. Annähernd 22 % stehen Eigenmittel zwischen 60 % und 80 % zur Verfügung und mehr als 6 % der Unternehmen haben sogar eine Eigenkapitalquote von mehr als 80 %.

Im Schnitt weisen die Preisträger eine Eigenkapitalquote von 49,8 % auf, was deutlich über dem Durchschnitt von KMUs liegt und als wesentliches Indiz für den Erfolg der Preisträger angesehen werden kann.

Starkes Umsatzwachstum der BBA-Preisträger

Eine Analyse der Umsatzentwicklung über mehrere Jahre ergab, dass die Preisträger im Schnitt ein 14 % jährliches Umsatzwachstum aufwiesen. Sämtliche Preisträger konnten in den ersten Jahren nach der Prämierung eine positive Umsatzsteigerung erzielen. 15 % der Befragten konnten im Schnitt den Umsatz jährlich sogar um 32 bis 40 % steigern.

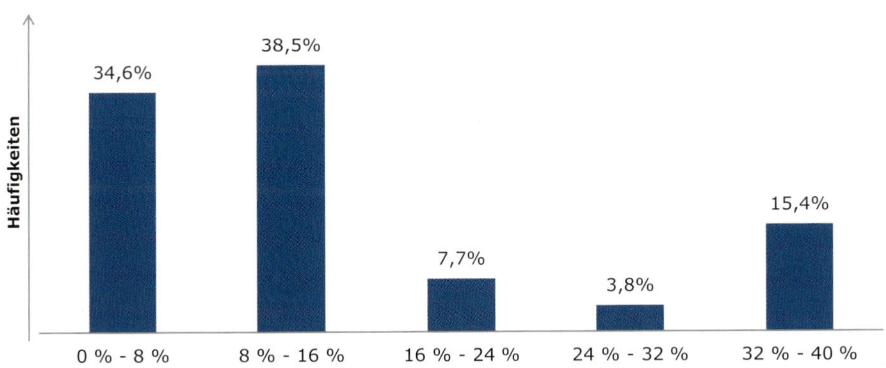

Abb. 12: Häufigkeitsverteilung – jährliche Umsatzsteigerung in den ersten Jahren nach der Prämierung

Durchschnittliche jährliche Ergebnisveränderung seit der Prämierung bis 2013

Langfristig betrachtet konnten 75 % der Preisträger ihr jährliches Betriebsergebnis steigern. Mehr als die Hälfte konnte eine jährliche Erhöhung des Betriebsergebnisses bis zu 35 % erzielen. 8 % der BBA-Sieger konnten das Betriebsergebnis jedes Jahr mehr als verdoppeln. Die durchschnittliche Erhöhung des Betriebsergebnisses liegt bei ca. 22 % jährlich.

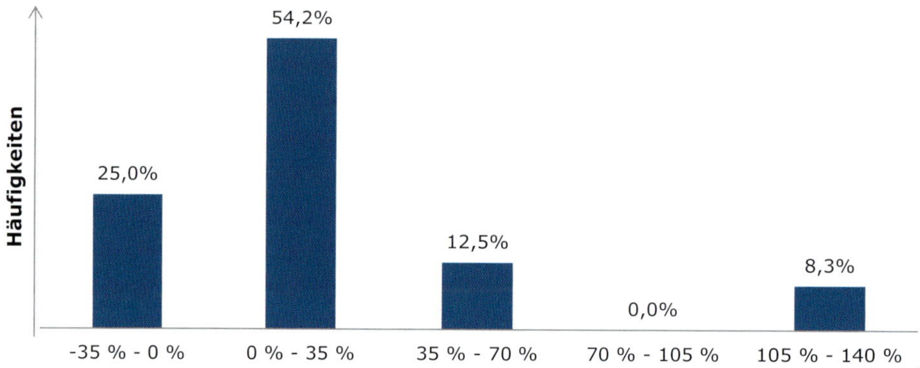

Abb. 13: Häufigkeitsverteilung – durchschnittliche jährliche Veränderung des Betriebsergebnisses seit der Prämierung

Die durchschnittliche jährliche Erhöhung des Betriebsergebnisses liegt deutlich über dem durchschnittlichen Umsatzwachstum, was wiederum belegt, dass es sich um ein profitables und damit auch gesundes Wachstum handelt. Langfristig verfolgen diese Unternehmen eine ökonomisch richtige Unternehmensstrategie.

Durchschnittliche jährliche Veränderung der Eigenkapitalquote seit der Prämierung bis 2013

Eine Betrachtung der Veränderung der Eigenkapitalquote seit der Prämiierung, zeigt ein recht positives Bild. So konnten im Durchschnitt 78 % der BBA-Sieger jährlich ihre Eigenkapitalquote steigern. Ein Drittel erzielte sogar eine ganz massive Steigerung zwischen 10 und 40 %.

Der Großteil, nämlich 44,4 %, konnte die Eigenkapitalquote jedes Jahr bis zu 10 % erhöhen.

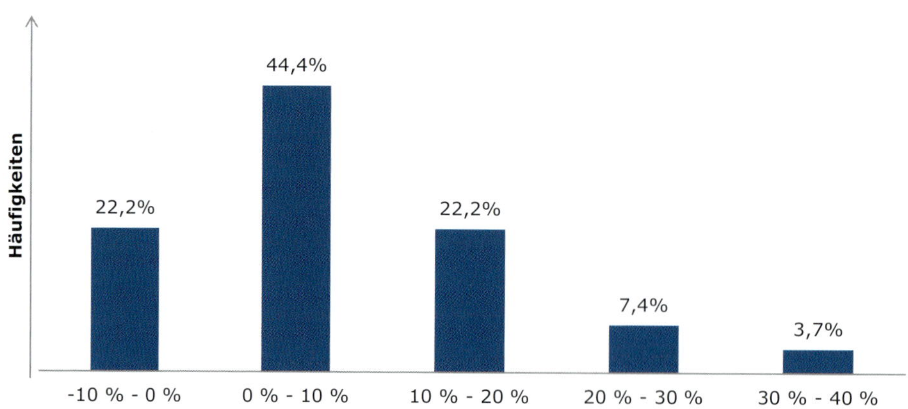

Abb. 14: Häufigkeitsverteilung – durchschnittliche jährliche Veränderung der Eigenkapitalquote seit der Prämierung

Durchschnittliche jährliche Veränderung der Mitarbeiterzahl seit der Prämiierung bis 2013

Neben der Umsatz- und Ergebnisentwicklung ist ein wesentlicher Indikator für das Wachstum eines Unternehmens die Veränderung der Mitarbeiterzahl.

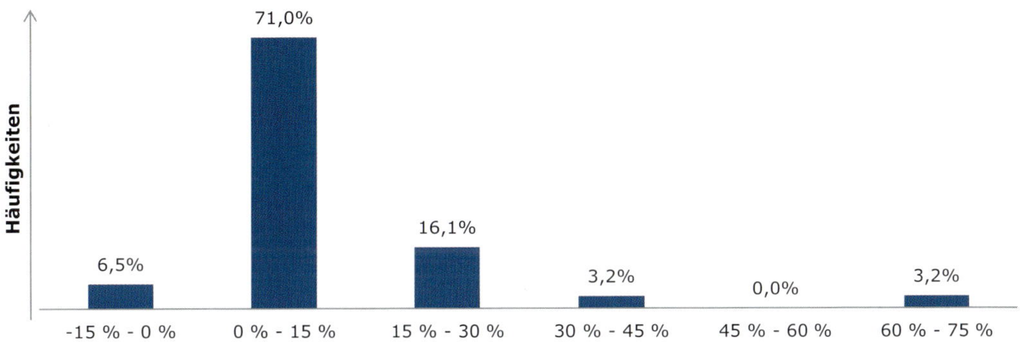

Abb. 15: Häufigkeitsverteilung – durchschnittliche jährliche Veränderung der Mitarbeiterzahl seit der Prämierung

In den ersten Jahren nach der Prämierung konnten drei von vier Siegern die Anzahl der Mitarbeiter pro Jahr bis zu 18 % erhöhen.

Auf lange Sicht bleibt diese Tendenz bestehen. 71 % beschäftigten jährlich bis zu 15 % mehr Mitarbeiter. Nur 6,5 % konnten ihren Mitarbeiterstand nicht halten und mussten Arbeitsplätze abbauen. 3,2 % der Sieger wiesen außergewöhnliche Steigerungsraten auf, sie legten bei der Anzahl der Mitarbeiter jährlich zwischen 60 bis 75 % zu.

Im Jahr 2013 wurden im Durchschnitt von jedem Preisträger 644 Personen beschäftigt. Auf die bisherigen 72 Preisträger hochgerechnet ergibt dies einen Beschäftigtenstand von 46.368 Personen. Die Preisträger sind damit ein bedeutender Arbeitsmarktfaktor in der Europaregion Donau-Moldau.

Zusammenfassung der empirischen Erhebung

Alle bisherigen Preisträger sind noch am Markt tätig!

Von 1999 bis 2013 prämiierte der BBA 72 verschiedene Unternehmen. Alle Preisträger sind noch unternehmerisch tätig. Kein einziges Unternehmen wurde seither insolvent.

Sehr positive Umsatzentwicklung

Alle Preisträger konnten in den ersten Jahren nach ihrer Prämiierung die Umsätze steigern. Im Durchschnitt war in den ersten Jahren die jährliche Umsatzsteigerung 14 %. Langfristig betrachtet lag sie sogar bei 15 % jährlich.

Gesunde Umsatzentwicklung mit sehr positiven Ergebnissen

Häufig werden Umsatzsteigerungen zulasten des Betriebsergebnisses erzielt. Bei den BBA-Siegern konnten 75 % ihre Ergebnisse jährlich steigern. 21 % hatten sogar jährliche Zuwachsraten von mindestens 35 % bis maximal 140 %.

Veränderung des Eigenkapitals überwiegend sehr positiv

Wachstum bedingt zwangsläufig eine gewisse Erhöhung des Fremdkapitals und damit auch einen Risikoanstieg, außer man ist aufgrund einer sehr guten Ertragslage mit hohen Cashflows in der Lage, Investitionen und Veränderungen im Umlaufvermögen aus dem laufenden Geschäft zu finanzieren. Bei den BBA-Siegern war das überwiegend der Fall. 78 % der Preisträger konnten ihre Eigenkapitalquote um durchschnittlich 8 % pro Jahr erhöhen.

BBA-Sieger sind bedeutsame Arbeitgeber

Der BBA prämiert jene Unternehmen die für die Europaregion Donau-Moldau herausragende Bedeutung haben. Ein Indikator ist, wie weit es diese Unternehmen für die Region nachhaltig ein bedeutsamer Arbeitgeber zu sein bzw. zu werden. Die Erhebung hat dies für die Sieger eindeutig bestätigt. 94 % der Sieger konnten ihren Mitarbeiterstand ausbauen. Die durchschnittlichen jährlichen Wachstumsraten betrugen 10 %. Fast ein Viertel konnte jährlich sogar um mehr als 15 % bei der Beschäftigtenanzahl zulegen.

Aktuelle Unternehmenssituation ist sehr gut

Im Jahr 2013 haben 96 % der Preisträger ein positives Betriebsergebnis erzielt. Die Umsatzrendite liegt im Durchschnitt bei 8 % und die Eigenkapitalquote bei 50 %.

Schlussfolgerungen zur „Preiswürdigkeit"

Eine zentrale Frage eines Unternehmerpreises ist, ob tatsächlich jene Unternehmen gekürt werden, die nachhaltig erfolgreich sind. Aufgrund der vorliegenden Ergebnisse kann dies eindeutig mit ja beantwortet werden!

Dies belegen die vorliegenden betriebswirtschaftlichen Kennzahlen, die den prämierten Unternehmen eine hervorragende finanzielle Performance über Jahre hinweg bescheinigt. Die Sieger haben damit bewiesen, dass sie nicht nur kurzfristig überzeugen konnten sondern auch langfristig wirtschaftlich erfolgreich sind. Neben der finanziellen nachhaltigen Unternehmensführung wird bei der Auswahl der Sieger auch das Verhalten im Bereich gesellschaftlicher und ökologischer Nachhaltigkeit betrachtet. Wie gut oder schlecht sich die Sieger in diesen Kategorien entwickelt haben, war nicht Gegenstand der vorliegenden Untersuchung und kann daher nicht beantwortet werden. Die Inhalte der vorliegenden Fachbeiträge belegen aber, dass auch in diesen Kategorien hervorragende Leistungen erbracht wurden.

Literaturverzeichnis

Berner Fachhochschule, Fachbereich Wirtschaft/UNESCO Lehrstuhl für Entrepeneurship und Interkulturelles Management/Wirtschaftsprüfungsgesellschaft Ernst Young GmbH: Nachhaltige Unternehmensführung, Lage und aktuelle Entwicklungen im Mittelstand, Studie, 2012, http://www.ey.com, http://www.ey.com/Publication/vwLUAssets/Nachhaltige_Unternehmensfuehrung_im_Mittelstand/$FILE/Nachhaltige%20Unternehmensfuehrung%20im%20Mittelstand%202012.pdf, Stand: 9.02.2015

Hüttermann, Kai/Unkhoff, Alina (2014): Rechnet sich nachhaltiges Wirtschaften?, Zeitschrift für kapitalmarktorientierte Rechnungslegung, 7–8/2013

Kreipl, Markus/Müller, Stefan/Stawinoga, Martin (2013): Nachhaltigkeit als neues Management-postulat, Zeitschrift für Corporate Governance, 3/13, S. 137–141

KMU-Daten ÖNACE, URL: http://www.kmuforschung.ac.at/index.php/de/kmu-daten-oenace, Stand: 9.02.2015.

Peemöller, Volker/Braune, Marlen (2013): Der Einfluss nachhaltigen Wirtschaftens auf den Unternehmenswert, Betriebs Berater, Heft 35/2013, S. 2091–2104

Scherrer, Harald (2014): Analyse der Gewinner des Best Business Award unter dem Aspekt der nachhaltigen Unternehmensführung, Bachelorarbeit

Universität Witten/Herdecke, Deutschland, Zentrum für Nachhaltige Unternehmensführung, Studie, 2008, http://mehrwert-nachhaltigkeit.de/, http://mehrwert-nachhaltigkeit.de/data/studien-pdf/corporate-social-responsibility-und-unternehmenserfolg.pdf, Stand: 9.02.2015

Weber, Jürgen/Goretzki, Lukas/Meyer, Timo (2012): Nachhaltigkeit als neues Aufgabenfeld für Controller — Ergebnisse der WHU-Zukunftsstudie, Zeitschrift für Controlling und Management, 56. Jg. 2012, S. 242–248

Nachhaltigkeit auf der Meta-Ebene

Systemarer Ansatz für eine nachhaltige Unternehmensführung

Dr.-Ing. Drs h. c. Peter A. Wilderer
TUM Professor Emeritus of Excellence

Management Summary

Der Begriff „nachhaltig" wurde im 18. Jahrhundert von der deutschen Forstwirtschaft geprägt. Die englische Übersetzung des Begriffs (sustain) steht u. a. für die Fähigkeit, etwas im Gleichgewicht halten, um einen Kollaps zu vermeiden. Mit „Kollaps" war ursprünglich der Zusammenbruch eines Wirtschaftssystems bzw. der Bankrott einer einzelnen Firma gemeint. Im 20. Jahrhundert wurde der Begriffsinhalt von „sustain" auf Sozial- und Ökosysteme ausgeweitet. Die Entwicklung hin zum Zustand der Nachhaltigkeit (nachhaltige Entwicklung) wird seitdem als Forderung verstanden, Gefährdungen, die durch Destabilisierung von Gesellschaften und Wirtschaft sowie durch den Verlust an ökosystemaren Dienstleistungen entstehen, entgegenzuwirken. Da im Zeitalter des Anthropozäns[7] Wirtschafts-, Gesellschafts- und Ökosysteme eng miteinander verzahnt sind, und weil ein Kollaps eines der Systeme zum Zusammenbruch des Ganzen führen kann, ist nachhaltige Entwicklung zu einem übergreifenden normativen Leitprojekt geworden. Die nachhaltige Entwicklung eines Unternehmens erschöpft sich deshalb nicht allein in der Art und Weise, wie das Unternehmen geführt wird, sondern folgt aus einer ganzheitlichen Herangehensweise, die gleichzeitig auch der Erhaltung der Funktionsfähigkeit der Wirtschaft insgesamt sowie der Gesellschaft und der Umwelt dient.

Erreicht wird Nachhaltigkeit insbesondere durch die Erhaltung und Steigerung von Resilienz. Resilienz steht für die Eigenschaft eines Systems, sich kontinuierlich an die sich ändernden politischen, wirtschaftlichen, technologischen, gesellschaftlichen und ökologischen Randbedingungen anzupassen, ohne dass dadurch die eigene Identität und Integrität verloren geht. Das frühzeitige Erkennen derartiger Änderungen sowie mutige Schritte zur wohlüberlegten Anpassung anthropogen geprägter Systeme und Systemkomponenten ist die vornehmste Aufgabe von Führungskräften in Wirtschaft und Gesellschaft.

[7] Vgl. Crutzen (2002).

Einführung

Der im Titel dieses Beitrags verwendete Begriff „systemarer Ansatz" taucht in der Literatur erstmals in einer Veröffentlichung von Petschel-Held et al.[8] auf und wurde in dem 1996 erschienen Jahresgutachten des Wissenschaftlichen Beirats der Bundesregierung Globale Veränderungen[9] als Methode einer ganzheitlichen Betrachtung komplexer Probleme in die Systemforschung eingeführt. Der Begriff bezieht sich auf das komplexe Beziehungsgeflecht in Natur und Zivilisation und verknüpft die bisher vorherrschende sektorale Betrachtungsweise (systemischer Ansatz) mit disziplinübergreifenden Ansätzen zur Problemlösung. Die folgenden Ausführungen mögen als Anwendung dieser Methodik auf den Bereich der Unternehmensführung verstanden sein.

Unternehmen sind anthropogen geformte Systeme, deren Funktion mithilfe des menschlichen Verstands an die jeweils vorherrschenden Randbedingungen anzupassen ist. Natürliche Systeme regeln sich im Gegensatz dazu selbst.

Beide, natürliche und anthropogene Systeme, setzen sie sich aus vielfältig miteinander wechselwirkenden Komponenten zusammen. Die Unternehmensführung gilt als eine dieser Komponenten. Die Belegschaft, die Zulieferer von Betriebsstoffen und Energie sowie die Abnehmer der erzeugten Produkte und Dienstleistungen sind andere wichtige Komponenten.

Der Erfolg des Unternehmens hängt maßgeblich von einer dynamischen Anpassung an Veränderungen der Randbedingungen ab, die auf das Unternehmen einwirken. Die Unternehmensführung gibt dabei die generelle Richtung vor. Um einen langfristigen Erfolg des Unternehmens zu sichern, ist eine nachhaltig wirksame Unternehmensführung eine wichtige Voraussetzung. Problemlösungen müssen aus einem tiefen Verständnis des Beziehungsgeflechts von Wirtschaft, Gesellschaft und Umwelt resultieren, um nachhaltig zu sein. Erhaltung und Steigerung der Resilienz des Unternehmens gelten dabei als wesentliche Voraussetzungen für Nachhaltigkeit[10] und damit für einen langfristigen Unternehmenserfolg.

Das Leitbild der Nachhaltigkeit

Der Begriff „Nachhaltigkeit" wird umgangssprachlich oft als Synonym für „gut" verwendet und beginnt, an Attraktivität zu verlieren. Mehr und mehr Vorstände von mittleren und kleineren Unternehmen stellen die Frage, ob sich der Aufwand zur Einführung und Umsetzung einer Nach-

[8] Vgl. Petschel-Held et al. (1995).

[9] Vgl. WBGU (1996).

[10] Vgl. Wilderer/von Hauff (2014).

haltigkeitsinitiative tatsächlich lohnt.[11] Der eigentliche Sinninhalt des Begriffs scheint verloren gegangen zu sein.

Ursprünglich hatte der Begriff „Nachhaltigkeit" einen rein wirtschaftlichen Bezug. Hannss Carl von Carlowitz (1713), der diesen Begriff in die Literatur einführte, war besorgt, dass der Bedarf an Holz für den Haus- und Schiffsbau, für die Abstützung von Minen und für die Herstellung von Holzkohle zur Verhüttung von Erzen wegen der massiven Rodung von Wäldern bald nicht mehr gedeckt werden könne. Um wirtschaftlichen Rückschläge zu vermeiden, forderte er, pro Zeiteinheit nur so viele Bäume zu fällen, wie im gleichen Zeitraum nachwachsen.

Sein Konzept für eine von ihm benannte nachhaltige Forstwirtschaft wurde im 19. Jahrhundert von der französischen Forstwirtschaft mit dem Slogan: *„produit soutenu et égal d'une forêt"*[12] übersetzt. Der Begriff „soutenu" (lat. *sustenare*; engl. *sustain*) bedeutet: „etwas im Gleichgewicht halten" bzw. „etwas vor einem Kollaps bewahren". Der Begriff „sustainable" beschreibt also die Fähigkeit, etwas im Gleichgewicht halten, um einen Kollaps zu vermeiden. Dass sich die Erhaltung dieser Fähigkeit für jedes Unternehmen lohnt, steht außer Zweifel.

1987 wurde der Begriffe „sustainablity" von der Weltkommission für Umwelt und Entwicklung der Vereinten Nationen („Brundtland-Kommission") in das wesentlich breiter gefasste Konzept der globalen nachhaltigen Entwicklung (sustainable development) übernommen. In dem abschließenden Bericht dieser Kommission wird eine gleichwertige Bedeutung der ökonomischen, ökologischen und gesellschaftlichen Lebensräume hingewiesen.

Bildhaft wurde die Gleichwertigkeit dieser drei Bereiche als Drei-Säulen-Modell dargestellt (Abb. 16 a). Das Nebeneinanderstellen dieser drei Säulen ist allerdings irreführend, da die drei Bereiche in Wirklichkeit eng miteinander verknüpft sind und sich gegenseitig beeinflussen. Es genügt nicht, eine der drei Säulen nachhaltig zu gestalten. Darstellen lässt sich diese Verknüpfung durch drei überlappende Kreise[13] (Abb. 16 b). Diese Darstellung entspricht dem in der Mengenlehre häufig verwendete Venn-Diagramm. Die Darstellung gilt als grafische Repräsentation einer Triade, der Nachhaltigkeits-Triade, die in der Literatur oft auch als paradoxe Einheit von Identität und Differenz verstanden wird[14].

[11] Vgl. Wirtenberg (2014).

[12] Grober (2010), S. 202.

[13] Grambow (2013), S. 49.

[14] Grambow (2013), S. 61.

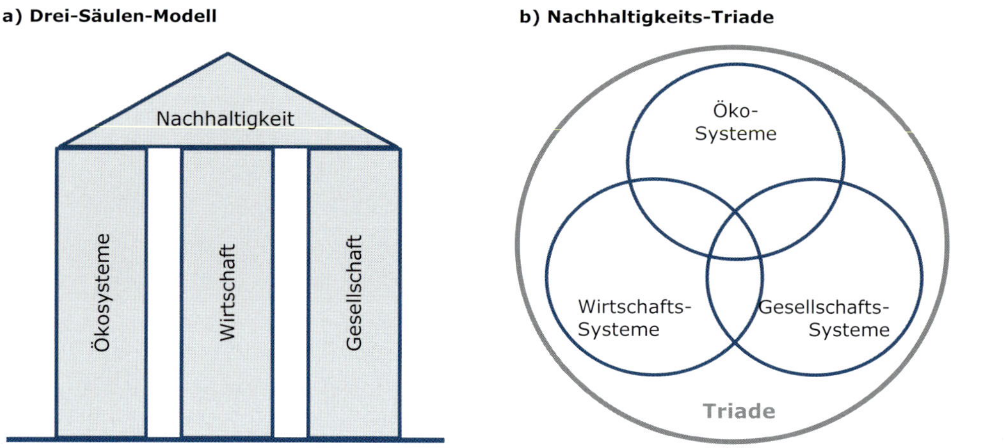

Abb. 16: Gegenüberstellung des Drei-Säulen-Modells der Nachhaltigkeit (a) und der Verzahnung dieser drei Bereiche in Form einer Nachhaltigkeits-Triade (b)

Dem Brundtland-Bericht entsprechend soll es das Ziel der nachhaltigen Entwicklung sein, die Bedürfnisse der Gegenwart zu befriedigen, ohne zu riskieren, dass künftige Generationen ihre eigenen Bedürfnisse nicht befriedigen können. Aber wer weiß schon, welche Bedürfnisse künftige Generationen im Einzelnen haben? Dennoch ist es sicher richtig, eine intergenerative ökologische Gerechtigkeit anzustreben. Eine dauerhafte Strategie zur Vermeidung eines Systemzusammenbruchs (Kollaps) dient eben diesem Zweck und scheint daher verständlich und leicht umsetzbar zu sein.

In dem Bericht der Kommission wird die nachhaltige Entwicklung als Wandlungsprozess verstanden, in dem die Nutzung von Ressourcen, das Ziel von Investitionen sowie die Richtung technologischer Entwicklung sich ständig ändern. Um menschliche Bedürfnisse und Wünsche zu erfüllen, gilt es, diesen Wandlungsprozess mit wissensbasierten Methoden zu stützen und zu steuern. Nachhaltige Entwicklung ist somit eine normative Zielvorgabe.

Auffällig ist, dass die Brundtland-Kommission – ähnlich wie von Carlowitz – die nachhaltige Entwicklung primär auf das Wohlergehen der menschlichen Gesellschaft, also der Zivilisation ausgerichtet hat. Anknüpfend an die Ausführungen von Meadows et al[15] wurde auf die Endlichkeit der zur Aufrechterhaltung und Weiterentwicklung der Zivilisation benötigten Ressourcen unserer Erde hingewiesen. Nachhaltige Entwicklung fordert daher den Erhalt sowie eine effiziente Nutzung von Ressourcen und verbietet Übernutzung beispielsweise von Grundwasservorkommen[16] sowie die Verschmutzung von Wasser, Boden und Luft.

15 Vgl. Meadows et al. (1972).

16 Vg. Kerr (2009).

Die Funktionalität der Zivilisation kann nur gewährleistet werden, wenn gleichzeitig auch die Funktionalität der globalen Ökosysteme aufrechterhalten wird. Darauf haben Lovelock sowie Gorshkov et al.[17] eindringlich hingewiesen.

Die drei Lebensräume, Ökonomie, Ökologie und Gesellschaft sind eng miteinander verzahnt (Abb. 16 b). Die einzelnen Lebensräume und deren Komponenten sind dennoch unterschiedlich — haben eine eigene Identität. Beispielsweise unterscheidet sich ein Wald markant von einer Wiese, eine Ölraffinerie von einem Bauernhof, ein Dorf von einer Stadt. Dennoch gibt es Querbeziehungen zwischen Wiese und Wald, zwischen Raffinerien, Agrarbetrieben, Städten und Dörfern. Jede Einheit braucht direkt oder indirekt die anderen.

Trotz individueller Differenzen zwischen den Sub-Systemen und trotz unterschiedlicher Dynamik und deren zeitlicher und räumlicher Entwicklung sollte der alles umfassenden Triade eine konsequent zu erhaltende Identität höherer Ordnung zugebilligt werden. Um die Teilsysteme sowie auch die Triade im Gleichgewicht zu halten und vor einem Kollaps zu bewahren, ist eine dynamische Entwicklung notwendig, die letztendlich zu einem Zustand führt, den wir mit dem Prädikat „nachhaltig" belegen dürfen.

Die von Wirtenberg formulierte Frage, ob sich der Aufwand zur Einführung und Umsetzung einer Nachhaltigkeitsinitiative in einem kleinen oder mittleren Unternehmen lohnt[18], kann dann mit einem eindeutigen „Ja" beantwortet werden. Jeder einzelne Betrieb ist eine Komponente des Ganzen (der Triade). Da jeder Mensch und jeder Betrieb durch sein Verhalten zur Entstehung der globalen Umweltprobleme beigetragen hat, ist im Umkehrschluss jede, auch die kleinste Komponente der Zivilisation aufgerufen, durch verantwortungsbewusstes Handeln zur Lösung der Umweltprobleme beizutragen. Etwas weniger akademisch ausgedrückt: Die Realisierung einer nachhaltigen Entwicklung lohnt sich, wenn das individuelle Handeln der Unternehmensführung zu einer effizienten Nutzung unserer lebensnotwendigen Ressourcen (Energie, Wasser, Rohstoffe, Kapital, Personal) sowie zu einer Vermeidung der Verschmutzung von Boden, Wasser und Luft führt, weil damit ein dauerhafter Nutzen entsteht. Eine nachhaltige Betriebsstrategie lohnt sich, weil effiziente Ressourcennutzung dem Interesse sowohl der Firma wie auch der Gesellschaft, der Wirtschaft und der Umwelt dient.

[17] Vgl. Lovelock (1979), Gorshkov et al. (2000).

[18] Vgl. Wirtenberg (2014).

Nachhaltigkeit durch Resilienz

Die Frage, die sich nun stellt, lautet: Welche Instrumente stehen der Unternehmensführung zur Verfügung, eine nachhaltige Entwicklung einzuleiten und diese konsequent zu verfolgen? Die Resilienz-Theorie liefert dazu Vorschläge.

Diese Theorie geht von der Überlegung aus, dass die Funktionalität eines natürlichen oder zivilisatorischen Systems dann ihr Optimum erreicht, wenn es in eine systemtypische Gleichgewichtlage kommt. Es wird weiterhin angenommen, dass der Spielraum, in dem das System agieren kann, durch einen Ordnungsrahmen vorgegeben ist, der von örtlichen Faktoren wie Klima, ökologische Wechselbeziehungen, Wirtschaftspolitik, technische Entwicklungen, Anforderungen des Marktes bestimmt wird. Da diese Faktoren sich ständig ändern, ändert sich auch die Gleichgewichtslage, die eine optimale Entfaltung der Systemeigenschaften ermöglicht. Sie ist einem dynamischen Wechsel ausgesetzt. Dementsprechend müssen auch das System und dessen Komponenten sich ständig anpassen, um optimal agieren zu können.

Das gilt insbesondere, wenn Störungen auftreten, die das System zwangsweise aus der Gleichgewichtslage treiben. Ein resilientes System ist dank seiner Fähigkeit zur Anpassung in der Lage, auf Störungen elastisch zu reagieren und so in die Gleichgewichtslage zurückzufinden. Sollte die Störung zu heftig ausfallen, oder sollte das System über keine ausreichende Elastizität verfügen, kann dies dazu führen, dass das System aus dem bisherigen Ordnungsrahmen hinausgetrieben wird (Kollaps-Situation), um sich dann in einem anderen Ordnungsumfeld wiederzufinden. Die jüngere deutsche Geschichte liefert dazu ein besonders markantes Beispiel – die politische Wende in der Zeit um das Jahr 1990.

Bekanntermaßen ist das Leben auf der Erde durch ständige Veränderungen geprägt ist. Zum Teil treten Veränderungen kurzfristig und periodisch auf wie beispielsweise der Tag-Nacht-Rhythmus oder der Rhythmus zwischen Wachsein und Schlaf, Hunger und Sättigung. Individuen sowie ganze Ökosysteme sind an solche relativ schnelle periodische Änderungen gewohnt und passen ihre Gleichgewichtslage ständig an. Manche periodischen Veränderungen verändern sich allerdings langsam und über beträchtliche Zeiträume. Beispiel dafür ist der Wechsel von Warm- zu Kaltzeiten während der zurückliegenden Jahrmillionen. Immer wieder kam es erdgeschichtlich aber auch zu plötzlich auftretenden Störungen, beispielsweise durch den Einschlag von Meteoriten oder den Ausbruch von Vulkanen. Das Leben selbst konnte sich trotz solcher dramatischen Ereignisse behaupten, weil das Leben als solches in höchstem Maße anpassungsfähig ist.[19] Das heißt nicht, dass alle Individuen in gleichem Maße anpassungsfähig sind. Arten, die nicht in der Lage waren, sich an die geänderten Umweltbedingungen anzupassen, starben aus. Andere

[19] Vgl. Lovelock (1979), Gorshkov (2000).

wanderten in die neu entstandenen Nischen ein. Wir erleben dies heute infolge des Klimawandels hautnah durch die Ausbreitung von bisher ortsfremden pflanzlichen und tierischen Arten.

Analogien zu den Veränderungen im Wirtschaftsraum sind offenkundig. Mit der Veränderung der wirtschaftlichen Rahmenbedingungen herrscht ein Kommen und Gehen einzelner Firmen und ganzer Branchen. Das Wirtschaftssystem als solches bleibt aber existent, wenn auch in abgeänderter Form. Insofern sind natürliche Ökosysteme mit anthropogenen Systemen vergleichbar. In beiden Bereichen sind Anpassungsvorgänge sowie Leben und Tod als immer währende Verjüngungsprozesse zu begreifen.

Die Eigenschaft eines Systems, resilient zu sein, hängt von der Fähigkeit ab, seine Gleichgewichtslage kontinuierlich an sich wechselnde Randbedingungen anzupassen, ohne dabei die eigene Identität und Integrität zu verlieren (Walker und Salt, 2006; Schaffer et al., 2014). Ob und in welchem Ausmaß ein System nach Eintreten einer Veränderung der Randbedingungen resilient ist, hängt nach Holling von dessen Vermögen ab, die Auswirkungen der Änderungen zu absorbieren und sich ggf. zu reorganisieren, um so einen neuen Gleichgewichtszustand zu erreichen.[20] Die durch Änderungen des alles bestimmenden Ordnungsrahmens oder durch Störungen angestoßene Adaptations- und Verjüngungsprozesse werden als in sich geschlossene Schleifen[21] bzw. als Kreisprozesse[22] (adaptiver Zyklen) beschrieben.

Angewendet auf wirtschaftlich agierende Unternehmen beginnt der Zyklus mit der Unternehmensgründung. Wenn der Geschäftsplan sich als tragend erweist und die angebotenen Produkte oder Dienstleistungen vom Markt angenommen werden, folgt auf die Gründungsphase eine Phase raschen Wachstums, die schließlich in eine Konsolidierungsphase übergeht (Abb. 17 a).

Die Unternehmensführung ist gut beraten, von Anfang an Änderungen der Randbedingungen genau zu beobachten (Monitoring) und die beobachteten Änderungen zu analysieren und zu bewerten. Neue wissenschaftliche Erkenntnisse, technische Fortschritte, neue Handelsoptionen, Änderungen der Wirtschaftspolitik, beobachtete Schadwirkungen der erzeugten Produkte auf Gesundheit und Umwelt sowie Modeströmungen müssen ständig zur Kenntnis genommen werden. Die Analyse kann zu der Erkenntnis führen, dass tief greifende Anpassungen bis hin zu einer völligen Neuorientierung ratsam sind.

20 Vgl. Holling (1986).

21 Vgl. Walker/Salt (2006), S. 81.

22 Vgl. Walker/Salt (2006), S. 83; Grambow (2013), S. 58.

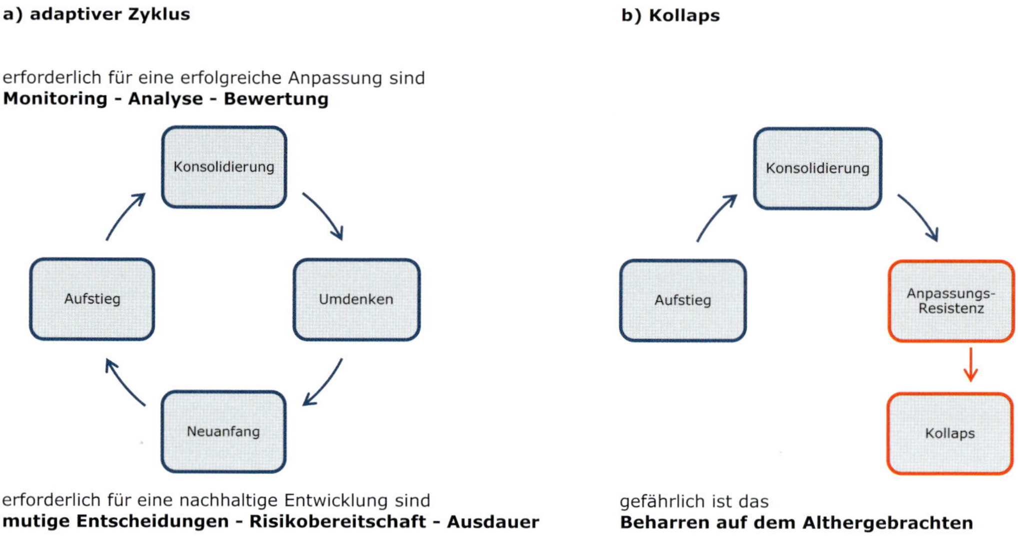

Abb. 17: Grafisches Model eines adaptiven Zyklus (a) sowie die Situation, die durch Beharren auf dem Althergebrachten entstehen kann (b)

Das Erkennen der Notwendigkeit für Veränderungen ist die eine Sache, die praktische Umsetzung eine andere. Gebraucht werden jetzt Entscheidungsfreudigkeit, die Bereitschaft, Risiken einzugehen, sowie Überzeugungskraft gegenüber der Belegschaft, den Banken, den Investoren und letztlich auch den Kunden. Gelingt die Anpassung, kann das Unternehmen in eine neue Phase des raschen Wachstums übergehen. Es behauptet sich weiterhin am Markt und erweist sich so als resilient. Die Erhaltung und Steigerung von Resilienz ist offensichtlich eine Grundvoraussetzung, einen Kollaps zu vermeiden, und somit für Nachhaltigkeit.

Abb. 17 b zeigt eine Situation auf, die entsteht, wenn die Unternehmensführung die Zeichen der Zeit nicht zur Kenntnis nimmt. Die Entscheidung, auf dem bisher erfolgreichen Kurs zu bleiben, macht in vielen Fällen einen Kollaps (sprich: Insolvenz) unausweichlich. Beharren auf dem Althergebrachten steht also für das Gegenteil von Nachhaltigkeit.

Empfehlungen

Die Führung jedweden Unternehmens ist gut beraten, bei unternehmerischen Entscheidungen mit einem hohen Maß an Respekt und Toleranz die Bedürfnisse nicht nur des Marktes und der Mitarbeiter zu berücksichtigen. Ebenso wichtig ist es, den lebenserhaltenden Funktionen von Feuchtgebieten, Flusslandschaften und Wäldern Respekt zu zollen. Im Klartext heißt das: Hände weg von einem Eingriff in die Natur beispielsweise durch Trockenlegung oder Abholzung. Der erhoffte kommerzielle Nutzen solcher Eingriffe lässt sich in der Regel auch anders gewinnen. Es geht es darum, die selbstregulativen Kräfte der Ökosysteme, von denen auch die Wirtschaft letztendlich abhängt, konsequent zu erhalten. Ökosystemare Dienstleistungen und die daraus resultierende Verfügbarkeit von Wasser, nachwachsenden Energieträgern, Bodenfruchtbarkeit und Klima sind für den langfristigen Erfolg von Unternehmen aller Branchen von hoher Bedeutung.

Eine nachhaltig wirtschaftende Unternehmensführung ermöglicht wirtschaftlichen Erfolg, wenn das Unternehmen durch wissensbasierte Regulationsvorgänge an die sich ändernde wirtschaftliche, politische und kulturelle Randbedingungen stetig angepasst wird. Dabei ist es nach Wirtenberg ratsam, dass der Unternehmer seine Mitarbeiter sowie potenzielle Kunden in die Entscheidungsfindung ständig einbinden (bottom-up Ansatz)[23].

Literaturverzeichnis

Carlowitz, H. C. von (1713): Sylivicultura oeconomica: Anweisung zur wilden Baumzucht. Reprint (2000) TU Freiberg, Germany, Report 135

Crutzen, P. J. (2002): Geology of Mankind, Nature, Vol. 415, S. 23

Gorshkov V. G., Gorshkov V.V. Makarieva A. M. (2000): Biotic Regulation of the Environment – Key Issue of Global Change. Springer Praxis Publishing, Chichester, UK

Grambow, M. (Hrsg.) (2013): Nachhaltige Wasserbewirtschaftung: Konzept und Umsetzung eines vernünftigen Umgangs mit dem Gemeingut Wasser. Springer-Vieweg

Grambow, M. (2013): Theorie und Methodik der Nachhaltigkeit im Wassersektor. In: Nachhaltige Wasserbewirtschaftung, Grambow, M. (Hrsg), S. 37–90. Springer-Vieweg

Grober, U. (2010): Die Entdeckung der Nachhaltigkeit: Kulturgeschichte eines Begriffs, München

Holling, C. S. (1986): The resilience of terrestrial ecosystems: local surprise and global change. In: Sustainable development of the Biosphere, Clarc W. C. and Munn R. E. (Hrsg), S. 292–317. Cambridge University Press

Kerr, R. A. (2009): Northern India´s Groundwater is Going, Going, Going. Science Vol. 329, S. 798

[23] Vgl. Wirtenberg (2014).

Lovelock, J. (1979): A new look of life on Earth, Oxford University Press

Meadows, D./Meadows, D./Zahn, E./Milling, P. (1972): Die Grenzen des Wachstums. Deutsche Verlagsanstalt Stuttgart

Petschel-Held, G./Block, A./Schellnhuber, H J. (1995): Syndrome des Globalen Wandels – Ein systemarer Ansatz für Sustainable-Development Indikatoren. GEOwissenschaften, 3:, S. 81–87

Walker, B./Salt, D. (2006): Resilience Thinking – Sustaining Ecosystems and People in a Changing World, Washington D.C.

WBGU (1996): Welt im Wandel: Herausforderung für die deutsche Wissenschaft. Springer Verlag

Wilderer, P./Hauff M. (2014): Nachhaltige Entwicklung durch Resilienz-Steigerung. In: Nachhaltige Entwicklung (Hauff M. von (Hrsg), S. 17–40. Nomos Verlag

Wirtenberg, J.(2014): Three Transformative Business Sustainability Trends. Standford Social Innovation Review; 1–4

World Commission on Environment and Development (1987): Our Common Future. Oxford University Press

Nachhaltige Unternehmensführung erfolgreich umsetzen – Nachhaltigkeit muss aufrichtig sein

Hon. Prof. Dr. Ernst Ulrich von Weizsäcker
Co-Präsident, Club of Rome

Nachhaltigkeit ist zum Modewort geworden. Es entstand aus dem Brundtland-Bericht „Unsere Gemeinsame Zukunft" von 1987. Dort wurde die „nachhaltige Entwicklung" als Formelkompromiss zwischen dem auf Umwelt pochenden Norden und dem auf Entwicklung pochenden Süden der Welt eingeführt. In den Entwicklungsländern wird nachhaltige Entwicklung fast durchwegs als eine Entwicklung angesehen, die andauernd weitergeht; das mag auch an der französischen Übersetzung liegen, wo nachhaltig als „durable" bezeichnet wird. Bei jedem Versuch, aus Europa eine ökologische Grenzen-Setzung hineinzulesen, sträuben sich die Nackenhaare der Delegierten der Gruppe der 77, der Entwicklungsländer.

Kurz nach Erscheinen des Brundtland-Berichts ging auch im Norden der Streit los: Wie soll man sich teure Umweltmaßnahmen leisten, wenn die Konkurrenz aus China, Indien usw. nicht nur viel billigere Arbeitskräfte hat, sondern auch zum Thema Umwelt überhaupt nichts beiträgt? Und nun wurde kunstvoll umformuliert: Die Nachhaltigkeit wurde als „Dreieck" porträtiert: mit einer ökonomischen, einer ökologischen und einer sozialen Dimension.

Das war ungemein bequem: Die ökonomische Dimension muss ein gewerblicher Betrieb ja ohnehin als oberste Priorität beachten. Die soziale Dimension ist für einen modernen Betrieb auch eine Art Selbstverständlichkeit: die Vertreter der Arbeitnehmerseite zur hohen Identifikation mit der Firma animieren — was ja schließlich auch ihr eigenes Interesse ist. Die Umweltdimension konnte man tolerieren, wenn sie die ökonomische und die soziale Seite nicht ernstlich belastete. Und so wurden die früher üblichen Umweltberichte in immer mehr Firmen in Nachhaltigkeitsberichte umgestrickt, die den Aktionären gefallen und den Betriebsräten, und wo dann die eine und andere Kosteneinsparung bei Logistik und Stromverbrauch als Leistung für die Umwelt dargestellt wird.

Das ist jetzt ein wenig übertrieben dargestellt. Aber es breitet sich in der kundigen Öffentlichkeit langsam ein Verdruss mit der unaufrichtigen Nutzung des schönen Begriffes der Nachhaltigkeit aus. Die der Objektivität verpflichtete wöchentliche Beilage zur Zeitung „Das Parlament" mit dem regelmäßigen Titel „Aus Politik und Zeitgeschichte“ hat in der Ausgabe vom 28. Juli 2014 acht kompetente Artikel zur Nachhaltigkeit veröffentlicht, und die Mehrheit meldet ziemlich zynische Zweifel an vom Typus „Ein Begriff wird gekapert“. Damit wird auf ein Problem der Unaufrichtigkeit hinweisen: Manche Nachhaltigkeitsberichte dienen eher der Imagepflege. Die Umwelt hat wenig davon. Und aufmerksame Umweltschützer merken das sehr wohl.

Das Problem liegt jedoch tiefer. Die häufig fehlende Aufrichtigkeit ist nicht so sehr dem jeweiligen Konzern anzulasten. Denn dieser muss ja schließlich in einer Welt überleben und gedeihen und bei vielen Konkurrenten, insbesondere in Entwicklungsländern, könnte eine zusätzliche ökologische Belastung die Konkurrenzfähigkeit gefährden oder dem Betriebsergebnis schaden.

Die Situation ist eigentlich so alt wie der Umweltschutz. Als in Deutschland die Luft „zum Schneiden“ war, sagte man anfangs noch ohne zynischen Unterton „der Schornstein muss rauchen“ — als Symbol für eine pulsierende Wirtschaft. Bis schließlich die Empörung zu groß wurde und der Staat schon aus Gründen der Gesundheitsvorsorge eingreifen musste. Anfangs wurden zum Schutz vor Schadstoffen vor allem ordnungsrechtliche Maßnahmen eingeführt, insbesondere Emissionsgrenzwerte, die jeder einzuhalten hatte. Dazu kamen umweltrechtliche Genehmigungsverfahren, Berichtspflichten, Umweltaudits, Umwelthaftung und für große Infrastrukturprojekte Umweltverträglichkeitsprüfungen. Alles wurde auch ins EU-Recht übernommen, welches für Deutschland und Nordeuropa eher eine Begleiterscheinung war, für die Mittelmeerländer hingegen eine schmerzhafte Verschärfung nationaler Vorschriften.

Das Umwelt-Ordnungsrecht hatte eine kostentreibende Wirkung. Die war aber zu verschmerzen, wenn die Konkurrenz die gleichen Standards zu befolgen hatte. Insofern hatten deutsche Firmen großes Interesse daran, die EU-Umweltstandards immer etwa auf deutschem Niveau zu haben. Eine neue Note kam durch handelbare Emissionslizenzen auf, zum ersten Mal wirklich spürbar bei der Minderung der CO2-Ausstöße über das Emissionshandelssystem ETS. Dieses war anfangs recht wirksam und half, die größten Dreckschleudern stillzulegen oder einen Umbau zu erzwingen. Doch nach einigen Jahren schrumpfte die Wirksamkeit, der Preis fiel in den Keller, weil zu viele Lizenzen ausgegeben und zu große Schlupflöcher zugelassen wurden. Ob der Neustart mit einer aktiven Verknappung der Lizenzen gelingt, ist noch ungewiss.

Was bislang noch nie ausprobiert wurde, wäre für mich deutlich attraktiver als Ordnungsrecht und handelbare Lizenzen. Und ich halte es für denkbar, dass viele Wirtschaftsführer den Charme dieser Alternative erkennen. Wenn das der Fall wäre, könnte ein Eintreten für solche Ideen das Nachhaltigkeitsprofil der betreffenden Unternehmen spürbar stärken. Die Idee ist diese: Man kopiere die Erfolgsgeschichte der Steigerung der Arbeitsproduktivität durch eine neue Erfolgsgeschichte der Steigerung der Ressourcenproduktivität, also der Menge an Wohlstand, die man aus einer Einheit Energie oder Stoffen schafft.

150 Jahre lang haben die Industrieländer (und seit gut 40 Jahren auch viele Entwicklungsländer) ein faszinierendes „Ping-Pong" erlebt: Steigt die Arbeitsproduktivität, erkämpft sich die Arbeitnehmerseite höhere Löhne. Und steigen die Löhne (technisch gesagt die Bruttolohnkosten pro Stunde), so steigt der Rationalisierungsdruck. Dieses Ping-Pong hat die Arbeitsproduktivität — und die Löhne — rund zwanzigfach, in manchen Branchen hundertfach steigen lassen. Das hat einen teilweise rabiaten Strukturwandel ausgelöst, aber zugleich einen nie dagewesenen Wohlstand erzeugt und in vielen Ländern die Beschäftigung noch auf einem befriedigenden Niveau belassen.

Die neue Idee besteht nun darin, dieses Ping-Pong eher zu verlangsamen, was in einer Zeit globaler Sorgen um die Beschäftigungslage volkswirtschaftlich rational wäre, und zugleich ein neues Ping-Pong in Gang zu setzen, diesmal mit Energie und Rohstoffen. Die Idee wäre, sich in der Gesellschaft zu einigen, die Energiepreise und analog die Preise für Rohstoffe jedes Jahr um gerade soviel Prozent anzuheben, wie im abgelaufenen Jahr die Energie- bzw. Rohstoffproduktivität angestiegen ist. Zwar sind diese Preise seit etwa 15 Jahren auf den Weltmärkten ohnehin angestiegen, aber in kapriziösen Sprüngen, die regelmäßig Kapitalvernichtungen auslösten. Ein Abwärtssprung bedeutete dabei gleichzeitig Kapitalvernichtung für Investitionen in Effizienz.

In der EU wird man so etwas nicht nationalstaatlich lösen, sondern eine EU-Rahmenrichtlinie vereinbaren, innerhalb derer die Staaten gewisse Spielräume behielten. Aber die Grundidee ist, dass sich zu jedem Zeitpunkt das Investieren in erhöhte Ressourceneffizienz rentiert — natürlich nur im Rahmen des finanziell Leistbaren. Aber Kapitalvernichtung würde vermieden und die internationale Konkurrenzfähigkeit derjenigen Länder und Firmen, die mitmachen, würden verbessert. Zur Vermeidung sozialer Schieflagen kann ein Sozialtarif konzediert werden und zur Vermeidung des Auswanderns von Branchen kann eine Aufkommensneutralität vereinbart werden: Das aus der Branche kommende Steuergeld für Energie und Rohstoffe wird an die Branche zurückverteilt, in Proportion zur Wertschöpfung oder der Zahl der Vollarbeitsplätze.

Technisch gesehen ist mindestens eine Verfünffachung der Ressourcenproduktivität heute schon absehbar. Langfristig kann man auch eine Verzwanzigfachung ins Auge fassen. Zur Zeit von Goethe oder James Watt wäre die Machbarkeit einer Verzwanzigfachung der Arbeitsproduktivität noch vollkommen unrealistisch erschienen; sie kam erst zustande, indem sie immer rentabler wurde.

Ein Nachhaltigkeitsbericht, in dem eine solche ehrgeizige Perspektive angedacht wird, würde sich wohltuend von Berichten unterscheiden, die hauptsächlich einer wohlfeilen Imagepflege dienen.

Klima, Energie und zukunftsfähige Entwicklung

Prof. Dr. Dr. h.c. Hans Joachim Schellnhuber
Direktor, Potsdam-Institut für Klimafolgenforschung (PIK); Vorsitzender, Wissenschaftlicher Beirat der Bundesregierung Globale Umweltveränderungen (WBGU)

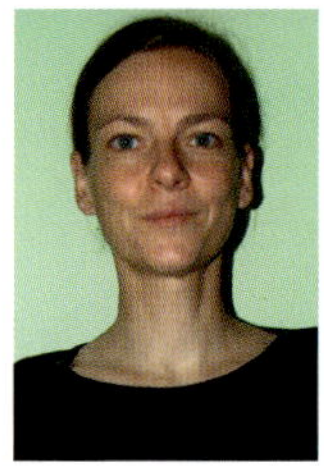

Claudia Köhler
Persönliche Referentin des Direktors, Potsdam-Institut für Klimafolgenforschung (PIK)

Management Summary

Während sich der wissenschaftliche Sachstand zu den Folgen des Klimawandels ober- und unterhalb der Zwei-Grad-Linie kontinuierlich weiterentwickelt, unternimmt die Weltgemeinschaft keineswegs die folgerichtigen Schritte in Richtung notwendiger Emissionsminderungen und einer global-solidarischen Klimapolitik, welche nationale Erwägungen hinter globale Notwendigkeiten stellt.

Dieser Beitrag wirft einen Blick in die jüngere Klimageschichte der Erde, thematisiert bereits sichtbare Folgen des Klimawandels und beleuchtet die wahrscheinlichen Konsequenzen einer ungebremsten Erderwärmung in der Zukunft. Dabei befasst sich der Artikel insbesondere mit den ab einer Temperaturerhöhung von mehr als 2 °C bedrohten Kippelementen im Erdsystem und resümiert die neuesten wissenschaftlichen Erkenntnisse zu den Konsequenzen einer um 4 °C wärmeren Welt.

Klimavergangenheit

Um das Klimasystem unserer Erde und den Klimawandel in seinen vielen Dimensionen und Konsequenzen besser zu verstehen, empfiehlt sich ein Blick in die Klimageschichte des Planeten[24]. Erstmals konnten Wissenschaftler in einer im Jahr 2013 veröffentlichten Studie[25] die regionalen und globalen Oberflächentemperaturen der Erde der letzten rund 11.000 Jahre präzise rekon-

[24] Rahmstorf, Schellnhuber (2006).

[25] Marcott, Shakun et al. (2013).

struieren und so zeigen, dass sich unser Klimasystem seit dem Beginn des Holozän vor etwa 10.000 Jahren – also der Warmzeit, in der wir heute leben – in einem sehr ausgeglichenen und nachweislich stabilen Zustand befindet. Mit dem Ende des Wechsels von Kalt- und Warmzeiten (zwischen denen notabene nur eine Temperaturspanne von etwa 5 °C liegt), die das Erdklima in den Jahrhundertausenden zuvor bestimmt hatten, wurde die klimatische Grundlage zur Entwicklung von Hochkulturen gelegt.

Die im 18. Jahrhundert begonnene industrielle Revolution war charakterisiert durch das Verschmelzen von Erfindergeist und neuem Wirtschaftsdenken und forciert durch Bevölkerungswachstum und berufliche Spezialisierung im Sinne von fortschreitender Arbeitsteilung. Die industrielle Revolution markiert hier durch die initialzündungsgleiche Erfindung der Dampfmaschine den Übergang von einer Agrargesellschaft hin zu einer Technikgesellschaft. Mit neuen Maschinen wurde Kohle im großen Maßstab abgebaut und für verschiedene Zwecke nutzbar gemacht. Die Erfindung neuer Antriebstechniken und neuer Arbeitsmaschinen führte im Zusammenspiel mit der Fabrikproduktion zur Industrialisierung. In diesem Kontext stellte die Menschheit ihre Lebens- und Wirtschaftsweise mehr und mehr auf die Nutzung fossiler Energieträger wie Kohle, Öl oder Gas um und begab sich in eine bis heute andauernde (vermeintliche) Abhängigkeit von diesen Energiequellen. Inzwischen verbraucht die Menschheit jährlich etwa eine so große Menge fossiler Brennstoffe, wie in ungefähr einer Million Jahre biogeochemisch entstanden ist. Und so kann die Geschichte der Industrialisierung auch als globale Kohlenstoff-Geschichte interpretiert werden, in der zunehmend Treibhausgase in der Erdatmosphäre deponiert wurden und werden – beginnend in England im 18. Jahrhundert und sich über den Globus ausbreitend bis zum heutigen Tag. Während einige (der heute sogenannten entwickelten) Länder der Welt eher zufällig durch die Ausbeutung fossiler Energieträger zu erheblichem wirtschaftlichen Wohlstand gelangten, aber zur gleichen Zeit auch über einen langen Zeitraum die Atmosphäre als kostenlose Deponie für Emissionen nutzten, zählen die sogenannten Entwicklungsländer nicht zu den Nutznießern dieses glücklichen Umstands. Im Gegenteil, sie können in doppelter Hinsicht als Leidtragende gelten, da sie – ohne ihn selbst verschuldet zu haben und so zu veritablem Wohlstand gelangt zu sein – am stärksten von den Konsequenzen des Klimawandels betroffen sind.

Klimagegenwart

Keeling-Kurve und aktuelle Erwärmung

Die signifikante Zunahme des Treibhausgases Kohlendioxid wird eindrucksvoll dokumentiert durch die sogenannte Keeling-Kurve, welche die seit dem Jahr 1958 auf dem Vulkan Mauna Loa auf Hawaii die Zusammensetzung unserer Atmosphäre vermisst. Und der stete Anstieg der Kohlendioxid-Konzentration hat Konsequenzen. Während der natürliche Treibhauseffekt Leben auf unserem Planeten ermöglicht und dazu führt, dass die globale Oberflächentemperatur lebensfreundliche +15 °C — im Gegensatz zu anderenfalls herrschenden –18 °C — beträgt, wird die Energiebilanz des Planeten vom Menschen durch das Einbringen von zusätzlichem Treibhausgasen in diesen Energiekreislauf gestört. Die Zunahme der klimafeindlichen Gase in der Atmosphäre hat, so der kürzlich veröffentlichte Synthesebericht des Weltklimarates IPCC[26], bereits zu einem Temperaturanstieg von 0,85 °C der globalen Land- und Ozeanoberflächentemperatur zwischen den Jahren 1880 und 2012 geführt. Die Erwärmung des Klimasystems ist eindeutig und wird vom IPCC mit äußerster — also 95 bis 100 prozentiger — Wahrscheinlichkeit auf den Einfluss menschlicher Aktivitäten seit der Mitte des 20. Jahrhunderts zurückgeführt. Die viel zitierte „Erwärmungspause" der vergangenen anderthalb Dekaden begründet der IPCC hauptursächlich mit kurzfristigen internen Schwankungen des Klimasystems, einem Minimum im 11-jährigen Sonnenzyklus und dem verstärkten kühlenden Effekt durch Aerosole — Schwebeteilchen mit abkühlender Wirkung — aus mehreren kleineren Vulkanausbrüchen[27].

Dennoch: Anstelle notwendiger Emissionsreduktionen, um die von der Wissenschaft zur Vermeidung gefährlichen Klimawandels definierte 2-Grad-Leitplanke nicht zu durchbrechen[28], wird derzeit der schnellste Anstieg von Emissionen weltweit verzeichnet — entgegen aller politischer Willensbekundungen. China, der weltweit größte CO_2-Emittent, bekundete jüngst die Absicht, seine Emissionen ab dem Jahr 2030 immerhin nicht mehr ansteigen zu lassen. Das kann zumindest als erster Schritt in Richtung eines verbindlichen Klimaabkommens, das es im Rahmen der 21. UN-Weltklimakonferenz in Paris im Jahr 2015 abzuschließen gilt, interpretiert werden. Die Tatsachen, dass der Ausstoß an anthropogenen Emissionen gegenwärtig der höchste in der Menschheitsgeschichte ist, und dass beim derzeitigen Emissionstrend die Wahrscheinlichkeit einer Erwärmung auf mehr als 2 °C gegenüber dem vorindustriellen Niveau rapide steigt, geben Anlass zur Besorgnis und sollten eigentlich Grund genug zum sofortigen Handeln sein.

[26] IPCC, Synthesis Report (2014).

[27] IPCC, WG1, SPM (2013).

[28] WBGU, Factsheet 02/2009.

Beobachteter und zu erwartender Klimawandel

Die Folgen des Klimawandels sind vielschichtig und betreffen die physikalischen und biologischen Systeme ebenso wie die sozio-ökonomischen Systeme. Zu den bereits beobachteten Konsequenzen des vom Menschen angetriebenen Klimawandels zählt der IPCC neben der schon angesprochenen erhöhten globalen Mitteltemperatur steigende Meeresspiegel, die Versauerung der Ozeane, ausgedehnte Korallenbleiche, schmelzende Gletscher, tauende Permafrostböden und die Veränderung von Niederschlagsmustern in vielen Regionen[29]. Und ein großer Teil dieser bereits bestehenden Probleme würde durch das weitere Fortschreiten des Klimawandels noch verschärft. Als exemplarisch für die Vieldimensionalität des Klimawandels kann die Ozeanerwärmung angesehen werden. Klimafolgen beeinflussen Artenvielfalt, Nahrungsnetze und verschiedene Gesellschaften, die auf die Ökosystem-Dienstleistungen des Ozeans angewiesen sind — in Form von kulturellen Dienstleistungen oder eben Nahrungsversorgung, die wiederum von intakten Ozeansystemen abhängen. Die Ozeane fangen nicht nur circa 90 % der globalen Erwärmung in ihren Tiefen ab, sondern haben etwa 30 % des bislang seit der Industriellen Revolution ausgestoßenen CO_2 aufgenommen, resultierend in der Zunahme des Säuregehalts des Meerwassers um 26 %[30]. Infolge dieser Versauerung verändern sich Biodiversität und Ökosysteme der Ozeane. Darüber hinaus verlieren diese mit steigendem Säuregehalt ihre Funktion als Kohlenstoffsenken und können immer weniger CO_2 aufnehmen. Allein die beobachtete und die erwartbare Erwärmung der Weltmeere würde wirtschaftlich relevante Fischbestände stark schädigen oder gar zum Zusammenbruch bringen — zusätzlich zu einer Fischereipolitik, die schon heute viele Bestände erschöpft hat. Gravierend sind die Langzeitauswirkungen der Ozeanversauerung: Selbst beim sofortigen Emissionsstopp würde der Säuregehalt in einigen Jahrhunderten nicht wieder das vorindustrielle Niveau erreicht haben.

Der unlängst veröffentlichte Synthesebericht des IPCC[31] extrahiert die Kernbotschaften der Beiträge aller Arbeitsgruppen zum 5. Sachstandsbericht und erwartet bei ungebremstem Klimawandel drastische und langfristige Veränderungen aller Komponenten des Klimasystems, bei gleichzeitiger Verstärkung bereits bestehender Risiken und der Entstehung neuer Risiken mit gravierenden und unumkehrbaren Folgen für Menschen, Arten und Ökosysteme. Der Bericht zeigt aber auch, dass die 2 °C-Grenze der Erwärmung noch eingehalten werden kann. Dazu ist eine ambitionierte Klimapolitik geboten. Aber es sind auch Technologien unabdingbar, um Kohlendioxid aus der Atmosphäre zu entfernen, etwa durch große Wiederaufforstungsprojekte oder den Einsatz von Bioenergie in Kombination mit der unterirdischen Verpressung von CO_2. Die im Klimaschutz verborgenen Risiken sind dabei im Vergleich zu den bei ungebremstem Klimawandel zu erwartenden Risiken beherrschbar, so die Autoren des Berichts.

---

[29] IPCC, WG1, SPM (2013).

[30] IGBP, IOC, SCOR (2013).

[31] IPCC, Synthesis Report (2014).

Mit der Entwicklung der *Representative Concentration Pathways*, (RCPs; deutsch: Repräsentative Konzentrationspfade) hat der IPCC in seinem 5. Sachstandsbericht[32] künftige Klimaveränderungen und treibende Faktoren mit über das Jahr 2100 hinausgehenden Zeithorizonten beschrieben. Die Kombination verschiedener Entwicklungsmöglichkeiten der natürlichen und der anthropogenen Antriebskräfte wird in vier RCPs beschrieben: in einer Emissionsverminderungsstrategie (RCP 2.6), in zwei Emissionsstabilisierungsstrategien (RCP4.5 und RCP6.0) und in einer Entwicklung mit hohen Emissionen (RCP8.5). Damit wird einerseits ein breites Spektrum von Entwicklungspfaden abgedeckt und andererseits wird die mögliche künftige Klimapolitik gespiegelt. Die Erwärmung wird unter allen Szenarien — abgesehen von RCP2.6 — bis zum Ende dieses Jahrhunderts zunehmen, stark variierend in Abhängigkeit von zukünftiger Klimapolitik und sozio-ökonomischen Faktoren. Im für das Klima ungünstigsten Fall wird eine Erhöhung der globalen Mitteltemperatur von bis zu 5,4 °C gegenüber vorindustriellem Niveau bis zum Ende dieses Jahrhunderts prognostiziert.

Klimazukunft

Die 2 °C-Brandmauer – Kippelemente im Erdsystem

Es ist von großer Bedeutung festzuhalten, dass das 2-Grad-Ziel keineswegs einzig ein klimapolitisches Ziel in Form eines Temperaturrichtwertes darstellt, sondern vielmehr eine Art Leitplanke oder Brandmauer markiert[33]. Das Klimasystem hält ab diesem Wert vermutlich sehr unliebsame Überraschungen bereit: die Destabilisierung von Kippelementen[34], die jenseits der Marke von 2 °C kritisches Schwellenverhalten aufweisen. Wichtige Prozesse im Klima- und Ökosystem könnten drastisch verändert werden und in Zukunft vollkommen anders ablaufen, wenn zentrale Elemente des Erdsystems — eben jene Kippelemente — über kritische Punkte hinaus belastet werden. Teile der Kryosphäre, also die Teile des Klimasystems in Form von Eis- und Schneegebieten der Erde, gehören ebenso wie einige Ökosysteme — beispielsweise die Wälder der nördlichen Hemisphäre oder der Amazonas-Regenwald — zu den Kippelementen, deren Einschnappen in einen anderen Regimezustand gravierende Folgen hätte. Verlöre der Amazonas-Regenwald seine bisherige Funktion als CO_2-Senke und würde sich in einen saisonalen Wald oder eine Graslandschaft umwandeln, so wäre der dadurch ausgelöste sich selbst verstärkende Effekt unumkehrbar und hätte grundlegende Auswirkungen auf das gesamte Erdklima. Der Grönländische Eisschild, dessen Abschmelzen bereits ab einer Temperaturerhöhung von 1,6 °C beginnen würde[35], könnte bei seinem Kollaps über die kommenden Jahrhunderte oder Jahrtausende einen Meeresspiegelanstieg von etwa sieben Metern verursachen.

32 IPCC, WG1, SPM (2013).

33 WBGU, Factsheet 02/2009.

34 Lenton et al. (2008).

35 Robinson et al. (2012).

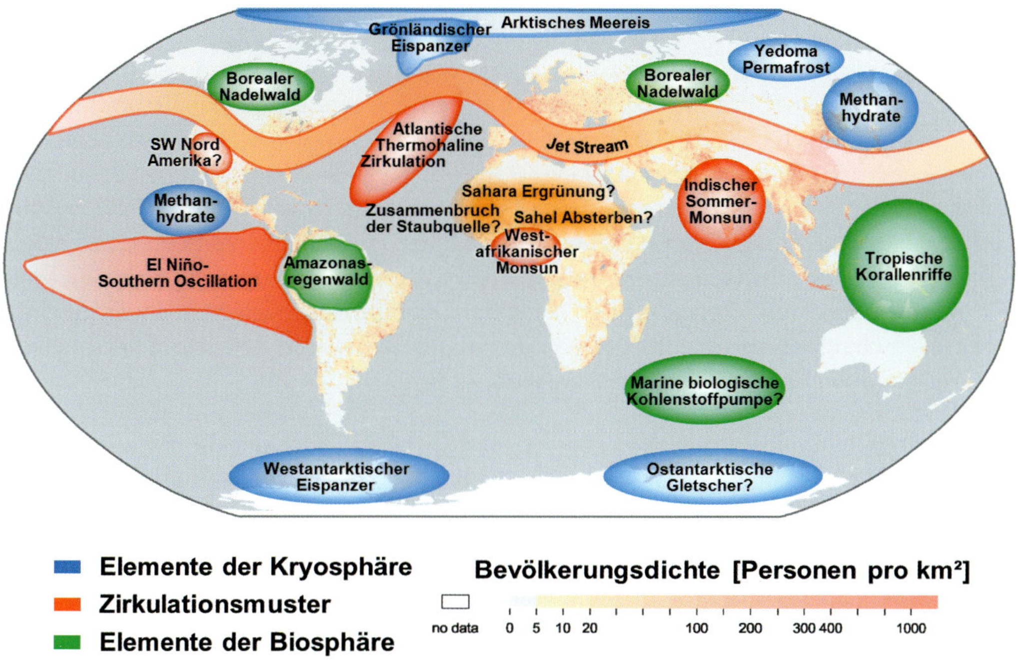

Abb. 18: Die Kippelemente im Erdsystem[36]

Eine 4 Grad wärmere Welt

Die wissenschaftlichen Erkenntnisse zu den Konsequenzen einer um 2, 3 oder gar 4 °C wärmeren Welt werden immer differenzierter. Was uns erwartet, wenn sich die Erde in derartiger Weise erwärmt, untersucht unter anderem ein Team von Wissenschaftlern des Potsdam-Institut für Klimafolgenforschung (PIK) und der Climate Analytics-Organisation, die in einer Serie von Berichten der Weltbank mit dem Titel *Turn Down the Heat* in bislang einzigartiger Weise die Konsequenzen einer um 4 °C wärmeren Welt zusammenfassen und diese nach Weltregionen und Sektoren wie Wasserverfügbarkeit, Landwirtschaft oder Gesundheit aufschlüsseln. Der erste Teil der Serie *Turn Down the Heat – Why a 4 °C World Must be Avoided*[37] erschien pünktlich zu Beginn der UN-Klimakonferenz in Doha, Katar, im Jahr 2012 und resümierte die mit einer entsprechenden Erwärmung einhergehenden weltweiten Risiken für die natürlichen und die menschlichen Systeme. Dabei wurden Extremereignisse wie Hitzewellen ebenso analysiert wie der Meeresspiegelanstieg oder die Auswirkungen des Klimawandels auf die menschliche Gesundheit. Bei

36 Quelle: eigene Darstellung nach Lenton et al. 2008.

37 Schellnhuber et al. (2012).

einer derartig hohen Erwärmung gegenüber vorindustriellem Niveau wären planetarische Achillesfersen wie etwa die ohnehin vom Kollaps bedrohten Korallenriffe oder der Grönländische Eisschild, dessen kilometerdickes Eis zu schmelzen beginnen könnte und dies unwiderruflich über Jahrtausende fortsetzen würde, in akuter Gefahr. Der Meeresspiegel könnte bis zum Ende dieses Jahrhunderts um einen Meter oder mehr gestiegen sein — mit regional unterschiedlich hohen Pegeln und regionalen Maxima für die Küsten Mexikos, Indiens und den Philippinen. Auch wirtschaftliche Sektoren wie die Landwirtschaft könnten von rasch zunehmenden Risiken, etwa aufgrund empfindlicher Reaktionen einiger Getreidesorten auf Temperaturerhöhungen, betroffen sein. Dürren und Veränderungen in Wasserkreisläufen könnten zudem zu weiteren großflächigen Ernteausfällen führen. Obgleich die Risiken ungebremsten Klimawandels die gesamte Weltgemeinschaft betreffen würden, wären sie doch global ungleich verteilt und träfen zuerst die ohnehin verwundbaren Regionen dieser Welt.

Vor diesem Hintergrund untersuchte der zweite Teil der Berichtserie *Turn Down the Heat – Climate Extremes, Regional Impacts, and the Case for Resilience*[38] insbesondere die Risiken im subsaharischen Afrika, in Südasien und Südost-Asien. Dabei wurden mit schärferem Detailblick die bereits heute sichtbaren Folgen des Klimawandels, aber auch die Szenarien einer um 2 °C und 4 °C wärmeren Welt, für die in besonders gefährdeten Regionen der Welt lebenden Bevölkerungen beleuchtet. Die Resultate dieser Untersuchungen zeichnen dramatische Bilder einer Welt mit Mehrfachbedrohungen in Form von zunehmenden Hitzeextremereignissen, Meeresspiegelanstieg, stärkeren Stürmen, Dürren und Fluten und offenbaren das Potenzial des ungebremsten Klimawandels, die Lebensgrundlage von Millionen von Menschen zu gefährden. Die projizierten Veränderungen des Monsun-Systems und steigende Höchsttemperaturen bringen die Wasser- und Nahrungsressourcen in Südasien ebenso in ernste Gefahr wie die Energiesicherheit. Zudem könnte die vom Klimawandel induzierte Migration von Menschen aus betroffenen ländlichen Regionen hin in städtische Gebiete zu einer rasant wachsenden Zahl von in Slums und informellen Siedlungen lebenden Menschen führen. Diese Menschen wären durch ihre äußerst prekäre Wohn- und Lebenssituationen wiederum in verstärktem Ausmaß Hitzewellen, Überflutungen und Krankheiten ausgesetzt.

Der dritte und letzte Teil der Serie von Berichten *Turn Down the Heat – Confronting the New Climate Normal*[39] beschäftigt sich folgerichtig mit dem Zusammenwirken von Klimafolgen und sozialer Vulnerabilität und betrachtet die Situation von Menschen und Regionen Lateinamerikas, der Karibik, über die Mittelost-Region, Nordafrika bis nach Ost- und Zentralasien. Die zentrale Erkenntnis, dass die Klimafolgen keine Region der Welt ausnehmen werden und Menschen dort am härtesten betroffenen sein werden, wo mehrere Klimafolgen aufeinander treffen, führte zu einer neuen Betrachtungsweise der gesamten Kette der Klimarisiken. Wenn sich beispielsweise im Mittleren Osten oder in Nordafrika Niederschlagsmuster hin zu geringeren Regenfällen ändern

38 Schellnhuber et al. (2013).

39 Schellnhuber et al. (2014 a).

und gleichzeitig ein Anstieg von Hitzeextremen droht, zöge dies ein hohes Risiko für die landwirtschaftliche Produktion in diesen Regionen nach sich und hätte in der Konsequenz Auswirkungen auf die Ernährungssicherheit. Mangel- und Unterernährung wiederum führen zu gesundheitlichen Problemen und erhöhen die Anfälligkeit ganzer Bevölkerungsschichten gegenüber Infektionskrankheiten. Der Klimawandel könnte hier zu einer Spirale von Klimafolgen führen.

Klimawandel: Wärmer und kälter?

Studien zeigen, dass extreme Temperaturausschläge in beide Richtungen der Temperaturskala keine Ausnahmeerscheinung mehr bleiben könnten. Die globale Erwärmung offenbart bisweilen auch ihre kalte Kehrseite, denn sie muss nicht zwangsläufig zu ausschließlich wärmeren Wintertemperaturen in Mitteleuropa führen. In einer im Jahr 2010 veröffentlichen Studie zeigen Forscher des PIK[40], dass die globale Erwärmung zum Schrumpfen des Eises auf dem Meer in der östlichen Arktis führt, wodurch die unteren Luftschichten aufgeheizt werden und so zu starken Störungen der atmosphärischen Zirkulation führen können. Diese Störung wiederum verdreifacht die Wahrscheinlichkeit des Auftretens extrem kalter Winter in Europa und Nordasien und könnte mehr Kältetote verursachen. Aber auch die Zunahme von Hitze-Extremen wird zu zusätzlichen Toten in aufgeheizten Städten sowie zur Zunahme von Ernteverlusten führen. Forscher des PIK und der Universidad Complutense de Madrid (UCM) fanden heraus, dass sich die Zahl der sommerlichen Hitzeextreme bis zum Jahr 2020 verdoppeln und bis zum Jahr 2040 vervierfachen wird[41]. Die Studie zeigt auch, dass eine Ausbreitung der Hitzeextreme auf 85 % der globalen Landfläche bis zum Ende des Jahrhunderts beim derzeitigen Emissionstrend durch Klimaschutzmaßnahmen verhindert werden könnte. Die Zunahme der Hitzeereignisse bis zur Mitte des Jahrhunderts ist jedoch völlig unabhängig von Minderungsanstrengungen bedingt durch bereits emittierte Treibhausgase, welche schon in unserem Klimasystem gespeichert sind. Dennoch und gerade vor dem Hintergrund der langfristigen Wirkung der Klimagase ist es von immenser Bedeutung, schnellstmöglich einen zukunftsfähigen Klimapfad einzuschlagen.

Vom Wissen zum Handeln?

Der Klimawandel stellt uns vor eine globale Aufgabe, denn ein weltweites „Weiter-wie-bisher-Wirtschaften" gefährdet nicht weniger als die Errungenschaften der modernen Zivilisation. Er droht die Menschen mit den ohnehin geringsten Entwicklungschancen, die noch dazu den unwesentlichsten Beitrag zu seiner Entstehung verantworten, am härtesten zu treffen. So stellt

40 Pethoukov/Semonov (2010).

41 Coumou/Robinson (2013).

sich die Frage nach der Begegnung des Klimawandels nicht nur als eine der Vernunft, sondern auch als eine Frage der Gerechtigkeit und der Verantwortung gegenüber zukünftigen Generationen.

Die Ansätze, Verantwortung zu übernehmen und künftige Klima- und Energiepolitik zu gestalten, sind vielschichtig und reichen von sehr individuellen Aktivitäten bis zu Engagement mit potenziell globaler Schlagkraft. Das Spektrum umfasst auch soziale Bewegungen, etwa die Bildung lokaler oder regionaler Stromnetzgenossenschaften, in denen sich Bürger für eine zukunftsfähige und nachhaltige Energiepolitik einsetzen, und selbstverständlich erfolgreiche weltweite Klimapolitik, die im besten Fall im Abschluss eines verbindlichen Klimaschutzabkommens im Jahr 2015 in Paris kulminiert. Beispielhaft für soziale Klimaschutzbewegungen ist die auf dem Konsens über die schädlichen Konsequenzen der Nutzung von CO_2 basierende Divestitionsbewegung[42]. Diese Bewegung setzt sich aktiv dafür ein, dass ähnlich wie einst bei der erfolgreichen Boykottbewegung gegen Produkte aus dem damaligen Apartheidstaat Südafrika Kapitalströme in fossile Energieträger geächtet bzw. nicht mehr in diese investiert werden. Im besten Fall würde Kapital stattdessen in nachhaltige Anlagen reinvestiert. Dabei reicht die Bandbreite der (möglichen) Divestment-Akteure von Privatpersonen über Universitäten und Religionsgemeinschaften, Städte und Gemeinden bis zu Banken. Auch der Weltklimarat weist erstmals in einem eigenen Kapitel seines Syntheseberichts[43] zur Finanzierung des Klimaschutzes darauf hin, dass im Sinne einer klimafreundlichen Energieversorgungsentwicklung weit weniger Geld als bisher in Kohle, Gas und Öl, sondern vielmehr in Energieeffizienz und erneuerbare Energien investiert werden sollte.

Was folgerichtig notwendig ist, ist keine geringere zivilisatorische Leistung als eine faire Dritte industrielle Revolution. Eine allumfassende Revolution, die eine klimaverträgliche Chance für die wirtschaftliche Entwicklung aller Menschen — eingebettet in eine überlebensfähige Zivilisation — in einem funktionierenden Erdsystem, bietet.

Literaturverzeichnis

Coumou, D./Robinson, A. (2013): Historic and future increase in the global land area affected by monthly heat extremes. Environmental Research Letters 8, Bristol 2013

IGBP, IOC, SCOR (2013): Ozeanversauerung. Zusammenfassung für Entscheidungsträger — Third Symposium on the Ocean in a High-CO_2 World. International Geosphere-Biosphere Programme, Stockholm 2013

42 Schellnhuber et al. (2014 b).

43 IPCC, Synthesis Report (2014).

IPCC (2013): Stocker, T. F./Qin, D./Plattner, G.-K./Tignor, M./Allen, S. K./Boschung, J./Nauels, A./Xia, Y./Bex, V./Midgley, P. M. (eds.) 2013: Summary for Policymakers. Climate Change. The Physical Science Basis. Contribution of Working Group I to the Fifth Assessment Report of the Intergovernmental Panel on Climate Change, Cambridge and New York 2013

IPCC (2014): Edenhofer, O./Pichs-Madruga, R./Sokona, Y./Farahani, E./Kadner, S./Seyboth, K./Adler, A./Baum, I./Brunner, S./Eickemeier, P./Kriemann, B./Savolainen, J./Schlömer, S./von Stechow, C./Zwickel, T./Minx, J. C. (eds.): Summary for Policymakers. Climate Change 2014. Mitigation of Climate Change. Contribution of Working Group III to the Fifth Assessment Report of the Intergovernmental Panel on Climate Change, Cambridge and New York 2014

IPCC (2014): Pachauri, R. K./Meyer, L. [Core Writing Team] (eds.): Climate Change 2014. Synthesis Report of the fifth Assessment Report of the Intergovernmental Panel on Climate Change, Geneva 2014

Lenton, T. M./Held, H./Kriegler, E./Hall, J. W./Lucht, W./Rahmstorf, S./Schellnhuber, H. J. (2008): Tipping elements in the Earth's climate system. Proceedings of the National Academy of Sciences of the United States of America 105(6), Washington D.C. 2008

Marcott, S. A./Shakun, J. D./Clark, P. U./Mix, A. C. (2013): A reconstruction of regional and global temperature for the past 11,300 years. Science 339, Washington D.C. 2013

Petoukhov, V./Semenov, V. A. (2010): A link between reduced Barents-Kara sea ice and cold winter extremes over northern continents, Journal of Geophysical Research 115, Washington D.C. 2010

Piontek, F./Müller, C./Pugh, T. A. M./Clarkc, D. B./Deryngd, D./Elliotte, J./Colón-González, F. J./Flörkeg, M./Folberth, C./Fransseni, W./Frielera, K./Friend, A. D./Goslingk, S. N./Hemming, D./Khabarov, N./Kim, H./Lomaso, M. R./Masakip, Y./Mengel, M./Morse, A./Neumann, K./Nishinap, K./Ostberg, S./Pavlickt, R./Ruane, A. C./Schewe, J./Schmid, E./Stackew, T./Tangx, Q./Tesslery, Z. D./Tompkinsf, A. M./Warszawski, L./Wisser, D./Schellnhuber, H. J. (2014): Multisectoral climate impact hotspots in a warming world. Proceedings of the National Academy of Sciences of the United States of America 111, Washington D.C. 2014

Rahmstorf, S./Schellnhuber, H. J. (2006): Der Klimawandel. Diagnose, Prognose, Therapie, München 2006

Robinson, A., Caloc, R., Ganopolski, A. (2012). Multistability and critical thresholds of the Greenland ice sheet. Nature Climate Change, 429, London, 2012

Schellnhuber, H. J./Hare, W. L./Serdeczny, O./Adams, S./Coumou, D./Frieler, K./Martin, M./Otto, M. I./Perrette, M./Robinson, A./Rocha, M./Schaeffer, M./Schewe, J./Wang, X./Warszawski, L. (2012): Turn Down the Heat. Why a 4 °C World Must be Avoided, Washington D.C. 2012

Schellnhuber, H. J./Hare, B./Serdeczny, O./Schaeffer, M./Adams, S./Baarsch, F./Schwan, S./Coumou, D./Robinson, A./Vieweg, M./Piontek, F./Donner, R./Runge, J./Rehfeld, K./Rogelj, J./Perette, M./ Menon, A./Schleussner, C.-F./Bondeau, A./Svirejeva-Hopkins, A./Schewe, J./Frieler, K./Warszawski, L./Rocha, M. (2013): The World Bank. Turn Down the Heat. Heat: Climate Extremes, Regional Impacts and the Case for Resilience, Washington D.C. 2013

Schellnhuber, H. J./Reyer, C./Hare, B./Waha, K./Otto, M. I./Serdeczny, O./Schaeffer, M./Schleussner, C.-F./Reckien, D./Marcus, R./Kit, O./Eden, A./Adams, S./Aich, V./Albrecht, T./Baarsch, F./Boit, A./Canales Trujillo, N./Cartsburg, M./Coumou, D./Fader, M./Hoff, H./Jobbins, G./Jones, L./Krummenauer, L./Langerwisch, F./Le Masson, V./Ludi, E./Mengel, M./Möhring, J./Mosello, B./Norton, A./Perette, M./Pereznieto, P./Rammig, A./Reinhardt, J./Robinson, A./Rocha, M./Sakschewski, B./Schaphoff, S./Schewe, J./Stagl, J./Thonicke, K. (2014): The World Bank. Turn down the heat. Confronting the new climate normal, Washington D.C. 2014 a

Schellnhuber H. J. et al. (2014). Klimaschutz als Weltbürgerbewegung. WBGU Sondergutachten, WBGU, Berlin 2014 b

Schewe, J./Heinke, J./Gerten, D./Haddeland, I./Arnell, N./Nigel, W./Clark, D.B./Eisner, S./Fekete, B. M./Colón-González, F. J./Gosling, S. N./Kim, H./Liu, X./Masaki, Y./Portmann, F.T./Satoh, Y./Stacke, T./Tang, Q./Wada, Y./Wisser, D./Albrecht, T./Frieler, K./Piontek, F./Warszawski, L./Kabat, P. (2013): Multimodel assessment of water scarcity under climate change. Proceedings of the National Academy of Sciences of the United States of America, Washington D.C. 2013

Wissenschaftlicher Beirat Globale Umweltveränderungen (2009). *Klimawandel: Warum 2 °C? Factsheet,* WBGU, Berlin 2009

Humanökonomie

Mag. Dr. Enrico Savio
Philosoph

Management Summary

Die Wirtschaft ist sowohl im Sprachgebrauch als auch in ihrem konkreten Verlauf eine eigenständige, oft geschlossene Größe geworden. Sie wird als eine mehr oder weniger „sich selbst genügende Welt" im lebensweltlichen Gesamtgeschehen — und das mit hoher Dominanz — verstanden. Entsprechend wird auch von der Wirtschaft gesprochen als wäre sie selbst ein „autarkes Unternehmen". Das Wirtschaften hatte und hat allerdings seinen Zweck für des Menschen Wohl und ist nicht ein Selbstzweck. Genau dieser Frage des Zweckes für des Menschen Wohl will dieser Beitrag grundsätzlich und reflexiv nachgehen. Wobei mit „dem Menschen" sowohl jedes spezifisch einzelne Individuum als auch im Sinne des Gattungsbegriffes „alle Menschen", also für alle geltend, gemeint ist. Das ist die große Herausforderung speziell für die Makroökonomie, denn gegenwärtig begnügt sich Ökonomie mehr oder weniger mit jenen Gruppen, die ihre Produkte konsumieren *können*. Je mehr sich eine diesbezügliche Gruppe leisten kann, desto intensiver wird gerade dieser Markt „bedient". Das führt zu einer fatalen Situation, die nicht nur vielen Menschen von Nachteil ist, sondern selbst die Wirtschaft quantitativ und qualitativ stark beschränkt.

Den Zweck der Ökonomie substanziell anders zu denken, um damit auf allen Ebenen eine Bereicherung zu erzielen, ist das Interesse des hier ausgeführten Ansatzes einer *Humanökonomie*. Damit wird nicht nur ein allgemeines Wirtschaftskonzept und ein Wirtschaftsethos aufzuzeigen versucht, sondern auch ein Modell vorgestellt, das ein Wirtschaften für alle und ohne Ausgrenzung ermöglicht.

Erst wenn's *jedem* Menschen gut geht, blüht die Wirtschaft ...

Die immer wieder zu hörende Aussage „wenn es der Wirtschaft gut geht, geht's den Menschen gut" hat nicht nur Zustimmung sondern auch harsche Kritik erfahren. Das Hauptargument gegen dieses, vor allem von Wirtschaftsfunktionären aufgestellte „Dogma" läuft wohl darauf hinaus, dass bestehende Wirtschaftssysteme, egal welcher Provenienz, eben nicht alle Menschen erreichen und somit nicht von „den Menschen" die Rede sein kann. Aktuelle Wirtschaftsstrukturen richten sich weitgehend auf Klientele, die nicht nur sogenannte Zielgruppen, sondern je nach Sichtweise etwa auch Nationen oder Kontinente umfassen, wenn man National- beziehungsweise Volkswirtschaften oder Wirtschaftsräume wie etwa jenen der Europäischen Union vor sich hat.

Mit der einleitenden Überschrift wird damit auch gleich das Anliegen einer Humanökonomie auf den Punkt gebracht. Wenn wir als wirtschaftliches Interesse das „Gutgehen" aller – und wirklich global gesehen aller – Menschen in den Fokus setzen, bedarf es zumindest einer umfassenden Basiswirtschaft für das Wohlergehen der Menschen. Auf dieser Ebene wird Wirtschaft eine enorme Herausforderung, die allerdings in der Folge auch eine blühende Zukunft vor sich hat.

Ein weiteres ergibt sich aus dieser Grundintention mehr oder weniger von selbst, wir können dadurch auch den viel strapazierten Begriff der Nachhaltigkeit entsprechend ins richtige Licht setzen und den vielfach damit betriebenen Etikettenschwindel vermeiden, wie zu sehen sein wird.

All das braucht jedoch eine adaptierte Paradigmatik sowie einige Leitbegriffe, die die Sichtweise des Wirtschaftens aus einem anderen Blickwinkel – besser gesagt Orientierungshorizont – beleuchten. Der zentrale Begriff wird „Favorik"[44] sein, der die Gesinnung des ökonomischen Handelns auf einen Fokus hinführt, der eben das Gutgehen jedes Menschen als übergeordnetes Regulierungsparadigma ausweist. In diesem Sinne wird Humanökonomie wesentlich auch eine Individual- und Lebensweltökonomie sein müssen, die den Kriterien der Verallgemeinerung, also dass sie für alle gelten soll, entsprechen muss.

Daran anschließend erhebt sich die berechtigte Frage, was das für Produktion und Produktionsprozesse nach sich zieht. Vorerst kann bereits so viel gesagt werden, dass auf vielen Ebenen eigentlich nur das Denken beziehungsweise die Gesinnung eine Neuorientierung braucht. In

[44] Ich habe diesen Begriff nach langer Überlegung aus folgenden Gründen gewählt. Er verweist, ausgehend von seiner lateinischen Wortwurzel, auf diese konstruktive, wohlwollende und positive Haltung die wir uns weltweit gegenüber zukommen lassen sollten. Dieser Begriff ist auch so gut wie nicht gebräuchlich, wodurch er seine eigene Charakteristik erhält und einer diskursiven Verfeinerung gegenüber offen ist. Darüber hinaus ist er auch verständlich in andere Sprachen übertragbar.

einzelnen Bereichen werden wohl in verschiedensten Formen auch Veränderungen angesagt sein müssen. Verbunden ist damit sicherlich auch ein neues Wirtschaftsethos, das nicht nur auf kosmetische Accessoires, sondern sehr substanziell auf die lebensweltlichen Situationen und Bedingungen des menschlichen Lebens abzielt.

So wird mit dem Konzept einer Humanökonomie eine paradigmatische Adaptierung angestrebt, das heißt es werden die Grundlagen neu gedacht. Dies soll in gebotener Kürze in den folgenden Ausführungen verdeutlicht werden. Wobei weitgehend darauf geachtet wird, dass in den einzelnen Kapiteln die Themenbereiche so abgehandelt werden, dass sie als solche gelesen und verstanden werden können.

In diesen Ausführungen werden allerdings keineswegs die gegenwärtig viel diskutierten negativen Analysen des gegenwärtigen Systems beziehungsweise der Systeme, falls es die de facto noch gibt, im Mittelpunkt stehen. Nicht wenige zeitkritische Mahner befassen sich mit unzähligen Themen, die erklären sollen, warum es so nicht gehen kann. Unabhängig davon, dass es ja durchaus geht, also das Wirtschaften läuft, ist es vielmehr die Frage nach dem „Wie“. Deshalb will in diesem Beitrag ansatzweise das Modell eines „für alle guten“ Ökonomiesystems charakterisiert und so ein anders mögliches „Wie“ aufgezeigt werden. Insofern werde ich auch die Voranalysen in Grenzen halten und nach dem folgenden Abschnitt gleich auf den Kern der Sache eingehen. Die weiteren Ausführungen sollen dann noch Gedanken zur Stützung dieses Konzeptes vorstellen.

Bedarf oder Notwendigkeit?

Als Hinführung zum Konzept einer Humanökonomie sollen nur einige wenige Sätze die dahinterstehende Motivation erörtern. In den folgenden Gedanken wird knapp skizziert, warum ein Umdenken im Ökonomiebereich notwendig ist. Allerdings wird meinerseits nur auf jene Grundlagen Bezug genommen, die mir zurzeit am Dringendsten erscheinen und somit keinen Anspruch auf Vollständigkeit erheben. Auch die Bewertung der Dringlichkeit kann natürlich anders gesetzt werden, dennoch soll die Unumgänglichkeit von Neuüberlegungen dadurch als Gebot der Zeit plausibel gemacht werden.

Wir wissen es ...

Eine Analyse der lebensweltlichen, gesellschaftlichen bis hin zur globalen Situation wiederhole ich hier nicht, denn diese ist nicht nur hinreichend bekannt, sondern wird – wie schon gesagt – auch entsprechend diskutiert. Was die lebensweltlichen Bedingungen einzelner Menschen und ihrer Lebensräume anbelangt, kann wohl außer Streit gestellt werden, dass es nicht nur global, sondern auch regional eine massive Diskrepanz gibt zwischen dem, was als sehr wohlhabendes Leben und einem Dahindarben bezeichnet werden kann. Je nach Wirtschaftsräumen verteilt sich die Menge der Betroffenen mehr in die eine oder die andere Richtung der Skala. Aber selbst im mitteleuropäischen Raum wie auch in unseren Breiten haben wir nicht wenige, die in den Bereich des Darbens zu zählen sind. Insofern ergibt sich zumindest aus einem Wirtschaftsethos diesbezüglich ein Bedarf der Überlegungen für ein wohlhabenderes Leben für diese Menschen, die über ein „Symptombehandlungskonzept“ wie Sozialhilfe, Hartz IV oder ein bedingungsloses Grundeinkommen hinausreichen. Global haben wir bezüglich der erschütternden Armut ohnehin nur minimalistische, fragmentarische, nicht selten sogar peinliche Ansätze wie sie sich in den verschiedensten Formen der sogenannten Entwicklungshilfe darstellen. Wobei sich die hier geäußerte Kritik vor allem auf die wider besseres Wissen in Kauf genommene Fragmentarität der vermeintlichen Lösungen richtet. Diese ist möglicherweise aber die stringente Folge der gegenwärtigen ökonomischen Denkstrukturen.

Viele Konsequenzen der gegenwärtigen Lebensbedingungen, die mit den Ökonomiepraktiken einhergehen, bedürfen wohl auch keiner weiteren Ausführung. Der Streit um das Ausmaß der Zerstörung der Lebensgrundlagen und der sich in gewissen Details erschöpfenden Verbesserungsvorschläge kann zum einen nicht als Lösungsansatz gesehen werden und zum anderen nicht von der Tatsache ablenken, dass diese Zerstörung umfassend stattfindet. Wir wissen, dass wir sehr grundlegenden Handlungsbedarf haben und nicht nur Symptome heilen können.

Soviel nur ganz knapp zur Sorge um Lebensgrundlagen für den einzelnen Menschen, die natürlich immer auch aus der Sichtweise des eigenen Wohlergehens eingefärbt sein wird. Somit ist nun auf das Verstehen des Wirtschaftens konkret zu kommen.

Es braucht andere Begriffe

Bekanntlich drücken wir unser Denken in sprachlichen Formulierungen aus — ob verbal oder schriftlich. Dieser Aspekt ist natürlich auch bezüglich unseres Verständnisses und Versprachlichens von und über Wirtschaft von Interesse. In unseren Breiten ist vorwiegend die Rede von der Marktwirtschaft zum mehr oder weniger allgemeingültigen Standard für erfolgreiches Wirtschaften geworden. Abgesehen von einigen wenigen — in der Praxis ohnehin marginalen — Alternativen wie etwa NANK (Neue Arbeit Neue Kultur), Gemeinwohlökonomie oder andere Alternativkonzepte. Dieser Mainstreamcharakter der — mit welchen Attributen auch immer versehenen — Marktwirtschaft geht nicht zuletzt aus den durchaus auch nachvollziehbaren Gründen einer Phobie gegenüber sogenannter Planwirtschaft(en), die von ideologisch geprägten Konzentrationsregierungen zu steuern versucht wurde(n), hervor. Es gibt jedoch weiterhin Mischformen mit beachtlichem Erfolg wie etwa in China.

In all diesen Formulierungen ist jedoch — und das soll wieder ein Argument für einen neuen Ansatz sein — eine gewisse „Zielgruppenferne“ festzustellen. Denn es stellt sich immer wieder die entscheidende und bedeutsame Frage, wofür betreiben wir Ökonomie? Treiben wir Wirtschaft um der Wirtschaft willen oder um des guten Lebens, des Wohlstandes der einzelnen Menschen willen?

Das bringt auch schon unser Sprachgebrauch zum Ausdruck. Wenn wir von Marktwirtschaft reden, dann reden wir von einem System, das die Märkte nutzt und bedient, um nur mit dieser eingeschränkten Intention eigene Optionen zu verfolgen. Gerade in den letzten Jahren sehen wir zum Beispiel, wie sehr die Interessen fast ausschließlich auf die Kapitalvermehrung ausgerichtet sind. Damit wird einiges an Begleiterscheinung in Kauf genommen, wie eben auch eine massive und tendenziell steigende Dominanz der ohnehin schon Kapitalstarken. Um das abzufedern beziehungsweise einen sozialen Ausgleich zu finden, werden nicht nur einzelne gesetzliche Maßnahmen gesetzt, sondern es werden auch „weichere“ Sprachregelungen eingeführt. So redet man dann etwa von sozialer oder gar ökosozialer Marktwirtschaft im Gegensatz zu „harter“ liberalistischer Marktwirtschaft. Meist höchst fragmentarisch werden dann auch legislative Maßnahmen gesetzt, um in diesem Sinne ein sogenanntes soziales Netz zu spannen.

Mein Vorschlag wäre daher, im ökonomischen Sprachgebrauch das Subjekt zu ändern und mit Humanökonomie oder Individualökonomie eine substanziell adaptierte Sprachregelung einzuführen. Damit wird nämlich gleich im Reden und Denken das handlungsleitende Interesse auf einen anderen Focus gelegt. Die Basis des Wirtschaftens wird dadurch bereits „geistig“ die Sorge und die Pflicht für das gute Leben jedes einzelnen sein. Alle Orchideenblüten des Wirtschaftens — vor allem auch sprachlich zum Ausdruck gebrachten — erfahren somit eine Nachrangigkeit, die sich in der Folge auch in entsprechenden regulativen und legislativen Formen niederzuschlagen hätte.

Darum soll unsere Sprache über Wirtschaft eine neue Begrifflichkeit erhalten, damit wir unsere Leitprinzipien auch adaptieren können.

Diese zwei — meines Erachtens zentralen — Argumente der Zeitanalyse, also die reale Not unzähliger Menschen und das Denken, das sich in unserem Sprachgebrauch äußert, wären meines Erachtens die wichtigsten Begründungen, warum wir ein anderes Denk- und Handlungsmodell des Wirtschaftens in Angriff nehmen sollten. Es ließen sich allerdings noch eine Menge weiterer Argumente zur Untermauerung darlegen. Allerdings möchte ich gleich jetzt einem in diesem Zusammenhang nicht selten zu hörenden Gegenargument widersprechen. Es ist jenes, dass sich das Denken und Handeln schwer oder kaum ändern lässt. Außerdem, und so wird auch oft weiter argumentiert, befinden wir uns im Systemischen, wodurch eben alles seinen bestimmten Verlauf nimmt. Es könne höchstens das eine oder andere in eine andere Richtung gelenkt werden, dazu braucht es eben Intervention, wie in der Sprache der Systemiker oder auch Konstruktivisten formuliert wird. Dem ist allerdings nicht so. Ich möchte gar nicht auf die Geschichte verweisen, in der wir sehr oft ein massives Umstrukturieren durch andere Denkweisen — leider auch in dramatischer Weise – feststellen konnten. Wir können anderes, weil wir es anders wollen *können*. Gerade unser Wille in seiner vielfältig möglichen Auftretensweise legitimiert auch ein anderes Denken, sonst wären wir einem nicht steuerbaren Geschehen ausgeliefert. Insofern versteht sich dieser Beitrag auch als Aufdeckung der nicht selten behaupteten Unveränderlichkeit des Systemischen. Auf der anderen Seite ist wohl klar, dass solch ein Paradigmenwechsel seine Adaptionszeit und Adaptionsbedingungen gerade für einzelne Unternehmen braucht. Es ist nicht möglich, von Organisationen eine sofortige Umstellung zu verlangen, wie das oft von illusorischen Alternativen verlangt wird.

Orientierungs-Wirtschaften statt Labyrinth-Wirtschaften

Im Folgenden wird eben nun die Grundstruktur eines humanistischen Modells, der Humanökonomie, skizziert.

Nebelzeit

Wir sind in unserer Zeit weitgehend in eine überblickslose Struktur geraten, insbesondere auch im Wirtschaften. Wie es dazu gekommen ist, sei einmal dahingestellt, das wäre ein Thema einer analytischen, wirtschaftshistorischen Erörterung. Mit Überblickslosigkeit ist gemeint, dass wir stets nur auf einer Ebene unser Handeln, unsere Problemlösungen, unsere Strategien zu finden versuchen. Das wird gerne auch als Konstruktivismus bezeichnet. Das heißt jedoch, wenn wir etwas verfolgen, dann haben wir bestenfalls die nächsten Schritte im Blick. So wird etwa die Lösung für unsere gedämpfte Konjunkturlage durch eine Exportsteigerung propagiert, dabei aber übersehen, dass die Zielmärkte oft ebenso wenig Potenzial zum Importieren haben und darum auch eher verkaufen als kaufen wollen. In diesem Denken werden Lösungen oder auch Neues meist nur auf der Ebene der Erweiterungen, also mittels quantitativer Steigerung gesehen und behauptet. Überhaupt nicht thematisiert beziehungsweise in den Hintergrund gerät dabei, welchen langfristigen Zweck wir verfolgen.

Dieser Mangel an Überblick führt in der Folge dazu, dass irgendwelche Elemente, also Details aus den Strukturen der Organisation, zu eigentlichen Zwecken des Unternehmens avancieren, obwohl sie nicht als Zweck geeignet sind. Ein klassisches Beispiel dafür ist, dass oftmals nur mehr Kennzahlen oder andere Daten die Unternehmenskultur bestimmen. Damit erwirkt man zwar den Eindruck, man sei initiativ und dynamisch unterwegs, übersieht aber, dass man in einem Labyrinth umherirrt und eigentlich nur den vermeintlich nächstbesten Weg nimmt um weiterzukommen. Man merkt dabei nicht, dass man nicht selten wieder zum gleichen Ausgangspunkt zurück geraten ist.

Aus einem Labyrinth kommt man aber nur heraus, wenn man einen Überblick über das System hat und sich dadurch orientieren kann. Das gilt zum Beispiel auch für reine Gewinnorientierung. Bei aller unbestrittenen Bedeutung des Gewinns für ein Unternehmen, kann dieser doch nicht der eigentliche Betriebszweck sondern nur ein Mittel für den Zweck sein. Mit so einer überblickslosen Sichtweise gerät man nämlich auch in eine sinntötende Vermehrungsspirale mit der wir — nicht zuletzt aufgrund unserer persönlichen sowie externen Ressourcen — in einen gefährlichen Sog kommen können. Erst wenn der Unternehmenszweck einen Fokus hat, der über all den — es sei immer wieder betont, notwendigen und damit unbestrittenen — Betriebsparametern steht, begibt man sich auf die Ebene eines sinnvollen Wirtschaftens.

Zahlreiche Unternehmen bemühen sich auch, solche Orientierungsebenen zu schaffen, wenn sie entsprechende Leitbilder oder Ähnliches formulieren. Auch das Erwerben von Zertifizierungen weist in diese Richtung und lässt erkennen, dass man um ein bestimmtes „Bild" bemüht ist. Ich möchte nicht unterstellen, dass dies aus rein optischen Gründen erfolgt, dennoch bleibt der Eindruck, dass solche Anstrengungen oftmals, ohne einen schlechten Willen unterstellen zu wollen, nur eine „Papiergeschichte" bleiben und keine nachhaltige Änderung der Unternehmenskultur nach sich zieht. Vielleicht auch deswegen, weil der Kontext in der Wirtschaftsgesellschaft nicht den Boden für eine andere Sichtweise eröffnet oder gar erlaubt.

Gerade in Bezug auf dieses Paradigma der Wirtschaftsorientierung wird daher die Humanökonomie als besserer und sinnvollerer Weg gesehen.

Favorik, der neue Fokus

Das Konzept der Humanökonomie versucht eben diese Orientierungsproblematik vor allem mit einem Paradigmenwechsel und den davon abgeleiteten Prinzipien zu lösen. Wobei diesbezüglich vorerst ein makroökonomischer Ansatz die Grundlage bildet, der dann in den Bereich der Mikroökonomie mit entsprechenden Prinzipien zu übertragen ist. Als spezifisches und zentrales Paradigma der Ökonomie wird „Favorik" eingeführt. Favorik meint — ausgehend von der Wortbedeutung — Hinwendung, Zuneigung, Wohlwollen und alles was davon abgeleitet werden kann. Dieses Paradigma besagt, dass der Fokus aller leitenden Prinzipien — somit vor allem auch des wirtschaftlichen Gestaltens — diese Favorik bilden soll. Wohl gemerkt, dass es sich dabei um ein Paradigma handelt, das heißt um den obersten Leitgedanken der Orientierungs- und Regulierungsebenen.

Diese Regulierungsebene ist wie im üblichen Sprachgebrauch nun nicht ausschließlich als Gesetzgebung oder als Kodex von Vorschriften zu sehen. Sie ist vielmehr als Hilfsprinzip beziehungsweise Anleitungsprinzip zu verstehen, das die einzelnen Bereiche des Wirtschaftens am Fokus der Favorik abgleicht. Daher bezeichne ich es auch als Transreflexionsprinzip. Das Wesentliche daran ist vor allem, dass dadurch die Verallgemeinerung dieses Paradigmas vollzogen werden kann. Das besagt konkret, dass das oberste regulative Leitprinzip des Wirtschaftens das Wohl *eines jeden einzelnen* Menschen und seiner Lebenswelt zu sein hat. Alles — zumindest jedoch das Basiswirtschaften — orientiert sich daran, dass jedem Menschen ein höchstmögliches Gutgehen zuteilwird. Wesentlich ist diesbezüglich auch die Reflexion des Umgangs mit Ressourcen und der Umwelt — besser als Lebenswelt bezeichnet — einzubeziehen. Es verlangt den bestmöglichen Wissensstand mit dem Umgang mit Ressourcen, denn diese sind das wesentliche Basiselement des Wirtschaftens.

Zur Veranschaulichung sei dieses Regulierungsverfahren mit folgender Skizze dargestellt, wobei vorauszuschicken ist, dass dieses Schema im linken Bereich sowohl makro- als auch mikroökonomische — und auch nur einige wenige — beispielhafte Parameter aufzeigt.[45] Es kommt mir hier vor allem auf die Verdeutlichung des Schemas an.

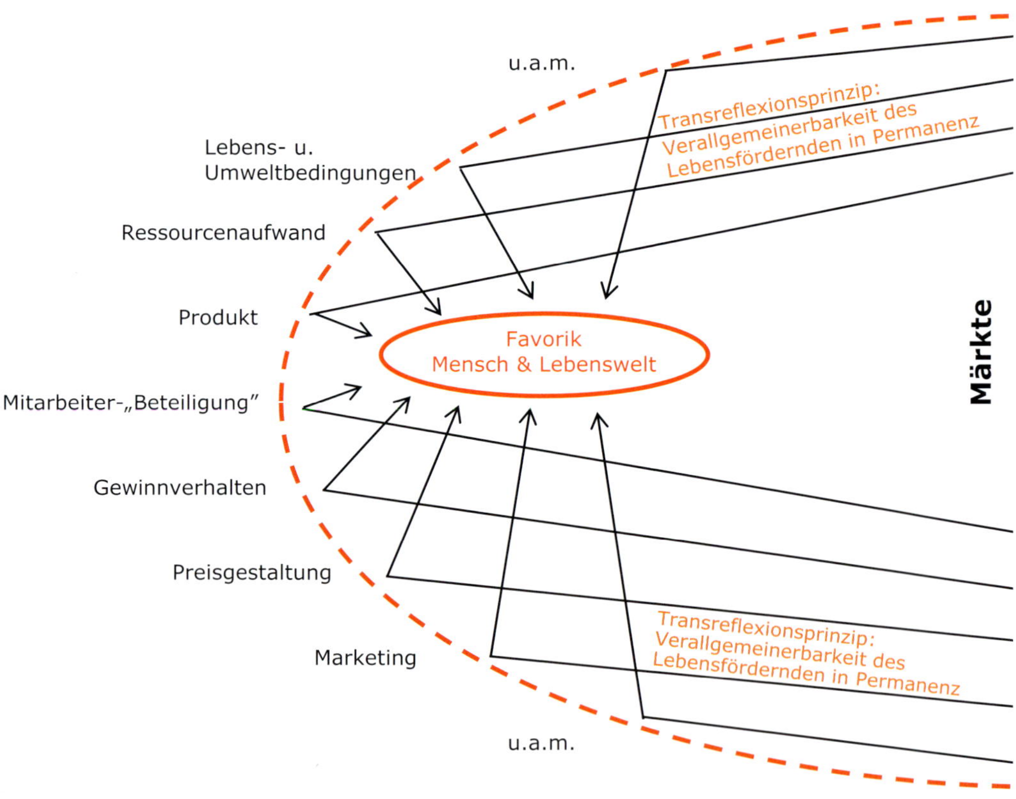

Abb. 19: Favorik als Regulierungsverfahren

[45] Für makroökonomische Prozesse wären eben die Parameter links auf das Paradigma rechts der strichlierten Line einzutragen, für mikroökonomische zum Beispiel eben betriebswirtschaftliche.

Das zentrale Kriterium für das (wie bereits hervorgehoben, zumindest Basis-) Wirtschaften ist der reale Bedarf jedes (!) einzelnen Menschen in seinem Lebens- und Kulturraum. Darunter fallen die bekannten Grundelemente eines menschenwürdigen Lebens wie Nahrung, Gesundheit, Bekleidung, Wohnung, Sicherheit, Bildung, Information, politische Einbindung bis zu persönlichen Gestaltungsmöglichkeiten. Das soll durch das Transreflexionsprinzip erfasst, verfasst und gewährleistet werden. In der Makroökonomie folgt daraus ein Wirtschaftsethos, das im besten Fall global zur Anwendung kommt. Nachdem wir allerdings nur rudimentär ein solches Globalethos vorfinden, wird es vorerst in bilateralen Vereinbarungen zur Anwendung kommen können. Wohl wissend, dass nach wie vor das „Vorteil verschaffen" dominiert und das größte Hemmnis bildet. Allerdings könnte aufgrund der zurzeit gebotenen Vernünftigkeit die Favorik die Basis einer Zukunftsstrategie bilden.

Mikroökonomisch wird diese Paradigmatik derart zur Anwendung kommen, dass der Inhalt mit diesem transreflexiven Prinzip dahingehend überprüft wird, inwieweit ein wirtschaftliches Agieren in allen Details soweit verallgemeinert werden kann, dass es das Wohl des Einzelnen befördert, allerdings auch dann noch, wenn es für alle Menschen zur Anwendung kommt. Es besagt somit wiederum, dass bei Kriterien des unternehmerischen Wirtschaftens ein konstruktives Verhältnis des Fokus, also konkret der Favorik für Mensch und Lebenswelt, herzustellen ist. Wenn dieses Verhältnis positiv ist, dann ist erst eine Rechtfertigung im Sinne einer Humanökonomie gegeben, die es erlaubt, damit „auf den Markt zu gehen".

Der Unterschied zum gegenwärtigen liberalen Wirtschaften besteht darin, dass in diesem selbst die Basiswirtschaft sehr stark klientelbestimmt ist. Klientelbestimmt bedeutet, dass im Wesentlichen Produkte und somit Unternehmen aufgebaut werden, die vor allem Zielgruppen mit maximierter Kaufkraft ins Auge fassen. So wird allerdings nur ein Segment der Menschen und auch der allgemein wirtschaftlich relevanten Personen anvisiert und damit auch die Marktbreite entsprechend geschmälert.

So gesehen wird die Favorik zu einem Leitprinzip der gesamtwirtschaftlichen Vorgänge. Wobei in diesem Zusammenhang auch kaum mehr auf Volkswirtschaften — sofern sich dieser auf nationale Grenzen reduzierte Begriff überhaupt noch halten lässt — eingeschränkt werden kann, sondern durchaus — zumindest im idealen Fall — von einer Globalwirtschaft auszugehen ist. Das Paradigma der Favorik wird somit ein Leitprinzip und Leitmotiv des Wirtschaftsverständnisses auf allen Ebenen und geht weit über betriebliches Gestalten hinaus.

Dieser Ansatz einer Wirtschaftsleitidee und deren Verwirklichung kann allerdings nur dann funktionieren, wenn eine breite und konsensuale Ausrichtung zwischen Wirtschafts-„Mainstream" und Einzelunternehmen vorherrscht. Zumindest braucht es eine „kritische Masse" von Betrieben, die sich dieser Wirtschaftsphilosophie verschreibt, um als humanistisch-ökonomischer Bereich bestehen zu können.

Ein Missverständnis soll hier jedoch auch gleich ausgeräumt werden: Es ist damit nicht eine pseudoaltruistische Handlungsanweisung für das einzelne Agieren gemeint, so wie man etwa in Anlehnung an den Gutmenschen nun auch von „Gutunternehmen" sprechen könnte. Es muss bewusst sein, dass es sich um ein übergeordnetes Leitprinzip handelt, das einzelne Organisationsstrukturen bis hin zu Politikstrukturen die Richtung gibt. Wir haben es mit einem Verallgemeinerungsprinzip zu tun, das eben für alle Parameter des Wirtschaftens Geltung zu erhalten hat. Einzelne Entscheidungen im Unternehmen stehen so in einer Relation zu diesem Leitprinzip.

Neue Perspektiven

Im Folgenden werden nun einige wichtige Aspekte angesprochen, die aus dieser humanökonomischen Sichtweise hervorgehen oder abzuleiten sind. Es werden auch noch Argumente ausgeführt, die verdeutlichen sollen, warum ein Konzept einer Humanökonomie weiterverfolgt werden soll.

Auf den Zweck kommt es an

Man kann diesen Zugang auch noch auf eine andere Frage zuspitzen, nämlich mit der Frage, was ist der Zweck des Wirtschaftens und was sind die Mittel? Der bekannte, allerdings — aus welchen Gründen auch immer — gar nicht mehr so oft zu hörende ethische Grundsatz „der Zweck heiligt nicht die Mittel" kann das vielleicht verdeutlichen. Ein drastisches Beispiel ist die mehr oder weniger billigende Inkaufnahme der noch immer üblichen Kinderarbeit oder der unterbezahlten Arbeiten bei der Herstellung von Produkten. Um auf unseren Märkten günstige oder hohen Gewinn bringende Waren anbieten zu können, werden skrupellose oder zumindest fragwürdige Mittel wie eben Menschenwürde missachtende Produktion in Kauf genommen. In einer Humanökonomie würde der Fokus der Favorik den Zweck bilden und somit aufgrund der Abgleichung mittels des Verallgemeinerungsprinzips eine solche falsche Verzweckung ausschließen. Der Zweck des Produzierens ist das Wohl jedes Menschen, damit auch jedes produzierend arbeitenden Menschen.

Wohl betrifft dieser Perspektivenwechsel jedoch das Verständnis von dem was wir als Markt bezeichnen. Markt und Märkte werden nicht mehr Zweck oder gar Selbstzweck sein, sondern Mittel zur Erreichung der humanökonomischen Ziele. Das wurde schon oben hinsichtlich des Sprachgebrauches gezeigt, dass eben der Begriff der Humanökonomie den Markt nicht als Subjekt führt. Gleichermaßen ist das für die Bedingungen des Wohlstandes wie Gesundheit, Umbeziehungsweise Lebenswelt bis zum Umgang mit Ressourcen durchzudenken. Auch diesbezüglich ist auf die lebensfördernde Relation zueinander zu achten.

Das macht dann auch Sinn

Mit diesem Paradigmenwechsel bekäme Wirtschaften auch einen neuen Sinn. Wobei ich das Wort „Sinn" durchaus in mehreren Dimensionen verstanden wissen möchte. Allem voran sind unter diesen Vorzeichen Wirtschaften und Arbeiten Bereiche des Lebens und der Lebensgestaltung, die als konstruktiv, befördernd und lebensbejahend erachtet werden. Denn nicht selten stellen sich selbst Unternehmer oder auch in Unternehmen aktive Menschen die Frage nach dem Sinn ihres Tuns. Und nicht selten führt sie das Hinterfragen ihres Tuns zu einer deprimierenden Haltung, die dann mit Minimalargumenten ausgeglichen wird, wie etwa, dass man damit ja Geld verdiene.

Das Wort „Sinn" hat aber eine sehr grundlegende Bedeutung, denn es meint in seiner Herkunft „einen Weg gehen und finden". Gerade das ist aber eine Grundfrage unseres gesamten wirtschaftlichen Agierens. Wohin führt der derzeitige Weg, wenn wir alles so weiterlaufen lassen? Die Folgen hinsichtlich einer weltweit immer massiver werdenden Kluft zwischen wohlhabenden und armen Menschen werden fatal sein. Selbst rentable Wirtschafträume wie unsere stehen vor dem prognostizierten Dilemma, künftig eine Zweitdrittelgesellschaft oder sogar 20:80-Gesellschaft zu sein, was das Verhältnis der erwerbstätigen Menschen zu jenen, denen diese Möglichkeit versagt bleiben wird, betrifft. Es ist ein Weg, der einen Großteil der Menschen nicht zu dem ihnen zustehenden Wohl führt. Somit wirtschaften wir gegenwärtig am Wohlstand vorbei beziehungsweise gestehen ihn — jedenfalls weltweit gesehen — nur Minderheiten zu. Ein Zustand der aus einer humanistischen Gesinnung heraus keinen Sinn macht.

Das führt zu einer weiteren Überlegung, nämlich wie wir es mit Bewertungen halten. Der Begriff „Bewertung" spielt ja im unternehmerischen Denken eine wesentliche Rolle. Was nicht gerade einen vorgegebenen und fixierten Preis hat, muss in einem Unternehmen, spätestens bei der Bilanzerstellung, entsprechend bewertet werden, damit es adäquat angesetzt werden kann. Das ist nicht selten eine verantwortungsvolle Aufgabe, denn mit falschen Bewertungen kann man in gefährliche Täuschung oder Selbsttäuschung geraten.

Das zeigt jedoch, dass Werte und Be-Wert-ungen nicht nur in Zahlen zum Ausdruck kommen, sondern auch in der Einschätzung in einem Maß das über Geldadäquate hinaus geht. Man kann es auch mit „Sinnadäquate" bezeichnen. Es kommt damit eine subjektive Gesinnung und Einstellung zum Ausdruck, die sich in vergleichbaren Wertestrukturen niederschreiben lässt. Gerade diese Gesinnung des einzelnen Menschen wird dann für ein lebensförderndes Wirtschaften relevant.

Die Humanökonomie spricht sich daher auch für einen adaptierten und verantwortungsvollen übergeordneten Bewertungsbegriff aus.

Individualität statt Egoismus

Der wesentliche Punkt in der Humanökonomie – das dürfte zumindest schon ansatzweise deutlich geworden sein – besteht im zentralen Gedanken der Wertschätzung der Individualität des Menschen. Es geht und kann nur um den einzelnen Menschen und seine Lebensbedingungen, zu denen natürlich allem voran auch die Umweltbedingungen zu rechnen sind, gehen. Aus diesem Ansatz heraus hat sich gesellschaftliches und im speziellen wirtschaftliches Agieren um das Individuum und dessen Wohlergehen zu befassen, und damit handelt es sich wesentlich auch um einen ethischen Aspekt. Gerade dieser ethische und in der Folge auch kulturelle, speziell wirtschaftskulturelle Aspekt, ist der große Mangel unserer Zeit, der uns in gewaltige Probleme gestürzt hat.

Einem Missverständnis sei hier gleich begegnet. Individualität wird gegenwärtig schnell mit Egoismus verwechselt. Egoismus ist ein geschlossenes System eines Individual*ismus*, das den rücksichtslosen Nutzen für sich selbst verfolgt. Gerade das widerspricht allerdings einer verallgemeinerbaren Favorik, denn diese will ein größtmögliches Wohl für jeden (!) erzielen und nicht Eigen*vorteile* auf Kosten anderer verwirklichen, was eben ein zentrales Charakteristikum des Egoismus darstellt. Darum sollten auch alle Formen des Egoismus kritisch durchleuchtet werden, denn sie treten nicht selten mit geschönten „Etiketten" auf und täuschen etwas vor, das sie substanziell nicht sind.

Individualnutz vor Gemeinnutz

Mit der Ansicht, dass letztlich der Individualnutz dem Gemeinnutz vorzuziehen ist, möchte ich durchaus eine Auseinandersetzung mit einem traditionellen grundsätzlichen Maxim anregen und in ein anderes Licht stellen. Der bekannte Rechtsgrundsatz, dass Gemeinnutz vor Eigennutz gehe, ist nämlich im Zusammenhang mit den Prinzipien der Humanökonomie kritisch zu diskutieren. Dieser Satz, der ursprünglich die richtige Intention der Verpflichtung des Vermögenden gegenüber dem Armen widerspiegelt, wurde allerdings in einer Weise weitergeschrieben, dass damit eine eigene Interessensebene eingeführt worden ist. Diese Interessensebenen tendieren dann vielfach selbst zu einem Bereich mit Eigennutz wie etwa Stände oder auch oligarchische oder aristokratische Gruppen bis hin zu Staatsstrukturen. Nicht selten wird der Gemeinnutzgedanke für diese Strukturen in Anspruch genommen. Das steht allerdings in bedenklicher Weise dem Prinzip der Favorik *für alle* gegenüber, denn damit ist ja de facto jeder einzelne Mensch gemeint. Das Verallgemeinerungsprinzip in der Humanökonomie schafft nämlich kein eigenes Gebilde, das es zu bedienen gilt. Man soll sich damit auch bewusst sein, dass damit eine basisnähere Form der Demokratie einherzugehen hat.

Allerdings verlangt die individualökonomische Gesinnung und natürlich erst recht ihre Praxis ein verstärktes Verantwortungsbewusstsein und Leistungsbewusstsein jedes einzelnen Menschen. Jeder einzelne hat nach Maßgabe seiner Potenziale dadurch auch die Verpflichtung zur Favorik, also den anderen gegenüber und den verschiedenen Bereichen der Gesellschaft, für die er relevant ist. Für jede Person in einem Unternehmen kommt somit eine mitverantwortliche Rolle im Maß seiner Gestaltungsmöglichkeiten zu. Eine Haltung des „es betrifft mich nicht" kann dann, jedenfalls im eigenen Lebensraum nicht mehr vertreten werden. Umgekehrt wird auch nicht nur die Akzeptanz, sondern sogar der Bedarf eines höheren Maßes an Beteiligung ein neuer Standard werden müssen. Verbesserte Bildungs- und Weiterbildungskonzepte werden natürlich damit dringender denn je.

In der Folge ...

Mit der grundlegenden Darstellung des Konzepts einer Humanökonomie eröffnet sich natürlich ein großes Feld von zu adaptierenden und erarbeitenden Bereichen. Sie sollen abschließend hier nur fragmentarisch angedeutet werden und in weiteren Erörterungen, Veröffentlichungen und Entwicklungsarbeit ausgeführt werden.

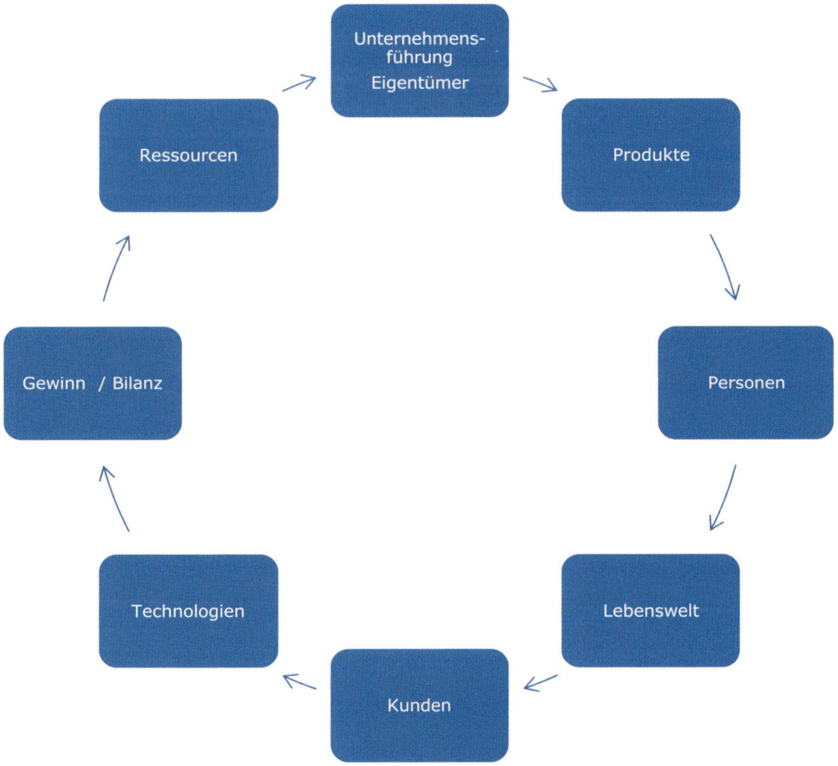

Abb. 20: Fokussetzung

Allem voran stellt sich die Frage nach einer konkreten, betriebswirtschaftlichen Umsetzung. Als Erstes wird wohl ein neues strategisches Controlling gefragt sein. Was bisher an Abfederung einer reinen Konzentration auf Gewinn durch CSR-Programme versucht wurde, sollte durch – wie es dazu in Analogie in der Humanökonomie bezeichnet wird – CHR-Programme ersetzt werden. CHR steht für Corporate Human Responsibility. Dieses Programm ist nicht nur eine Anpassung einiger Unternehmensparameter, um sozialer oder umweltfreundlicher bezeichnet werden zu können, sondern es ist die Adaptierung aller Unternehmensbedingungen im Sinne des Leitparadigmas der Favorik. Ein Regelkreis um den Fokus des Leitprinzips würde dann die betriebliche Gestaltung bestimmen. Das würde eine Abkehr von einer hierarchischen Bestimmung dessen, was etwa nur sich als rein sozial, umweltgerecht, ethisch … hinstellen heißt. Diese Kriterien werden durch den Leitgedanken eines human- und lebensweltorientierten Fokus erfolgen, der eben diese lebensfördernde Favorik verfolgt.

Im Prinzip wird das Schema der oben skizzierten Fokussetzung auch diesbezüglich zu übernehmen sein.

Einem Einwand sei allerdings gleich begegnet. Es wird kaum möglich sein, dass ein einzelnes Unternehmen, mehr oder weniger isoliert, dieses Paradigma umsetzt. Vielmehr wird es so etwas wie eine kritische Masse geben müssen, die sich dieser Unternehmenskultur und diesem Wirtschaftsethos verschreibt. Aber wie gesagt, das ist eigentlich keine radikal andere Form des Wirtschaftens, sondern eine Umorientierung der Ökonomie.

Dazu gibt es noch viel zu überlegen und auszuarbeiten.

Zukunftsfähig

Ambros Pree
Inhaber, elements consult e.U.

Management Summary

Entscheidend für die Zukunftsfähigkeit von Unternehmen ist es, die Wechselwirkungen meines Handelns im Voraus einzuschätzen. Das mag vorerst relativ einfach klingen, wird aber komplex, wenn es auf die Zielsetzungen des Unternehmens und die Handlungsstränge übertragen wird. Dabei sind nicht nur klassische harte Faktoren, sondern eine ganze Reihe sogenannter weicher Faktoren von Bedeutung, die sich in einem längeren Betrachtungszeitraum der Unternehmensentwicklung widerspiegeln. Dieser Betrachtungsansatz stellt die Grundidee des „Best Business Award" dar.

Einen zweiten Bereich, der über die Zukunftsfähigkeit von Unternehmen stärker denn je entscheidet, wird mit dem Begriff „Koopkurrenz" oder „coopetion" bezeichnet. Wer in der Lage ist, als Konkurrent zu kooperieren, wird in seinem Ressourcenumgang gemeinsam nachhaltig Vorteile generieren. Neu ist das zwar nicht, aber im Individualisierungswahn über weite Strecken verloren gegangen.

Damit verbindet sich als Drittes Netzwerkfähigkeit. Diese geht aber ganz deutlich über eine nur begrenzt betriebliche Sicht hinaus. Einen Schlüssel in diesem Kontext bilden die Begriffe Regionalkapital und regionale Resilienz.

Einleitung

Wenn ich das Wort zukunftsfähig für den Titel des Beitrages wähle, so hat das den Grund, dass der Begriff Nachhaltigkeit nochmals aus einer anderen Seite beleuchtet werden soll. Er ist aus unserem täglichen Sprachgebrauch nicht mehr wegzudenken. Er hat aber seinen Ursprung in einer bestimmten Vorgangsweise zur Sicherung bzw. Wiederherstellung des Waldbestandes, die der sächsische Oberberghauptmann Hans Carl von Carlowitz in Deutschland im 18. Jahrhundert vorgeschlagen und die sich als richtig erwiesen hat. Natürlich verwende ich ihn, weil es praktisch fast kein Entkommen gibt.

Mir scheint zukunftsfähig mehr auf das Morgen gerichtet. Es bedeutet vielmehr unternehmerisches Handeln klar daraufhin durchzudenken, was an lebenswert im umfassenden Sinne sichergestellt und entwickelt werden soll. Dazu stellen lineare Betrachtungen keine geeignete Basis mehr dar, sondern es bedarf einer umfassenden Verknüpfung mit dem gesamten Umfeld des Unternehmens. Da stehen eben dann die Frage der Nutzenstiftung der Produkte oder Dienstleistungen, der Umgang mit Mitarbeitern, die Ressourcenfrage im Sinne eines Kreislaufhandelns („cradle to cradle"), Energieeffizienz, eine regionale Vernetztheit oder die Kooperationsfähigkeit im Zentrum einer unternehmerischen Strategie, um nur einige Konkretisierungen zu nennen.

Die aktuelle gesellschaftliche Gesamtentwicklung macht mehr als deutlich, dass eine Reihe anderer Wege erforderlich sind, um eine zukunftsfähige Welt nicht endgültig aufs Spiel zu setzen. Dabei geht es nicht mehr um generelle einheitliche Lösungsansätze, sondern um sehr differenzierte Vorgangsweisen, wie die 2012 verstorbene Elinor Ostrom (Wirtschaftsnobelpreisträgerin 2008) aufgezeigt hat, die sich intensiv mit dem Begriff Commons (Gemeingütern) beschäftigte. Sie zieht drei wesentliche Schlüsse, die zeigen, wohin die Reise gehen könnte:

- Der Mensch ist nicht nur von ökonomischer Rationalität getrieben, sondern vor allem ein soziales Wesen.
- In vielen Fällen ist die Kooperation das bessere Modell als Konkurrenz.
- Es gibt keine großen Lösungen, sondern viele unzählige lokale, die nicht unbedingt auf globaler Ebene funktionieren.[46]

Wohin bewegen wir uns?

Schon in der Gründungsidee des „Best Business Award" war die Kernidee, Unternehmen auszuzeichnen, deren Zielsetzung es ist, eine ganzheitliche, langfristige Unternehmensstrategie anzustreben. Die Entwicklung unserer Gesellschaft zeigt, dass sich am Gelingen einer umfassend veränderten Handlungsweise das Wohl der Lebensumstände in unserer Welt entscheiden wird. Unternehmen nehmen dabei eine Schlüsselrolle ein. Ein sehr grober Blick auf diese Herausforderungen zeigt uns in welchen Spannungsfeldern wir uns dabei bewegen.

Eine Studie der Deutschen Post „Delivering tomorrow"[47] zeigt in fünf möglichen Szenarien zukünftige wirtschaftliche Entwicklungen bis 2050 und deutet an in welche Richtungen unsere Welt gehen könnte. Darin wird deutlich, welche Auswirkungen ein bestimmtes Handeln zeigen würde. Nun wissen wir, dass es kaum zu einer reinen Ausprägung einer Richtung kommt, aber die Tendenzen selbst legen offen welche Konsequenzen sich daraus ableiten würden.

46 Vgl. Format (24/2009).

47 Vgl. Deutsche Post AG (2012).

Szenario 1: Einem zügellosen Wachstum droht der Kollaps

Ein Wirtschaften, das auf ein nur quantitatives Wachstum setzt ,führt zu einer bisher noch nicht gekannten Dimension materieller Bedürfnisbefriedigung. Durch den Abbau aller Handelsbarrieren kommt es zu einer Vervierfachung des gegenwärtigen Handelsvolumens. Bemühungen, auf globaler Ebene nachhaltige Entwicklungen einzuschlagen, scheitern. Die westlichen Industrieländer verzeichnen keine weiteren Wohlstandszuwächse und im Osten etabliert sich das neue Gravitationszentrum der Finanzmärkte, des Handels und des Konsums. Eine ungezügelte Wirtschaft treibt den Klimawandel, und damit massive und häufige Naturkatastrophen voran. Ein Großteil des noch existierenden natürlichen Umfeldes unserer Erde ist zerstört.

Szenario 2: Es ist eine Megaeffizienz in Megastädten entstanden

2050 haben sich Megastädte als die Schlüsselzentren der sozialen, wirtschaftlichen und politischen Entwicklungen entwickelt. In diesen Zentren regieren Handel und globale Governance-Modelle. Dem stehen vernachlässigte ländliche Regionen gegenüber und Nationalstaaten sind zu nachrangigen Gestaltern geworden. Neue Entwicklungen der Informations- und Kommunikationsindustrie treiben die Automatisierung aller Lebensbereiche in bisher nicht gekannte Ebenen voran. Extrem effiziente neue Konzepte zur Beförderung von Gütern und Menschen führen zur deutlichen Reduzierung der Verkehrsbelastung. Wesentlich ist auch, dass sich das Konsumverhalten vom Erwerb von Gütern zu Mietmodellen verschoben hat.

Szenario 3: Die absolute Individualisierung der Lebensstile der Menschen

Inzwischen ist der Alltag der Menschen durch personalisierte Konsummuster bestimmt. Sie gestalten und entwickeln ihre eigenen Produkte (mit). Regionale Handelsströme schwellen an. Durch die hohe Diversität kundenindividueller Produktionstechnologien verändern sich betriebliche Organisationsformen massiv. Verlierer in dieser Entwicklung sind Facharbeiter und Beschäftigte im Dienstleistungssektor. Die Folgen sind ein rasant steigender Rohstoffverbrauch und damit verbundener Emissionen und ihre zerstörerische Wirkung auf die Umwelt.

Szenario 4: Ein neuer Protektionismus lähmt alles

Der eingetretene wirtschaftliche Niedergang ist auch der der Globalisierung. Eine weitreichende Stagnation in der Infrastruktur und der technologischen Entwicklung ist eingetreten. Wesentliche Mittel werden für Maßnahmen in Folge der alternden Gesellschaften benötigt. Durch den Protektionismus verschärfen sich die Auseinandersetzungen um Rohstoffvorkommen. International koordinierte Bemühungen zur Reduktion von Treibhausgasemissionen fehlen. Das Konfliktpotenzial steigt. Regionale kriegerische Auseinandersetzung um Ressourcen sind wahrscheinlich. Der Klimawandel schreitet unaufhaltbar fort.

Szenario 5: Globale Widerstandsfähigkeit wächst und lokale (regionale) Anpassungen gewinnen Bedeutung.

Stark gehäufte Katastrophen und Wetterphänomene zerstören die Funktion globaler Lieferketten. Es setzt verändertes Denken in Politik und Wirtschaft ein. Die Entwicklung geht in Richtung regionalisierter, redundanter Produktionsketten. Die Schwarmintelligenz ermöglicht eine schnelle Reaktion auf überraschend eintretende Probleme. Nachhaltiger Material- und Energieverbrauch sowie differenzierte Maßnahmen zur Um- und Nachnutzung bzw. Recycling stärken die Versorgungssicherheit und die Menschen legen wieder Wert auf Langlebigkeit von Produkten.

Die Risiken für unsere Zukunft aus der Sicht von Managern und Führungskräften erweitern eigentlich nur die DHL-Studie.

Abb. 21: Risiken für die Welt[48]

Der Wendepunkt, an dem wir uns befinden, ist schwer zu leugnen und dennoch sollte er uns nicht in Panik oder Pessimismus versetzen. Handeln ist möglich und der Bewusstseinswandel ist kaum zu übersehen. Mit dem Preis des BBA für eine nachhaltige Unternehmensführung in der Europaregion Donau-Moldau wird ein wichtiger Beitrag in diese Richtung geleistet. Es sollte nicht allzu schwer fallen, die Umgestaltung in Richtung Zukunftsfähigkeit noch deutlich bewusster und vernetzter im regionalen Kontext voranzutreiben. Den negativen Effekten der Entfesselung des Kapitalmarktes ist eine ganzheitlich lebenswerte Vision entgegenzusetzen. Es kann keine Zukunft im Sinne Hayeks sein der einmal gesagt haben soll „Entweder gibt es den

[48] Quelle: WEF Global Risks Perception Survey 2013–2014.

freien Markt oder die Demokratie". Fast kann so eine Sicht an den Tanz um das goldene Kalb bei Mose im Alten Testament erinnern, also eine Reduktion alles Menschlichen unter die Scheinfreiheit einer absolut zerstörerischen Kraft des „freien" Marktes.

Unternehmensverantwortung für Betrieb und Gesellschaft

In allen Schlüsseldokumenten der Europäischen Union im Hinblick auf 2020 ist die Verknüpfung von drei Begriffen als zentral dargestellt. Es geht um eine Entwicklung die mit den Begriffen intelligent (smart), integrativ (inclusiv) und nachhaltig (sustainable) umschrieben wird. Konkret ist das in der Mitteilung der Kommission vom 3. März 2010 so formuliert:

„In Europa 2020 werden drei sich gegenseitig verstärkende Prioritäten vorgeschlagen:

- Intelligentes Wachstum: Entwicklung einer auf Wissen und Innovation gestützten Wirtschaft
- Nachhaltiges Wachstum: Förderung einer ressourcenschonenden, ökologischeren und wettbewerbsfähigeren Wirtschaft
- Integratives Wachstum: Förderung einer Wirtschaft mit hoher Beschäftigung und ausgeprägtem sozialen und territorialen Zusammenhalt."

So gesehen, trägt die Zielsetzung des „Best Business Award" von der Initiierung her diesen Ansatz im Kern schon in sich.

Das international tätige Consultingunternehmen A.T. Kearney zeigt am Beispiel der folgenden drei Übersichten diese Kernbotschaft. Warum wir Nachhaltigkeit — oder anders umschrieben Zukunftsfähigkeit — als einen strategischen Ansatz der Veränderung brauchen.

Abb. 22: Nachhaltigkeitskonzept[49]

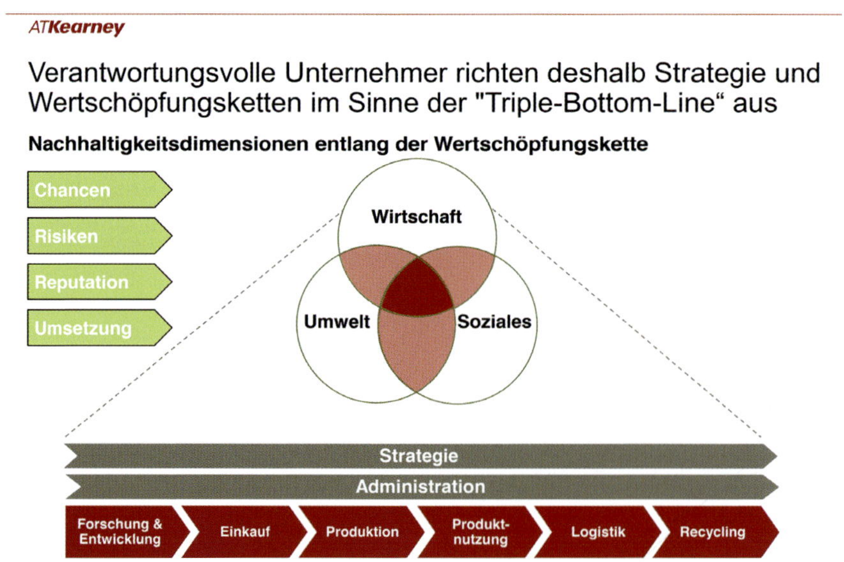

Abb. 23: Nachhaltigkeitsdimensionen entlang der Wertschöpfungskette[50]

49 Quelle: ATKearney (2013).

50 Quelle: ATKearney (2013).

Abb. 24: Bereiche der Unternehmensverantwortung[51]

Aus diesen Betrachtungsweisen wird sehr kompakt ersichtlich, worauf unternehmerische Verantwortung ihr Augenmerk zu legen hat. Dabei bleibt aber die besondere Herausforderung, diese Verantwortung auf allen Ebenen des Unternehmens zu implementieren. Das erfordert eine Führung, die Mitarbeiter des Unternehmens in den Strategie- und Umsetzungsprozess bewusst einbindet, damit das eine gelebte und den laufenden Änderungsanforderungen entsprechende Praxis bildet.

Die Rolle von Unternehmen im regionalen Kontext

Der Begriff Regionalkapital gewinnt in der Rückbesinnung auf Stärken eine wachsende Bedeutung. Das mehrwertschaffende Potenzial eines regionalen Umfeldes proaktiv in die Unternehmensentwicklung einzubeziehen, hat Wirkungen auf:

- die Gestaltung der Standortentwicklung
- die regionale Kompetenz der Mitarbeiter
- die Vernetzung in der Region

[51] Quelle: ATKearney (2013).

- regionale Wirtschaftskooperation
- die Beschaffung
- den Absatz
- die Identität[52]

Besonders ersichtlich wird die Bedeutung des regionalen Umfeldes gerade für die kleinen und mittleren Unternehmen, aber auch Großunternehmen gewinnen, wenn sie sich engagiert einbetten. Es geht nicht nur darum, das bestehende Potenzial an Regionalkapital zu nutzen, sondern auch darum, sich selbst dabei aktiv einzubringen, um dadurch eine Dynamik zu fördern, die wieder wechselseitig zurückwirkt.

Dem Faktor Regionalkapital für unternehmerischen Erfolg wurde bisher nur wenig Bedeutung geschenkt. In der Beschäftigung mit Regionalökonomie verweist John Anderson Kay auf drei Kernkompetenzen, die sich in seiner Betrachtung aus Erfahrungen, Wissen und Wertesystemen innerhalb eines Unternehmens zusammensetzen. Als solche sind gemeint:

Reputation: Damit werden die Unternehmensbeziehungen verstanden (vereinfacht, was gegenwärtig wertgeschätzt wird, wie beispielsweise Zuverlässigkeit, Schnelligkeit, ...).

Architektur: Darunter ist das interne und externe Netzwerk an Beziehungen (Personal, Kunden, Lieferanten, Wissen, etc.) zu verstehen.

Innovation: Hier wird Innovation als Unverwechselbarkeit verstanden, die nicht durch Imitation überboten werden kann — Studie „Erfolgsfaktor Region“: Wie KMU ihr Regionalkapital optimal nutzen! — Bundesministerium für Wirtschaft, Familie und Jugend — Dezember 2010

Tragende Bedeutung in der Stärkung des Regionalkapitals aus der unternehmerischen Sicht haben dabei folgende Begriffe:

Corporate Social Responsibility (CSR)

CSR spielt in diesem Prozess eine wichtige Rolle — im Sinne eines Unternehmensbeitrags „zur Umsetzung des gesellschaftlichen Leitbildes der nachhaltigen Entwicklung“, entsprechend dem Grünbuch der Europäischen Kommission. Durch eine gezielte Anwendung der CSR können mehrere Wettbewerbsvorteile ermöglicht werden:

- Produkt-/Dienstleistungs- und Prozessverbesserungen, die aus guten Kundenbeziehungen entstehen
- Motivationssteigerung und Mitarbeiterbindung, die zu höherem Einsatz und Lernbereitschaft der Mitarbeiter führen
- eine bessere Öffentlichkeitswahrnehmung
- einen besseren Zugang zu neuen Mitarbeitern

[52] Vgl. ATKearney (2013).

- Stärkung der Markt- und Netzwerkbeziehungen
- Kosteneinsparungen und Produktivitätszugewinne durch effizientere betriebliche Ressourcen
- Umsatzsteigerungen durch die vorher genannten Wettbewerbsvorteile

Corporate Citizenship

Damit wird ein verantwortungsbewusster Umgang in der Zivilgesellschaft verstanden. Es geht dabei um Verantwortungsübernahme im sozialen, kulturellen und ökologischen Umfeld.

Embeddedness

Wirtschaftliche und soziale Aspekte sind besonders bei kleinen Unternehmen kaum trennbar kombiniert. Diese Form des „Eingebettseins“ führt auf der anderen Seite durchaus zu Marktchancen.

Der Fühlungsvorteil

Vorteile entstehen durch räumliche Nähe (Fühlung). Sie vereinfacht Begegnungen und Beziehungen auf allen Ebenen, bindet auch Mitarbeiter besser und eröffnet erhöhte Chancen in der betrieblichen Kooperation.

Unternehmenstyp „home based player“

Man nutzt die regionalen Vorteile von Flexibilität und gezielter Kapazitätsauslastung und gleicht Kostennachteile von Auslagerungen aus. Dies stellt keinen Gegensatz zu internationalen Standorten dar, sondern nutzt diesen Ansatz als gezielte Standortstrategie.

Unternehmenserkenntnisse zum Verständnis von Regionalkapital

Von Unternehmen wird in diesem Zusammenhang als bedeutend genannt:

- dass zivilgesellschaftliches Engagement sich positiv auf die Unternehmensentwicklung auswirkt
- Mitarbeiter werden als wichtiges Bindeglied zwischen Unternehmen und Region wahrgenommen
- Unternehmen mit Regionalkompetenz zeigen eine erhöhte Fähigkeit zur Kooperation
- Regionalkompetenz wird weitgehend als unabhängig von Unternehmensgröße, Branchenzugehörigkeit und Exportquote gesehen
- dass Regionalkompetenz weniger anfällig für Wirtschaftskrisen macht. Diese Form eines Eingebundenseins fördert Nachhaltigkeit in der Unternehmensentwicklung

Es handelt sich dabei längst nicht mehr um ein Wunschdenken. Eine ganze Reihe von Regionen, unterschiedlicher Größe sind dabei sich in solche Prozesse einzulassen.[53]

---

53 Vgl. Bundesministerium für Wirtschaft, Familie und Jugend (2010).

Ein Ansatz von regionaler Zukunftswertschöpfung

„Dass es nicht so sein muss wie es gegeben zu sein scheint" ist zur Vision eines kleinen Technologieunternehmens geworden. Mit beachtlichen Erfolgen wird dem Irrglauben widerstanden, dass nur Gewinnmaximierung der Unternehmenszweck sei. In einem Geschäftsfeld der kleinen Gruppe wird ein neuer Zugang zur Elektromobilität umgesetzt. Effektivität und Effizienz spielen dabei im Umgang mit der Zukunftsfähigkeit die zentrale Rolle. Da gilt, dass Zukunftswertschöpfung nur als solche gelten kann, wenn sie intelligent, sozial und umweltorientiert angedacht und umgesetzt wird.

In der Darstellung von beispielhaft ausgewählten Wirkungsfeldern zeigt sich, wie komplex unternehmerisches Handeln sein kann. Gleichzeitig wird aber sichtbar, dass der wechselseitige Bezug das Unternehmen stärkt.

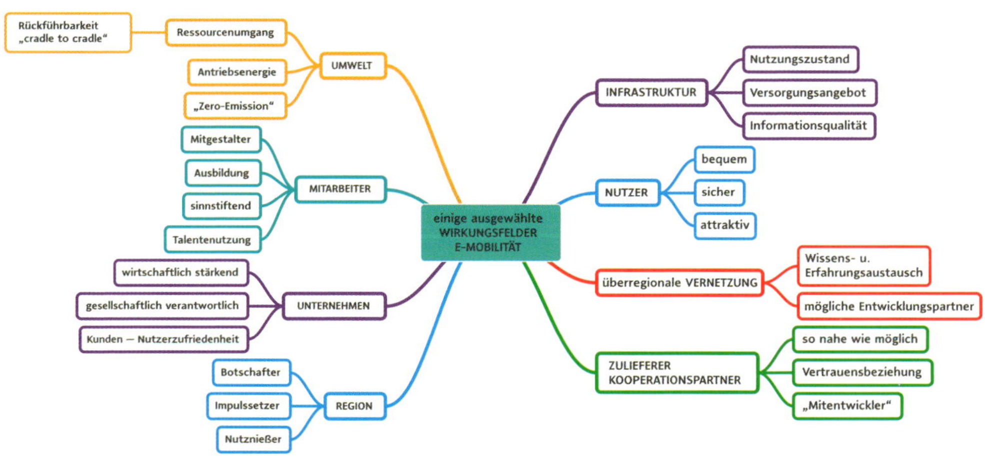

Abb. 25: Wirkungsfelder E-Mobilität

So betrachtet zeigt sich, in welchem Kontext der Begriff Regionalkapital lebendig und nachvollziehbarer wird. Vom Unternehmen selbst stammt die gesamte Neuentwicklung des Elektromotorrades. Die bereits angelaufene Produktion basiert auf einer hohen österreichischen Wertschöpfung. Die Entwicklung des Motorrades hat im Unternehmen selbst das innovative Potenzial enorm gestärkt, weil es eben nicht Modifikationen von Teilen oder Lösungen waren, sondern tatsächlich völlig neu aufgesetzt wurde, mit dem Ergebnis, dass aus einem Teil ein neuer Produktionszweig gerade im Entstehen ist. Natürlich gibt es einen offenen Blick über die Grenze als Begegnungs-, Kooperations- und Lernfeld.

Regionale Resilienz

Resilienz ist ein Begriff aus der Kybernetik, der sich auf eine ganze Reihe von Bereichen erstreckt. Das Wort selbst hat seine Wurzel im Lateinischen „resilire", was „zurückspringen oder abprallen" bedeutet bzw. dass eine Handlung nicht oder eingeschränkt wirksam wird. Der Begriff findet mittlerweile eine breite Anwendung von der Psychologie über die Ökologie, Biologie, Sozialökologie, das Management bis hin zur Regionalentwicklung als „Resilent Regions" (übersetzt als „krisenfeste Regionen").

Resiliente Regionen setzen aber ein starkes Regionalkapital voraus. Das ist nur gewährleistet, wenn die Unternehmen selbst dabei ihre Rolle wahrnehmen und in der Rückwirkung eben die eigene Stärkung erfahren.

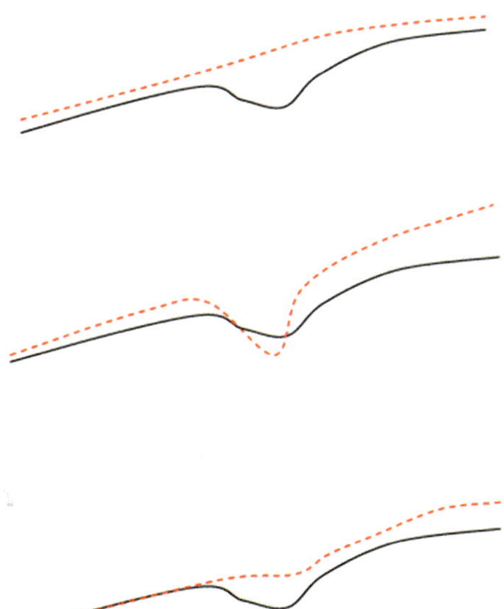

(a) Keine Krise.
Eine Region (unterbrochene Linie) zeigt in Bezug auf die ausgewählten Indikatoren wie z.B. Wachstum, Beschäftigung, Wanderungsbilanz, Umwelt- und Lebensqualität etc. im Gegensatz zum Vergleichsraum (andere Region, Nation, EU) keine krisenhaften Erscheinungen.

(b) Rasche Erholung aus der Krise.
Eine Region (unterbrochene Linie) zeigt in Bezug auf die ausgewählten Indikatoren negative Wirkungen, findet jedoch im Unterschied zum Vergleichsraum rasch auf den früheren Pfad zurück und kann sogar noch zulegen.

(c) Abpufferung der Krise.
Eine Region (unterbrochene Linie) zeigt in Bezug auf die ausgewählten Indikatoren negative Wirkungen, jedoch in deutlich milderem Ausmaß als der Vergleichsraum und geht allenthalben relativ gestärkt aus der Krise hervor.

Abb. 26: Mögliche Erscheinungsformen resilienter Regionen[54]

Die Chancen für Regionen, sich widerstandsfähiger gegenüber Krisen zu machen, sind gegeben. Es bedarf aber eines strukturierten Handelns im Sinne von Optimismus, dem Willen zur Lösungsorientierung, der Verantwortungsübernahme, aus der Opferrolle auszusteigen, der Netzwerkorientierung Raum zu geben und auf eine gemeinsam abgestimmte Zukunftsplanung zu setzen.

[54] Quelle: ÖAR Regionalberatung (2010).

Will ein Unternehmen resilient sein, also Krisenfestigkeit aufweisen, erfordert das einen sehr umfassenden Prozess. Wer sich jedoch bereits mit der eigenen Rolle im Sinne des Regionalkapitals bewusst auseinandersetzt, ist da schon ein wichtiges Stück des erforderlichen Weges gegangen.

Die OÖ Industriellenvereinigung beschreibt die Bedeutung von Resilienz so:

- neue Wege gehen
- sich vernetzen
- sich in schwierigen Situationen auf Partner verlassen können
- die Unabhängigkeit der Mitarbeiter stärken, um deren Anpassungsfähigkeit zu erhöhen
- Flexibilität und Kreativität zu nutzen[55]

Damit wird deutlich, die Botschaft der Wichtigkeit von Resilienz ist mittlerweile bei den Verantwortungsträgern angekommen.

Eine weitere Sicht zur Zukunftsfähigkeit

Es gibt sicherlich eine Reihe von Ökonomen, für die gesellschaftliche Verantwortung nur die Gewinnmaximierung stört. So disqualifizieren sich diese selbst, weil sie bar jeglicher Ethik sind. Die Konsequenzen ihrer Wirtschaftsbetrachtungen haben uns zerstörerische Krisen beschert. Dabei wird deutlich, dass eindimensionale Betrachtungen keine lebenswerte Welt ermöglichen.

Thomas Sedlaček der Chefvolkswirt der tschechischen Großbank CSOB und Mitglied des Nationalen Wirtschaftsrats Tschechiens formuliert es so: „Eine funktionierende Gesellschaft ruht auf drei Säulen: Moral oder Anstand, Wettbewerb und Konkurrenz, Regulierung und staatliche Rahmenbedingungen."

Die Thematik des wirtschaftlichen Wachstums ist ebenfalls Gegenstand intensiver Diskussionen geworden und wie hier ein erforderlicher Wandel eingeleitet werden kann. Dazu noch einmal Thomas Sedlaček: „Ich glaube, dass die Wirtschaft eher wie Gehen ist: Man kann stehen bleiben, ohne umzukippen. Darin steckt die Idee der Sabbat-Ökonomie. Gott ruhte am siebten Tag, nachdem er die Welt erschaffen hatte, nicht weil er müde war, sondern weil er das Getane für gut befand."

55 Vgl. OÖ Industriellenvereinigung.

Ein Auszug aus einem Beitrag von Thomas Assheuer in der „Zeit“ macht das noch aus einem anderen Blickwinkel deutlich. „Warum die Verheißungen von Wirtschaftswissenschaftlern oft mit Vorsicht zu genießen sind, ist nicht schwer zu sagen: Das Schatzkästlein ihrer Theorie ist gut gefüllt mit Denkfiguren, die aus uralten Nachbarsdisziplinen stammen. Der Kulturwissenschaftler Joseph Vogl hat einmal aufgezählt welche Gesetzmäßigkeiten sich Ökonomen von Theologen und Philosophen ausgeliehen haben: Die Vorstellung etwa, dass Märkte unvernünftige Menschen durch eine unsichtbare Hand wieder zur Räson bringen, stammt aus der Moralphilosophie. Die Idee von der unsichtbaren Hand wiederum, hat ihre tiefen Wurzeln in der Theologie. Die Lieblingsmelodie von Ökonomen, Märkte streben gesetzmäßig nach einem Gleichgewicht, erinnert Vogl an die Lehre von der prästabilisierten Harmonie des Weltalls. Seit der Finanzkrise hat sich herumgesprochen: Trotz vernünftiger Entscheidungsprozesse sind Märkte durchaus fähig, systematisch Unvernunft zu produzieren.“[56]

Die amerikanischen Ökonomen Michael E. Porter und Mark R. Kramer, die sicher über den Verdacht erhaben sind, unser Wirtschaftssystem als solches überwinden zu wollen, haben in einem Beitrag für die „Havard Business Review January—February 2011“ unter dem Titel „Capitalism is under siege… Creating Shared Values“ auf eine entscheidende Weichenstellung hingewiesen. In einer sehr kritischen Betrachtung haben sie deutlich gemacht, dass unser Wirtschaftssystem ohne sehr wesentliche Änderungen, die die gesellschaftliche Verantwortung auch als einen Teil des unternehmerischen Handelns integriert, nicht überlebensfähig sein wird. Sie führen darin den Begriff von „Corporate Social Resposabiltiy“ (CSR) weiter zu einem Ansatz der Schaffung von „Created Shared Values“ (CSV). Auf den Punkt gebracht formulieren es Porter und Kramer so: “The concept of shared value — which focuses on the connections between societal and economic progress has the power to unleash the next wave of global growth.“

[56] Thomas Assheuer (2012).

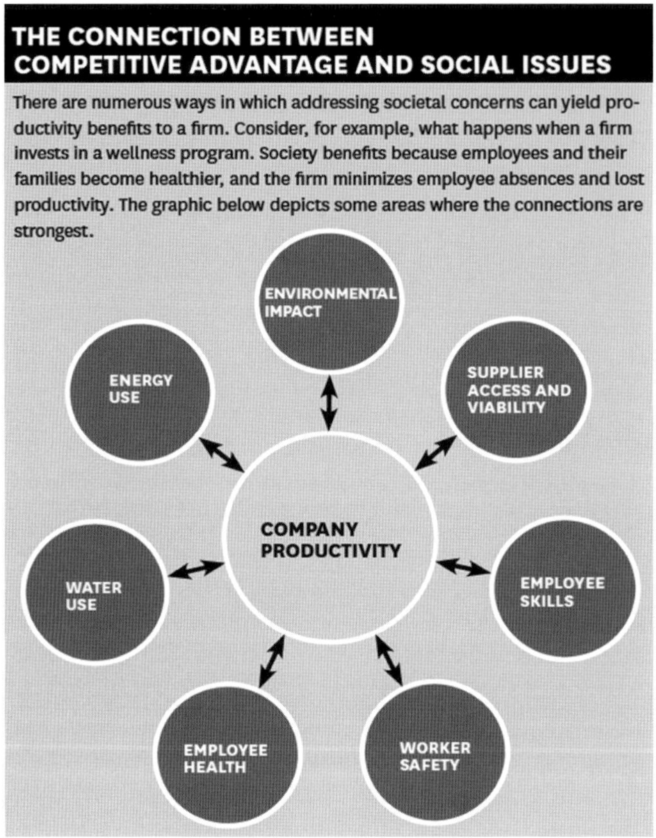

Abb. 27: Verbindung von Wettbewerbsvorteilen und sozialen Belangen[57]

Zum Morgen

Für die Art und Weise, Unternehmen so zu führen, dass sie zukunftsfähig bleiben gibt es kein allgemeines Rezept. Gemeinsam ist aber allen eine wertorientierte, das heißt ethische Grundeinstellung, die klar die Verantwortung dafür sichtbar macht. Das „Wie“ stellt also die Herausforderung und gleichzeitig den ständigen Lernprozess dar, aus dem die Vision und daraus abgeleitet die Ziele und Maßnahmen für eine Langlebigkeit generiert werden können.

57 Quelle: Porter, Kramer (2011).

Literaturverzeichnis

Format: Wirtschaftsnobelpreis für Elinor Ostrom: Die Erweiterung der Forschungszone (24/2009)

Deutsche Post AG (Hrsg.): Studie der Deutschen Post „Delivering tomorrow" (Februar 2012)

ATKearney: Vortrag von Strohmer, M.F.: „Unternehmerverantwortung — ein Gewinn für Betriebe und Gesellschaft" (Mai 2013)

WEF Global Risks Perception Survey (2013–2014)

Bundesministerium für Wirtschaft, Familie und Jugend: Studie Erfolgsfaktor Region — Wie KMU ihr Regionalkapital optimal nutzen! (Dezember 2010)

ÖAR Regionalberatung: Wie gehen Regionen mit Krisen um? Eine explorative Studie über die Resilienz von Regionen (Mai 2010)

OÖ Industriellenvereinigung: Präsentation von Greiner, A. „Starke Menschen! Starke Wirtschaft"

Assheuer, T.: Klärt euch auf! in DIE ZEIT, Nr. 29 (12. Juli 2012)

Porter, M.E./Kramer, M.R: Creating shared Value in Havard Business Review (January—February 2011)

Innovationskraft und Nachhaltigkeit

Prof. Dr. Carola Jungwirth
Präsidentin der Universität Passau

Management Summary

Der vorliegende Beitrag hat das Ziel, die Leser in aller Kürze auf den aktuellen Stand der innovationsstrategischen Diskussion zu bringen. Dazu stellt er zunächst dar, welche Sachverhalte als Innovationen bezeichnet werden, und klärt wichtige Begriffe, nämlich „Invention, Innovation, Diffusion“, „Produkt-, Prozess-, Geschäftsmodell-Innovation“, „radikale und inkrementale Innovation“ und „Exploration, Exploitation“. Er setzt sich außerdem mit der Frage auseinander, wie ein Unternehmen Innovationen managen kann und stellt Methoden vor, um Innovationstätigkeit zu messen, nämlich ein Innovationsportfolio zu definieren und Kennzahlen zur Innovationstätigkeit abzuleiten.

Der Beitrag erklärt, warum ein Unternehmen einen Innovationsprozess definieren sollte und wie dieser aussehen könnte. Des Weiteren befasst er sich auch mit dem unternehmensinternen und -externen Wissenstransfer. Schließlich stellt er noch die Möglichkeit vor, Innovationen durch Veröffentlichung zu schützen und durch Kooperation, beispielsweise im Format eines Innovationsclusters, voranzutreiben. Der Überblick soll insbesondere kleinen und mittleren Unternehmen Anregungen geben, Innovationskraft zu entwickeln, indem sie Innovationsaktivitäten strategisch planen, systematisch in das Tagesgeschehen einbauen und so die Nachhaltigkeit der eigenen Geschäftstätigkeit sicherstellen.

Einleitung

Nachhaltige Unternehmen haben i. d. R. Innovationskraft und innovationskräftige Unternehmen sind meist nachhaltig. Der Grund ist unmittelbar einsichtig: Im Zeitverlauf ändert sich die Nachfrage und nur ein Unternehmen, das neue bzw. differenzierte Lösungen bereitstellt, kann die Nachfrage befriedigen. Nachfrager (Kunden) und Anbieter (Produzenten) stehen hierbei vor unterschiedlichen Herausforderungen: Die Nachfrager wählen zu einem bestimmten Zeitpunkt (t_0) aus einem Portfolio von Angeboten ein Gut aus, das Anbieter in einem früheren Zeitraum

(t_{-1} bis t_0) zur Marktreife gebracht haben. Der Anbieter muss also zu einem frühen Zeitpunkt (t_{-1}) abschätzen, welches Gut der Nachfrager zu einem späteren Zeitpunkt (t_0) wählen wird. Sein Informationsstand zum Innovationszeitpunkt (t_{-1}) ist damit schlechter als der des Kunden, der ja zum Zeitpunkt seiner Kaufentscheidung über die Entwicklung im Zeitraum t_{-1} bis t_0 informiert ist. Die daraus für den Anbieter entstehende Unsicherheit muss dieser bewirtschaften und eine Strategie entwickeln, mithilfe welcher Methoden er zum Zeitpunkt t_{-1} Produkte, Prozesse oder neue Geschäftsmodelle entwickeln will, die zum Zeitpunkt t_0 nachgefragt werden.

Was ist eine Innovation?

Innovationen resultieren aus der Entwicklung **und** Vermarktung neuartiger Problemlösungen und führen zu **sprunghaften Veränderungen** des Marktes.[58]

Zwei Punkte sind hier wichtig: Zum einen ist eine Erfindung selbst noch keine Innovation. Erst wenn es dem Erfinder gelungen ist, seine Erfindung auf dem Markt durchzusetzen und im guten Fall auch Geld damit zu verdienen, hat eine Innovation stattgefunden. Der zweite Punkt zielt auf die „sprunghafte Veränderung“: Eine Innovation ändert die Marktbedingungen für alle Beteiligten (Nachfrager und Anbieter im Wettbewerb) so, dass die alte Aufteilung des Marktes aufgehoben wird, weil einer der Anbieter durch die Innovation deutlich mehr Nachfrage auf sich ziehen kann als seine Wettbewerber. Führt beispielsweise eine Prozessverbesserung zu erheblichen Kostensenkungen, kann das innovierende Unternehmen die Preise senken und den Markt neu aufteilen. Deutlich präsenter sind hier Beispiele der Ablösung alter durch neue Technologien (bezeichnet als „disruptive Technologien“ oder „radikale Innovationen“), wie die Ablösung des Walkmans durch den mp3-Player oder die Ablösung des Handys durch das Smartphone. Das Unternehmen Nokia ist beispielsweise an dem Sprung vom Handy zum Smartphone sehr eindrucksvoll gescheitert.

Im Folgenden werden wichtige Begriffe aus dem Feld Innovationskraft vorgestellt.

Invention – Innovation – Diffusion

Innovation und Invention, also die Erfindung an sich, sind eng miteinander verbunden.[59] Genau gesagt stellt die **Invention** einen Schritt im Innovationsprozess dar, und zwar den der neuen Ideen, Entdeckungen und Durchbrüche. Allerdings sind Idee und auch ausgetüftelte Erfindung

58 Vgl. Fichter (2014) S. 63.

59 Vgl. hierzu und zu folgendem Smith (2006) S. 6 ff.

noch sehr weit weg von Marktfähigkeit und Vermarktung. Um die Nachfrage bedienen zu können, muss der Produktionsprozess auf die Realisierung von Skalenvorteilen und Qualitätssicherung ausgerichtet werden. Damit umfasst die **Innovation** das Design, die Herstellung, das Marketing, die Logistik und die Wartung der Invention. Mit der Vermarktung des Produkts ist noch kein Innovationserfolg garantiert. Die **Diffusion**, also zahlreiche Nachfrage nach einer Innovation auf dem Markt, ist allerdings kein Bestandteil der eigentlichen Innovation. Die folgende Grafik veranschaulicht noch einmal das Zusammenspiel der oben beschriebenen Begriffe:

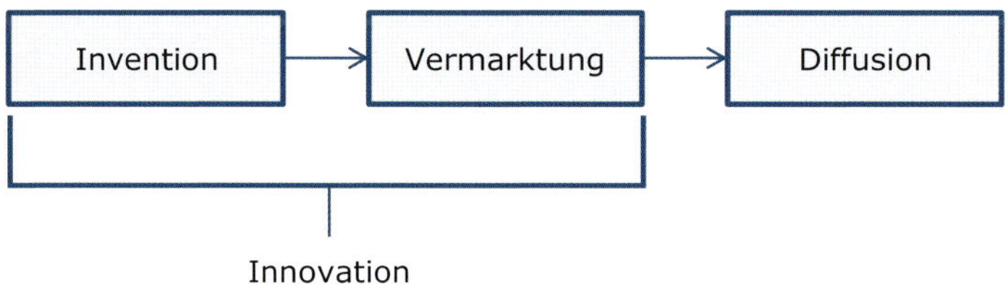

Abb. 28: Invention, Innovation und Diffusion[60]

Produkt-, Prozess-, Geschäftsmodell-Innovation

Während Innovationen auf Produktebene präsent und schnell benennbar sind, fallen Innovationen auf Ebene der Prozesse und Geschäftsmodelle häufig weniger auf. Allerdings ist auch der Wertbeitrag dieser **Innovationsformen** für den Kunden so hoch, dass sprunghafte Marktveränderungen die Folge sind.

Produktinnovationen liefern neuartige Lösungen für bekannte Herausforderungen (z. B. Überwindung von Distanz, Verlängerung der Lebensdauer von Lebensmitteln) oder sie machen neue Angebote in Bereichen, in denen bisher keine Nachfrage bestand (z. B. Datenverarbeitung in privaten Haushalten). Zu den wichtigsten Produktinnovationen des zwanzigsten Jahrhunderts gehören Fernsehgerät, Glasfaser, Computer, Atomreaktor, Herzschrittmacher, Solarzelle, Satellit, Laser, 3-D-Drucker und Nanomotor.[61]

Auch eine **Prozessinnovation** hat es in die Top 100 der von „GEOkompakt" erstellten Weltrangliste (s. o.) gebracht, nämlich das Fließband, das von Henry Ford 1913 eingeführt wurde, um die große Nachfrage nach Automobilen durch eine effizientere Gestaltung des Produktionsprozesses bedienen zu können. Obwohl sich an dem Produkt Automobil zunächst nichts veränderte, führte die Einführung eines neuen Produktionsprozesses zu gewaltigen gesellschaftlichen Ver-

60 Quelle: Eigene Darstellung nach Smith (2006) S. 7.

61 Vgl. GEOkompakt (2009).

änderungen. Das Fließband erlaubte neben der Beschäftigung ungelernter Arbeiter auch die Standardisierung komplexer Produktionsprozesse. Beides trug erheblich zur Kostensenkung und Qualitätsverbesserung bei und machte das Automobil zu einem erfolgreichen Massenprodukt.

Auch **Geschäftsmodellinnovationen** werden im Vergleich zu Produktinnovationen eher wenig beachtet. Dabei zeigt das Beispiel Dell, dass eine Neukonzeption und Reorganisation der Werterstellung durchaus zu sprunghaften Veränderungen in Bezug auf die Marktaufteilung führen kann. Der Computerhersteller Dell hatte, um sich von seiner Konkurrenz abzuheben, die Vermarktungsstrategie für Personalcomputer (PC) überdacht und war von einem „erst standardisiert produzieren und dann verkaufen“ auf einen „erst kundenangepasst verkaufen und dann produzieren“ Modus umgestiegen. Damit trug Dell durch sein Geschäftsmodell der schnellen Veraltung auf dem IT-Markt Rechnung und konnte außerdem unterschiedliche Zahlungsbereitschaften für PCs abschöpfen. Lindgardt et al. (2009) halten Geschäftsmodellinnovationen für die Innovationsstrategie des 21. Jahrhunderts und begründet dies mit einem insgesamt ausgereiften Produktmarkt, der nur wenige radikale Innovationen hervorbringen wird.[62]

Radikale vs. inkrementale Innovationen

Die Definition von Fichter, nach der Innovationen aus der Entwicklung und Vermarktung neuartiger Problemlösungen resultieren und zu sprunghaften Veränderungen des Marktes führen, gilt für alle **Typen von Innovationen**.[63] Allerdings unterscheiden wir Innovationen hinsichtlich ihrer Intensität: **Radikale Innovationen** umfassen vollständig neue Kernkonzepte und Komponenten eines Produkts sowie geänderte Systemschnittstellen. Im Vergleich zur alten analogen Schallplatte stellt die Digitalisierung und Speicherung von Audioprodukten auf CD eine radikale Änderung dar: Das Kernkonzept wurde verändert, nämlich von einer analogen zu einer digitalen Speicherung von Tonaufnahmen. Die Materialien (Komponenten) wurden verändert, nämlich von Vinyl zu Polycarbonat mit dünner Metallbeschichtung. Letztlich wurden auch die Systemschnittstellen geändert, in dem eine CD nicht auf einem Plattenspieler abzuspielen ist, sondern nur auf einem technisch vollkommen andersartigen CD-Spieler. Radikale Innovationen kommen verhältnismäßig selten vor. Sie werden auf etwa 10 % aller Innovationen geschätzt.[64]

Am anderen Ende des Spektrums stehen **inkrementale Innovationen**, die existierende Designs weiterentwickeln, verbessern und an bestimmte Kundensegmente anpassen. Hier bleiben die Systemschnittstellen unverändert, während Kernkonzepte und Komponenten moderat ange-

62 Vgl. Lindgardt et al. (2009).

63 Vgl. Fichter (2014), S. 63.

64 Vgl. Smith (2006), S. 29.

passt werden. In der Regel repräsentiert eine inkrementale Innovation die Erfahrungen eines Unternehmens im Umgang mit einem bestimmten Produkt, Prozess oder Geschäftsmodell, die zwar grundsätzlich in der etablierten Struktur belassen, aber hin zu einer verbesserten Vermarktung weiterentwickelt werden. Inkrementale Innovationen machen den Großteil aller Innovationen aus und sind für kleine und mittlere Unternehmen (KMU) häufig auch die einzige Möglichkeit, innovativ tätig zu werden. Denn radikale Innovationen erfordern zur Vermarktung und Diffusion eine erhebliche Ressourcenumschichtung von der alten hin zur neuen Technologie. Nur wenn sich ein Unternehmen komplett sicher ist, dass diese Technologie ein Erfolg wird, wird es bereit sein, den alten Markt und die alte Technologie für einen neuen Markt und eine neue Technologie aufzugeben.[65]

Exploration – Exploitation

Das letzte Begriffspaar zielt bereits in den Bereich der Innovationsstrategien und informiert darüber, wie ein Unternehmen Innovationen managen kann. Aufgrund von Ressourcenbeschränkungen haben Unternehmen — insbesondere KMU — oft Schwierigkeiten, den Innovationsprozess, der sowohl aus der Erfindung an sich (Invention) als auch aus der Vermarktung dieser Erfindung besteht, in seiner ganzen Komplexität abzubilden. Entweder fokussieren KMU auf die Entdeckung neuen Wissens (**Exploration**) und greifen bei dessen Verwertung zu kurz, oder sie verwerten bestehendes Wissen (**Exploitation**) und sind mit der Gefahr von Veraltung konfrontiert.[66]

Exploration beschreibt also den Inventionsprozess an sich, auf den ein Unternehmen ja durchaus den Schwerpunkt legen kann, wovon zahlreiche Ingenieurs- oder Designbüros zeugen. Exploitation hingegen beschreibt die Verwertung von Innovationen, z. B. indem inkrementale Verbesserungen an einem bestehenden Design vorgenommen werden, um das Produkt für ein bestimmtes Kundensegment attraktiver zu machen. Die Innovationstheorie forscht nun sehr engagiert zu der Frage, welche Eigenschaften Unternehmen aufweisen, denen eine Ausbalancierung von explorativen und exploitativen Innovationsaktivitäten gelingt. Sie spricht hier nach Duncan von organisationaler Ambidextrie[67]. Die Relevanz dieser Frage wird deutlich, wenn wir uns im nächsten Kapitel mit dem Management von Innovationen auseinandersetzen und die Messung von Innovationstätigkeit diskutieren.

65 Vgl. Besanko et al. (2013), S. 363 ff.

66 Vgl. Jungwirth/Müller (2014), S. 320.

67 Vgl. Duncan (1976).

Innovationen managen

Aus Sicht der Unternehmensleitung, die in der Regel nicht selbst in den eigentlichen Inventionsprozess eingebunden ist, stellt sich die Frage, mithilfe welcher Methoden und Maßnahmen sie den Innovationsprozess strategisch steuern kann. Zwei einander ergänzende Möglichkeiten sollen im Folgenden vorgestellt werden: Zum einen Möglichkeiten, wie die Unternehmensleitung Innovationen im Unternehmen messen kann, und zum anderen Möglichkeiten, wie sie einen Innovationsprozess definieren kann.

Innovationen im Unternehmen messen

Davila et al. diskutieren in ihrem praxisorientierten Innovationsbuch die Frage, ob Unternehmen die eigene Innovationstätigkeit überhaupt messen sollten. Sie verweisen dabei auf das Problem der Lenkungswirkung von Messsystemen: „What gets measured gets done“[68]. Sie empfehlen daher, das System der Messung von Innovationen aus der Gesamtstrategie des Unternehmens abzuleiten und analog zur Gesamtstrategie zu implementieren. Was das bedeutet, lässt sich gut an den generischen Strategien der Kosten- und Wertschätzungsführerschaft[69] zeigen: Verfolgt ein Unternehmen die Strategie der Kostenführerschaft, spielen in Bezug auf Innovationen vor allem inkrementale Produkt- und Prozessinnovationen mit dem Ziel der Kostensenkung eine Rolle. Selbstverständlich müssen diese Innovationsformen und -typen bei der Messung im Vordergrund stehen und z. B. durch betriebliche Belohnungssysteme angereizt werden.

Die Aufstellung eines **Innovationsportfolios** hilft zum einen dabei, den Status Quo der eigenen Innovationstätigkeit festzuhalten, und zum anderen die Innovationsstrategie in Bezug auf avisierte Innovationsprojekte zu erfassen. Bei jedem Portfolio werden mindestens zwei Dimensionen definiert, die eine konkrete Fragestellung beantworten sollen. Davila et al. stellen ein Innovationsportfolio zur Erfassung der avisierten Innovationsprojekte vor. Dazu definieren sie das Technologie-/Marktrisiko sowie den gesamten Projektzeitrahmen. Die einzelnen Projekte werden als „Bubbles“ dargestellt, deren Größe über das Investitionsvolumen und deren Farbe über den Technologiebereich, in dem das Projekt angesiedelt ist, Auskunft gibt.[70]

68 Vgl. Davila et al. (2006), S. 145 ff.

69 Vgl. Besanko et al. (2013), S. 293 ff.

70 Vgl. Davila et al. (2006), S. 163.

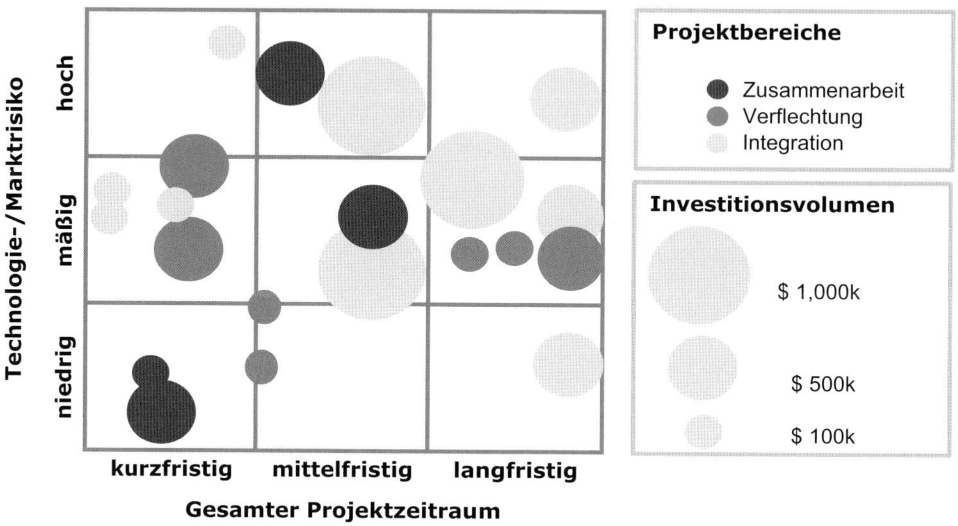

Abb. 29: Innovationsportfolio[71]

Die grafische Darstellung der Innovationstätigkeit anhand von Einzelprojekten bietet eine Diskussionsgrundlage dazu, ob die Innovationsstrategie die Gesamtstrategie der Unternehmung stützt — oder nicht.

Eine Möglichkeit, Innovationstätigkeit auch in Form von Kennzahlen zu erfassen, bietet die Messung des Projekt-Cashflows im Zeitablauf. Hier werden die kumulativen Kosten den kumulativen Erträgen gegenübergestellt, wie die folgende Abbildung zeigt:

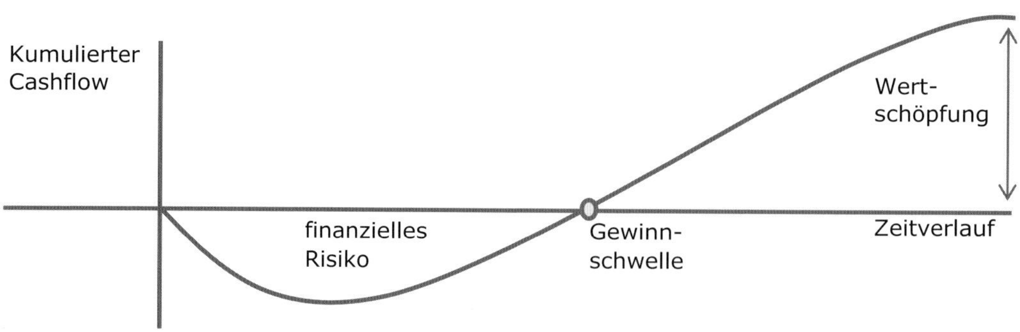

Abb. 30: Projekt-Cashflow im Zeitverlauf[72]

[71] Quelle: Eigene Darstellung nach Davila et al. (2006), S. 163.

[72] Quelle: Eigene Darstellung nach Davila et al. (2006), S. 170.

Diese Erfassung des Erfolgs oder Misserfolgs eines Innovationsprojekts führt unmittelbar zum nächsten Schritt des Innovationsmanagements, nämlich zur Definition eines Innovationsprozesses, der nicht nur der Zerlegung des Innovationsprozesses in Einzelaktivitäten dient, sondern vor allem die zu erfüllenden Aufgaben und Meilensteine beschreibt. Insbesondere legt er Kriterien vor, wann ein Projekt weitergeführt oder abgebrochen werden soll bzw. unter welchen Bedingungen die nächste Investitionstranche freigegeben wird.

Innovationsprozesse definieren

Neben einer hohen Dynamik sind Innovationsprozesse zunehmend von hoher Arbeitsteiligkeit (Komplexität) gekennzeichnet.[73] Dies erfordert einen hohen Koordinationsgrad, da innerhalb des Prozesses Rollen definiert und Aufgaben verteilt werden müssen. Aus diesem Grund lohnt es sich für ein Unternehmen, einen grundlegenden Innovationsprozess zu definieren und diesen für jedes einzelne Innovationsprojekt zu konkretisieren und mit Meilensteinen zu versehen. Smith beschreibt den Innovationsprozess in einem generischen Modell wie folgt:

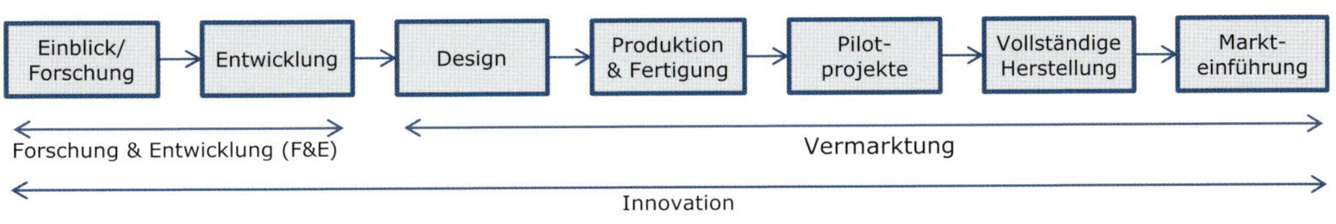

Abb. 31: Generisches Modell des Innovationsprozesses[74]

Ein Unternehmen könnte auf Basis eines solchen Modells grundsätzliche Ziele und Aufgaben, die jeweiligen Ansprechpersonen und die Besonderheiten der vorrangigen Innovationsform (Projekt/Prozess/Geschäftsmodell) definieren. Wesentlich bei der Definition des Prozessmodells ist jedoch, jeweils „Sollbruchstellen“ (Meilensteine) zu definieren, die zu einer Intensivierung oder einem Abbruch des Projekts führen. Diese Notwendigkeit wird gleich im ersten Schritt, dem Schritt der Problemdefinition (welches Problem soll mit der Innovation gelöst werden?) und Forschung deutlich.

Dieser erste Schritt wird unterschiedliche Ideen und Konzepte hervorbringen, von denen nur wenige weiterverfolgt werden können. Also muss das Unternehmen bereits bei der Prozessdefinition Kriterien festlegen, nach denen es Projekte weiterverfolgt bzw. fallenlässt. Diese Selektionskriterien ziehen sich durch den gesamten Innovationsprozess und führen zu dessen Abbruch, sobald die festgelegten Kriterien nicht erfüllt werden. Ein solches Vorgehen wiederum

73 Vgl. Fichter (2014), S. 65.

74 Quelle: Eigene Darstellung nach Smith (2006), S. 107

berührt Empfindlichkeiten und Commitments innerhalb des Teams, sei es im engeren Innovationsteam oder auf Ebene der Unternehmensleitung. Davila et al. beschreiben daher nicht umsonst folgende Bausteine als zentral für ein Innovationssystem: (1) Effizienz, (2) Kommunikation, (3) Koordination, (4) Lernen, (5) Abgleich zwischen Innovations- und Gesamtstrategie.[75]

Wissenstransfer organisieren

Unternehmen und insbesondere die Innovationsabteilungen sind bei der Generierung von Wissen nicht auf sich alleine gestellt. Vielmehr haben sie die Möglichkeit, auf unternehmensinternes und -externes Wissen zuzugreifen.

Der **unternehmensinterne** Wissenstransfer dient zum einen dazu, das Wissen aus Produktion und Vertrieb in das Innovationsprojekt einzuspeisen, und zum anderen dazu, das Wissen aus dem Innovationsprojekt in Produktion und Vertrieb hineinzutragen. Er stellt sicher, dass Unternehmensmitglieder das Innovationsprojekt tatsächlich als Teil der Gesamtstrategie wahrnehmen und die Bausteine Effizienz, Kommunikation, Koordination und Lernen den Innovationsprozess unternehmensweit flankieren. Eine Studie von Meier und Weller zeigt, dass auf einer persönlichen Ebene Meetings, Telefonkonferenzen und E-Mail-Verteiler die wesentlichen Instrumente des unternehmensinternen Wissenstransfers sind. Auf einer technischen bzw. Datenbankebene stehen Dokumentation, Archivierung im Intranet, Präsentationen und Vorträge halten, Veröffentlichungen, Publikationen in Mitarbeiter-Magazinen, Weitergabe in Diskussionsforen im Intranet (Newsgroups) und Weitergabe in Mitarbeiternetzwerken (Communities) als Transferinstrumente zur Verfügung.[76] Interessanterweise nutzen Unternehmensmitglieder die technischen Möglichkeiten des Wissenstransfers umso mehr, je weiter oben in der Führungshierarchie sie stehen und je erfahrener sie auf dem Gebiet des Wissensmanagement sind.

Der **unternehmensexterne** Wissenstransfer zielt auf den Austausch mit externen Wissensproduzenten ab. Universitäten und Fachhochschulen bieten für alle Unternehmen und insbesondere für KMU exzellente Möglichkeiten, Wissen zum „State of the Art" zu beziehen. Zum Beispiel betreibt die Wirtschaftswissenschaftliche Fakultät der Universität Passau eine Unternehmenskontaktstelle (http://www.wiwi.uni-passau.de/die-unternehmen/), durch die Forschungsergebnisse aus der Fakultät als Impulsgeber für die Praxis zur Verfügung gestellt oder Projekte gemeinsam mit den Unternehmen erarbeitet werden. Dieses Transferangebot richtet sich an zahlreiche externe Partner der regionalen und überregionalen Wirtschaft sowie an andere gesellschaftliche Bereiche und Zielgruppen. Die Fakultät bietet dieses Angebot einerseits an, weil sie eine gute Beziehung

75 Vgl. Davila et al. (2006), S. 121 ff

76 Vgl. Meier/Weller (2010).

zur Unternehmenswelt und den externen Partnern für einen unerlässlichen Service hält, aber andererseits auch, weil die Studierenden von einer angemessenen Balance zwischen wissenschaftlicher Qualität und der Relevanz der praxisnahen Lehre profitieren. Da Projekte dieser Art zum Teil von Land, Bund oder EU subventioniert werden, profitieren Unternehmen von dem Leistungsangebot unentgeltlich oder ihr Eigenanteil wird durch öffentliche Mittel ergänzt. Es ist auch möglich, an universitäre Einrichtungen konkrete Aufgaben zu vergeben, die nach marktlichen Kriterien entgolten werden. Auch zahlreiche Zwischenformen der Kompensation sind denkbar.

Die Beispiele zeigen, dass die Möglichkeiten zum Wissenstransfer vielfältig sind. Konzeptloser Wissenstransfer im eigenen Unternehmen wird aber immer zufällig bleiben. Aus diesem Grund braucht jedes Unternehmen ein Wissensmanagementsystem, das den Wissenstransfer — intern und extern — organisiert. Wissensmanagementsysteme dienen dazu, Informationen im Unternehmen zu erfassen und ihnen eine Struktur zu geben, die diese für das ganze Unternehmen nützlich machen. Häufig beruht das Wissensmanagement bzw. die Organisation des Wissenstransfers auf elektronischen Datenbanken, die die Ablage und Verwaltung von Wissensmanagementbausteinen erlauben. Es zeigt sich aber, dass deren Pflege sehr zeitintensiv und aufwendig ist, was deren Leistungs- und Gebrauchsfähigkeit stark einschränkt. Die Einrichtung von regelmäßig stattfindenden Innovationszirkeln über unterschiedliche Abteilungen (z. B. Produktion, Vertrieb, Lager) hinweg hat sich daher als sehr zuverlässige Methode erwiesen, um in kleineren Unternehmen den Wissenstransfer innerhalb der Belegschaft sicherzustellen. Hier kann auch extern bezogenes Wissen (z. B. Vortragsbesuche) in das Unternehmen eingespeist und ein Denkanstoß gegeben werden.

Wettbewerbsrelevantes Know-how schützen

Überlegungen zum Schutz von wettbewerbsrelevantem Know-how setzen an zwei unterschiedlichen Punkten an. Der erste Punkt ist der vertraute:[77] Technische und nichttechnische gewerbliche Schutzrechte bieten einen gesetzlich verankerten Schutz davor, dass Wettbewerber geistiges Eigentum übernehmen, ohne die Entwicklungskosten zu tragen, und dem Unternehmen auf dem eigenen Markt Konkurrenz machen. Dieser Schutz von wettbewerbsrelevantem Know-how ist Grundlage dafür, dass sich das Forschen und Entwickeln für Unternehmen lohnt. Darunter fallen:

- Patente
- ergänzende Schutzzertifikate
- Gebrauchsmuster
- Sortenschutz (Pflanzenzüchtungen)

[77] Vgl. Smith (2006), S. 133 ff.

- Halbleiterschutz bzw. Schutz von Topografien
- Marken (ehemals Warenzeichen)
- geografische Herkunftsangaben
- eingetragene Designs (Designs und Modelle)
- geschäftliche Bezeichnungen (Unternehmenskennzeichen und Werktitel)

Der zweite Punkt spielt in der öffentlichen Diskussion eine deutlich geringere Rolle, scheint aber für den Unternehmensalltag fast relevanter. Schutzrechte auf die eigenen Forschungs- und Entwicklungsergebnisse stellen aber auch sicher, dass das forschende Unternehmen nicht von den von ihm selbst entwickelten Technologien ausgeschlossen werden kann, indem ein anderes Unternehmen diese Technologien schützt. Hier kommt zum Tragen, dass sich in der Regel viele Unternehmen mit einer Problemlösung befassen und häufig zu ähnlichen oder denselben Lösungen kommen. Schützt nun ein Unternehmen eine Technologie, die einen (wichtigen) Baustein in der Technologie eines anderen Unternehmens darstellt, fallen Lizenzgebühren oder — schlechter noch — ein Verbot der Nutzung des wettbewerbsrelevanten Know-hows auch dann an, wenn die Unternehmen vorher nichts miteinander zu tun hatten.

Der Schutz aller oben aufgeführten technischen und nichttechnischen gewerblichen Schutzrechte ist aber nur eine — sehr aufwendige und kostenintensive — Möglichkeit, das eigene Unternehmen davor zu schützen, die eigene Technologie nicht mehr verwenden zu dürfen. Die andere Möglichkeit ist die Veröffentlichung. In dem Moment, in dem ein Unternehmen per Zeitungsartikel, Vortragsnachweis oder Newsletter an die Kunden oder ähnlichem nachweisen kann, dass es über eine Technologie vor Anmeldung des Schutzrechtes durch Dritte bereits verfügte, ist der Antrag auf Schutz von wettbewerbsrelevantem Know-how hinfällig.

Das Deutsche Patent- und Markenamt gibt hierzu auf seiner Homepage (http://www.dpma.de/patent/patentschutz/) folgenden deutlichen Hinweis: „Eine Erfindung ist neu, wenn sie **nicht** zum Stand der Technik gehört. Der Stand der Technik umfasst alle Kenntnisse, die **weltweit** vor der Anmeldung der betreffenden Erfindung **in jeder erdenklichen Weise** der Öffentlichkeit zugänglich waren. Dies kann unter anderem durch schriftliche oder mündliche Beschreibungen, Benutzung oder Ausstellung der Fall sein. Zu den schriftlichen Beschreibungen zählen zum Beispiel Bücher, Zeitschriften und Patente. Unter mündliche Benutzung fällt zum Beispiel ein Vortrag auf einer Tagung.

Auch Informationen, die Sie selbst veröffentlicht haben, zählen zum Stand der Technik. Achten Sie als Erfinder also dringend darauf, Ihre Erfindung vor der Anmeldung geheim zu halten."

Wenn Know-how also wettbewerbsrelevant — z. B. weil die Qualität des eigenen Produktionsprozesses auch von dieser Technologie abhängt —, aber keine Kernkomponente eines Wettbewerbsvorteils ist, dann sollten Unternehmen sich intensiv auch mit dem Schutz durch Veröffentlichung auseinandersetzen, um die hohen Kosten einer Patentierung zu umgehen.

Innovativ durch Kooperation

Die Arbeitsteiligkeit von Innovationsprozessen und die damit einhergehende Komplexität von Innovationsprozessen stellen ein Problem gerade für die Unternehmen dar, die nicht über ausreichende Koordinationsressourcen verfügen. „Die Initiierung von Clustern gilt bei Unternehmensverbänden und Wirtschaftspolitik als geeignete Maßnahme, um die Innovationskapazität von KMU zu steigern. Cluster sind — meist räumlich konzentrierte — Gruppen von Unternehmen und Institutionen (wie Bildungs- und Forschungseinrichtungen, Verbände usw.) einer Branche oder verwandter Branchen, die durch gemeinsame und ergänzende Aktivitäten Schnittmengen in ihrer Wertschöpfung aufweisen und damit Anknüpfungspunkte für Kooperationen bieten. Dennoch stehen die Unternehmen eines Clusters auch im Wettbewerb miteinander (...). Während organisch gewachsene Cluster lokal konzentriert sind, setzen künstlich initiierte Cluster unterschiedliche geografische Bezugspunkte, die von der politischen oder ökonomischen Intention der Initiatoren abhängen (...).“[78] Die Cluster-Offensive Bayern (http://www.cluster-bayern.de/cluster/) oder das Clusterland Oberösterreich (http://www.clusterland.at) sind Beispiele für diese Aktivitäten. Der Vorteil der Mitgliedschaft in einem solchen Netzwerk besteht darin, dass ein (durch Mitgliedsbeiträge und staatliche Förderung finanziertes) Clustermanagement teure Koordinationsaufgaben übernimmt. Dies beinhaltet die Partnersuche für Kooperationsprojekte genauso wie die Unterstützung bei der Antragstellung für staatliche geförderte Innovationsprojekte, die z. B. in den Bereichen demografischer Wandel, Digitalisierung oder Energiewende ausgeschrieben werden. Gemeinsam können KMU mithilfe dieses Clustermanagements Personalqualifizierungen vorantreiben und ihre Führungskompetenzen verbessern, indem maßgeschneiderte Schulungsmaßnahmen, die sich das einzelne Unternehmen nicht leisten könnte, in einem Clusterverbund mehrere Nutzer findet.

Diese Beispiele geben einen Hinweis darauf, dass der Begriff „Innovation“ im Clusterkontext weit gefasst ist. Er beinhaltet nicht nur die Komponente der Exploration (Erfindungsprozess), sondern auch die Komponente der Exploitation (Wertabschöpfung). Jungwirth und Müller glauben sogar, dass hier die eigentliche Wertschöpfung durch Clusterbildung besteht. Unternehmen, die sich auf Kooperation einlassen wollen und müssen, sollten sich nicht von dem Vorbehalt abschrecken lassen, dadurch Know-how-Kernkomponenten zu gefährden[79]. Die Kooperation kann gerade auf den Stufen der Wertschöpfungskette hilfreich sein, die für den Wettbewerbsvorteil nicht gleichermaßen zentral sind, und auf die das Unternehmen daher nur einen geringen Teil der Ressourcen alloziiert.

78 Vgl. Jungwirth/Müller (2014), S. 321.

79 Vgl. Jungwirth und Müller (2014).

Nachhaltig durch Innovation

Unternehmen, die ihre Innovationsprozesse gezielt managen, können zum Zeitpunkt t_{-1} die Entwicklung bis zum Zeitpunkt t_0 nicht vorhersehen. Die Unsicherheit bleibt also bestehen. Allerdings eröffnen sich Unternehmen durch das gezielte Management von Innovationen Optionen (Realoptionen), die sie in unterschiedlichen Umweltzuständen zum Einsatz bringen können. Das durch gezieltes Innovationsmanagement geschaffene Portfolio an Lösungsmöglichkeiten gibt dem Unternehmen Entscheidungssicherheit und erlaubt ihm, flexibel auf sich ändernde Umweltzustände zu reagieren und Chancen zu nutzen. Dies ist die wesentliche Voraussetzung für Nachhaltigkeit.

Literaturverzeichnis

Besanko, D./Dranove, D./Shanley, M./Schaefer, S. (2013): Economics of Strategy, John Wiley & Sons 2013

Davila, T./Epstein, M.J./Shelton, R. (2006): Making Innovation Work — How to Manage It, Measure It, and Profit from It, Wharton School Publishing 2006

Duncan, R.B. (1976): The Ambidextrous Organization: Designing Dual Structures For Innovation, New York: North-Holland 1976

Fichter, C. (2014): Interaktive Innovationstheorien als alternative »Schule« der Innovationsforschung, in: Innovation, Wolfgang Burr (Hrsg.), Verlag W. Kohlhammer 2014, S. 63–91

GEOkompakt (2009): Chronologie der 100 Erfindungen, Gruner + Jahr Nr. 18 – 03/09

Jungwirth, C./Müller, E.F. (2014): Innovationen durch Clustermanagement, in: *Innovation*, Wolfgang Burr (Hrsg.), Verlag W. Kohlhammer 2014, S. 320–344

Lindgardt, Z./Reeves, M./Stalk, G./Deimler, M.S. (2009): Business Model Innovation, The Boston Consulting Group 12/2009

Meier, M./Weller, I. (2010): Wissensmanagement und unternehmensinterner Wissenstransfer, Diskussionsbeiträge der Freien Universität Berlin 2010/16

Smith, D. (2006): Exploring Innovation, The McGraw-Hill Companies 2006

Der „ehrbare Kaufmann“ als Leitbild nachhaltiger Unternehmensführung

Dr. Otto Wiesheu
Staatsminister a.D., Präsident des Wirtschaftsbeirats der Union e. V., Schirmherr Best Business Award

Management Summary

Vor dem Hintergrund der schweren Finanz- und Wirtschaftskrise am Ende des letzten Jahrzehnts hat das Leitbild des „ehrbaren Unternehmers“ in den letzten Jahren eine erfreuliche Renaissance erfahren. Es gehört zu den Wesenselementen einer nachhaltigen Unternehmensführung und trägt entscheidend dazu bei, das Vertrauen in die Soziale Marktwirtschaft wiederherzustellen und zu stärken. Nachdem Unternehmer und Führungskräfte in Wirtschaft und Gesellschaft eine herausgehobene Rolle spielen, kommt es auf ihr ethisches Handeln in besonderer Weise an.

Ehrbarkeit im engeren Sinn meint, Handeln nach Recht und Gesetz. Weiter gefasst bedeutet es, nicht nur die (kurzfristigen) Gewinninteressen der Eigentümer/ Kapitaleigner/ Shareholder zu verfolgen, sondern die Interessen aller Akteure, zu denen Unternehmen in einer Beziehung stehen (Stakeholder), angemessen zu berücksichtigen. In der umfassendsten Definition tritt bürgerschaftliches Engagement (Corporate Social Responsibility) hinzu. Ehrbares Unternehmertum kann nicht allein auf Appelle an die Moral der Unternehmen gegründet werden. Es bedarf auch wertebasierter ordnungspolitischer Regeln und Leitplanken. Für eine langfristig positive, nachhaltig stabile Entwicklung von Wirtschaft und Gesellschaft ist Ehrbarkeit im Wirtschaftsleben eine der Grundvoraussetzungen.

Renaissance eines Leitbilds

Vor ein paar Jahren noch hätte man die Begriffe „ehrbares Unternehmertum“ oder „ehrbarer Kaufmann“ als hoffnungslos altmodisch und als Relikte aus der Zeit der Buddenbrooks[80] abgetan. In der „New Economy“ schienen sie keinen Platz mehr zu haben. Heute, nach den Exzessen

[80] Lübecker Kaufmannsfamilie im 19. Jahrhundert, die im Mittelpunkt des gleichnamigen Gesellschaftsromans von Thomas Mann steht.

an den Finanzmärkten, die erst das Bankensystem, dann die sogenannte Realwirtschaft und am Ende ganze Staaten an den Rand des Abgrunds geführt haben, erfährt das Leitbild des „ehrbaren Unternehmers“ eine bemerkenswerte Renaissance. Man kann dies nicht nachdrücklich genug begrüßen.

Die Soziale Marktwirtschaft hat in der Krise zu Unrecht an Ansehen verloren. Um dies zu stoppen und der Ordnung Ludwig Erhards wieder gerecht zu werden, helfen Appelle nur begrenzt. Es kommt mehr darauf an, „ehrbares Unternehmertum“ zu ermutigen und zu fördern und im wirtschaftlichen Alltag konkret zu leben.

Neues Vertrauen in unsere Wirtschaftsordnung, die auch im 21. Jahrhundert die beste aller Ordnungen bleibt, entsteht vor allem durch ethisch vorbildliches Handeln von Eigentümerunternehmern und Führungskräften in der Wirtschaft. Ehrbares Handeln gehört zu den Wesensmerkmalen einer nachhaltigen Unternehmensführung.

Zur Rolle des Unternehmers in Wirtschaft und Gesellschaft

Den Gedanken, was „ehrbares, nachhaltiges Unternehmertum“ auszeichnet, seien ein paar generelle Sätze zur Rolle des Unternehmers in unserer Wirtschafts- und Gesellschaftsordnung vorausgeschickt:

Die Wirtschaftsordnung der Bundesrepublik Deutschland ist die Soziale Marktwirtschaft. Dies ergibt sich ebenso zwingend aus dem Grundgesetz wie die parlamentarische Demokratie, der liberale Rechtsstaat und der aktivierende Sozialstaat. In allen vier Säulen spielt das Prinzip der Freiheit und Eigenverantwortung eine herausragende Rolle.

- Die Soziale Marktwirtschaft gewährleistet die freie Berufswahl.
- Wir haben die Freiheit, zu konsumieren, was wir wollen.
- Das Grundgesetz spricht daneben von Koalitionsfreiheit.

Darüber hinaus ist das Recht auf freie unternehmerische Betätigung, auf Gewerbefreiheit, verbunden mit dem Recht auf Privateigentum von herausragender Bedeutung. Sozialismus und staatliche Planwirtschaft, also die Vergesellschaftung der Produktionsmittel und das Verbot, Privatunternehmer zu sein, sind damit unvereinbar.

Der Unternehmer ist die treibende Kraft im Wirtschaftsgeschehen und nicht die Politik! Er ist keine Randfigur, sondern auf ihn kommt es entscheidend an, wenn es um internationale Wettbewerbsfähigkeit, Wirtschaftskraft, Beschäftigung, Wohlstand und das, was verteilt werden kann, geht. Und weil er keine Randfigur ist, sondern in Wirtschaft und Gesellschaft eine Schlüsselrolle spielt, steht auch sein ethisches Verhalten, seine Moral, seine „Ehrbarkeit", sein nachhaltiges Handeln besonders im Fokus.

Was zeichnet den ehrbaren Unternehmer heute aus? Welchen Anforderungen sollte er gerecht werden, welche Erwartungen kann die Gesellschaft berechtigterweise an ihn stellen? Nähern wir uns dem Leitbild in drei konzentrischen Kreisen.

Unternehmensführung nach Recht und Gesetz

- Der ehrbare Unternehmer im engsten Sinne des Wortes hält sich an Recht und Gesetz. Der Geist der Sozialen Marktwirtschaft ist das Fundament und der Rahmen für sein Handeln.
- Er betrügt nicht, er unterschlägt nicht, er betreibt keine Hehlergeschäfte.
- Er respektiert die Steuergesetze ebenso wie beispielsweise das Arbeitsrecht und das Umweltrecht.
- Er bekämpft seine Konkurrenten nicht mit unlauteren Mitteln, besticht nicht und ist selbst nicht bestechlich.

Der ehrbare Unternehmer wird nicht wortbrüchig. Sein Handschlag gilt. Er verspricht nichts, was er nicht halten kann.

- Er vermittelt seinen Geschäftspartnern Vertrauen und fordert selbst Vertrauen ein.
- Für ihn gilt: Es wird fair verhandelt, vertragsgetreu geleistet, korrekt abgerechnet und bezahlt.
- Werbung und Wirklichkeit stimmen bei ihm überein.

Der ehrbare Unternehmer kippt Anstand und Geschäftsmoral auch in schwierigen Situationen nicht über Bord. Er verzichtet darauf, „rote Linien" zu überschreiten, auch wenn dies das Überleben seiner Firma erleichtern und sichern würde oder seine Gewinne deutlich erhöhen könnte. Er beweist damit Haltung und Würde.

Auch im Wirtschaftsleben lässt sich vieles nicht in Gesetze, Verordnungen und Richtlinien fassen. Der ehrbare Unternehmer akzeptiert, dass nicht alles, was nicht ausdrücklich verboten ist, damit automatisch schon erlaubt ist. Er sucht den geschäftlichen Erfolg nicht mit Mitteln, die vom Geist der Sozialen Marktwirtschaft und vom Gebot der Fairness nicht gedeckt sind. Moral ist sein Leitbild, nicht schrankenlose Gier und rücksichtsloses Gewinnstreben.

Für den ehrbaren Unternehmer gehören Handeln, Verantwortung und Haftung untrennbar zusammen. Gewinne in die eigene Tasche zu stecken und Verluste auf seine Gläubiger oder gar auf die Gesellschaft abzuwälzen, wie wir dies bei der Finanzkrise in Teilen der Finanzindustrie erlebt haben, kommt für ihn nicht in Frage. Er steht für unternehmerische Fehlentscheidungen mit seinem Vermögen ein, wie das gerade für die vielen Familienunternehmen in Deutschland eine Selbstverständlichkeit ist.

Der ehrbare Unternehmer lebt Anstand und Moral nicht nur selbst überzeugend vor, er sorgt zugleich für Voraussetzungen in seinem Betrieb, die es auch den Mitarbeitern erlauben, dem Leitbild der Ehrbarkeit zu folgen.

Nicht allein den Shareholdern verpflichtet

Ich will das Leitbild vom ehrbaren Unternehmertum in einem zweiten gedanklichen Schritt noch etwas ausweiten. Die meisten von uns erinnern sich vermutlich noch daran, dass vor einigen Jahren der sogenannte Shareholder-Value-Ansatz als Prinzip der Unternehmensführung besonders propagiert wurde. Es war dies eine Welle, die wie vieles andere aus dem angelsächsischen Raum kam und auch bei uns einige Anhänger gefunden hat. Dem Shareholder-Denken zufolge werden alle Unternehmensentscheidungen strikt dem (kurzfristigen) Aktionärswohl unterworfen, also konsequent auf möglichst hohe Gewinne, Dividendenzahlungen und Kurssteigerungen getrimmt.

Anderen Interessen sah sich diese Führungsphilosophie nicht mehr verpflichtet, d. h.

- den Interessen der Arbeitnehmer und ihrer Familien auf eine ordentliche Bezahlung und auf sichere Arbeitsplätze,
- den Interessen der Lieferanten an stabilen Geschäftsbeziehungen und einer angemessenen Vergütung ihrer Vorleistungen,
- den Interessen der Kunden an Angeboten mit einem guten Preis-Leistungsverhältnis,
- den Interessen von Kommunen an der Standorttreue ihrer Betriebe etc.

Es wäre zweifellos falsch, die Aktionärsinteressen klein zu schreiben und nachrangig zu behandeln — getreu dem alten Börsen-Bonmot: „Der Aktionär ist dumm und frech — dumm, weil er in Aktien investiert, und frech, weil er dafür auch noch eine Dividende haben will.“ Aber im Zeichen des Shareholder-Ansatzes ist es teilweise zu Übertreibungen gekommen, die gesamtwirtschaftlich und im Lichte von Nachhaltigkeit auch den Unternehmen nicht gut getan haben.

- Verwiesen sei beispielhaft auf die erbarmungslose Kostendrückerei, die zeitweilig die Einkaufspolitik einiger großer Automobilfirmen bestimmte, und die nicht wenige Zulieferer an den Rand des Abgrunds getrieben hat. Die Quittung folgte freilich. Das Ausquetschen der Lieferanten wurde nicht selten mit schweren Qualitätsproblemen bezahlt.

- Verwiesen sei an Betriebsschließungen aus Kostengründen, die zu Entlassungen geführt haben, obwohl sie bei etwas größerer innerbetrieblicher Effizienz und etwas höherer Bereitschaft, in neue Produkte zu investieren, vermeidbar gewesen wären.
- Erwähnt seien daneben Standortverlagerungen aus ähnlichen Gründen, die die betroffenen Kommunen vor große Probleme gestellt haben, weil sie fehlende Steuereinnahmen, steigende Sozialkosten und Arbeitslosigkeit zur Folge hatten.
- Erinnert sei nicht zuletzt an den fragwürdigen Verkauf unseriöser Finanzprodukte, die den betreffenden Finanzinstituten – zumindest kurzfristig – hohe Gewinne und ihren Verkäufern hohe Boni, den Kunden aber zum Teil enorme Vermögensverluste beschert haben.

Die Lehre, die aus solchen Fehlentwicklung zu ziehen ist, kann nur lauten: „Ehrbares Unternehmertum" geht auch mit den Interessen der Stakeholder, also mit den Interessen jenseits der Gewinninteressen der Eigentümer pfleglich um. Rücksichtsloses Verhalten von Unternehmern oder Managern zugunsten der Kapitaleigner und zulasten des Umfelds akzeptiert die Gesellschaft nicht. „Ehrbares Unternehmertum leben" heißt „leben und leben lassen!" Dauerhafte gesellschaftliche Anerkennung erhalten Unternehmen und Unternehmer nur, wenn sie nicht nur ihre Gewinne maximieren, sondern auch auf das Wohl um sie herum achten. Wie die Wirtschaftsgeschichte zeigt, ist dies zugleich eine der Grundvoraussetzungen für eine nachhaltig erfolgreiche, langfristig stabile Unternehmensentwicklung.

Durch die zurückliegende Finanz- und Wirtschaftskrise ist viel Vertrauen in diese Form der „Ehrbarkeit" verloren gegangen. Dieses verlorene Vertrauen muss durch ein ethisch überzeugendes unternehmerisches Handeln in allen Bereichen der Wirtschaft Stück für Stück und dauerhaft zurückgewonnen werden. Unsere gesamtwirtschaftliche und gesellschaftspolitische Stabilität hängt davon wesentlich ab.

Handeln in bürgerschaftlicher Verantwortung

Mit dem Begriff „ehrbares Unternehmertum" lässt sich ein dritter, noch umfassenderer Aspekt verbinden. Der „ehrbare Unternehmer" führt nicht nur sein Unternehmen ehrenhaft. Er übernimmt darüber hinaus bürgerschaftliche Verantwortung; sein Unternehmen beweist „Corporate Citizenship" bzw. „Corporate Social Responsibility" (CSR)[81]. Das muss nicht zwingend sein, ist aber gewissermaßen das Tüpfelchen auf dem i.

[81] Corporate Citizenship bezeichnet das gesellschaftliche Engagement von Unternehmen, wodurch sich diese als „gute Bürger" präsentieren. Corporate Citizenship wird oft als Teil von Corporate Social Responsability gesehen und gilt als Schlüsselbegriff der Unternehmensethik, welcher die Frage nach der gesellschaftlichen Verantwortung von Unternehmen stellt.

- Die Übernahme gesellschaftlicher Verantwortung kann in künstlerischem Sponsoring bestehen.
- Sie kann die finanzielle Förderung sozialer Projekte bedeuten.
- Das gesellschaftliche Engagement kann sich daneben auf die Ausübung von Ehrenämtern erstrecken.
- Nicht zuletzt ist die Übernahme politischer Mandate oder die politische Betätigung im vorparlamentarischen Raum nicht unehrenhaft, sondern ehrbar und verdienstvoll.

Um diesen Aspekt zusammenzufassen: Es geht dem im weitesten Sinn ehrbaren Unternehmer auch darum, über die erfolgreiche Führung seines Unternehmens hinaus einen Beitrag zu leisten

- für die Bewahrung und Festigung des sozialen Zusammenhalts,
- zur Bereicherung des öffentlichen Lebens,
- für die politische Stabilität in unserem Land.

Eines kann „ehrbares Unternehmertum“ dabei allerdings nicht bedeuten: aus altruistischen Motiven heraus, Verluste hinzunehmen und rote Zahlen zu schreiben. Es setzt auch nicht voraus, erzielte Gewinne bis auf den letzten Euro und Cent umzuverteilen und für gute Zwecke einzusetzen. Im Gegenteil, um es mit dem streitbaren Dominikanerpater Basilius Streithofen zu formulieren: „Wer dauerhaft Verluste macht, ist ein Sünder“ — ein gesamtwirtschaftlicher Sünder, weil er ineffizient wirtschaftet und verschwenderisch mit knappen Ressourcen umgeht.

Auf seriöse Weise erzielte Gewinne behalten zu dürfen, ist ebenso wie der Schutz des Privateigentums Teil unserer freiheitlichen Wirtschafts- und Gesellschaftsordnung. Es ist unverzichtbarer Teil der Unternehmerfreiheit und damit Teil der Sozialen Marktwirtschaft. Nicht der Altruismus, sondern die durchaus egoistische Aussicht auf Gewinn sorgt für ein breites, qualitativ differenziertes, preiswertes Angebot an Gütern und Dienstleistungen für die Bevölkerung. Diese Erkenntnis ist schon Adam Smith, dem Begründer der klassischen Nationalökonomie, zu verdanken. Gerade das Streben nach Gewinn

- fördert Kostenbewusstsein in den Betrieben,
- beflügelt Dynamik und Fortschritt und
- führt so dazu, dass das Gute durch das Bessere überwunden wird.

Die Aussicht auf Gewinn lässt Unternehmer

- investieren,
- innovativ sein,
- neue Betriebe gründen,
- neue Märkte erschließen sowie
- Mittel für die Qualifizierung von Mitarbeitern aufwenden.

Am Gewinn als Triebfeder erfolgreichen und nachhaltigen unternehmerischen Handelns darf also nicht Hand angelegt werden. Diese Triebfeder macht die Soziale Marktwirtschaft jeder staatlichen Planwirtschaft überlegen. Ordentlich erwirtschaftete Gewinne signalisieren effizientes wirtschaftliches Handeln. Sie beweisen, dass ein Unternehmen die Bedürfnisse der Verbraucher richtig erkannt und kostengünstig befriedigt hat. Auch ehrbare Unternehmer streben deshalb nachhaltig Gewinne an und sind nicht bereit, Verluste zu akzeptieren.

Wirtschaft braucht Regeln

Ethisches unternehmerisches Handeln setzt auf Moral, kann aber nicht allein auf Appelle an die Moral der Unternehmer gegründet werden. Dies würde nicht funktionieren. In einer Wirtschaft, die sich völlig selbst überlassen wäre, würde ehrbares Unternehmertum sehr schnell an Grenzen stoßen und der „Schmutzkonkurrenz" unterliegen. Wirtschaft braucht Regeln im nationalen sowie — aufgrund der zunehmenden Europäisierung und Globalisierung des Wirtschaftsgeschehens — im europäischen und internationalen Rahmen, um sich nachhaltig positiv zu entwickeln.

Das war schon den Vätern der Sozialen Marktwirtschaft — Walter Eucken, Wilhelm Röpke, Franz Böhm, Alfred Müller-Armack, Ludwig Erhard — sehr bewusst. Auch die Neo- oder Ordoliberalen waren gerade keine Anhänger eines ungezügelten „Laissez-faire-Kapitalismus", wie ihnen heute in grober historischer Unkenntnis vielfach unterstellt wird. Sondern sie waren klare Verfechter einer werte- und regelgebundenen Wirtschaftsordnung. Der Staat muss Leitplanken setzen, um „ehrbares Unternehmertum" zu fördern und abzusichern, und er muss dafür sorgen, dass die Regeln von allen eingehalten werden.

Der Staat kann und darf also aus der Perspektive des ehrbaren Unternehmers alles andere als ein schwacher Staat sein. Er sollte zwar nicht als Unternehmer im Wirtschaftsprozess mitspielen. Aber er ist vor allem als Ordnungsmacht stark gefordert, ethisches Handeln sicherzustellen. Aus der Breite des Wirtschaftsrechts, das notwendig ist, um das Wirtschaftsleben in geordnete Bahnen zu lenken, seien drei zentrale Bereiche herausgegriffen, die dies unterstreichen:

1. Marktwirtschaften basieren auf einer Vielzahl von Verträgen, die tagtäglich von Unternehmen geschlossen werden — mit Abnehmern und Lieferanten, mit Konsumenten und Arbeitnehmern. Insofern spielt das Vertragsrecht als Grundlage für Geschäftsbeziehungen, die auf Treu und Glauben beruhen, eine entscheidende Rolle. Selbst dieses vermeintlich „reife" Rechtsgebiet muss ständig an neue Entwicklungen angepasst werden. Verwiesen sei nur auf die wachsende Zahl von Geschäften, die heute über die Grenzen hinweg im Internet abgeschlossen werden.
2. Märkte, die sich völlig selbst überlassen werden, neigen zur Kartellisierung und Monopolisierung, zu ruinösem und unfairem Wettbewerb. Dem muss durch Gesetze gegen Wett-

bewerbsbeschränkungen und gegen unlauteren Wettbewerb ein Riegel vorgeschoben werden. Kartellbehörden müssen sie durchsetzen. Ehrbares Unternehmertum, das auf einem fairen Leistungswettbewerb aufbaut, gerät sonst über kurz oder lang unter die Räder. Ludwig Erhard hat deshalb schon in den 1950er-Jahren gegen große Widerstände Gesetze zum Schutz des Wettbewerbs durchgesetzt. Dies zählt zu seinen großen Leistungen. Auch hier besteht freilich immer wieder Reformbedarf. Längst muss auch auf diesem Gebiet in europäischen und globalen Dimensionen gedacht werden, um ein wettbewerbskonformes Verhalten über die Grenzen hinweg sicherzustellen.

3. Eingangs wurde bereits darauf hingewiesen, dass „Freiheit in der unternehmerischen Entscheidung“ und „Verantwortung bzw. Haftung für die Folgen“ ein unauflösbares Begriffspaar für „Ehrbarkeit“ bilden. Für Reformen, die diesem Grundprinzip auch an den Finanzmärkten Geltung verschaffen, bestand und besteht derzeit zum Teil noch der größte Handlungsbedarf. Der Zusammenhang von Freiheit, Entscheidung und Haftung ist im Spekulationsgeschäft einiger Banken und Hedgefonds teilweise sträflich außer Kraft gesetzt worden. Dies hat wesentlich zu der schweren Finanzmarktkrise beigetragen, die die Welt 2008 hart an den Rand des Abgrunds geführt hat.

Wir müssen hier zu einer größeren Symmetrie zurückkehren.

- Das berührt das Thema stärkere Eigenkapitalunterlegung riskanter Bankgeschäfte.
- Es berührt das Thema Managervergütungen.
- Es berührt das Thema „Insolvenzfähigkeit von (systemrelevanten) Banken und Staaten“.
- Es geht aber auch um die Haftbarkeit von Ratingagenturen für Fehlbewertungen, die zahllose Anleger in die Irre geführt haben.

Um Reformen auf diesen Feldern wird seit dem Lehman-Desaster auf nationaler und internationaler Ebene hart gerungen – zu Recht. Wenn verantwortungslosem hasardeurhaftem Verhalten auf den Finanzmärkten das Wasser nicht abgegraben wird, kann es keine nachhaltig stabile internationale Finanzarchitektur geben. Auch hier müssen Anstand und Moral bei allen Akteuren wieder die Oberhand gewinnen, welche durch Regeln gestützt sind! Weitere Großkrisen würden die meisten Staaten endgültig überfordern. Einige Reformen sind bereits auf den Weg gebracht und umgesetzt worden, andere wie die Regulierung des Schattenbankenbereichs müssen noch folgen.

Fazit

Zusammenfassend ist festzustellen: Die Messlatte für ehrbares Unternehmertum, das unauflöslich zum Wesen langfristig angelegter, nachhaltiger Unternehmensführung gehört, liegt hoch – in seinem umfassendsten Sinne sehr hoch. Aber das Ideal verdient, ernst genommen zu werden. „Ehrbares Unternehmertum" sollte, so gut es geht, gelebt und vorgelebt werden. Für eine nachhaltig positive und stabile Entwicklung von Wirtschaft und Gesellschaft, für das Ansehen und die Zukunft der Sozialen Marktwirtschaft ist dies von entscheidender Bedeutung. Ehrbares Unternehmertum verdient deshalb auch alle Anerkennung und Unterstützung durch Politik und Gesellschaft.

Literaturverzeichnis

Eucken, W. (1952): Grundsätze der Wirtschaftspolitik, Tübingen 1952

Fandel, G./Schwalbach, J. *(Hrsg.) (2007)*: Der ehrbare Kaufmann: Modernes Leitbild für Unternehmen?, Zeitschrift für Betriebswirtschaft – Journal of Business Economics, Special Issue, Wiesbaden 2007

Industrie- und Handelskammer für München und Oberbayern (2012): Den Ehrbaren Kaufmann leben. Mit Tradition zur Innovation, München 2012

Mierzejewski, A. C. (2005): Ludwig Erhard. Der Wegbereiter der Sozialen Marktwirtschaft, München 2005

Müller-Armack, A. (1976): Wirtschaftsordnung und Wirtschaftspolitik, Bern 1976

Instrumente der Nachhaltigkeitsmessung

Nachhaltigkeit und Shareholder Value – ein Widerspruch?

Prof. (FH) Dr. Heimo Losbichler
Studiengangsleiter Controlling, Rechnungswesen und Finanzmanagement in Steyr, Stv. Vorsitzender des Internationalen Controller Vereins und Vorsitzender der International Group of Controlling

Management Summary

Wenige betriebswirtschaftliche Steuerungsinstrumente polarisieren in jenem Maße, wie dies der Shareholder Value tut. Für die Befürworter ist er unverrückbarer Maßstab erfolgreicher Unternehmensführung, für die Kritiker der Inbegriff kurzfristigen, kapitalistischen Managements. Durch die Finanzkrise sehen sich viele Kritiker bestätigt. Paradoxerweise wurde der Shareholder Value von Alfred Rappaport als langfristiges Steuerungskonzept entwickelt, das die Kurzfrist-Orientierung traditioneller Rechnungswesen-Kennzahlen beseitigen sollte.

Einleitung

In der betriebswirtschaftlichen Literatur ist das Thema Nachhaltigkeit en vogue. Die Triple-Bottom-Line aus sozialer, ökologischer und ökonomischer Nachhaltigkeit wird als neues Primat der Unternehmensführung ausgerufen. Im Gegenzug wird die Orientierung am Shareholder Value als eine der Hauptursachen für die Finanzkrise gesehen und mit Kurzfristigkeit, Habgier und Gehaltsexzessen gleichgesetzt. Der Shareholder Value ist jedoch das wahrscheinlich am wenigsten verstandene Führungsinstrument, sowohl bei Befürwortern als auch bei Kritikern.

Die Grundidee des Originalkonzepts von Alfred Rappaport ist auf die langfristige Erhöhung des betrieblichen Cashflow durch die Steigerung der strategischen Wettbewerbsfähigkeit ausgerichtet und nicht auf die kurzfristige Optimierung von Quartalsergebnissen und Aktienkursen. Es scheint, als ob viele der Befürworter die im Original vorhandene Langfristigkeit überlesen haben. Und die Kritiker fühlen sich durch die oft falsche, kurzfristige Anwendung und unverhältnismäßige Ausübung von Aktienoptionen bestätigt. Eine derartige Kritik schüttet möglicherweise das Kind mit dem Bade aus. Führungskräfte, die am schnellen persönlichen Reichtum interessiert sind, werden dies unter dem Deckmantel jedes Instruments tun. Es sollen daher nachfolgend ein Überblick über die ursächliche Idee des Shareholder Value und die Argumente der Befürworter und Kritiker gegeben sowie mögliche Lösungsansätze diskutiert werden.

Definition und Ziele des Wertsteigerungs-Managements

Wertsteigerungsmanagement, auch Value Based Management oder Shareholder Value Management genannt, ist eine Führungsphilosophie, in der die Maximierung des Unternehmenswerts das zentrale Ziel eines Unternehmens darstellt. Wertsteigerungsmanagement bedeutet, alle in einem Unternehmen zu treffenden Entscheidungen an ihrer nachhaltigen Wirkung auf den Unternehmenswert zu beurteilen, sämtliche Aktivitäten auf die dauerhafte Steigerung des Unternehmenswerts auszurichten und wertorientierte Performance-Kenngrößen für die Planung und Steuerung anzuwenden (siehe Abb. 32).

Das Konzept des Shareholder Value wird mehrheitlich mit Begriffen wie EVA (Economic Value Added), CVA (Cash Value Added) oder TSR (Total Shareholder Return) assoziiert. Dies ist jedoch eine verkürzte Sicht des Wertsteigerungsmanagements. Wertorientierte Performancegrößen sind notwendig (you can't manage what you can't measure) aber keinesfalls hinreichend, da vom Messen allein noch keine Werte geschaffen werden. McKinsey kritisierte die einseitige Orientierung an wertorientierten Kennzahlenkonzepten wie folgt:

> *Putting value back in value-based management: VBM programs focus too much on measurement and too little on the management activities that create shareholder value.*[82]

Erfolgreiches Wertsteigerungsmanagement ist weniger ein Kennzahlen- und Reportingkonzept als ein integriertes Führungssystem mit einer wertorientierten Unternehmenskultur. Copeland/Koller/Murrin beschreiben dies wie folgt:

> *Wertorientiertes Management ist ein integrativer Prozess zur Verbesserung strategischer und operativer Entscheidungsfindung im gesamten Unternehmen. ... Wertorientiertes Management lässt sich am besten begreifen als die Verbindung zwischen einer auf Wertsteigerung zielenden Denkweise und den Managementprozessen und -systemen, die für die Umsetzung dieser Denkweise erforderlich sind. Jedes Element ist für sich genommen unzureichend. Aber zusammen können sie enorme und anhaltende Wirkung erreichen.*[83]

Im Gegensatz zur klassischen gewinnorientierten Betrachtungsweise ist in allen Konzepten des Wertsteigerungsmanagements die traditionelle „schwarze Null" des externen Rechnungswesens nicht mehr genug. Unternehmen bzw. Geschäftsbereiche schaffen erst dann Wert, wenn sie in der Lage sind, aus der Umsatztätigkeit sämtliche Kosten, d. h. neben den operativen Kosten der Geschäftstätigkeit, Steuern und Fremdkapitalkosten, auch die Kosten für das Eigenkapital zu bedienen. Es werden nur jene Strategien und Maßnahmen als wertsteigernd betrach-

[82] McKinsey (2004), S. 16.

[83] Copeland/Koller/Murrin (1998), S. 123–125.

tet, die eine Verzinsung erwirtschaften, die über ihren Kapitalkosten liegt. Die Kapitalkosten in Form des WACC stellen somit in allen Verfahren die *hurdle rate* bzw. die geforderte Mindestverzinsung auf das eingesetzte Kapital dar. Wertsteigernde Strategien oder Geschäftsbereiche müssen eine höhere Kapitalrendite liefern als vergleichbare Investitionsmöglichkeiten gleichen Risikos. Wertsteigerungsmanagement ist damit nichts anderes als das konsequente Anwenden der Entscheidungslogik der Investitionsrechnung auf Unternehmensebene. Es schafft den Brückenschlag zwischen der Bewertungslogik der Investitionsrechnung und der strategischen Unternehmensteuerung. CFOs und Controllern kommt dabei eine Doppelrolle zu, einerseits Wertsteigerungspotenziale proaktiv aufzuzeigen und andererseits gegen wertvernichtende Entscheidungen Stellung zu beziehen. Die Eckpunkte des Shareholder Value Managements können wie folgt zusammengefasst werden:

- Wertsteigerung als zentrales Ziel
- Bekenntnis, dass Unternehmen nur dann Wert schaffen, wenn sie die ihrem Risiko entsprechenden Kapitalkosten für Eigen- und Fremdkapital verdienen
- Wertorientierte Performance-Kenngrößen anstatt traditioneller Gewinngrößen aus dem externen Rechnungswesen
- Fokus auf jenen Werttreibern, die den größten Hebel zur Steigerung des Unternehmenswerts bieten

Zwei Arten der Wertsteigerung

Wertorientierte Unternehmensführung bekennt sich dazu, dass Unternehmen die Renditeerwartungen aller Kapitalgeber, d. h. auch die ihrer Eigentümer, zu erfüllen haben. Unternehmen müssen für das ihnen zur Verfügung gestellte (Eigen-)Kapital, eine dem Risiko angemessene Verzinsung liefern. Dies bedeutet zumindest eine Verzinsung des eingesetzten Kapitals zu erwirtschaften wie vergleichbare alternative Anlageformen. Diese Verzinsung kann in Form von Dividenden und einem steigenden Wert des Unternehmens (bei börsenotierten Unternehmen in Form steigender Aktienkurse) erfolgen. Gemäß dieser Logik bedeutet erfolgreiches Wertsteigerungsmanagement *die bei den Aktionären angekommene Wertsteigerung in Form des Total Shareholder Return – TSR*. Dieser entspricht dem internen Zinsfuß, der sich aus dem Kurs beim Kauf der Aktien, den erhaltenen Dividenden und dem aktuellen Aktienkurs bzw. dem Verkaufskurs ergibt. Eine Kernproblematik im Wertsteigerungsmanagement ist damit die *Unterscheidung zwischen den im Unternehmen geschaffenen Werten und der an der Börse resultierenden bzw. vorherrschenden Bewertung*.

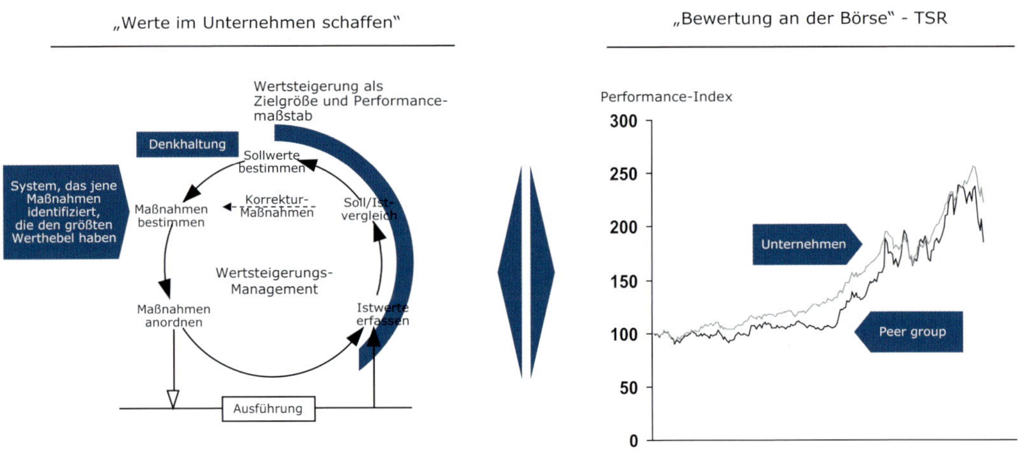

Abb. 32: Zwei Arten der Wertsteigerung

Entsprechend dem Auf und Ab an den Börsen, das von den Führungskräften nur bedingt beeinflusst werden kann, ist der TSR *keine adäquate unternehmensinterne Steuerungsgröße*. Abbildung 33 zeigt, wie sich die vermeintlich „besten" Unternehmen der Welt der Stimmung an den Börsen nicht entziehen können. Eine Vielzahl von Studien beleuchtet die Korrelation zwischen den finanziellen Fundamentaldaten eines Unternehmens und seinem Börsenkursvergleich.[84] Langfristig kann von einer Korrelation des Aktienkurses mit dem wirtschaftlichen Erfolg der Unternehmen ausgegangen werden.

Rang	Unternehmen	Land	Branche	TSR 09-13 (%)	TSR 14 (%)[4]
1	Priceline.com	US	Traveland Tourism	73,6	17
2	Las Vegas Sands	US	Travel and Tourism	71,4	5
3	Baidu	US	Media and Publishing	68,6	–3
4	Tencent	Hong Kong	Media and Publishing	58,7	25
5	Tata Consultancy Services	India	Technology	58,4	1
6	Starbucks	US	Retail	54,4	–8
7	Amazone.com	US	Retail	50,7	–10
8	Ford Motor	US	Automotive OEMs	47,8	0
9	Apple	US	Technology	46,7	–7
10	Volkswagen	Germany	Automotive OEMs	43,7	–7

Abb. 33: Die weltweiten Large Cap Wertsteigerungssieger 2009–2013[86]

84 Vgl. Mölls/Strauß (2007), Hoffmann/Ruthner (2007); Lueg/Schäffer (2010); Kröger/Träm/Rockenhäuser (2000).

85 Daten per 26. Februar 2014.

86 Boston Consulting Group (2014), S. 22.

Gezieltes Wertsteigerungsmanagement setzt voraus, dass eine enge Beziehung zwischen der externen Unternehmensbewertung und einer internen, direkt vom Management beeinflussbaren Größe hergestellt werden kann. Im Idealfall deckt sich die unternehmensinterne Wertsteigerung mit der an den Börsen. Führungskräfte stehen dabei im Spannungsfeld, kurzfristige Kapitalmarktinteressen zu befriedigen und gleichzeitig Maßnahmen einzuleiten, welche die zukünftige Wettbewerbsfähigkeit und die langfristige Wertsteigerung eines Unternehmens sichern.

Im Rahmen der wertorientierten Unternehmensführung wird mehrheitlich versucht, die Eigentümerinteressen mit jenen des Managements über Vergütungssysteme in Form von Aktienoptionen zu koppeln.[87] Diese grundsätzlich sinnvolle Harmonisierung verlangt jedoch von Führungskräften ein hohes Maß an Integrität und Rückgrat. Entsprechend der Möglichkeit, mittels Aktienoptionen an steigenden Kursen profitieren zu können, werden die Bedürfnisse des Kapitalmarkts nur allzu oft zur Richtschnur ihres Handelns. Die kurzfristige Ertragsmaximierung bzw. das Bestreben, Analystenerwartungen nicht zu enttäuschen, geht vielfach zulasten des langfristigen Erfolgs. Richtiges Wertsteigerungsmanagement fokussiert auf das nachhaltige Schaffen von Werten im Unternehmen und nicht auf die kurzfristige Wertsteigerung an den Börsen.

Kritik am Shareholder Value Management

Es gibt wohl kaum ein Managementkonzept, das seit seinem Bestehen derart kontroversiell diskutiert wird, wie das des Shareholder Value. Für die einen ist es der Inbegriff effizienter Unternehmensführung, für die anderen das Synonym für eiskalten Turbokapitalismus. Die Kritik der Gegner richtet sich auf zwei Kernbereiche:

- die Bevorzugung der Anteilseigner zulasten anderer Anspruchsgruppen
- kurzfristige Unternehmensführung, die sich an Quartalszielen orientiert

Copeland et al. beschrieben diese Polarisierung bereits 1994 wie folgt: „The fundamental goal of all business is to maximize shareholder value. This statement can be either commonplace or controversial, depending on where you are. In the United States, top management is traditionally expected to seek to maximize shareholder value. Failure to do so results in pressure from the board of directors and activist shareholders, or even in hostile takeover bids. Elsewhere in the world, companies make different implicit tradeoffs among their various stakeholders. In continental Europe and Japan, intricate weightings are given to the interests of customers, suppliers, workers, the government, debt providers, equity holders, and society at large. Maximizing shareholder value is often seen as short-sighted, inefficient, simplistic, and even antisocial."[88]

[87] Vgl. Jensen/Meckling (1976).

[88] Copeland (1994), S. 97.

Die Bevorzugung der Anteilseigner zulasten anderer Anspruchsgruppen

Wertorientierte Unternehmensführung propagiert, dass die Maximierung des Unternehmenswerts das oberste Ziel eines Unternehmens und dessen Management sein muss. Diese Notwendigkeit wird zum einen aus der steigenden Macht der Investoren in globalen Kapitalmärkten abgeleitet. Diesen steht heute eine nahezu unbegrenzte Anzahl an Anlagealternativen zur Verfügung. Unternehmen sehen sich daher einer steigenden Mobilität des Kapitals und einem zunehmenden Wettbewerb um Kapital ausgesetzt. Sie konkurrieren nicht nur um die Gunst der Kunden, sondern auch um die Gunst der Investoren, die eine möglichst hohe, dem Risiko angemessene Verzinsung fordern. Das Wertsteigerungsmanagement soll helfen, das in Unternehmen eingesetzte Kapital so effizient wie möglich zu nutzen und dadurch die Erwartungen der Kapitalgeber zu erfüllen. Diese Ableitung hat den ersten großen Kritikpunkt der unverhältnismäßigen Bereicherung der Eigentümer zulasten aller anderen Stakeholder hervorgerufen und unter den Schlagwörtern „Heuschrecken, Gehaltsexzesse und Bilanzskandale“ zu einer Grundsatzdiskussion über den Zweck des Wirtschaftens, Ethik und soziale Verantwortung geführt.[89]

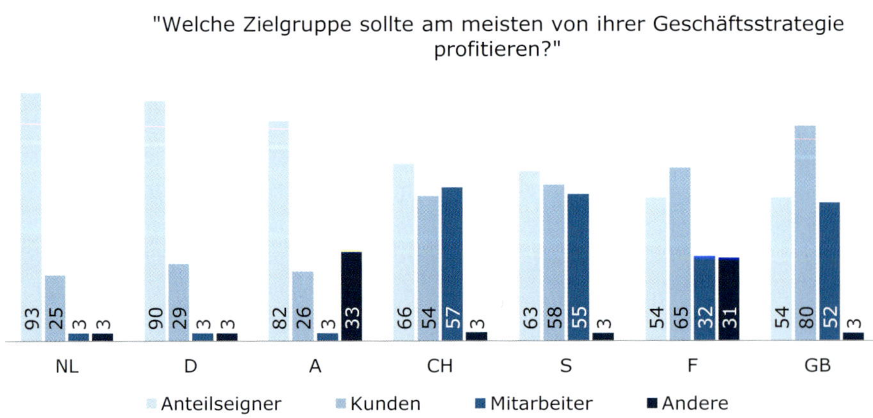

Abb. 34: Länderspezifische Bedeutung der Stakeholder[90]

Die Vorstellung, dass die Aktionäre an oberster Stelle stehen sollen, setzte sich in den 1970er-Jahren durch. Hauptgrund dafür war der weitverbreitete Glaube an die Effizienz und Intelligenz der Märkte.[91] Berühmtestes Beispiel dafür ist der Aufsatz von Milton Friedman im „New York

[89] Vgl. z. B. Albach (2003).

[90] Vgl. Wagner (2008).

[91] Vgl. Pfeffer (2009).

Times Magazine" vom 13.9.1970: „*The Social Responsibility of Business is to Increase its Profits*".[92] Die Grundlogik dieser Position beruht auf der Annahme, dass durch das Ziel der Gewinnmaximierung und effiziente Märkte Wachstum und Beschäftigung entstehen und dadurch der Gesellschaft zum höheren Wohlstand verhelfen. Diese Grundposition wird heute heftig kritisiert. Sprenger formuliert dies wie folgt: „*Was Mittel und Zweck ist, das war einst unstrittig: Ein Unternehmen produzierte Waren und Dienstleistungen, um Kundenbedürfnisse zu befriedigen. Es war als Mittel zum Zweck. Heute hat sich die Relation vielfach umgedreht. Das Unternehmen ist zum Selbstzweck geworden, das den in Zahlen fassbaren Shareholder-Value möglichst schnell und direkt als Investitionsrendite abliefert – am besten ohne den Umweg über den Kunden.*"[93]

Die Befürworter des Shareholder-Value-Ansatzes versuchen, den Kritikpunkt der Bevorzugung der Anteilseigner empirisch gestützt zu entkräften. Die Proponenten unterstreichen, dass die Steigerung des Unternehmenswertes nicht im Widerspruch zu den Interessen der anderen Stakeholder steht. Finanziell erfolgreiche Unternehmen erzeugen auch für alle anderen Anspruchsgruppen wie Kunden, Lieferanten, Arbeitnehmer, Fremdkapitalgeber und den Staat Wert.

Abb. 35: Beschäftigungswachstum und Shareholder Value[94]

Der Kritikpunkt der Bevorzugung der Aktionäre sollte sich in effizienten Märkten von selbst richten. Eigentümer und Manager, die überzogene Renditeforderung dauerhaft zulasten der Mitarbeiter oder Lieferanten durchsetzen wollen, werden merken, dass ihnen diese langfristig die Zusammenarbeit aufkündigen. Rappaport schreibt dazu im Vorwort seines Klassikers Crea-

92 Friedman (1970), S. 33.

93 Sprenger (2010), S. 110.

94 Hoffmann (2007).

ting Shareholder Value: *„Manchmal stoße ich auf Skeptiker, die dagegenhalten, dass dieser Ansatz die Eigentümer auf Kosten anderer Anspruchsgruppen wie Mitarbeiter, Kunden und Lieferanten begünstige. Wie ich in diesem Buch zeigen werde, setzt die Schaffung überragender Eigentümerrenditen die Loyalität dieser zentralen Anspruchsgruppen voraus."*[95]

In der Idee des Shareholder Value ist ein Unternehmen nur dann erfolgreich, wenn es die Fähigkeit besitzt, die Ansprüche aller Stakeholder, auch die der Eigentümer, zu befriedigen. Dies gilt jedoch in gleichem Maße für den Stakeholder Value. In beiden Konzepten muss ein Unternehmen mit seinen Produkten und Dienstleistungen für Kunden derartig attraktiv sein, dass es nachhaltig in der Lage ist, aus den erzielten Preisen die Löhne der Mitarbeiter, die zugekauften Leistungen der Lieferanten, Steuern und eine faire Verzinsung für die Fremd- und Eigenkapitalgeber abzudecken. Im Shareholder-Value-Ansatz werden dazu die in der klassischen Gewinn- und Verlustrechnung nach dem Jahresüberschuss nicht mehr dargestellten und als Restgröße betrachteten Eigenkapitalkosten explizit berücksichtigt. Peter Drucker beschreibt dies mit Bezug auf das EVA-Konzept wie folgt: *„EVA is based on something we have known for a long time: what we generally call profits, the money left to service equity, is usually not profit at all. Until a business returns a profit that is greater than its cost of capital, it operates at a loss. Never mind that it pays taxes as if it had a genuine profit. The enterprise still returns less to economy than it devours in resources. It does not cover its full cost unless the reported profit exceeds the cost of capital. Until then, it does not create wealth; ... I discussed EVA at considerable length in my 1964 book, Managing for Results, but the last generation of classical economists, Alfred Marshall in England and Eugen Böhm-Bawerk in Austria, were already discussing it in the late 1890s."*[96]

Das Spannungsverhältnis zwischen Shareholder Value und Stakeholder Value rührt aus einem immanenten Verteilungskampf zwischen den Anspruchsgruppen. Es können nur jene Mittel verteilt werden, die durch die Umsatztätigkeit erwirtschaftet werden. Dies ist der Angelpunkt im Wertsteigerungsmanagement. Der Verteilungskampf besteht nur dann, wenn der Umsatz als konstant betrachtet wird. Richtig verstanden, kann das Wertsteigerungsmanagement Innovation, Kundenzufriedenheit und nachhaltig profitables Wachstum fördern und damit Wert für alle Stakeholder schaffen. Apple wäre dafür ein Paradebeispiel und Google beschreibt dies in seiner Philosophie wie folgt: *„Unsere Philosophie – Zehn Punkte, die für Google erwiesen sind: 1. Der Nutzer steht an erster Stelle, alles Weitere ergibt sich von selbst. ... 6. Man kann Geld verdienen, ohne jemandem damit zu schaden."*[97] Richtiges Wertsteigerungsmanagement setzt nicht am Ende der Kette beim Anspruchsdenken der Gewinnverteilung an, sondern am Beginn der Kette, bei der Frage der Wertschaffung.

[95] Rappaport (1995), S. xiv.

[96] Drucker (1995), S. 59.

[97] http://www.google.at/intl/de/corporate/tenthings.html.

Kurzfristige Unternehmensführung, die sich an Quartalszielen orientiert

In der Tat ist die Idee des Shareholder Value von Alfred Rappaport vielfach missverstanden worden. Anstatt für nachhaltig profitable Wachstumsstrategien, die nicht nur für die Aktionäre, sondern auch für Mitarbeiter, Kunden, Lieferanten und den Staat Wert schaffen, steht der Shareholder Value heute in der öffentlichen Wahrnehmung vor allem für die hektische Maximierung von Quartalsgewinnen und für eine Unternehmenskultur, die Investition regelmäßig zu kurz kommen lässt. „Short Termism" nennt Rappaport diese Effekte: *„Die eigentliche Idee des Shareholder Value wurde beiseite geschubst. Jetzt erleben wir einen hoffentlich heilsamen Schock. … Wir sollten uns daran erinnern, worum es beim Shareholder Value Konzept wirklich geht: Ja, es geht um steigenden Cash Flow, aber es geht auch um Langfristigkeit und Risikoabschätzung. Wären diese Prinzipien universell praktiziert worden, dann hätten wir jetzt keine Finanzkrise."*[98]

Die ökonomische Nachhaltigkeit als ursprüngliche Intention vereint alle Proponenten der vorherrschenden Shareholder-Value-Konzepte. Es sei dazu nochmals auf die Grundlagenwerke des Shareholder Value Managements verwiesen. Lewis als Vertreter des Cash Value Added nahm dazu 1994 wie folgt Stellung: *„Nur allzu oft zeigt sich in der Diskussion von Shareholder Value Konzepten, dass sie in erster Linie als rasch wirksames Instrumentarium zur Verbesserung des Aktienkurses verstanden werden. Doch das Ziel der Unternehmensführung kann nicht sein, lediglich kurzfristig den Wert zu erhöhen. Deshalb geht es darum, mithilfe dieses Instrumentariums langfristige Strategien abzusichern."*[99] Copeland/Koller/Murrin beziehen dazu die idente Position: *„[Die Wertorientierung – Anm. d. Verfassers] verlangt […] eine Konzentration auf den langfristigen Cash Flow, nicht auf die Änderungen des Gewinns pro Aktie im Quartalsabstand."*[100]

Ähnlich wie bei der Frage der Bevorzugung der Aktionäre zulasten anderer Anspruchsgruppen, sollten Unternehmen, die sich ausschließlich auf den kurzfristigen Gewinn konzentrieren, von erodierenden Erfolgspotenzialen im Lauf der Zeit wieder eingeholt werden.

Bemerkenswert ist der Sinneswandel von Jack Welch, der Ikone des Wertsteigerungsmanagements, der kurz nach dem Antritt als CEO von General Electric mit einer Rede im New Yorker Hotel Pierre im Jahr 1981 die Geburtsstunde der Shareholder-Value-Bewegung mitbegründet hat. Angesichts des Verlusts des AAA-Ratings von General Electric hat Welch betont, dass seine Rede missverstanden worden sei und er niemals vermitteln wollte, dass das Festsetzen und Erreichen von Gewinnzielen Quartal auf Quartal und der damit verbundene Aktienkursanstieg das Hauptziel von Managern sein sollte. Shareholder Value sei das Ergebnis gemeinsamer Anstrengungen

[98] Rappaport (2008), S. 130.

[99] Lewis (1994), S. 9.

[100] Copeland/Koller/Murrin (1998), S. 62.

vom Management bis zu normalen Angestellten: „*On the face of it, shareholder value is the dumbest idea in the world ... Shareholder value is a result, not a strategy ... Your main constituencies are your employees, your customers and your products.*“[101] Dass der Shareholder Value das finanzielle Resultat erfolgreicher Strategien und keine Strategie an sich ist, habe ich bereits vor mehr als einem Jahrzehnt vermerkt.[102]

Resümee

Aus der Analyse der ursprünglichen Idee des Wertsteigerungsmanagements und der aktuell geführten Diskussion lässt sich Folgendes festhalten. Wertorientierte Unternehmensführung

- bekennt sich dazu, dass Unternehmen die Renditeerwartungen aller Kapitalgeber, d. h. auch die ihrer Eigentümer, zu erfüllen haben;
- bekennt sich zum Wettbewerb um Kapital, d. h. dass Unternehmen eine Rendite erwirtschaften müssen, die sich aus der Rendite von Unternehmen vergleichbaren Risikos bestimmt wird;
- sieht das primäre Ziel eines Unternehmens in der Steigerung des Unternehmenswerts, weil dadurch alle Stakeholder profitieren;
- basiert auf der Grundannahme effizienter Märkte, d. h. dass die im Unternehmen geschaffenen Werte an der Börse honoriert und bewertet werden;
- *birgt die Gefahr der Bevorzugung der Anteilseigner zulasten anderer Anspruchsgruppen*;
- *birgt die Gefahr der kurzfristigen Orientierung an Quartalsergebnissen*;
- verwendet wertorientierte Performance-Kenngrößen anstatt traditioneller Gewinngrößen aus dem externen Rechnungswesen.

Aus dem Blickwinkel nachhaltiger Unternehmensführung stellt sich die Frage, ob die Idee des Shareholder Value grundsätzlich falsch ist oder ob die Idee falsch verstanden und angewendet wurde?

Das Konzept des Shareholder Value ist richtig aber zu einseitig und wird überwiegend falsch angewendet. Der Shareholder Value betrachtet primär das finanzielle Resultat eines Unternehmens. Es sei an dieser Stelle explizit festgehalten, dass Gewinne und daraus entstehende Aktienkurssteigerungen per se nichts Verwerfliches sind. Vielmehr ist der Gewinn bzw. der Cashflow eine notwendige Voraussetzung für die Existenzsicherung eines Unternehmens. Er ist das Spiegelbild der Leistungsfähigkeit. Dauerhafter finanzieller Misserfolg führt unweigerlich in die

101 Guerrera (2009).

102 Vgl. Losbicher (2001), S. 19.

Insolvenz und damit zum Verlust von Arbeitsplätzen, Geschäftsentgang für Lieferanten und zu Steuerausfällen. Malik schlägt als Alternative zur Idee der Gewinnmaximierung die Gewinnminimierung vor.[103] Um ein zu kurzfristiges Handeln zu vermeiden, sollten sich Führungskräfte aus seiner Sicht die Frage stellen, wie viel Gewinn notwendig ist, um langfristig erfolgreich im Geschäft bleiben zu können. Diese Umkehr ist jedoch wenig erfolgversprechend, wie der häufig zu beobachtende Hockey-Stick-Effekt gezeigt hat. Zielführender ist es, das Paradigma der Gewinnmaximierung aus seiner Kurzfristigkeit zu lösen. Simon formuliert dies folgendermaßen: „Wichtig ist die Unterscheidung zwischen kurz- und langfristiger Gewinnoptimierung. Die langfristige Gewinnoptimierung ist im Wesentlichen identisch mit dem Shareholder-Value-Konzept, für das ich hier nachdrücklich ein Wort einlege. ... Ich zitiere Erich Gutenberg, den Nestor der deutschen Betriebswirtschaft: ‚Am Gewinnmachen ist noch keine Firma kaputt gegangen'. Dem habe ich nichts mehr hinzuzufügen".[104]

So sehr die heutigen Auswüchse der kurzfristigen Gewinnmaximierung zu kritisieren sind, so wichtig ist die Gewinnorientierung an sich. Der Zusammenfall kommunistischer Wirtschaftssysteme und verstaatlichter westlicher Betriebe seien mahnende Beispiele. Die entscheidende Frage im Shareholder Value Management ist, wie der nötige finanzielle Erfolg erwirtschaftet wird, wie nachhaltig dieser ist und wie er verwendet bzw. verteilt wird. Das für die negativen Auswüchse des Shareholder Value legendäre Statement Gordon Gekkos im Hollywood-Blockbuster Wallstreet „I create nothing. I own" gehört im Zuge der heutigen Nachhaltigkeitsdiskussion hoffentlich der Vergangenheit an.

So richtig die grundsätzliche Gewinnorientierung ist, so sehr erfordert sie Manager, die ihre unternehmerische und gesellschaftliche Verantwortung wahrnehmen. Es gilt, die Balance zwischen den Gewinnansprüchen der Eigentümer und den anderen Stakeholdern zu bewahren. Gleichzeitig müssen langfristige und kurzfristige Ansprüche ausbalanciert werden. Der nachhaltige ökonomische Erfolg muss Vorrang vor dem kurzfristigen haben. Im Sinne von Werner von Siemens: „Für kurzfristigen Gewinn verkaufe ich die Zukunft nicht".[105] Die Nachhaltigkeit darf jedoch nicht zum Freibrief für eine mangelnde Performance in der Gegenwart oder nahen Zukunft werden. Malik formulierte dies wie folgt: „Geschäfte machen und im Geschäft bleiben."[106]

Methodisch scheinen die im Wertsteigerungsmanagement verwendeten Performancegrößen, traditionellen Kennzahlen aus dem Rechnungswesen theoretisch überlegen zu sein. Selbst Peter Drucker sah darin eine richtige Entwicklung: „There is no profit unless you earn the cost of capital. Alfred Marshall said that in 1896, Peter Drucker said that in 1954 and in 1973, and now

[103] Vgl. Malik (2003), S. 182.

[104] Simon (2012), S. 11.

[105] Vgl. Kaeser (2011), S. 259.

[106] Vgl. Malik (1998), S. 12.

EVA (economic value added) has systematized this idea, thank God."[107] Dies soll jedoch nicht über den Methodenstreit zwischen den konkurrierenden Systemen hinwegtäuschen. Kritiker schreiben auch vom „metric war" der Anbieter: „marketing battles erupt as Stern Stewart and rivals seek your hearts, minds, and dollars."[108]

Obwohl das Shareholder-Value-Konzept von seiner Grundidee richtig wäre und die verwendeten Messzahlen traditionellen Rechnungswesengrößen theoretisch überlegen sind, ist das Konzept zu eng. Es reduziert die unternehmerische Tätigkeit auf eine Zahl. „Wie sollen sich Menschen mit Leidenschaft und Hingabe einsetzen, wenn der Sinn der Veranstaltung ist, irgendwelche Zahlen zu produzieren?"[109] Die wertorientierte Unternehmensführung kann, sofern richtig verstanden, nur ein wichtiger Baustein eines breiteren Führungskonzeptes sein. Dazu sei z. B. an die 10 Kernelemente nachhaltigen Controllings des Internationalen Controller Vereins verwiesen.[110] Sofern das Shareholder Value Management diese Rolle in Zukunft erfolgreich einnehmen will, muss es zumindest folgende Punkte berücksichtigen:

- Der Fokus liegt auf der Steigerung der internen Unternehmensergebnisse. Langfristig ergibt sich daraus die gewünschte Wertsteigerung an den Börsen von selbst.
- „Resist to be a short-termist" — Die ökonomische Nachhaltigkeit muss über Kurzfristerfolge dominieren.
- „Don't cook the books" — Gewinne müssen real sein und nicht durch die Ausnutzung von Bewertungsspielräumen entstehen.
- „Walk the talk" — Fokussierung auf Maßnahmen anstatt Bewertungsgrößen
- „Ethisch korrekt" — Die Wertsteigerung darf nicht zulasten einzelner Anspruchsgruppen erwirtschaftet werden bzw. ist die Wertsteigerung auch entsprechend zu verteilen: *„Shared Value"*.[111]

Es ist zu hoffen, dass sich die Unternehmenslenker dieser Erfolgsfaktoren besinnen, denn in einer Zeit, in der Unternehmen mehr denn je gefordert sind, finanziell erfolgreich zu sein bzw. zu bleiben, braucht es vielmehr wieder Menschen, die *für Unternehmen handeln anstatt mit Ihnen zu handeln*. Dabei kann der richtig angewandte Shareholder Value wertvolle Informationen und Handlungsimpulse zur nachhaltigen Steigerung der finanziellen Performance liefern.

[107] Drucker (1998).

[108] Myers (1996).

[109] Sprenger (2010), S. 110.

[110] http://www.controllerverein.com/10_Kernelemente.144246.html.

[111] Vgl. Porter/Kramer (2011).

Literaturverzeichnis

Albach, H. (2003):, Zurück zum ehrbaren Kaufmann — Zur Ökonomie der Habgier, WZB-Mitteilungen Heft 100, S. 37–40

Boston Consulting Group (2014): The 2014 Value Creators Report

Copeland, T. (1994): Why value value?, The McKinsey Quarterly, Heft 4, S. 97–109

Copeland, T./Koller, T./Murrin, J. (1998): Unternehmenswert, Frankfurt, 1998

Drucker, P. (1995): The Information Executives Truly Need, HBR, January-February 1995, S. 54–62

Drucker, P. (1998): Peter Drucker Takes The Long View. The original management guru shares his vision of the future with FORTUNE's Brent Schlender, FORTUNE Magazine, September 28, http://money.cnn.com/magazines/fortune/fort une_archive/1998/09/28/248706/index.htm, 8/6/2009.

Friedman, M. (1970): The Social Responsibility of Business is to Increase its Profits, New York Times Magazine, 13.9.1970, S. 32–33 und S. 122–126

Guerrera, F. (2009): Welch condemns share price focus, Financial Times, 12. März 2009

Hoffmann, W. H./Ruthner R. S. (2007): Shareholder Value Performance Test, CFO aktuell Heft August 2007, S. 156–158

Jensen, M.C./Meckling W. H. (1976): Theory of the Firm: Managerial Behavior, Agency Costs and Ownership Structure, *Journal of Financial Economics* 3, Page 305–360, 1976

Kaeser, J. (2011): Konzernsteuerung mit neuen Zielgrößen — Controlling bei der Siemens AG, Controlling, Heft 4/5, 2011, S. 258–260

Kröger, F./Träm, M./Rockenhäuser, J. (2000): Der entschlüsselte Wachstumscode, Wiesbaden 2000

Lewis, T. G. (1994): Steigerung des Unternehmenswerts, Landsberg/Lech, 1994

Losbichler, H. (2001):, Auf der Suche nach kritischer Größe, in: Mergers & Acquisitions (Hrsg.: Girkinger W./Stiegler H.), Linz 2001, S. 1–35

Lueg, R./Schäffer, U. (2010): Assessing empirical research on value-based management: Guidelines for improved hypothesis testing. Journal für Betriebswirtschaft. 60(1), 1–47.

Malik, F. (1998): Strategische Irreführung durch operative Daten, m.o.m. letter, 6. Jahrgang, Heft 1/1998

Malik, F. (2003): Gefährliche Wörter im Management II, m.o.m. letter, 11. Jahrgang, Heft 11/2003

McKinsey, (2004): McKinsey on Finance, Number II, Spring 2004, S. 15–21

Mölls, S./Strauß, M. (2007): Bewertungsrelevanz der Rechnungslegung, ZfB, 77. Jg., 9/2007, S. 955–995

Myers, R. (1996) CFO Magazine, October 1996, S. 41–50, in: Young D.S, O'Byrne S. F., Value Based Management, 2000, S. 381

Porter, M./Kramer, M. (2011): Creating Shared Value, Harvard Business Review, January-February 2011, P. 62–77

Rappaport, A. (1995): Shareholder Value, Stuttgart, 1995

Rappaport, A. (2008): Rickens C., Mit langem Atem, manager magazin, 12/2008, S. 129–136

Pfeffer, J. (2009): Alles für die Aktionäre? Das war einmal ..., Harvard Business Manager, Oktober 2009, S. 31–33

Simon H. (2012): Gewinnmaximierung muss Ziel von Unternehmen bleiben, Top-Gewinn Februar 2012, S. 11:

Sprenger, R. (2010): Das autistische Unternehmen, manager magazin 12/2010, S. 110–113

Wagner, W. (2008): Wertorientierte Unternehmensführung im Kontext der aktuellen Entwicklungen zur Bilanzierung und Unternehmensbewertung, Vortrag an der Freien Universität Berlin, 22.5.2008, S. 6 Ergebnisse einer PWC-Studie mit 277 europäischen Unternehmen zum Einsatz kapitalwertbezogener Konzepte

Wie eine Balanced Scorecard nachhaltiges Wirtschaften begleiten kann

Walter Schmidt
Inhaber, ask — angewandte strategie und kommunikation

Management Summary

Die Balanced Scorecard hat sich mittlerweile weit verbreitet. Sie ist ein universelles Instrument, um das Handeln einer Gruppe von Menschen auf ein gemeinsames Ziel auszurichten. Allerdings wird sie oft als Kennzahlensystem missverstanden und missbraucht. Dann kann sie die ihr zugesprochenen Wirkungen nicht entfalten. Nutzt man sie jedoch im Sinne ihrer Schöpfer (Kaplan/Norton), dann gewinnt man die Chance, sie als Hilfe für die Organisation nachhaltigen Wirtschaftens zu nutzen. Dabei geht es zum einen um die Gestaltung des praktischen TUNs und zum anderen um die Widerspiegelung der dabei erreichten Ergebnisse. Das alles muss von einer engen Verzahnung zwischen strategischem und operativem Geschäft begleitet sein. Im operativen Geschäft verdienen wir das Geld zur Finanzierung der Strategie. Und mit dem strategischen Geschäft sichern wir unsere zukünftige Positionierung auf den Märkten, z. B. durch nachhaltiges Wirtschaften.

Die Teilhabe der Menschen organisieren

Die Balanced Scorecard (BSC) ist ein universelles Instrument, um das Handeln einer Gruppe von Menschen auf ein gemeinsames Ziel auszurichten. Wer mit Zielen führen will, dem kann dieses Instrument helfen. Allerdings wird die BSC oft mit einem Kennzahlensystem verwechselt. Das führt in der Praxis eher in einen Kennzahlenfriedhof bzw. eröffnet auf dem bereits bestehenden Friedhof eine neue Parzelle[112].

Robert Kaplan und David Norton — die Väter der Balanced Scorecard — betrachteten Kennzahlen nur als Mittel zum Zweck: „Translate strategy into action". Es geht um das Übersetzen der Ziele einer Strategie in konkretes TUN. Und es geht um das Übersetzen der Strategie in die

[112] Vgl. Weber/Schäffer, (2011), S. 387.

Sprache, in das Verständnis jener Akteure, die sie umsetzen, sie durch ihr TUN mit Leben erfüllen sollen. Kennzahlen, die dabei helfen, sind willkommen. Kennzahlen, die diesem Zweck nicht gerecht werden, haben in einer BSC nichts zu suchen.

Kaplan und Norton verweisen auf einen weiteren entscheidenden Aspekt. Die erfolgreiche Umsetzung einer BSC erfordert aktive Teilhabe der Menschen: „Broad participation in creating a scorecard takes longer, but it offers several advantages: Information from a larger number of managers is incorporated into the internal objectives; the managers gain a better understanding of the company's long-term strategic goals; and such broad participation builds a stronger commitment to achieving those goals“ [113]. Wer diese Partizipation nicht will, sollte die Finger von einer Balanced Scorecard lassen.

Sollten Sie also nur nach ein paar „nachhaltigen Kennzahlen“ oder einer „Sustainability-Perspektive“ suchen, vergessen sie die BSC. Wenn Sie aber nach einer Strategie suchen, Nachhaltigkeit in Ihrem Wirtschaften zu verankern und die betroffenen Menschen an der Suche sowie der Strategie-Umsetzung aktiv teilhaben zu lassen, kann die BSC das Instrument Ihrer Wahl sein. Dann geht es um das TUN und seine Einbettung in die Herausforderungen der Zeit.

Fünf Herausforderungen der heutigen Zeit

Manche Begriffe laufen Gefahr, zu einem Modewort oder einer wohlfeilen Floskel zu verkommen. Dazu zählt auch „Nachhaltigkeit“. Wir haben uns daran gewöhnt, das dazugehörige Adjektiv als eine Art Feigenblatt zu nutzen, um Berichte, Präsentationen oder Vorträge aufzuhübschen: nachhaltiges Denken, nachhaltiges Wohnen, nachhaltiges Reisen, nachhaltige Entwicklung, nachhaltige Logistik, nachhaltiges Controlling ... Die Liste ließe sich fast beliebig fortsetzen.

Hinter dem Begriff steckt eine alte Maxime, die vor mehr als 500 Jahren venezianische Kaufleute veranlasste, den Franziskaner Luca Pacioli mit der mathematischen Fundierung ihres wirtschaftlichen Credos zu beauftragen: „Man lebt von den Zinsen, nicht vom Kapital“. Heraus kam die erste umfassende Darstellung der doppelten Buchführung. Diese Maxime gilt für das TUN. Es geht darum, im eigenen Handeln die Bewahrung der wesentlichen Eigenschaften, der Stabilität und der Regenerationsfähigkeit jener Ressourcen zu gewährleisten, die man einsetzt. Dass vor 300 Jahren Carl von Carlowitz derartiges TUN in Bezug auf die Forstwirtschaft als nachhaltig charakterisierte, hat der Maxime einen Namen gegeben.

[113] Kaplan/Norton (1996), S. 8; [Eine breite Beteiligung bei der Schaffung einer Scorecard dauert zwar länger, aber sie bietet einige Vorteile: Die Informationen einer größeren Anzahl von Managern wird in die internen Ziele einbezogen; die Manager gewinnen ein besseres Verständnis der langfristigen strategischen Ziele des Unternehmens; und auf diese Weise führt die breite Beteiligung zu einem stärkeren Engagement für die Erreichung dieser Ziele.].

Nun mögen sich viele fragen, warum heute so ein Hype um eine alte Binsenweisheit entfacht wird. Schließlich sagt schon der Volksmund, dass man nicht an dem Ast sägen sollte, auf dem man sitzt. Vielleicht liegt es daran, dass sich nicht alles, was der Mund so sagt, ohne weiteres ins TUN überführen lässt. Die Menschen leben im Hier und Heute. Wir können Zukunft und Ferne erst erleben, wenn wir ankommen. Das liegt in unserer Natur. Solange der Ast, an dem wir sägen, noch trägt, erscheint die Gefahr abstrakt. Sie scheint unser konkretes TUN nicht zu betreffen. Da kann sich jeder im Alltag an die eigene Nase fassen. Das Thema „Plastikbeutel" ist eines von tausenden Beispielen.

Noch schwieriger wird es, wenn eine Gruppe von Menschen, wenn ganze Unternehmen ihr Handeln auf dieses Ziel ausrichten sollen. Da gilt eine weitere Volksweisheit: „Wo ein Wille ist, ist ein Weg. Wo kein Wille ist, gibt es Gründe". Wenn ich Gründe höre, warum gerade bei uns und gerade in diesem Fall und gerade eben jetzt „Nachhaltigkeit nicht geht", weiß ich: Sie ist nicht gewollt. Das können dann auch Nachhaltigkeitsberichte nicht kaschieren. Wenn Menschen auf Hindernisse hinweisen und nach Möglichkeiten suchen, sie zu überwinden, weiß ich: Sie haben sich auf den Weg begeben. Dann kann die Suche nach einer geeigneten Strategie und bei deren Umsetzung eine Balanced Scorecard hilfreich sein. Ohne diesen Willen, ohne eine darauf aufsetzende Strategie, ohne ein dementsprechendes TUN verkommt jede BSC zu einem Täuschungsmanöver, das meist recht schnell in entsprechende Enttäuschung mündet. Ob derartige Täuschungen in Form strategischer Sprechblasen („Wir orientieren uns an den Prinzipien der Nachhaltigkeit") oder von Kennzahlen im Rahmen einer „Sustainability-Perspektive" erscheinen — des Kaisers neue Kleider können vielfältig sein. Maßgeblich bleiben Wille, Strategie und konkretes TUN.

Abb. 36: Die Triple-Bottom-Line der Nachhaltigkeit

Wenn wir das gemeinsame Handeln unseres Unternehmens auf Nachhaltigkeit ausrichten wollen, sollten wir uns also zunächst auf ein gemeinsames Verständnis des Begriffes verständigen. Und das in einer Sprache, die alle beteiligten Menschen verstehen können. Darüber hinaus wird es wichtig, die entscheidenden Kontextfaktoren zu beschreiben, die unser Handeln beeinflussen. Damit die Strategie eine Basis hat. Neben dem Thema „Nachhaltigkeit" sollen hier vier weitere Herausforderungen kurz angerissen werden:

1. **Nachhaltigkeit wirtschaftlichen Handelns**
   1992 wurde von der UNO eine Konferenz für Umwelt und Entwicklung einberufen und die nach ihrer Leiterin benannte „Brundlandt-Kommission" beauftragt, vorbereitende Dokumente zu erarbeiten. Sie hat den Gedanken der Gleichrangigkeit ökonomischer, ökologischer und sozialer Entwicklungsziele („Triple-Bottom-Line") in den Fokus der Öffentlichkeit gerückt.

Mehr als 20 Jahre später beeinflusst dieser Gedanke für eine wachsende Zahl von Unternehmen die reale Geschäftsgrundlage — z. B. für die Zulassung zu öffentlichen Aufträgen oder die kaufbeeinflussende Wirkung von Marken. Das Ökonomische muss ökologisch und sozial sein, wenn es Erfolg erwirtschaften soll. Zum anderen entwickelt sich in breitem Maßstab auch das Bewusstsein, dass Ökologie und Soziales nur dann nachhaltig werden, wenn sie ökonomisch sind. Denn irgendjemand muss die Rechnung bezahlen. Das „Herz der Nachhaltigkeit" schlägt als Dreiklang:

Daraus ergeben sich vielfältige Chancen für neue Geschäftsfelder und kreative Partnerschaften. Aus beiden Tendenzen beginnt sich die Nachhaltigkeit wirtschaftlicher Aktivitäten zu einem relevanten Wettbewerbsfaktor zu entwickeln.

2. **Internationalisierung und Globalisierung**
   Die Anforderungen an nachhaltiges Wirtschaften bewegen sich in einem Rahmen zunehmender Internationalisierung und Globalisierung der unternehmerischen Aktivitäten. Eine erfolgreiche Positionierung wird außerhalb dieses Rahmens immer weniger möglich, sobald die Geschäfte ein kritisches Volumen übersteigen. Dabei geht es meist im ersten Schritt um die Exporttätigkeit und deren Unterstützung (Internationalisierung) und in einem zweiten Schritt um die Integration internationaler Märkte in die gesamte Wertschöpfung (Globalisierung). Beide Prozesse erfordern — wenn auch in unterschiedlichem Maße — die Wahrung einer dynamischen Balance zwischen dem gleichberechtigten Miteinander verschiedener Kulturen und den Anforderungen einheitlicher Unternehmensführung. Dem muss die konkrete Ausprägung der Triple-Bottom-Line angepasst werden.

3. **Interne und externe Vernetzung**
   Die in rasantem Tempo zunehmende Vernetzung sowohl im technischen Bereich als auch zwischen den Menschen verändert fast alle wertschöpfenden Prozesse. Das führt in seiner Konsequenz dazu, dass es heute weniger darauf ankommt, die Potenziale eines Unternehmens als „Wert-Objekte" für die Anteilseigner zu berechnen, als vor allem die aktive Teilhabe der Menschen an der Wertschöpfung zu gestalten. In vernetzten Strukturen stehen die Menschen täglich vor Fragen, die sie eigenständig entscheiden und lösen müssen. Das verändert die Anforderungen an die Führungsarbeit. Sie muss zwar weiterhin eine klare Ausrichtung und Orientierung geben. Dazu benötigt sie auch Zahlen. Sie muss aber vor allem den Menschen Raum geben für eigenverantwortliches Handeln. Führungskräfte sind daher eher auf einen Dialog für die Umsetzung von Lösungen angewiesen als auf Vorgaben im Detail und Schuldzuweisungen bei Abweichungen. Sie sollen mit wenigen Zielen führen und benötigen Kennzahlen, die konstruktive „Gesprächsanlässe" bieten, Probleme bei der Zielerreichung aufzeigen und bei der Erarbeitung von Lösungen helfen. Das verstärkt die möglichen Vorteile beim Einsatz einer BSC.

4. Big Data und Smart Leadership

Die mit dem Oberbegriff „Big Data“ zusammengefassten Technologien verändern die Art und Weise der Wertschöpfung und eröffnen vollkommen neuartige Chancen für Geschäftsmodelle. Sie ermöglichen

- die Verknüpfung sowohl technischer Signale der vielfältigen Sensoren maschineller Produktions- und Logistikausrüstungen als auch deren Wechselwirkung mit den differenzierten sozialen Prozessen innerhalb und außerhalb der Unternehmen sowie der sie begleitenden finanziellen Abläufe;
- neue Formen der Zusammenführung aller Beteiligten in individualisierten Prozessen, indem sie effiziente Möglichkeiten der ultraschnellen Verarbeitung massenhaft anfallender strukturierter und unstrukturierter Signale zu Daten und ihrer Nutzung für die Kooperation der Menschen eröffnen;
- das Management der mit dieser Vernetzung verbundenen Ungewissheit (Volatilität) zukünftiger Entwicklungen z. B. durch den Einsatz prädiktiver (vorausschauender) Analysemethoden, die Nutzung von Verteilungsstatistiken, die Einbeziehung „unscharfer“ Charakteristiken (Fuzzy Logic) oder die Anwendung von Potenzgesetzen (fraktale Mathematik).

Das verstärkt sowohl die Tendenzen zur Vernetzung als auch zur Internationalisierung und Globalisierung wirtschaftlicher Aktivitäten. Und es entstehen neue Möglichkeiten, ökonomische, ökologische und soziale Ziele miteinander zu verknüpfen. Dadurch verändern sich die Anforderungen an die Führungstätigkeit — das neue Modewort „smart“ (in der Bedeutung von „intelligent“) hält auch in diesem Bereich Einzug. Wer eine BSC nutzen will, sollte diese Anforderungen nicht vernachlässigen. Täuschungen durch als Feigenblatt genutzte Kennzahlen werden schwieriger.

5. Dezentrale Effizienz

Globalisierung, Vernetzung und Big Data verändern die traditionellen Hierarchien in Bezug auf Dynamik und Verflechtung zentraler und dezentraler Prozesse. Über die Effizienz eines Unternehmens entscheiden stärker die Fähigkeiten der Menschen vor Ort. Konkrete Anweisungen „von oben“ verlieren an Relevanz und Wirksamkeit. Das stärkt zwei Tendenzen:

1. Menschen, die individuell und situativ entscheiden sollen, benötigen eine klare Orientierung durch Ziele, Werte und einfache Regeln für die Kooperation mit den anderen Bereichen des Unternehmens.
2. Unter solchen Bedingungen verlagern sich die Aufgaben zentraler Führung auf die Abstimmung gemeinsamer Ziele, Werte und Regeln sowie auf die Begleitung und Überwachung ihrer Umsetzung.

Die wirtschaftliche Nachhaltigkeit eines Unternehmens muss daher Eingang finden in die konkreten Geschäftsmodelle. Erst dann erreichen sie die Wirkung einer zentralen Orientierung für das tägliche TUN. Über die Wirkung der Geschäftsmodelle wiederum entscheidet deren Anwendung vor Ort. Ohne aktive Teilhabe der Menschen, ihr Verständnis, ihre Zustimmung, ihr Engagement wird der Erfolg infrage gestellt.

Gemeinsam eine Strategie für nachhaltiges Wirtschaften entwickeln

Jedes Unternehmen muss selbst entscheiden, welche Herausforderungen als relevant eingestuft werden. Wenn dabei der Wille entsteht, nachhaltiges Wirtschaften anzustreben, wird eine Strategie erforderlich. Wir müssen den Weg abstecken, die Hindernisse identifizieren und genügend Motive freilegen, alle Widerstände zu überwinden. Das geht gemeinsam besser als allein, sofern wir zwei Rahmenbedingungen beachten:

- Wir müssen uns verständigen, was „gemeinsam" konkret bedeuten soll. Wann erscheint es angebracht, dass alle Bereiche mit am Tisch sitzen? Wie groß soll dieser Kreis werden? Wann und wie muss der Betriebsrat einbezogen sein? Welche Aufgaben wollen wir im großen Kreis und welche in kleinen Gruppen bearbeiten? Wie beziehen wir alle anderen Mitarbeiter in die Lösungen ein?
- Wir sollten eine weitere Volksweisheit beachten: „Wenn Du schnell sein willst, geh allein. Wenn Du weit kommen willst, geh mit anderen". Auch das gilt es von Fall zu Fall abzuwägen.

Die Erarbeitung einer Strategie ist mit vielen Aufgaben verbunden, wobei immer wieder neue Aspekte auftauchen — es ist eine never ending story[114]. An dieser Stelle wollen wir uns auf zwei Thesen konzentrieren:

1. Nachhaltiges Wirtschaften erfordert klare Vorstellungen, wie die Marktfähigkeit der entsprechenden Produkte und Leistungen erreicht werden soll.
2. Nachhaltiges Wirtschaften muss in den Geschäftsmodellen verankert sein.

[114] Vgl. Friedag/Schmidt (2014).

Gewährleistung der Marktfähigkeit

Eine Strategie für nachhaltiges Wirtschaften muss drei Grundfragen beantworten können:

- Wie wird aus dem nachhaltig erstellten Produkt (der erbrachten Leistung) ein Gut, das für die Kunden begehrenswert erscheint? Welche Investitionen in Innovation und Marketing sind dafür notwendig?
- Welcher Preis erscheint dem Kunden angemessen? Oder salopp gesagt: Bis zu welchem Preis bleibt die „Gier“ (Begehrlichkeit) nach dem Gut größer als der „Schmerz“ über das abfließende Geld?
- Wie hoch dürfen die (erlaubten) Kosten sein, damit der Umsatz (Preis x Absatz) nach Abzug aller laufenden, risikobezogenen und kapitalgebundenen Ausgaben einen ausreichenden Überschuss erlaubt, aus dem die Entwicklung der erforderlichen Fähigkeiten und Prozesse sowie von Marketing und Produktivität bezahlt werden können?

Abb. 37: Management der Marktfähigkeit

Meist werden diese Fragen isoliert betrachtet. Das erschwert die Erarbeitung Erfolg versprechender strategischer Konzepte. Denn es handelt sich in der Praxis um ein spannungsgeladenes Beziehungsgeflecht. Das kann jeder schnell nachvollziehen, der die täglichen Auseinandersetzungen zwischen Entwicklung, Marketing, Vertrieb, Fertigung, Preispolitik und Controlling erleben darf. Aufgrund der verschiedenen Einzelinteressen werden die Aspekte von Produkt/ Leistung, Gut, Preis und Kosten ganz unterschiedlich eingeschätzt. Im strategischen Prozess kommt es darauf an, die verschiedenen Sichten zusammenzuführen und die Konflikte lösungsorientiert zu moderieren. Anderenfalls laufen wir Gefahr, uns aus den Märkten zu kalkulieren oder ungeeignete Mitarbeiter zu rekrutieren oder ein unwirksames oder gar kein Marketing zu betreiben.

Verankerung im Geschäftsmodell

Parallel oder in Ergänzung zur Marktfähigkeit erfordert ein strategisches Konzept die Integration nachhaltigen Wirtschaftens in die Geschäftsmodelle des Unternehmens.

- Zum einen geht es um die Fundierung der Einzigartigkeit[115]: Inwiefern können wir mit der Ausrichtung unserer Kern-Kompetenzen auf nachhaltiges Wirtschaften die Kern-Bedürfnisse unserer Kunden besser befriedigen als alle anderen Anbieter und wie „tickt" unser Kundentyp, d. h. wie verhält sich ein Kunde mit Interesse an unseren nachhaltig erwirtschafteten Gütern und wie können wir ihn am geeignetsten ansprechen?
- Zum anderen geht es um die Ertragspotenziale: Welches Umsatz- und Margenpotenzial können wir auf dieser Basis mobilisieren und reicht das aus für die Finanzierung unseres nachhaltigen Wirtschaftens?

Abb. 38: Geschäftsmodell

Wenn wir in mehreren Geschäftsfeldern tätig sind, benötigen wir mitunter mehrere Geschäftsmodelle. Dann ergibt sich eine weitere Anforderungskomponente: Wir müssen vermitteln, worin die Gemeinsamkeit, die verbindende Basis der verschiedenen Geschäftsfelder besteht. Und wie wir diese Basis nutzen wollen, um in jedem Geschäftsfeld besser zu sein bzw. zu werden als unsere Wettbewerber. Anderenfalls entstehen Entfremdungspotenziale. Die Geschäftsfelder tendieren zur Abgrenzung gegeneinander. Man redet nicht miteinander sondern bestenfalls übereinander. Manchmal ignorieren sich die Menschen nicht einmal. Wenn es eng wird bei der Ressourcenverteilung, können derartige Potenziale schnell in Gegnerschaft bis hin zu offenen Feindschaften ausarten. Nicht wenige Menschen erleben das täglich. Dass solche Bedingungen nicht förderlich sind für die Strategieumsetzung bedarf keiner weiteren Erläuterung. Und der-

[115] In der Literatur wird die Fundierung der Einzigartigkeit mitunter in zwei gesonderte Faktoren zerlegt: das „Nutzenversprechen gegenüber den Kunden" auf der einen und die „Architektur der Wertschöpfung" auf der anderen Seite (vgl. Stähler (2001), S. 41 ff.); in der Praxis hängt die Einzigartigkeit nach unseren Erfahrungen aber vor allem davon ab, wie beide Faktoren möglichst frühzeitig miteinander verzahnt werden. Deshalb hat es Vorteile, sie als ein Ganzes zu betrachten.

artige Konfliktpotenziale wachsen noch an, wenn z. B. in einer Übergangsphase nur ein Teil der Geschäftsfelder nachhaltig wirtschaften soll.

Das muss in der Strategie mit hoher Priorität beachtet werden. Ein Geschäftsmodell ist schnell beschrieben und berechnet. Die dahinterliegenden Probleme differierender Interessen bleiben meist hinter wohlklingenden Worten und den nüchternen Zahlen verborgen. Im Kern aber geht es in jeder Strategie um die dynamische Balance der verschiedenen Interessen. Da macht die Verankerung nachhaltigen Wirtschaftens keine Ausnahme.

Mit der BSC die Strategie umsetzen

Die Balanced Scorecard wird oft als ein Kennzahlensystem mit mehreren (meist 4) Perspektiven beschrieben. Das hat jedoch nur wenig mit dem Modell von Kaplan und Norton zu tun. In deren Verständnis geht es nicht primär um Kennzahlen. Es geht um die Gestaltung einer dynamischen Interessen-Balance der verschiedenen Stakeholder zur Umsetzung der Strategie eines Unternehmens. Für das praktische Handeln ist es wesentlich, alle relevanten Interessengruppen mit ins Boot zu holen. Damit das gelingt, müssen wir ihre Sicht (ihre Perspektive) in unser Konzept einbeziehen.

Deshalb stellen Kaplan und Norton **exemplarisch** vier Fragen:

- „How do customers see us (customer perspective)?
- What must we excel at (internal perspective)?
- Can we continue to improve and create value (innovation and learning perspective)?
- How do we look to shareholders (financial perspective)?“[116]

Es geht ihnen um die **ausgewogene** Sicht der für den Unternehmenserfolg maßgeblichen Menschen in ihren verschiedenen Rollen — Kunden mit ihren Wünschen und Anforderungen; Mitarbeiter mit ihren Wertvorstellungen und der Verantwortung für die internen Prozesse; Lieferanten und Partner, die gemeinsam mit unserem Unternehmen für nachhaltiges Wirtschaften sorgen; Eigentümer und Investoren, die von uns ein attraktives Angebot für ihren Kapitaleinsatz erwarten.

[116] Kaplan/Norton (1992): The Balanced Scorecard – Measures that drives Performance, Harvard Business Review, January-February S. 72; [Wie sehen uns unsere Kunden (Kunden-Perspektive)? Was müssen wir ihnen anbieten (interne Perspektive)? Können wir uns weiter verbessern und Werte schöpfen (Perspektive Innovation und Lernen)? Wie beziehen wir die Anteilseigner ein (Finanz-Perspektive)?] – Anm. des Verfassers: Kaplan/Norton sprechen von der „internen Perspektive“ nicht von einer „Prozess-Perspektive“; das ist oft missverstanden worden.

Für die Erstellung einer BSC zur Umsetzung nachhaltigen Wirtschaftens ist es daher wichtig, die relevanten Stakeholder und ihre Interessen in Bezug auf Nachhaltigkeit **konkret** zu bestimmen. Je besser und je spezifischer uns das bereits bei der Formulierung der Geschäftsmodelle und der Anforderungen an die Marktfähigkeit gelingt, umso eher sind wir in der Lage, die Sprache der Stakeholder zu sprechen und sie zu einem Engagement für die Strategie unseres Unternehmens zu bewegen. Dann können wir uns darüber verständigen, welche konkreten gemeinsamen Ziele wir verfolgen, was wir dafür tun wollen und woran wir erkennen können, dass wir Erfolg haben. Erst damit schaffen wir die Grundlage für das Führen mit messbaren Zielen.

Kennzahlen können diese Balance weder herbeiführen noch Konflikte lösen. Das können nur Menschen. Kennzahlen zeigen uns auch nicht, „was Sache ist“. Sie taugen nicht für „die eine Wahrheit“, weil jede Interessengruppe ihre eigene Sicht (Perspektive) auf die Wahrheit hat. Kennzahlen bieten uns aber die Chance für konstruktive Gesprächsanlässe:

- Wenn wir gemeinsam vereinbart haben, wie sie uns helfen, den Grad des gemeinsamen Erfolges zu erkennen.
- Wenn sie für diesen Zweck geeignet sind.
- Und wenn sie für alle verständlich sind und aus den verschiedenen Perspektiven interpretiert werden können.

Dann werden sie zu einer gemeinsamen Basis für konstruktive Gespräche, wie nahe wir unseren Zielen schon gekommen sind, was wir zur Zielerreichung noch tun wollen und was gegebenenfalls neu entschieden werden muss.

Das Strategische Haus

Menschen verbinden mit Argumentation und Begriffen innere Bilder. Wenn diese Bilder zu stark voneinander abweichen, laufen wir Gefahr, mit denselben Worten aneinander vorbei zu reden. Jeder der schon ein paar Jahre verheiratet ist, kennt das aus eigenem Erleben nur zu gut. Abstimmungen für die gemeinsame Umsetzung einer Strategie sind davon nicht ausgenommen. Deshalb haben Kaplan und Norton die Visualisierung der Strategie in ihr Konzept der Balanced Scorecard einbezogen. Sie empfehlen für diesen Zweck die Erarbeitung von „Strategie-Landkarten“ (Strategy Maps), auf denen die Verknüpfungen der verschiedenen Ziele mit Pfeilen dargestellt sind. Diese Landkarten dienen der Erläuterung der Strategie. In der Intention von Kaplan und Norton sollen sie dabei helfen, den Menschen auf einfach verständliche Weise das Warum ihres Handelns nahezubringen. Alle mit den Zielen verbundenen Vorgaben, Maßnahmen und Kennzahlen sollen deshalb immer in den Kontext der Strategy Maps eingebunden sein.

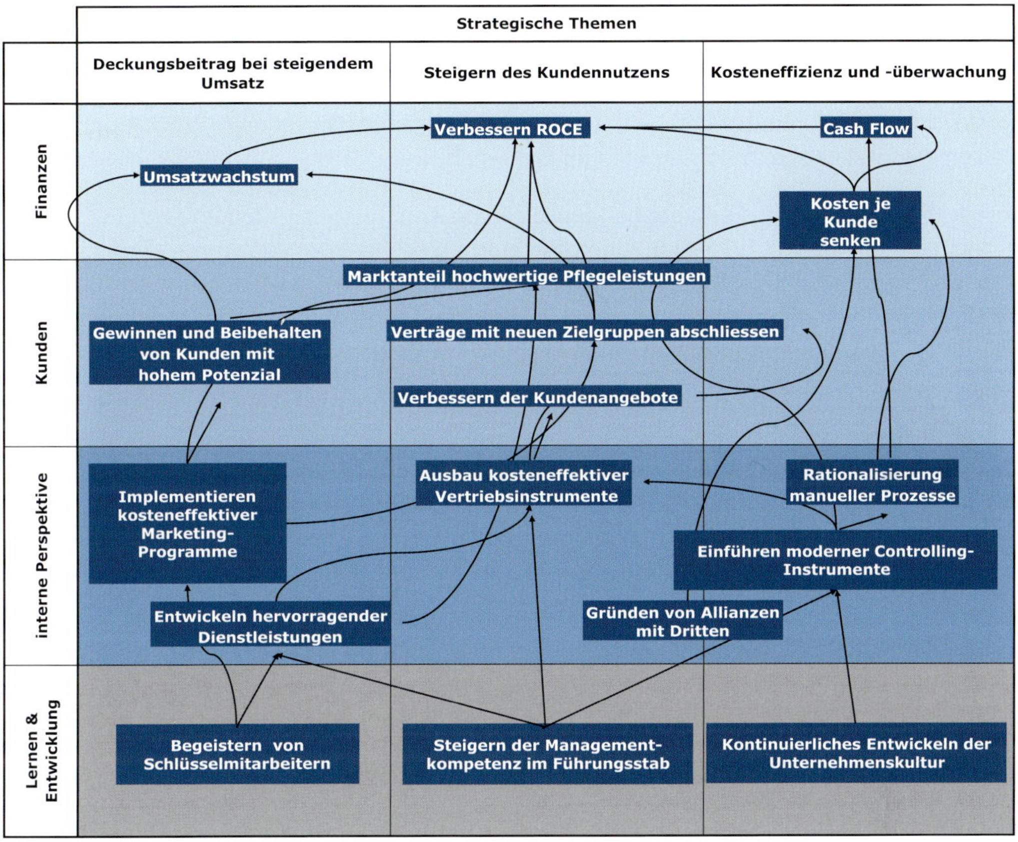

Abb. 39: Beispiel einer Strategy Map für eine soziale Betreuungseinrichtung

In der Praxis erleben wir leider zu oft ein anderes Vorgehen. Die Strategy Maps werden dazu genutzt, die einseitige Ausrichtung eines Unternehmens auf Kapitalverwertung abzubilden. Operative und strategische Ziele sind dabei nicht zu unterscheiden[117]. Außerdem erscheinen die Vorgaben, Umsetzungsmaßnahmen und Kennzahlen für die Ziele meist in einer gesonderten tabellarischen Form. Dadurch löst sich in der Wahrnehmung der Menschen die Strategy Map vom praktischen Alltag. Für das konkrete TUN spielt sie keine Rolle mehr. Auf diese Weise geht die Verbindung zwischen der ursprünglichen Strategie und dem Handeln der Menschen verloren. Und das „Warum" reduziert sich auf die „Vorgabe von oben". Hinzu kommt die kommunikative Schwierigkeit, dass die Logik der Ursache-Wirkungs-Ketten oft nur in den oberen Führungsebenen nachvollzogen werden kann. Das liegt nicht daran, dass die Menschen in unteren Ebenen

[117] Operative Ziele sind auf die effiziente Nutzung verfügbarer Erfolgs-Potenziale gerichtet („die Dinge richtig tun"). Strategische Ziele definieren, welche Potenziale wir erwerben oder entwickeln wollen, um uns auch zukünftig erfolgreich auf unseren Märkten positionieren zu können („die richtigen Dinge tun").

dafür „zu dumm" sind, sondern dass die dargestellte Komplexität nicht zu ihrer alltäglichen Erlebniswelt gehört.

Im Alltag erleben die Menschen dann bloß noch das tabellarische Kennzahlensystem mit aus ihrer Sicht oft willkürlichen Vorgaben. Sinn und Stimmigkeit gehen verloren. Was bleibt, sind die Zahlen. Dann ist es zum besagten Friedhof nicht mehr weit.

In der Umsetzung wird die Strategie-Landkarte von den meisten Unternehmen eher als „intellektuelle Spielerei" auf oberster Führungsebene angesehen. Deshalb wurde gemeinsam mit Kunden folgende Form der Visualisierung entwickelt: Das Strategische Haus.

Abb. 40: Beispiel für das Strategische Haus anhand eines fiktiven Beispiels (eine Maschinenbau AG)

Im dargestellten Beispiel hat ein auf Steuerungskomponenten für Energieanlagen spezialisiertes Maschinenbau-Unternehmen versucht, seine Marktpositionierung mit nachhaltigem Wirtschaften zu verbinden. Für die Umsetzung ihrer Strategie nutzen sie die Balanced Scorecard. Das Strategische Haus spiegelt wieder, worauf sich die beteiligten Menschen hinsichtlich der Entwicklung erforderlicher Potenziale jetzt, d. h. in den kommenden 18 Monaten fokussieren wollen:

- Im „Dach" des Hauses wird die verbindende Klammer über alle strategischen Maßnahmen formuliert (Leitbild, Leitziel und Leitkennzahl).
- In den „Aufgängen" sind die strategischen Themen mit ihren Zielen und Kennzahlen zu erkennen, die in den 18 Monaten bearbeitet werden sollen, um das Dach zu tragen.
- Und in den „Etagen" sind die relevanten Stakeholder verankert, deren Teilhabe wir für die Umsetzung unserer Strategie brauchen. Mit den Etagen formulieren wir Ziele und Kennzahlen unter Beachtung der Stakeholder-Sichten (Perspektiven). Wir wollen ja gemeinsame Interessen an der Umsetzung unserer Strategie entwickeln. Die Etagen sind daher die Entwicklungsgebiete für eine förderliche Balance der Interessen.

Jedes Strategische Haus ist ein Unikat. Wenn es gut gelungen ist, können alle Mitarbeiter intuitiv erkennen, worauf es jetzt ankommt und in welche „Wohnung“ sie sich durch ihr TUN einbringen können. Und sie sehen, in welchen strategischen Projekten ihr TUN gebündelt und organisiert wird.

Die Berichts-Scorecard

Die Struktur des Strategischen Hauses begrenzt die Anzahl der Ziele und Kennzahlen. Das führt in seiner Konsequenz zu einer Konzentration auf wenige Schwerpunkte. Die Menschen können alle bisherigen und neuen Aktivitäten und Projekte dahingehend prüfen, ob sie einen Platz haben in ihrem Strategischen Haus. Das kann auch ein Nachteil werden, weil in dieser Form der visuellen Darstellung die dem strategischen Ansatz zugrunde gelegten Ursache-Wirkungs-Ketten nicht explizit sichtbar sind. Dadurch kann die Verbindung zum operativen Geschäft verloren gehen und die strategische Programm- und Projektarbeit einseitig in den Vordergrund rücken. Darin liegt eine Gefahr: Im operativen Geschäft wird das Geld verdient, mit dem wir unsere Strategie bezahlen. Reicht der Überschuss nicht aus, werden unsere strategischen Ziele unrealistisch.

Deshalb wird das Strategische Haus durch eine Berichts-Scorecard ergänzt, in der den (ausgewählten) strategischen Kennzahlen komplementäre Kennzahlen des operativen Geschäfts gegenüber gestellt sind:

1. messbare Ziele

	Strategische Ziele	Monat kum. Ist	Monat kum. Soll	Plan Jahr Ist	Plan Jahr Soll	Operative Ziele	Monat kum. Ist	Monat kum. Soll	Plan Jahr Ist	Plan Jahr Soll
#	Netzwerk-Partner					Absatz Steuerungs-Module				
	Umsatz-Potenzial je NL					Umsatz je NL				
#	Kooperationen					Umsatz aus Kooperationen				
	Mitarbeiter an Ideenzirkeln					Rohertrag / MA-Kosten				
	Eigenfinanzierungsgrad					Gewinn				

2. Eckpunkte für die Zielerreicung	3. Eingeleitete Maßnahmen	Wer	Termin
a) Habe ich das Monatsziel meines Verantwortungsbereichs eingehalten / überschritten / unterschritten (Gründe)?	a) ...		
b) Werde ich nach dem bisherigen Stand die Jahresziele meines Verantwortungsbereiches erreichen / nicht erreichen / überschreiten (Gründe)?	**4. Entscheidungsbedarf**	**Wer**	**Termin**
	a) ...		

Abb. 41: Berichts-Scorecard für das Beispiel der Maschinenbau AG

Mit der Kombination von Strategischem Haus und Berichts-Scorecard hat sich die Maschinenbau AG ein wirksames Instrument zur Umsetzung ihrer Strategie für nachhaltiges Wirtschaften geschaffen. Es ist **einfach** verständlich – zumindest für die beteiligten Mitarbeiter. Nun kommt es auf die **Konsequenz** der Führung an, die tägliche Aufmerksamkeit auf die gemeinsam ausgewählten Schwerpunkte zu fokussieren. Gelingt es, dann hat die Balanced Scorecard eine Chance.

Literaturverzeichnis

Friedag, H.R./Schmidt, W. (2014): Balanced Scorecard – einfach konsequent, Haufe

Kaplan, R. S./Norton, D. P. (1992): The Balanced Scorecard – Measures that drives Performance, Harvard Business Review, January-February

Kaplan, R. S./Norton, D. P. (1996): Using the Balanced Scorecard as a Strategic Management System, Harvard Business Review, January-February

Stähler, P. (2001): Geschäftsmodelle in der digitalen Ökonomie, Josef Eul Verlag

Weber, J./Schäffer, U. (2011): Einführung in das Controlling, Schäffer-Poeschel

Einfluss von Nachhaltigkeit auf die Berichterstattung von Unternehmen

Christa Hangl
Professorin für externe Rechnungslegung im Studiengang Controlling, Rechnungswesen und Finanzmanagement an der FH OÖ

Management Summary

Bereits 99 % aller Unternehmen in Frankreich und Dänemark, 98 % aller japanischen und südafrikanischen Unternehmen erstellen einen Nachhaltigkeitsbericht. In Österreich ist man davon noch weit entfernt. Nur rund 25 % der österreichischen Unternehmen erstellen einen Nachhaltigkeitsbericht, obwohl Investoren und Stakeholder Nachhaltigkeitsthemen vermehrt in ihre Entscheidungen miteinbeziehen. Dieser Umstand wird von Coca Cola Deutschland in mehreren Studien belegt. Um die Erwartungen und Bedürfnisse ihrer Interessengruppen kennen zu lernen führten sie im Jahr 2012 insgesamt drei Stakeholder-Studien sowie in den Jahren 2009, 2010, 2011 und 2013 jeweils Stakeholder-Dialoge durch. Auch eine Befragung mit der VERBRAUCHER e. V. unterstreicht die hohe Bedeutung von der Qualität der Nachhaltigkeitsinformationen.[118]

Die Nachhaltigkeitsberichterstattung gewinnt zunehmend an Bedeutung. Zusätzlich ergänzen Änderungen in Richtlinien und Gesetzgebung den Stellenwert und die Qualität der Berichterstattung zu diesem Thema. Viele Unternehmen haben darauf reagiert und legen mittlerweile Berichte vor, um ihr Handeln „nachhaltig" zu gestalten. Die am häufigsten für die Berichtserstattung in den Unternehmen angewandten Leitlinien sind jene der Global Reporting Initiative. Berichte, die nach 2015 veröffentlicht werden und den Richtlinien entsprechen wollen, haben die Version GRI G4 anzuwenden, wodurch unter anderem eine verstärkte Einbindung der Stakeholder gefordert wird. Änderungen ergeben sich auch durch die EU-Richtlinie zur verpflichtenden Nachhaltigkeitsberichterstattung im Lagebericht zum Jahresabschluss, die ab dem Jahr 2017 umzusetzen sein wird. Es wird nicht mehr nur über finanzielle Aspekte informiert, neben Umwelt-, Sozial- und Arbeitnehmerbelangen rücken auch Themen wie Menschenrechte, Korruption oder Bestechung in den Fokus der Berichterstattung.

[118] Vgl. Nachhaltigkeitsbericht Coca Cola Deutschland, 2013, S. 10.

Bedeutung, Entstehung und Entwicklung des Nachhaltigkeitsbegriffs

Der Begriff „Nachhaltigkeit", „Nachhaltige Entwicklung" oder auch „sustainable development" war bis Mitte der 1990er-Jahre fast nur in der wissenschaftlichen Diskussion zu finden. Heute findet der Begriff immer mehr auch in zivilgesellschaftlichen Zusammenhängen Verwendung. Der von der deutschen Bundesregierung im Jahr 2001 ins Leben berufene „Rat für Nachhaltige Entwicklung" fasst die Grundideen für nachhaltiges Handeln mit den Worten zusammen: „Nachhaltige Entwicklung heißt, Umweltgesichtspunkte gleichberechtigt mit sozialen und wirtschaftlichen Gesichtspunkten zu berücksichtigen. Zukunftsfähig wirtschaften bedeutet also: Wir müssen unseren Kindern und Enkelkindern ein intaktes ökologisches, soziales und ökonomisches Gefüge hinterlassen. Das eine ist ohne das andere nicht zu haben."[119]

Den Beginn der wissenschaftlichen Auseinandersetzung über „nachhaltige Entwicklung" markiert die vom „Club of Rome" in Auftrag gegebene und 1972 am 3. St. Gallen-Symposium vorgestellte Studie zur Zukunft der Weltwirtschaft „Grenzen des Wachstums". Das zugrunde liegende Modell diente der Untersuchung von fünf Tendenzen mit globaler Wirkung: Industrialisierung, Bevölkerungswachstum, Unterernährung, Ausbeutung von Rohstoffreserven und Zerstörung von Lebensraum. Anhand von Computersimulationen wurden Szenarien mit unterschiedlich hoch angesetzten Rohstoffvorräten der Erde berechnet, oder eine unterschiedliche Effizienz von landwirtschaftlicher Produktion, Geburtenkontrolle oder Umweltschutz angesetzt. Zentral für den Bericht ist die Annahme, dass „die Menschheit noch die Chance [hat], durch ein auf die Zukunft bezogenes gemeinsames Handeln aller Nationen die Lebensqualität zu erhalten und eine Gesellschaft im weltweiten Gleichgewicht zu schaffen, die Bestand für Generationen hat."[120]

Der Begriff der Nachhaltigkeit etablierte sich im Zusammenhang mit dem „Brundtland-Report". Die im Jahr 1983 von den Vereinten Nationen als unabhängige Sachverständigenkommission gegründete Weltkommission für Umwelt und Entwicklung (WCED = World Commission on Environment and Development) veröffentlichte im Jahr 1987 ihren Zukunftsbericht „Unsere gemeinsame Zukunft", der erstmalig von einem „dauerhaften Gleichgewichtszustand" sprach, der „den Bedürfnissen der heutigen Generation" entsprechen soll, „ohne die Möglichkeiten künftiger Generationen zu gefährden". Dieser Bericht beeinflusste die internationale Debatte über Entwicklungs- und Umweltpolitik maßgeblich[121]. Er wurde 1987 auf der Konferenz in London und 1988 in Mailand eingehend diskutiert und war ein wesentlicher Auslöser für die Umweltkonferenz in Rio de Janeiro 1992 und verschiedene Folgekonferenzen.

119 Lexikon der Nachhaltigkeit, https://www.nachhaltigkeit.info/artikel/nachhaltigkeit_1398.htm.

120 Meadows et al. (1972), S. 17.

121 Vgl. Burschel/Losen/Wiendl (2004), S. 20 f.

Welche Auswirkungen diese Initiativen auf das unternehmerische Handeln haben, bleibt noch zu klären. Die Finanzmarktkrise hat die Frage nach der Verantwortung von Unternehmen in ein neues Licht gerückt. Da sich Unternehmen den Ansprüchen der Kapitalgeber nicht verschließen können, orientieren sie sich weiterhin vorrangig am ökonomischen Erfolg. Diese divergierenden Einflüsse lassen Zweifel aufkommen, dass sich Ethik und Ökonomie vereinen lassen, und dass unternehmerische Nachhaltigkeit überhaupt einen positiven Einfluss auf den Wert eines Unternehmens haben kann[122].

Grundlagen der Nachhaltigkeitsberichterstattung

Neben der Wissenschaft hat also auch die Wirtschaft das Thema Nachhaltigkeit für sich entdeckt. Es zeigt sich immer deutlicher, dass nicht nachhaltiges Wirtschaften Firmenwerte in Gefahr bringen kann. Der Unternehmenswert wird durch „immaterielle Güter“ wie die Reputation des Unternehmens, Humankapital und eine gute Beziehung zu den Stakeholdern beeinflusst. Da diese Werte nur schwer gemessen werden können, ist eine transparente Darstellung von Unternehmensaktivitäten in diesen Bereichen von großer Bedeutung. Immer häufiger werden diese Aktivitäten in Form von Nachhaltigkeitsberichten publiziert[123]. Zur Sicherung der langfristigen Existenz und Wettbewerbsfähigkeit von Unternehmen muss die richtige Balance zwischen ökonomischen Erfolg, sozialer Verantwortung und ökologischem Gleichgewicht gefunden werden. Ein nachhaltiges Engagement kann nicht nur zur Verbesserung des Unternehmensimages beitragen, sondern darüber hinaus auch einen positiven Effekt auf monetäre Unternehmensziele haben[124].

Anerkannte Richtlinien in der Nachhaltigkeitsberichterstattung

Die Namensgebung der in der Praxis existierenden Berichte reicht vom klassischen „Nachhaltigkeitsbericht“ bis zur englischen Version „Sustainability Report“, aber auch die Bezeichnung „Corporate Social Responsibility Report“ ist vorzufinden. Die Unterscheidung zwischen Nachhaltigkeitsberichten und CSR-Berichten kann vernachlässigt werden, da in Nachhaltigkeitsberichten das Hauptaugenmerk auf ökologische und soziale Fragestellungen gelegt wird bzw. auch in CSR-Berichten oft einige ökonomische Informationen publiziert werden[125]. Bei der Erstellung von CSR-

[122] Vgl. Lubin/Esty (2010), S. 44

[123] Vgl. World Business Council for Sustainable Development (WBCSD) (2002).

[124] Vgl. Wömpener/Bernatzky (2013), S. 210 ff.

[125] Vgl. Loew et al. (2004b), S. 32.

oder Nachhaltigkeitsberichten können Unternehmen unter anderem folgende Rahmenwerke nutzen:

- Global Reporting Initiative (GRI)
- UN Global Compact
- OECD-Leitlinien für multinationale Unternehmen
- ISO-Norm 26000[126]

Unternehmen, die ihre Berichterstattung nach außen verbessern wollen, orientieren sich häufig an den Vorgaben und Indikatoren der Global Reporting Initiative (GRI), deren GRI-Leitlinien (GRI Guidelines) sich international als Standard der nachhaltigen Berichterstattung etabliert haben. Sie sind entstanden und werden weiterentwickelt in einer Kooperation von hunderten Unternehmen, Investoren, Ratingagenturen, Wirtschaftsprüfern, Verbänden, Gewerkschaften, Nichtregierungsorganisationen (NGOs) und Wissenschaftlern. Die Aufgabe der GRI liegt in der Entwicklung weltweit anwendbarer Richtlinien für sogenannte Sustainability Reports für Großunternehmen, klein- und mittelständische Unternehmen, aber auch für Organisationen wie Städte und Kommunen sowie für Regierungen und NGOs.

Die Grundlage einer Berichterstattung nach GRI ist Transparenz, ihr Ziel die standardisierte, vergleichbare Darstellung der ökonomischen, ökologischen und sozialen Leistungen des Berichtenden für unterschiedlichste Anspruchsgruppen (Stakeholder). Für die Global Reporting Initiative umfasst die Nachhaltigkeitsberichterstattung „die Ermittlung, die Veröffentlichung und die Rechenschaftslegung der unternehmerischen Leistung gegenüber internen und externen Stakeholdern im Hinblick auf die Ziele einer nachhaltigen Entwicklung[127].“

Im Mai 2013 wurde die vierte Version der Leitlinien zur Nachhaltigkeitsberichterstattung der GRI veröffentlicht, die für Berichte ab Jänner 2016 anzuwenden sein wird. Neben Änderungen und Präzisierungen der Standardangaben (Indikatoren) und verbesserter Benutzerfreundlichkeit, verfolgte die GRI insbesondere zwei Ziele: Die Nachhaltigkeitsberichterstattung soll sich stärker auf die für ein Unternehmen wesentlichen Themen konzentrieren. Neu ist auch die Einbeziehung der Auswirkungen von Unternehmenstätigkeiten auf die gesamte Wertschöpfungskette in die Berichterstattung[128].

Mehr als 5000 Unternehmen, Verbände und Organisationen aus über 70 Ländern nutzen den Berichtsleitfaden der GRI. Die meisten der Dax-30-Konzerne orientieren sich bei ihren Nachhaltigkeitsberichten an den Leitlinien der GRI. Diese Entwicklung spiegelt sich auch in den Ergebnissen der ATX-Unternehmen wider. Bereits neun von zehn Unternehmen, die einen Nachhaltigkeitsbericht veröffentlichen, orientieren sich an den GRI-Leitlinien. Durch die Anwendung der Standards werden Firmen einer Branche vergleichbar.

126 Vgl. KPMG (2014), S. 5.

127 GRI G3 Leitfaden (2006a), S. 3.

128 Vgl. KPMG (2013), S. 1 ff.

Inhalte von Nachhaltigkeitsberichten

Organisationen können die von GRI vorgegebenen Prinzipien und Indikatoren nutzen, um ihre ökonomische, ökologische und soziale Leistung darzustellen. Der GRI-Leitfaden (Sustainability Reporting Guidelines) enthält Standardangaben, bestehend aus Leistungsindikatoren und anderen offenzulegenden Angaben, sowie Anleitungen zu technischen Aspekten der Berichterstattung. In der aktuellsten Version rückt das Prinzip der Wesentlichkeit und der Anspruchsgruppeneinbindung in den Vordergrund. Zudem gewinnen mit G4 die Themen Lieferkette und Managementansätze an Bedeutung.

Nach einführenden Erläuterungen informieren die Leitlinien im ersten Teil darüber, wie die Nutzer den Inhalt, die Qualität und die Berichtsgrenzen ihrer Nachhaltigkeitsberichterstattung bestimmen können, während der zweite Teil die Standardangaben auflistet, die die Berichterstatter machen sollen und die jeweils detailliert beschrieben und erläutert werden — zu diesen Leistungsbereichen gibt es jeweils detaillierte Indikatoren (siehe folgende Tabelle). Diese Indikatoren bilden die kleinste Einheit der G4-Richtlinien, ihnen sind die Aspekte übergeordnet.

Kategorie	Aspekte
Wirtschaftlich	▪ Wirtschaftliche Leistung ▪ Marktpräsenz ▪ Indirekte wirtschaftliche Auswirkungen ▪ Beschaffung
Ökologisch	▪ Materialien ▪ Energie ▪ Wasser ▪ Biodiversität ▪ Emissionen ▪ Abwasser und Abfall ▪ Produkte und Dienstleistungen ▪ Compliance ▪ Transport ▪ Bewertung der Lieferanten hinsichtlich ökologischer Aspekte ▪ Beschwerdeverfahren hinsichtlich ökologischer Aspekte
Gesellschaftliche Arbeitspraktiken und menschenwürdige Beschäftigung	▪ Beschäftigung ▪ Arbeitnehmer-Arbeitgeber-Verhältnis ▪ Arbeitssicherheit und Gesundheitsschutz ▪ Aus- und Weiterbildung ▪ Vielfalt und Chancengleichheit ▪ Gleicher Lohn für Frauen und Männer ▪ Bewertung der Lieferanten hinsichtlich Arbeitspraktiken ▪ Beschwerdeverfahren hinsichtlich Arbeitspraktiken

Kategorie	Aspekte
Menschenrechte	▪ Investitionen ▪ Gleichbehandlung ▪ Vereinigungsfreiheit und Recht auf Kollektivverhandlungen ▪ Kinderarbeit ▪ Zwangsarbeit oder Pflichtarbeit ▪ Sicherheitspraktiken ▪ Rechte der indigenen Bevölkerung ▪ Prüfung ▪ Bewertung der Lieferanten hinsichtlich Menschenrechte
Gesellschaft	▪ Lokale Gemeinschaften ▪ Korruptionsbekämpfung ▪ Politik ▪ Wettbewerbswidriges Verhalten ▪ Compliance ▪ Bewertung der Lieferanten hinsichtlich gesellschaftlicher Auswirkungen ▪ Beschwerdeverfahren hinsichtlich gesellschaftlicher Auswirkungen
Produktverantwortung	▪ Kundengesundheit und -sicherheit ▪ Kennzeichnung von Produkten und Dienstleistungen ▪ Marketing ▪ Schutz der Kundendaten ▪ Compliance

Tabelle 1: Indikatoren und Aspekte der GRI-Richtlinie[129]

Nachdem die für ein Unternehmen wesentlichen Themen definiert und die dazugehörigen GRI G4-Aspekte und Indikatoren gewählt und befüllt wurden, können auf Basis vorhandener Daten konkrete Ziele für ein Unternehmen abgeleitet werden. Ein Beispiel für den Bereich „Gesellschaftlich" könnte folgendermaßen aussehen:

Ziel: Senkung der Krankenstandsquote um 5 %
Maßnahme: Mehr Bewegung für die Mitarbeiter durch wöchentliche Gymnastikkurse
Zeitraum: bis Ende 2017

Prüfung von Nachhaltigkeitsberichten

Anders als bei Geschäftsberichten von Kapitalgesellschaften, die ihren Jahresabschluss veröffentlichen müssen, ist es im Rahmen der freiwilligen Nachhaltigkeitsberichterstattung nicht zwingend

129 Vgl. Global Reporting Initiative (2006), S. XX.

vorgeschrieben, das Testat einer Prüfungsgesellschaft einzuholen. Dieser Option bedienen sich jedoch mehr und mehr Unternehmen, um ihren Nachhaltigkeitsbericht verifizieren zu lassen[130]. Rund 38 % aller Nachhaltigkeitsberichte, die weltweit publiziert werden, enthalten eine externe Prüfbescheinigung. Bereits 45 % der 250 größten Unternehmen weltweit haben im Jahr 2011 ihren Bericht durch externe Prüfer testieren lassen. In Deutschland wurden im selben Zeitraum 57 % der Nachhaltigkeitsberichte der DAX-30-Unternehmen einer externen Prüfung unterzogen[131].

Die GRI legt Unternehmen nahe eine Prüfung des Nachhaltigkeitsberichtes durchzuführen. Bei der Überprüfung von Nachhaltigkeitsberichten spielen Prüfungsstandards, welche die Methoden, Vorgehensweisen und Prinzipien für die Durchführung von Prüfungsaufträgen und die Erstellung von Bescheinigungen beschreiben, eine wichtige Rolle. Auf internationaler Ebene haben sich dabei zwei Prüfungsstandards durchgesetzt, ISAE 3000 (International Standard on Assurance Engagements) der Internationalen Federation of Accountants und der AA1000 AS (AA 1000 Assurance Standard) von AccountAbility.

Die freiwillige Prüfung des Nachhaltigkeitsberichtes hat den Vorteil, dass sie sich positiv auf die Glaubwürdigkeit der in den Berichten dargestellten Informationen auswirkt. Durch die Überprüfung soll zudem bescheinigt werden, dass die Informationen und Aussagen in quantitativer und qualitativer Hinsicht vollständig, angemessen und richtig sind, sowie die Grundsätze der Relevanz, Vollständigkeit, Verlässlichkeit, Klarheit und Verständlichkeit beachtet worden sind[132].

Umsetzung der Nachhaltigkeitsberichterstattung in der Praxis

Nachhaltigkeitsberichterstattung im internationalen Vergleich

Laut einer im Oktober 2010 durchgeführten Studie der UN-Initiative Global Compact sind 93 % der Vorstandschefs der führenden Unternehmen weltweit davon überzeugt, dass nachhaltiges Wirtschaften ihr Kerngeschäft in den nächsten fünf bis zehn Jahren prägen wird. Die Finanzkrise von 2008/2009 hat die Bedeutung von Nachhaltigkeit erhöht, sie fließt in die meisten Firmenstrategien ein. Die Integration von Nachhaltigkeitsstrategien in alle Unternehmensbereiche bezeichnen die Hälfte der Top-Manager als große Herausforderung, die nur zu meistern sei, wenn das Verbraucherinteresse steige, Führungskräfte und Mitarbeiter weitergebildet würden,

130 Vgl. Fifka (2014), S. 6.

131 Vgl. http://www.kpmg.de/docs/Nachhaltigkeit_06-2012__sec.pdf (18.01.2015).

132 Vgl. http://csr-news.net/main/2009/05/26/prufung-von-nachhaltigkeitsberichten/#more-13800.

Nachhaltigkeitsleistungen messbar und gesetzliche Vorgaben eindeutig seien und Investoren den Wert von Nachhaltigkeit mehr schätzten[133].

Kleine und mittlere Unternehmen (KMU) haben dem Nachhaltigkeitsreporting bisher nur in sehr eingeschränktem Umfang Aufmerksamkeit geschenkt[134], für viele Großunternehmen ist er fester Bestandteil der Berichterstattung. Während 1999 lediglich 35 % der weltweit größten 250 Unternehmen einen Nachhaltigkeitsbericht veröffentlichten, gaben im Jahr 2011 bereits 95 % dieser Unternehmen an, einen eigenständigen Nachhaltigkeitsbericht („stand alone report") herauszugeben[135]. Zu einem Standard hat sich die Nachhaltigkeitsberichterstattung somit erst in jüngeren Jahren etabliert. Führend im internationalen Vergleich sind Großbritannien und Japan, wo 100 % bzw. 99 % der 100 größten Unternehmen des jeweiligen Landes einen Bericht veröffentlichen. Es folgen Frankreich und Dänemark mit 94 % bzw. 91 %[136]. Nachhaltigkeitsberichte wurden im Jahr 2010 von 87 % der DAX-30-Unternehmen in Deutschland herausgegeben.

Nicht nur in den führenden Industrienationen, auch in den sogenannten Emerging Markets hat sich die Nachhaltigkeitsberichterstattung erfolgreich etabliert. Während in Sudafrika im Jahr 2009 nur 45 % der 100 größten Unternehmen einen Bericht veröffentlichten, waren es 2013 bereits 98 %. Ähnlich entwickelte sich das Wachstum in anderen Ländern. In Ungarn stieg die Zahl der 100 größten Unternehmen, die einen Nachhaltigkeitsbericht erstellen, von 26 % im Jahr 2009 auf 70 % im Jahr 2011; in Mexiko von 17 auf 66 %[137]. In Entwicklungsländer hat die Nachhaltigkeitsberichterstattung nach wie vor eine untergeordnete Bedeutung[138].

Nachhaltigkeitsberichterstattung in Österreich

Die von Ernst & Young im Jahr 2014 durchgeführte Studie zur Nachhaltigkeitsberichterstattung in Österreich stellt aktuelle Zahlen rund um das Thema Nachhaltigkeitsberichte und -prüfung dar und gibt einen Überblick zu aktuellen internationalen Entwicklungen. Der Branchenschwerpunkt der im Jahr 2014 durchgeführten Studie lag auf Energieversorgungsunternehmen. Analysiert wurden die 100 umsatzstärksten Unternehmen (Trend Top 500), die fünf Top-Kreditinstitute und die fünf Top-Versicherungen nach Marktanteil ebenso wie 37 Unternehmen aus dem

[133] Vgl. http://www.accenture.com/SiteCollectionDocuments/PDF/Accenture_A_New_Era_of_Sustainability_CEO_Study.pdf.

[134] Vgl. Center for Corporate Citizenship Deutschland, http://www.corporatecitizen.de/documents/Kirchhoff_Dt.pdf (2007).

[135] Vgl. KPMG (2011), S. 7.

[136] Vgl. KPMG (2011), S. 10.

[137] Vgl. KPMG (2011), S. 10.

[138] Vgl. Fifka (2012), S. 119 ff.

Prime-Market und die 17 umsatzstärksten öffentlichen Unternehmen (Überschneidungen in den Untersuchungsgruppen möglich) in Bezug auf

- die Anzahl veröffentlichter Nachhaltigkeitsberichte,
- die Anwendung des Berichtsstandards nach GRI,
- die Offenlegung einer externen Verifizierung,
- die Integration in den Geschäftsbericht sowie
- Österreich im internationalen Vergleich[139].

Während die Anzahl der in Österreich veröffentlichten Nachhaltigkeitsberichte in den untersuchten Segmenten bei den Top-Unternehmen wie auch bei den börsennotierten Unternehmen im Vergleich zum Vorjahr unverändert geblieben ist, ist bei den einbezogenen Unternehmen des Prime Market und auch bei den öffentlichen Unternehmen ein Aufwärtstrend feststellbar. So verfügten 25 % der österreichischen Top-Unternehmen, 35 % der Prime-Market-Unternehmen und 47 % der öffentlichen Unternehmen im Jahr 2014 über eine Nachhaltigkeitsberichterstattung. Verglichen mit anderen europäischen Staaten und auch im internationalen Vergleich ist Österreich bei der Nachhaltigkeitsberichterstattung weit abgeschlagen.

Die Integration des Nachhaltigkeitsberichtes in den Geschäftsbericht erweist sich für Unternehmen weiterhin als Herausforderung. Die Integration von Nachhaltigkeitsthemen in die Finanzberichterstattung ist im Vergleich zu den Vorjahren sogar leicht rückläufig. Die meisten integrierten Berichte werden von Prime-Market-Unternehmen veröffentlicht, in diesem Segment wurden 23 % der Berichte in den Geschäftsbericht integriert. Bei den Top-Unternehmen haben sich fünf Unternehmen für eine integrierte Berichterstattung entschieden, bei den öffentlichen Unternehmen waren es nur zwei. International ist das Bild ähnlich: Nur rund 11 % der Unternehmen kombinieren die nicht-finanzielle mit der finanziellen Berichterstattung.

Der GRI-Leitfaden ist weiterhin mit Abstand der am häufigsten verwendete Standard, obwohl der Anteil der Berichte, die nach GRI erstellt wurden, bei den Top-Unternehmen im Vergleich zum Vorjahr abgenommen hat. Zwischen 71 % (Top-Unternehmen) und 85 % (Prime Market) wenden den GRI-Leitfaden zur Nachhaltigkeitsberichterstattung an. Laut der GRI Sustainability Disclosure Database liegt der Anteil der GRI-Berichte an den registrierten Berichten für den Zeitraum 2013 international bei rund 71 %. Dies zeigt, dass sich der GRI-Leitfaden zur Nachhaltigkeitsberichterstattung weltweit etabliert hat.

Beim Anteil der extern verifizierten Berichte besteht je Segment ein großer Unterschied. In die Untersuchung wurden nur jene Berichte als „verifiziert" eingestuft, die anhand international anerkannter Prüfstandards geprüft wurden. Die Zahl der verifizierten Berichte hat im betrachteten Zeitraum abgenommen, die meisten extern geprüften Berichte werden im Prime Market

[139] Vgl. Ernst & Young (2014), S. 7 f.

veröffentlicht (46 %), gefolgt von den Top-Unternehmen, -Banken und -Versicherungen mit 21 % geprüften Berichten. Bei den öffentlichen Unternehmen wurden nur zwei der publizierten Berichte extern geprüft. International wurden 32 % der bei GRI registrierten Berichte im Jahr 2013 einer externen Prüfung unterzogen[140].

Rankings und Auszeichnungen von Nachhaltigkeitsberichten

Auszeichnungen und Rankings von Nachhaltigkeitsberichten sind sowohl für die öffentliche Wahrnehmung und die Einschätzung nachhaltigkeitsbezogener Leistungen von Unternehmen als auch für die interne Akzeptanz von Nachhaltigkeitsleistungen von großer Wichtigkeit[141]. Bereits seit 1994 bewerten das Institut für ökologische Wirtschaftsforschung (IÖW) und „future e. V. – Verantwortung unternehmen" Nachhaltigkeitsberichte deutscher Unternehmen und erstellen eine Rangfolge der besten Berichterstatter. Das Ranking basiert auf einem Set sozialer, ökologischer, management- und kommunikationsbezogener Kriterien, die dazu beitragen, die inhaltlichen Standards für aussagekräftige und glaubwürdige Nachhaltigkeitsberichterstattung von Unternehmen zu setzen und weiterzuentwickeln. Die Berichte von Großunternehmen sowie von kleinen und mittleren Unternehmen werden getrennt bewertet[142]. Das letzte Ranking fand im Jahr 2011 statt. Bei den Großunternehmen wurde der Nachhaltigkeitsbericht der Firma BMW Group als bester Bericht ausgezeichnet, gefolgt von der Siemens AG und der BASF-Gruppe[143].

Der Deutsche Nachhaltigkeitspreis wird an Unternehmen, Städte und Gemeinden, Forschungseinrichtungen und für nachhaltiges Bauen vergeben. Mit dem Preis werden Unternehmen ausgezeichnet, die mit ihren Produkten und Dienstleistungen besonders erfolgreich ökologischen und sozialen Herausforderungen begegnen und damit Nachhaltigkeit als wirtschaftliche Chance nutzen. Deutschlands nachhaltigstes Großunternehmen im Jahr 2014 war Miele & Cie. KG. Ausschlaggebend für die Prämierung war die jahrzehntelange kontinuierliche Forschungs- und Entwicklungsarbeit im Bereich der Nachhaltigkeit. Besonders überzeugt haben die Juroren die Produktnutzungsdauer und -lebenszyklus im Hinblick auf Energieeffizienz und Ressourcenverbrauch[144].

[140] Vgl. Ernst & Young (2014), S. 10 ff.

[141] Vgl. Hentze, J./Thies, B. (2014), Seite 139

[142] Vgl. http://www.ranking-nachhaltigkeitsberichte.de/data/ranking/user_upload/pdf/IOEW-future-Ranking_2011_Grossunternehmen_Ergebnisbericht.pdf.

[143] Vgl. http://www.ranking-nachhaltigkeitsberichte.de/data/ranking/user_upload/pdf/Ranking_2011_Ergebnisse_GUN_Top_50.pdf.

[144] Vgl. http://www.nachhaltigkeitspreis.de/category/preistraeger/001_unternehmen/.

Der Austrian Sustainability Reporting Award (ASRA) wird jährlich für den besten Nachhaltigkeitsberichts eines österreichischen Unternehmens vergeben. Die Kammer der Wirtschaftstreuhänder verleiht diese Auszeichnung gemeinsam mit dem Institut Österreichischer Wirtschaftsprüfer und weiteren Partnern. 2014 wurde die Auszeichnung erstmalig in Kooperation mit Best Practice Reporting Austria (BPRA), der Mensalia Plattform für Unternehmensberichterstattung vergeben. Mit dieser Zusammenarbeit wurde die bislang vorwiegend inhaltliche Beurteilung der Nachhaltigkeitsberichte um die Dimensionen Gestaltung und publizistische Qualität ergänzt. Als Gesamtsieger im Jahr 2014 ging die Firma Palfinger AG hervor. Der integrierte Geschäftsbericht 2013 überzeugte durch seine durchgängige Integration der CSR-Aspekte im Bericht und auf der Website des Unternehmens und seinen innovativen Zugang[145].

Im Jahr 1995 schloss sich die Züricher Gesellschaft „Sustainability Assessment Management (SAM)“ mit dem niederländischen Unternehmen Robeco zu RobecoSAM zusammen. Gemeinsam mit S&P Dow Jones Indices hat RobecoSAM den Dow Jones Sustainability Index (DJSI-Ansatz) entwickelt und lizensiert. Mit diesem Index wird die Leistung des Nachhaltigkeitsmanagements der weltgrößten Unternehmen erfasst. Weltweit werden jährlich mehr als 2.500 börsennotierte Unternehmen hinsichtlich ihrer ökonomischen, ökologischen und sozialen Leistungen bewertet. Die erforderlichen Daten werden mittels Fragebogen erhoben, wobei rund die Hälfte der Fragen branchenspezifische Chancen und Risiken betreffen. Die Ergebnisse fließen in den weltweit beachteten „Dow Jones Sustainability Index“ ein, der im „KPMG-RobecoSAM Sustainability Yearbook“ publiziert wird. Die Indices stellen Benchmarks für Investoren dar, die Nachhaltigkeitsüberlegungen in ihre Geschäftspolitik einbeziehen. Einbezogen werden nur Unternehmen, welche bestimmten Nachhaltigkeitskriterien gerecht werden und zu den besten in ihrer Branche gehören. Damit die Unternehmen im Index geführt werden, müssen sie ihre Nachhaltigkeitsinitiativen fortlaufend intensivieren[146].

Fazit

Obwohl es weitestgehend an gesetzlichen Regelungen zur verpflichtenden Berichterstattung zu wesentlichen Nachhaltigkeitsaspekten mangelt, können sich vor allem große Unternehmen ihrer Verantwortung gegenüber der Gesellschaft und der Umwelt nicht mehr entziehen und publizieren ihre Nachhaltigkeitsaktivitäten in einem eigenen Bericht. Um einen authentischen Nachhaltigkeitsbericht veröffentlichen zu können, ist eine Anpassung der Informationen an die Ansprüche der Stakeholder erforderlich. Eine externe Bestätigung fördert die Glaubwürdigkeit des Berichts, da so die Fehlerfreiheit der Daten für die Anspruchsgruppen gesichert ist.

[145] Vgl. http://www.kwt.or.at/de/PortalData/2/Resources/downloads/umwelt/BPRA_ASRA_2014_final_2310.pdf.

[146] Vgl. Hentze, J., (2014,) S. 148 ff.

Für die Erstellung von Nachhaltigkeitsberichten wird hauptsächlich die Global Reporting Initiative als international führender Standard herangezogen. Der GRI-Leitfaden unterstützt den Prozess der Erstellung eines Nachhaltigkeitsberichts und beschreibt die erzielten Leistungen in Ökologie, Ökonomie und Sozialem. Dadurch wird gewährleistet, dass die Unternehmen ausnahmslos zu den drei Bereichen der Nachhaltigkeit berichten. Die Basis jedes Berichts ist dem Standard zufolge eine Wesentlichkeitsanalyse, welche bestimmt, über welche Inhalte schwerpunktmäßig zu berichten ist.

Im europäischen und internationalen Vergleich hat Österreich bei der Nachhaltigkeitsberichterstattung Aufholbedarf. Während hierzulande lediglich 25 % der Unternehmen einen Nachhaltigkeitsbericht erstellen, sind es in Frankreich und Dänemark nahezu alle Unternehmen die über ihre Nachhaltigkeitsaktivitäten berichten.

Literaturverzeichnis

Burschel, Carlo/Losen, Dirk/Wiendl, Andreas (2004): Betriebswirtschaftslehre der Nachhaltigen Unternehmung, München

Center for Corporate Citizenship Deutschland (2007), Das Good Company Ranking, URL: http://www.corporatecitizen.de/documents/Kirchhoff_Dt.pdf, Abruf vom 10.01.2015

Das IÖW/future-Ranking der Nachhaltigkeitsberichte 2011 (2012), URL: http://www.ranking-nachhaltigkeitsberichte.de/, Abruf vom 24.01.2015

Deutscher Nachhaltigkeitspreis (2014), URL: http://www.nachhaltigkeitspreis.de/category/preistraeger/001_unternehmen/, Abruf vom 18.01.2015

Ernst & Young (2009), Prüfung von Nachhaltigkeitsberichten, URL: http://csr-news.net/main/2009/05/26/prufung-von-nachhaltigkeitsberichten/#more-13800; Abruf vom 18.01.2015

Ernst & Young (2014): Nachhaltigkeitsberichterstattung österreichischer Top-Unternehmen

Fifka, Matthias, S. (2012): CSR-Kommunikation und Nachhaltigkeitsreporting, in CSR und Kommunikation, Management Reihe Corporate Social Responsibility

Fifka, Matthias, S. (2014): Einführung, in CSR und Kommunikation, Management Reihe Corporate Social Responsibility

Global Reporting Initiative (2006): GRI-Anwendungsebenen, URL: https://www.globalreporting.org/resourcelibrary/German-G3-Application-Levels.pdf, Abruf vom 07.01.2015

Global Reporting Initiative, G4 Leitlinien zur Nachhaltigkeitsberichterstattung (2013), URL: https://www.globalreporting.org/resourcelibrary/German-G4-Part-One.pdf, Abruf vom 17.01.2015

Global Reporting Initiative, G4 Leitlinien zur Nachhaltigkeitsberichterstattung (2013), URL: https://www.globalreporting.org/resourcelibrary/German-G4-Part-Two.pdf, Abruf vom 17.01.2015

Hentze, J./Thies, B. (2014): Stakeholder-Management und Nachhaltigkeitsreporting, Springer Verlag Berlin Heidelberg

Kammer der Wirtschaftstreuhänder : Verleihung der ASRA (2014), URL: http://www.kwt.or.at/de/PortalData/2/Resources/downloads/umwelt/BPRA_ASRA_2014_final_2310.pdf, Abruf vom 29.01.2015

KPMG (2011): International Survey of Corporate Responsibility Reporting, URL: http://www.kpmg.de/docs/Nachhaltigkeit_06-2012__sec.pdf, Abruf vom 18.01.2015

KPMG (2013): GRI G4 — Die neuen Richtlinien zur Nachhaltigkeitsberichterstattung — Unternehmensberichterstattung, URL: http://www.kpmg.com/CH/de/auditcommittee/newsletter/Documents/pub-20130916-ac-news-43-article-07-de.pdf, Abruf vom 24.01.2015

KPMG (2014): Dimensionen: Kundenzeitschrift, Jänner 1/2014, URL: http://www.kpmg.at/fileadmin/KPMG/flipbooks/Dimensionen_2014_01/?campaign=Flip&kwd=Flip_Dimension_2014_01, Abruf vom 12.01.2015

Loew, Thomas/Ankele, Kathrin/Braun, Sabine/Clausen, Jens (2004): Bedeutung der internationalen CSR-Diskussion für Nachhaltigkeit und die sich daraus ergebenden Anforderungen an Unternehmen mit Fokus Berichterstattung, URL: http://www.umweltministerium. de/files/wirtschaft_und_umwelt/ unternehmensverantwortung_csr/nachhaltigkeitsmanagement / application/ pdf/csr-studie_ langfassung_bmu.pdf

Lexikon der Nachhaltigkeit, URL: https://www.nachhaltigkeit.info/artikel/nachhaltigkeit_1398.htm, Abruf vom 7.01.2015

Lubin, David A./Esty, Daniel C. (2010): The Sustainability Imperative. Lessons for leaders from previous game-changing megatrends, in Harvard Business Review, 5/2010

Meadows, Donella H./Meadows, Dennis L./ Randers, Jorgen/Behrens, William W. III. (1987): Die Grenzen des Wachstums, 14. Auflage, Stuttgart

Nachhaltigkeitsbericht Coca Cola Deutschland (2013), URL: http://nachhaltigkeitsbericht.coca-cola.de/download/coca-cola_nachhaltigkeitsbericht-2013.pdf, Abruf vom 25.01.2015

United Nations Global Compact, A new era of Sustainability, UN Global Compact-Accenture CEO Study 2010 (2010), URL: http://www.accenture.com/Site Collection Documents/PDF/Accenture_A_New_Era_of_Sustainability_CEO_Study.pdf, Abruf vom 15.01.2015

Wömpener, A./Bernatzky, S. (2013): Controlling als Träger der Integration des Unternehmensziels der Nachhaltigkeit, in: Zeitschrift für Corporate Governance, Heft 5

World Business Council for Sustainable Development (WBCSD) (2002): Sustainable development reporting, Striking the balance, URL: http://www.wbcsd.org/ pages /edocument/edocumentdetails.aspx?id=144&nosearchcontextkey=true, Abruf vom 19.01.2015

Von Alleinstellungsmerkmalen zu exzellenten Wettbewerbsvorteilen

Mag. Hubert Preisinger
Selbstständiger Unternehmensberater

Management Summary

Einzigartigkeit zu erreichen ist ein Prozess, der von den vorhandenen Merkmalen und Stärken des Unternehmens, der Produkte und der Ablaufprozesse ausgeht. Diese interne Sicht wird in eine Kunden-Nutzen-Sichtweise transformiert und in beiden Schritten mit dem Mitbewerb in Beziehung gestellt. Damit entsteht aus dem „Ich kann …" ein „Das bringt …" aus Kundensicht. Diese Nutzen werden in Form von Positionierungsmodellen dargestellt, die kaufentscheidende Kriterien repräsentieren und die Distanz zum Mitbewerb verdeutlichen.

Aus diesen Arbeitsschritten wird die Unique Selling Proposition (USP) formuliert, die als Basis der Kommunikation betrachtet wird. Im heutigen Umfeld der Kommunikation reichen herkömmliche Instrumente und Methoden nicht mehr aus, um entsprechende Wirkungen zu erzielen. Deshalb werden Ansätze wie Behavioral Branding, Touchpoint Marketing und Employer Branding kombiniert, um einen kommunikativen Hebel über digitale und herkömmliche Mundpropaganda zu erzeugen.

Nachhaltige Einzigartigkeit kann nur durch Innovation der Kernmerkmale realisiert werden. Dies geschieht einhergehend mit der Adaption der USP von innen heraus, um die Authentizität zu wahren. Die Umsetzung erfolgt mit dem Ansatz der Open Innovation.

Einzigartigkeit, Alleinstellungsmerkmal und echter USP

„Einzigartig — Adj. — einzig, unvergleichlich in seiner Art, einmalig, unbeschreiblich"[147], so lautet die Definition nach Duden. Es gibt viele Möglichkeiten für Unternehmen, Marken, Produkte, Dienstleistungen, Claims und Werbebotschaften eine Einzigartigkeit zu definieren und zu kom-

[147] Link: http://www.duden.de/suchen/dudenonline/einzigartig.

munizieren. Das Ziel jeder Kommunikation ist es, die Positionierung zu unterstützen und die eigenen Produkte und Dienstleistungen zu verkaufen.

Um das umzusetzen, reicht Einzigartigkeit nicht aus, es ist eine sogenannte USP zu entwickeln. USP steht für Unique Selling Proposition und wurde als Begriff von Rosser Reeves geprägt. In seinem Buch „Reality in Advertising" (1961 im Original erschienen und 1963 ins Deutsche übersetzt) definiert Reeves die drei entscheidenden Komponenten:

- Unique: Einzigartigkeit
- Selling: im englischen Sinne „verkaufend" oder „verkaufsauslösend"
- Proposition: Angebot, Versicherung, Versprechen

Mit Wolfgang K.A. Disch gesprochen ist die USP „ein einzigartiges kaufauslösendes Nutzenversprechen"[148], bei dem alle drei Komponenten erfüllt sein müssen.

In der unternehmerischen Praxis erhält man auf die Frage nach der USP beziehungsweise warum Kunden gerade ihr Produkt kaufen sollen, von den Mitarbeitern wenig Konkretes und überwiegend Produkteigenschaften. Für die Kaufentscheidung zählt jedoch ausschließlich der Kundennutzen.[149] Gleichzeitig bilden natürlich die Produktmerkmale im weitesten Sinne, also auch immaterielle Nutzenfaktoren, Dienstleistungen oder unternehmensinterne Prozesse die Basis für die Entwicklung und Umsetzung einer USP.
Das Ergebnis einer erfolgreichen Umsetzung der USP bildet eine so klare Aussage, dass diese nicht missverstanden werden kann.[150]

Beispiele für USPs aus dem Industrie- und Konsumgütermarkt:

USP Formulierung	**USP Ausprägung**
BMW Freude am Fahren	Sportlichkeit, Allrad, gutes Gefühl
Red Bull verleiht Flügel	Extremsport, Weltraumsprung
Fronius Shifting the Limits	Innovation, Revolution zur Serie
MIBA AG Innovation in Motion	Produkte für die Fahrzeugindustrie
Oral-B Blend-a-Med Forschungsinstitut	Sanftes Weiß, strahlendes Weiß, 3 in 1

Abb. 42: U.S.P. Beispiele

148 Marketing Journal (4/1998), S. 210.

149 Vgl. Langbehn (2010), S. 102.

150 Vgl. Marshall (2012), S. 187.

Die Herausforderungen

Warum ist die Definition und Umsetzung einer USP so schwierig? Dazu zwei Wortmeldungen:

- „Heute ist USP die wohl am meisten missbrauchte Abkürzung in der Werbung. Hunderte von Agenturen haben sie übernommen und über das ganze Land hin ist sie verbreitet. Großzügig, wenn auch unverstanden, wird sie auf Slogans angewandt, auf schmissige Formulierungen, ungewöhnliche Bilder, bloße Schlagzeilen — auf fast alles, was man als ein wenig unterschiedlich von anderen, konkurrierenden Werbungen ansieht.“[151]
- „Positioning beginnt mit einem Produkt: einer Ware, einer Dienstleistung, einem Unternehmen, einer Institution oder einer Person. Aber Positioning ist nicht das, was Sie mit einem Produkt tun. Positioning ist das, was Sie mit dem Gedächtnis eines bestehenden oder potenziellen Kunden tun. Das heißt, Sie positionieren das Produkt im Gedächtnis Ihres Kunden. Positioning ist das erste Konzept, das sich damit befasst, wie Sie mit den Schwierigkeiten in einer kommunikationsüberfluteten Gesellschaft und in wettbewerbsintensiven Märkten umgehen.“[152]

Eine USP entwickeln bedeutet Arbeit

Es geht also darum, aus dem Vorhandenen die Einzigartigkeit zu entwickeln, für die Kunden zu formulieren und zu kommunizieren.

Wie sieht nun so ein Prozess aus?

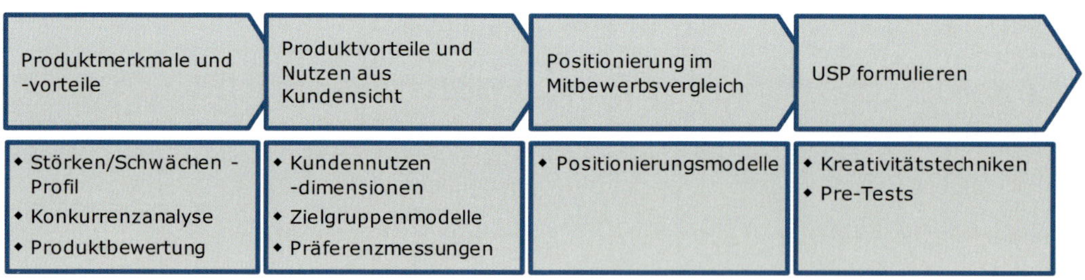

Abb. 43: Prozess USP-Formulierung

[151] Reeves, R. (1963), S. 56.

[152] Ries/Trout (2013), S. 2–3.

Die interne Sicht der Produktmerkmale

Ausgehend von den bereits vorhandenen Wettbewerbsvorteilen wird eine strukturierte Liste angelegt. Diese Liste repräsentiert die Innensicht und enthält die Stärken und Einzigartigkeiten. Die Struktur der Liste besteht aus folgenden Hauptkategorien:

- Vorteile des Unternehmens wie Image/Marke, Geschichte, Größe, Standort(e), Organisation, Stellung im Markt, Mitarbeiter, Kultur etc.
- Vorteile auf Prozessebene wie exzellente Prozesse, Qualität, Tempo und Stabilität der Prozesse, besondere funktionale Stärken wie F&E, Marketing, Vertrieb, Produktion, Logistik etc.
- Vorteile auf Produktebene wie Produktmerkmale (Funktionen, Qualität, Marke), ergänzende Services, Verbreitung des Produktes, Referenzkunden/Testimonials, …

Kriterium	Gewichtung	Ausprägung Produkt	Mitbewerbsprodukte
Technischer Entwicklungsstand	10 %	10	6
Wertschöpfungsanteil	20 %	6	6
Neuheitsgrad	10 %	8	5
Dienstleistungspotenzial	20 %	3	7
Preis/Leistungs-Verhältnis	20 %	7	5
…			

Tabelle 2: Bewertung der internen Vorteile (Skala 1–10 Punkte)

Bei der Erstellung kommen die intern als wichtig gesehenen Kriterien zum Vorschein. Wesentlich ist, dass diese Kriterien genau beschrieben werden, um in weiterer Folge eine Bewertung durchführen zu können. Eine Gewichtung ist dann sinnvoll, wenn die Bedeutung der Kriterien unterschiedlich ist. Für die Bewertung selber sind mehrere Fachbereiche (F&E, Vertrieb, Produktion, …) des Unternehmens heranzuziehen, um unterschiedliche Perspektiven in die Bewertung einzubringen.

Ergebnis ist ein Ranking der Kriterien, in welchem eigene Vorteile gegenüber Produkten des Mitbewerbs bestehen. Die finale Darstellung kann zum Beispiel in einem Stärken-Schwächen-Diagramm bestehen.

Die Perspektive des Kunden

Um die Kriterien der USP zu erfüllen, erfolgt in diesem entscheidenden Schritt der Perspektivenwechsel in die Sichtweise des Kunden. Das bedeutet, dass jede gelistete Stärke oder Besonderheit dahingehend überprüft wird, ob und welcher Kundennutzen damit generiert werden kann.

Hier erfolgt eine Bündelung mehrerer Stärken zu einem Kundennutzen. Unabhängig davon, ob es sich um ein Konsum- oder Investitionsgut handelt, können folgende Hauptnutzenkategorien angewendet werden:[153]

- Ökonomischer Nutzen durch Kostenersparnis oder Gewinn
- Prozessbezogener Nutzen durch Steigerung des Komforts
- Funktionaler Nutzen in der Verwendung
- Emotionaler Nutzen durch Erhöhung des Status durch den Besitz
- Sozialer Nutzen durch „Gutes tun" in Verbindung mit Kauf des Produktes

Die Überführung des Produktvorteils in den Kundennutzen ist ein Schlüsselelement des gesamten Prozesses. In einfachen Worten werden die Fragen beantwortet, welches Kundenproblem gelöst wird und warum das Produkt für den Kunden interessant ist.

Die Perspektive des Mitbewerbs

Diese Merkmals-Nutzen-Kombinationen aus Kundensicht werden den Merkmalen und Nutzenargumenten der relevanten Mitbewerber gegenübergestellt. Um die internen Präferenzen möglichst zu relativieren, erfolgt das in Form einer Challenge mit dem Ziel, möglichst viele eigene Nutzenargumente zu eliminieren. Damit stellt man sicher, dass jene, die übrig bleiben, „echte" Vorteile gegenüber dem Mitbewerb darstellen und damit alle Kriterien der USP erfüllen.

Eine geeignete Methode ist ein Stärken-Schwächen-Profil, das aus der Struktur des ersten und zweiten Schrittes entwickelt wird. In Kombination mit einer Nutzwertanalyse können die einzelnen Nutzenfaktoren unterschiedlich gewichtet werden.

Das Ergebnis dieses Schrittes ist eine eindeutige Reihung der Nutzen bzw. Nutzenkombinationen, die zum Mitbewerb differenzieren und für den Kunden die höchste Attraktivität im Sinne der Kaufentscheidung aufweisen. Entweder liegt damit die USP klar vor oder sie wird durch Kombination mehrerer Einzelnutzen gebildet.

153 Vgl. Homburg/Krohmer (2006), S. 513.

Für eine Darstellung eignet sich ein Positionierungsmodell, in dem die Summe der Nutzenfaktoren (Leistungsachse) und der Preis aufgetragen werden. Der Vorteil dieser optischen Darstellung ist die Einschätzung der Distanz zu den Mitbewerbern.

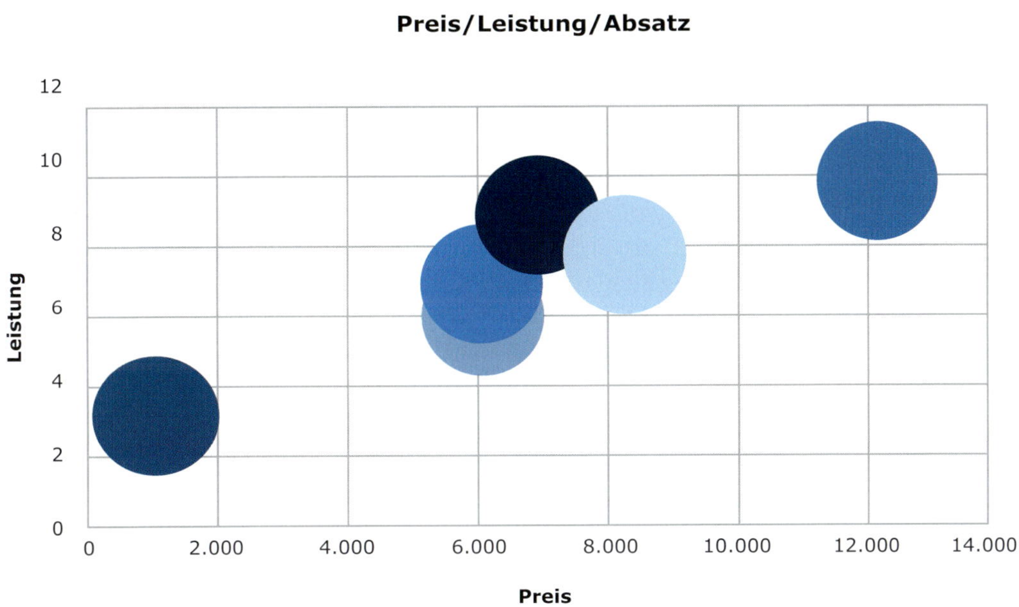

Abb. 44: Preis/Leistungs-Positionierung

Die kreative Formulierung

Da Kaufentscheidungen immer auch emotional getroffen werden, erfolgt die Aufbereitung der rational vorliegenden USP in eine für den Kunden attraktive Form und abgestimmt auf die geplanten Kommunikationsinstrumente.

Bei diesem Schritt ist es entscheidend nicht nur die Behauptung des Kundennutzens aufzustellen, sondern ein Nutzenversprechen, das beleg- und umsetzbar ist, zu formulieren. Fatal wäre es an dieser Stelle, ein attraktives und kaufauslösendes Nutzenversprechen zu formulieren, das dann nicht eingehalten werden kann. Solch eine mit der „rosaroten Brille" formulierte USP führt zu Unzufriedenheit beim Kunden und zu kurzfristigen Verkäufen, die mittelfristig ins Gegenteil verkehrt werden und dem Unternehmen oder Produkt nachhaltigen Schaden zufügen.

Um eine schlagkräftige USP zu formulieren, sind deshalb folgende Hinweise zu beachten:

- Die USP muss authentisch sein und zum Unternehmen und dem Produkt und den Mitarbeitern passen.
- Die USP soll kurz, prägnant und direkt formuliert sein.
- Die USP muss in der Sprache und den Bildwelten der Kunden dargestellt werden.
- Die USP wird auf die Kommunikationsinstrumente hin optimiert.
- Die USP wird sowohl unternehmensintern als auch zum Kunden hin kommuniziert.

Das Ergebnis ist eine exakte Vorgabe, was die USP ist, welche Vorteile sie für den Kunden generiert, wie sie zum Mitbewerb differenziert und wie sie sich begründet. Ein Kommunikationsplan mit Vorgaben für Formulierungen und Bildern, eine zeitliche Kampagnenplanung etc. bilden die Schnittstelle zum operativen Marketing und Vertrieb.

Soweit die Vorarbeit. Jetzt geht es an die Umsetzung.

Von der USP zum exzellenten Wettbewerbsfaktor

Eine USP zu erarbeiten und zu kommunizieren ist nur ein Teil einer nachhaltigen Umsetzung. Um eine USP am Markt und im Unternehmen zu etablieren, sind vielfältige Durchsetzungsmaßnahmen in allen Bereichen zu berücksichtigen. Die Kommunikation macht die USP bekannt, aber wie beginnt diese zu leben?

Um die Nachhaltigkeit zu sichern, ist das Top-Management gefordert die USP selbst anzuwenden und darauf zu achten, dass dies auch die Mitarbeiter tun. Die Multiplikatorwirkung durch die eigenen Mitarbeiter wird oft unterschätzt und vor allem die dadurch erzielbare Glaubwürdigkeit. Durch Trendthemen wie Employer Branding und Touchpoint Marketing werden diese Effekte gezielt aufgegriffen, bewertet und detailliert bearbeitet.

Beim Touchpoint Marketing wird dem Kunden an jedem identifizierten Kontaktpunkt eine herausragende, verlässliche und vertrauenswürdige Erfahrung unter Wahrung der Prozesseffizienz geboten. Dadurch entstehen Kundenerlebnisse, die ständig optimiert werden.[154] Genau an diesen Kontaktpunkten ist das Unternehmen gefordert, die USP zu transportieren.

[154] Vgl. Schüller (2012), S. 147.

Die nachfolgende Abbildung zeigt das beispielhafte Ergebnis einer Analyse der Touchpoints nach Kommunikationsinstrumenten geordnet für die Gruppe Bestandskunden und Neukunden. Die Skala stellt die Wirkung des jeweiligen Touchpoints dar.

Touchpoints

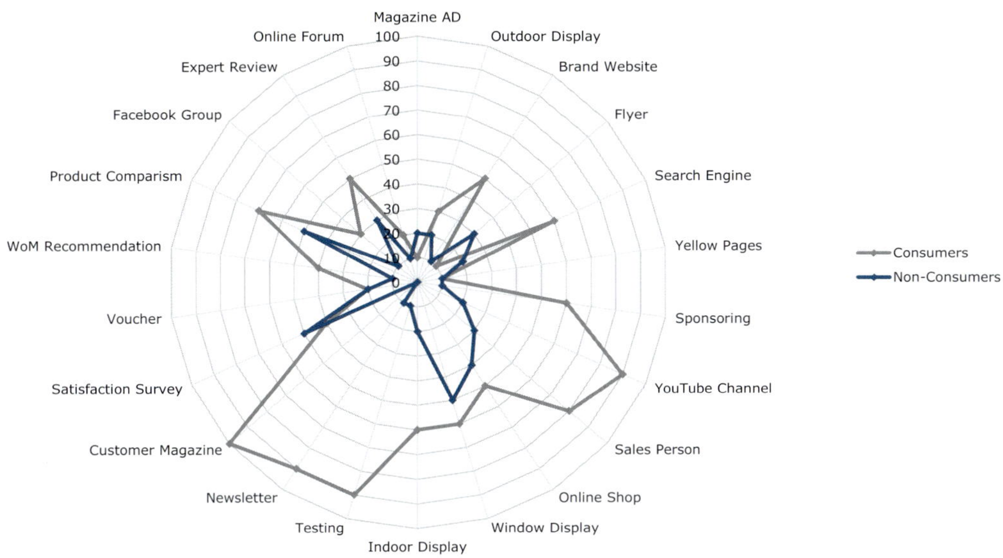

Abb. 45: Beispiel IST-Analyse Touchpoints

Aus dem Gebiet der Marke (Branding) können die Konzepte des Behavioral Branding verwendet werden. „Die Relevanz von Behavioral Branding — der Umsetzung markenkonsistenten Verhaltens — ist in Zeiten einer Verschiebung von produkt- zu serviceorientierten Unternehmen maßgeblich gestiegen. Mitarbeiter sind einer der wichtigsten ‚Kanäle', über die das Unternehmen mit seinen Kunden kommuniziert."[155]

Den Stolz auf das eigene Unternehmen, das eigene Produkt oder die eigene Marke klar kommunizieren zu können, ist wie ein Funke der Authentizität der imagebildend wirkt. Bei der Auswahl der Mitarbeiter ist auf einen Mitarbeiter-Marken-Fit zu achten. Es gilt nicht nur die „besten" Mitarbeiter, sondern auch die „richtigen" Mitarbeiter für das Unternehmen zu finden. Der organisationale Diskurs muss gefördert werden, damit die Markenidentität im Unternehmen diskutiert und gelebt wird.[156]

155 Tomczak et. al. (2010), S. VII.

156 Vgl. Esch (2011), S. 130 ff.

Zusammenfassend gesagt können in der heutigen Zeit mit immer schnelleren und zahlenmäßig zunehmenden Kommunikationsmedien einerseits und Kostendruck auf Kommunikationsbudgets andererseits Wirkungen nur über virale Effekte erzeugt werden. Damit ist die Kombination von traditioneller Mundpropaganda mit „elektronischer" Mundpropaganda gemeint, die die neuen Medien wie soziale Netzwerke im Internet zu nutzen versteht. Mit herkömmlichen Methoden und Marketingbudgets können solche Wirkungen nicht erzeugt werden. Das bedeutet zwar viel Aufwand, beansprucht aber weniger Kommunikationsgeld.

Der USP wird Leben durch Markenbildungsinstrumente eingehaucht, die authentisch sein müssen und sich von innen (Employer Branding) nach außen über die Kontaktpunkte ausbreiten. Damit ist die USP glaubwürdig und bekannt. Und weiter?

Nachhaltige Einzigartigkeit durch permanente Veränderung und Innovation

Eine USP ist ein zumindest mittel- bis langfristiges Konzept. In unserer schnelllebigen Zeit stehen Veränderungen an der Tagesordnung und treten in immer kürzer werdenden Zyklen auf. Daraus entsteht ein Anpassungsbedarf, der die USP immer wieder an diese Veränderungen, vor allem in der Kommunikation, anpasst und das Nutzenversprechen erneuert. „... is to constantly upgrade and refine your USP. Nobody gets to sit still. And when you have a great USP, you're like Apple. People anxiously await new products and line up to buy them."[157]

Ein zweiter Faktor sind die kürzer werdenden Produktlebenszyklen und die raschen Reaktionsmöglichkeiten des Mitbewerbs, Produktmerkmale nachzuahmen. Daraus entsteht ein permanenter Bedarf, die eigenen Produkte, Prozesse und letztendlich das eigene Unternehmen weiterzuentwickeln. Die USP kann dabei ein Hilfsmittel sein, um entlang der Nutzenversprechen genau auf die Kundenwünsche hinzuhören und Innovationsimpulse in Produktmerkmale oder Argumentationen umzusetzen. Henry Chesbrough prägte dafür das Stichwort „Open Innovation": „Open Innovation is a paradigm that assumes that firms can and should use external ideas as well as internal ideas, and internal and external paths to market, as the firms look to advance their technology."[158]

Durch die Umsetzung von Open-Innovation-Ansätzen wird die USP ständig auf den Prüfstand gestellt. Damit eröffnet man sich die Chance, die verkaufsauslösenden Nutzenversprechen durch die Umsetzung dieser Inputs in differenzierende Produktmerkmale zu gießen, und als erneuerte USP nach außen zu kommunizieren — und letztendlich nachhaltig wettbewerbsfähig zu bleiben.

[157] Marshall/Todd (2012), S. 191.

[158] Chesbrough (2006), S. xxiv.

Literaturverzeichnis

Chesbrough, H. C. (2006): Open Innovation: The New Imperative for Creating and Profiting from Technology; Boston 2006

Esch, F. R. (2011): Strategie und Technik der Markenführung 6. Auflage; München 2011

Homburg, C., & Krohmer, H. (2006): Marketingmanagement: Strategie-Instrumente-Umsetzung-Unternehmensführung, 2. Auflage; Wiesbaden 2006

Langbehn, A. (2010): Praxishandbuch Produktentwicklung: Grundlagen, Instrumente und Beispiele; Frankfurt am Main 2010

Marshall, P. T. (2012): Ultimate Guide to Google Adwords, 3rd Ed.; Irvine 2012

Reeves, R. (1961): Reality in Advertising; New York 1961

Reeves, R. (1963): Werbung ohne Mythos; München 1963

Ries, A., & Trout, J. (2013): Positioning: Wie Marken und Unternehmen in übersättigten Märkten überleben; München 2013

Schüller, A. M. (2012): Touchpoints: auf Tuchfühlung mit dem Kunden von heute; Offenbach 2012

Tomczak, T., Esch, F. R., & Kernstock, J. (2010): Behavioral Branding; Wiesbaden 2010

Branchenabhängige Perspektiven zum Thema Nachhaltigkeit

Nachhaltigkeit und Kreditwirtschaft

Georg Fahrenschon
Präsident des Deutschen Sparkassen- und Giroverbandes

Management Summary

Das gesellschaftliche Leitbild einer nachhaltigen Entwicklung richtet sich an Staaten, Bürger, Unternehmen und somit auch an Kreditinstitute. Das bedeutet für Kreditinstitute, im Kredit-, Einlagen- und Wertpapiergeschäft entsprechend den Präferenzen ihrer Stakeholder, vor allem der Kunden, auch ökologische und soziale Auswirkungen der Geschäftstätigkeit zu beachten. Dabei können Kreditinstitute ihre Fähigkeit zur Risikobewertung nutzen. Auch im Innenbetrieb von Kreditinstituten bieten sich Möglichkeiten zur sparsameren Nutzung natürlicher Ressourcen. Orientierung für die Geschäftspolitik geben weltweite Leitlinien wie die des Global Compact oder die UNEP-Erklärung für Finanzdienstleister, für Sparkassen speziell auch die gemeinsame Umweltresolution der europäischen Sparkassen.

Greift man aus der Gruppe der Kreditinstitute die Sparkassen als Beispiel heraus, so liegen wesentliche Aspekte für deren Nachhaltigkeitsleistung in ihrer Regionalität und Gemeinwohlorientierung. Gerade auch soziale Ziele wie Kunden- und Mitarbeiterzufriedenheit treten immer mehr in den Vordergrund. Die aktuellen Nachhaltigkeitsleitsätze der Sparkassen-Finanzgruppe stecken einen Rahmen für nachhaltiges Handeln ab und geben den lokalen Instituten gleichzeitig den Spielraum, Schwerpunkte mit ihren Stakeholdern zu setzen. Zur Berichterstattung über die unternehmerische Nachhaltigkeit ist für Sparkassen ein eigenes Berichtssystem entwickelt worden, das mit dem Deutschen Nachhaltigkeitskodex vereinbar ist und neue Anforderungen seitens der Europäischen Union vorwegnimmt. Sparkassen können mit diesem System darstellen, wie sie sich mit ihrer Haltung, ihren Produkten und gesellschaftlichen Initiativen für die Zukunft ihrer Region einsetzen.

Das Leitbild Nachhaltigkeit und die Rolle der Kreditwirtschaft

Seit dem sogenannten Brundtland-Bericht von 1987 („Our Common Future“)[159] und der Konferenz von Rio de Janeiro 1992 ist Nachhaltigkeit weltweit als gesellschaftliches Leitbild anerkannt: Nutze die Ressourcen in einer solchen Weise, dass sie auch künftigen Generationen noch zur Verfügung stehen. Ökonomische, ökologische und soziale Ziele sollen gleichermaßen und gleichberechtigt verfolgt und harmonisiert werden, Zielkonflikte sind im breiten gesellschaftlichen Diskurs zu lösen.

Das Leitbild nachhaltiger Entwicklung richtet sich gleichermaßen an Staaten, einzelne Bürger wie auch Unternehmen aller Branchen, somit richtet es sich auch an Kreditinstitute. Das erneut gestiegene Interesse an wirtschaftlicher und gesellschaftlicher Nachhaltigkeit ist sicher auch eine Reaktion auf die kritischen Entwicklungen infolge der Finanzkrise. Übertreibungen in der Finanzwirtschaft führten in den Jahren seit 2007 zum Bankrott der US-Investmentbank Lehman Brothers und bewirkten Verwerfungen an den Finanzmärkten. Auf beiden Seiten des Atlantiks resultierten daraus eine Bankenkrise und in Europa zudem eine Staatsschuldenkrise. Darüber hinaus haben beispielsweise die Reports des Weltklimarats IPCC[160] zum Klimawandel sowie die Energiewende in Deutschland zu einer stärkeren Sensibilisierung hinsichtlich der heutigen und der künftigen ökologischen Herausforderungen beigetragen. Nachhaltigkeit ist heute in der Mitte der Gesellschaft angekommen.

Auch deshalb wird immer stärker hinterfragt, welche Rolle Kreditinstitute einnehmen sollen, und worauf ihr Handeln letzten Endes abzielt. Dazu gehört auch die Frage, welchen Beitrag Kreditinstitute zu einem nachhaltigen Wachstum erbringen, welchen Nutzen sie für ihre Stakeholder, vor allem Kunden, Mitarbeiter und Eigentümer bzw. Träger stiften oder ob sie mit ihren Finanzgeschäften potenziell den bereits erarbeiteten Wohlstand breiter Bevölkerungsteile gefährden.

Was können und was sollten Kreditinstitute zugunsten einer nachhaltigen Entwicklung leisten? Zur Beantwortung dieser Frage ist es nützlich, sich grundlegende Aufgaben von Kreditinstituten in Erinnerung zu rufen.

Grundlegende Aufgaben von Kreditinstituten können wie folgt beschrieben werden:

- **Überbrücken der Lücke zwischen Sparen und Investieren:** Kreditinstitute nehmen Einlagen ihrer Privat- und Firmenkunden entgegen und vergeben Kredite für Investitionen und Konsum. Hierdurch überbrücken sie die Lücke zwischen denen, die sparen, und denen, die

[159] Hauff (1987)

[160] http://www.ipcc.ch.

investieren. Kreditauszahlung und -rückzahlung fallen zeitlich auseinander, manchmal sogar um Jahrzehnte. Die wirtschaftliche Leistung der Kreditinstitute gegenüber etwa reinen Vermittlungsplattformen liegt darin, dass sie eine Risikoeinschätzung des Kreditnehmers auch für die Zukunft vornehmen und somit möglichst sicherstellen, dass die ausgeliehenen Mittel auch wieder zurückgezahlt werden. Somit spielen der Faktor „Zeit" und die Einschätzung künftiger Entwicklungen eine bedeutende Rolle im Tagesgeschäft der Kreditinstitute. Indem sie die Bonität ihrer Kunden bewerten und daraufhin Mittel bereitstellen, beeinflussen sie auch, in welchen Branchen und Regionen Investitionen vorgenommen werden.

- **Vermögensberatung und -verwaltung:** Ferner beraten Kreditinstitute ihre Kunden bei der Anlage ihrer Vermögenswerte oder übernehmen unmittelbar deren Verwaltung. Auch hierbei geht es darum, Entwicklungen der Zukunft zu antizipieren, Chancen und Risiken unterschiedlicher Vermögenstitel wie etwa Aktien, Anleihen und Rohstoffe einzuschätzen und abzuwägen und in die Anlagepolitik einfließen zu lassen.
- **Beachtung ökologischer und sozialer Präferenzen der Kunden:** Kreditinstitute haben intensiv mit der Zukunft zu tun. Deshalb spielen sie auch eine wichtige Rolle in der Nachhaltigkeitsdebatte.[161] Neben der schon immer im Vordergrund stehenden Analyse der ökonomischen Vorteilhaftigkeit von Investitionen gilt es unter dem Aspekt der Nachhaltigkeit, auch die ökologischen und sozialen Effekte und vor allem deren Rückkopplungen zu analysieren und zu bewerten. Sofern Anleger heute schon verstärkt Präferenzen zeigen, in ökologisch wie sozial vorbildliche Zwecke zu investieren, liegt es schon aus Gründen der Kundenbindung nahe, diesen Präferenzen in der Umsetzung der Einlagen in Kredite auch zu entsprechen. Wünschen Kunden in der Vermögensanlage zunehmend nicht nur eine ausgewogene Abwägung ökonomischer Rendite und Risiken, sondern auch die Berücksichtigung ökologischer wie sozialer Aspekte, ist ein entsprechendes Angebot an Produkten und Beratungskapazität sinnvoll und notwendig.

  Eine wachsende Zahl von Kunden berücksichtigt bei ihrer Kaufentscheidung heutzutage neben einer guten Beratung und einem fairen Preis das soziale und ökologische Profil des Anbieters. Das gilt gerade auch für die Finanzbranche. In seinem Vermögensbarometer 2013 hat der Deutsche Sparkassen- und Giroverband ermittelt, dass die Gemeinwohlorientierung eines Finanzdienstleisters der überwiegenden Mehrheit der Bevölkerung ein sehr wichtiges Anliegen ist. 85 Prozent der Kunden legen Wert darauf, dass sich ein Kreditinstitut auch um das Gemeinwohl und die Gesellschaft kümmert.

  Um Missverständnissen vorzubeugen: Aufgabe eines Kreditinstituts ist es nicht, Kunden, die kein Interesse daran haben, in solche Anlagen zu zwingen oder Investitionen in rechtlich erlaubte, aber vielleicht gesellschaftlich umstrittene Projekte um jeden Preis zu verhindern. Für ein Kreditinstitut sollten stets die Präferenzen ihrer Stakeholder, vor allem der Nutzen für den Kunden, im Vordergrund stehen.

161 Vgl. Schäfer/Krummrich (2013).

- **Sparsamer Umgang mit Ressourcen:** Unter den Aspekten der Nachhaltigkeit haben Kreditinstitute auch im Innenbetrieb ihre Hausaufgaben zu machen. Ein sparsamer Umgang mit natürlichen Ressourcen wie Wasser, Strom, Heizenergie ist heute schon selbstverständlich. In den Gebäuden sollen sich Kunden wie Mitarbeiter wohlfühlen, ohne dass übermäßig Platz verschwendet wird. Dienstreisen sollten kostengünstig, aber auch umweltfreundlich durchgeführt werden. Die eigene Vermögensanlage eines Kreditinstituts sollte sich von den Präferenzen der Stakeholder leiten lassen und neben einer geeigneten Rendite/Risiko-Kombination auch ökologische und soziale Aspekte beachten und so zu einer nachhaltigen Entwicklung beitragen.
- **Kommunikation der Nachhaltigkeitsidee:** Durch die Querschnittsfunktion der Kreditinstitute in einer Volkswirtschaft sind ferner die Informations- und Kommunikationsleistungen von Kreditinstituten nicht zu unterschätzen, sowohl gegenüber privaten als auch gegenüber Firmen- und institutionellen Kunden. Diese können ebenfalls zugunsten einer nachhaltigen Entwicklung genutzt werden, indem z. B. über Investitionen in Energieeffizienzmaßnahmen oder erneuerbare Energien informiert wird. Obenan sollten für ein Dienstleistungsunternehmen ohnehin die Kundenzufriedenheit und die damit verbundene Kundenbindung stehen, da diese die entscheidenden langfristigen Erfolgspotenziale darstellen. Dies zu erreichen, setzt wiederum zufriedene und motivierte, gut ausgebildete und angemessen entlohnte Mitarbeiter voraus. Somit befinden sich Anknüpfungspunkte zugunsten einer nachhaltigen Entwicklung im Grunde in der gesamten Wertschöpfungskette eines Kreditinstituts und auch gerade im Kerngeschäft mit Krediten und Einlagen.

Orientierung für Kreditinstitute: Internationale Leitlinien und der CSR-Ansatz der Europäischen Kommission

Sollen die grundsätzlichen Überlegungen zur nachhaltigen Entwicklung weiter konkretisiert werden, so liegt es nahe, für eine Formierung des Verhaltens von Kreditinstituten zunächst international akzeptierte Leitlinien zu nutzen. Dazu gehören — hier ohne Anspruch auf Vollständigkeit genannt — der Global Compact, die Erklärung des UNEP (United Nations Environment Programme) von Finanzdienstleistern sowie für die Sparkassen-Finanzgruppe speziell die Resolution der ESBG (European Savings Banks Group) zu Umweltfragen.

Im Rahmen des Global Compact der Vereinten Nationen[162] soll das freiwillige gesellschaftliche Engagement von Unternehmen gefördert werden. Die im Compact genannten Grundsätze wie Achtung der Menschenrechte, Anti-Diskriminierung, Bekämpfung der Korruption und ein vor-

[162] Vgl. http://www.unglobalcompact.org.

sorgender Umgang mit der Umwelt geben erste Anhaltspunkte, wie die Geschäftspolitik auch von Kreditinstituten im Sinne einer „guten" Unternehmensführung ausgestaltet werden soll. Neben einigen großen deutschen Kreditinstituten haben sich stellvertretend für die Sparkassen das Weltinstitut der Sparkassen (World Savings Banks Institute) sowie die European Savings Banks Group zum Global Compact bekannt.

Auf die Bedingungen der Kreditwirtschaft eher zugeschnitten ist die Erklärung des UNEP von Finanzdienstleistern zu nachhaltiger Entwicklung.[163] Die Fassung von 2011 berücksichtigt gleichermaßen die Sichtweisen von Kredit- und Versicherungswirtschaft. Die Unterzeichner bekennen sich zu nachhaltiger Entwicklung als fundamentalem Aspekt des Wirtschaftens. Sie sollen ferner Umwelt- und Sozialbelange bei den Aktivitäten und geschäftlichen Entscheidungen berücksichtigen, die Erfassung der Umwelt- und Sozialrisiken in das allgemeine Risikomanagement integrieren und den Dialog mit Stakeholdern führen. Diese Erklärung wird in Deutschland vornehmlich von größeren und international tätigen Banken getragen.

Für die europäischen Sparkassen und damit auch für die inländischen Institute bietet die Umweltresolution der ESBG aus dem Jahr 2009[164] eine anwendungsbezogenere Leitlinie. Sie nimmt auf den Global Compact Bezug und führt ihn weiter. Die Unterzeichner erklären unter anderem,

- dass sie evaluieren, wie in die Geschäftspolitik Umweltaspekte am besten zu integrieren sind,
- dass sie gute Beispiele zu umweltschonenden Produkten und Dienstleistungen sowie Geschäftsprozessen untereinander austauschen,
- dass sie auch einen aktiven Dialog führen und Lösungen mit anderen Stakeholdern entwickeln wollen.

Die Betonung des Austauschs „guter Beispiele" unter lokalen Instituten halte ich für besonders relevant, da es einerseits die Experimentierfreudigkeit hinsichtlich Produkten und Dienstleistungen fördert und diese Beispiele für die gesamte Finanzgruppe nutzbar machen kann und andererseits manche Irrwege vermeiden hilft.

Für Unternehmen und damit auch Kreditinstitute in Europa hat ferner die EU-Kommission Vorgaben für deren gesellschaftliche Verantwortung gemacht. 2001 wurde in einem Grünbuch „Corporate Social Responsibility" (CSR) als Konzept beschrieben, „das den Unternehmen als Grundlage dient, auf freiwilliger Basis soziale Belange und Umweltbelange in ihre Unternehmenstätigkeit und in die Wechselbeziehungen mit den Stakeholdern zu integrieren".[165]

[163] Vgl. http://www.unepfi.org.

[164] Vgl.http://www.savings-banks.com.

[165] Vgl. Kommission der Europäischen Gemeinschaften (2001), S. 7.

Zehn Jahre später in 2011 hat die Europäische Kommission die Begriffsbildung dahingehend verändert, dass nunmehr mit CSR „die Verantwortung von Unternehmen für ihre Auswirkungen auf die Gesellschaft“[166] gemeint ist. Vorrangig soll nun die „Schaffung gemeinsamer Werte für die Eigentümer/Aktionäre der Unternehmen sowie die übrigen Stakeholder und die gesamte Gesellschaft optimiert werden“.[167] Dabei gilt es „negative Auswirkungen“[168] der Unternehmenstätigkeit aufzuzeigen und zu verringern. Innerhalb von zehn Jahren hat somit die unternehmerische Verantwortung für die Wirkung des Kerngeschäfts auf die Gesellschaft und die wesentlichen Stakeholder einen deutlich höheren Verbindlichkeitsgrad erreicht.

Im Folgenden wird am Beispiel der deutschen Sparkassen gezeigt, wie ein historisch erfolgreicher unternehmerischer Entwicklungspfad im Licht der Nachhaltigkeit aktuell weiterentwickelt wird, sodass – ohne Verzicht auf das gelebte Selbstverständnis und die Tradition – die neuen Herausforderungen bewältigt werden können.

Regionalität und Gemeinwohlorientierung sind bestimmend für die Nachhaltigkeitsleistung von Sparkassen

Das Geschäftsmodell einer Sparkasse, bedingt durch ihre lokale Verankerung und die Gemeinwohlorientierung[169], fördert vorausschauendes Handeln für Wirtschaft, Umwelt sowie für soziale Belange in der Region.

Zum Geschäftsmodell der Sparkassen

Die 416 Sparkassen mit ihren rund 240.000 Beschäftigten und die in der Sparkassen-Finanzgruppe vereinigten Verbundunternehmen wie Landesbanken, Versicherungen und Bausparkassen sind durch eine besondere Geschäftsphilosophie gegenüber privaten Banken und Genossenschaftsbanken gekennzeichnet. Die Sparkassen in Deutschland verfolgen seit mehr als 200 Jahren ein Kerngeschäft, das man alleine schon wegen des langjährigen Erfolgs und der Stabilität in der jüngsten Finanzkrise als ökonomisch nachhaltig bezeichnen kann.

[166] Vgl. Europäische Kommission (2011), S. 7.

[167] Vgl. Europäische Kommission (2011), S. 7.

[168] Vgl. Europäische Kommission (2011), S. 7.

[169] Vgl. Brämer et al. (2010), S. 311 ff.

Die Gründung von Sparkassen steht im Einklang mit dem Prinzip der kommunalen Selbstverwaltung. Von Beginn an versetzen Sparkassen die Bürgerinnen und Bürger durch Sparen in die Lage, für Lebensrisiken selbst vorzusorgen. Sparkassen geben damit Hilfe zur Selbsthilfe und bieten dafür einen sicheren Rahmen. Die Sparkassen verwenden das so eingesammelte „kleine" Kapital, um Investitionen in Gewerbe und Industrie, in die Infrastruktur, in das Eigenheim und andere Anschaffungen zu finanzieren. Die Geschäftstätigkeit kommt ebenso wie die Steuern, Ausschüttungen und Spenden nicht etwa anonymen Aktionären, sondern der Allgemeinheit vor Ort zugute.

Sparkassen stärken kommunale Geld- und Wirtschaftskreisläufe, sie sichern Arbeitsplätze und engagieren sich für das Gemeinwohl. Jedes Jahr geben die Unternehmen der Sparkassen-Finanzgruppe rund eine halbe Milliarde Euro für gemeinnützige Zwecke aus. Die Gelder fließen in großer Zahl in Engagements vor Ort, viele davon in Kultur, Sport, Soziales oder Bildung und Wissenschaft sowie in den Umweltschutz.

Auch hinsichtlich wichtiger sozialer Ziele der Nachhaltigkeit für Kreditinstitute wie Kunden- und Mitarbeiterzufriedenheit, Servicequalität sowie Kunden- und Mitarbeiterbindung sind heute bereits anspruchsvolle Konzepte in der Sparkassen-Finanzgruppe vorhanden. Durch flächendeckende Präsenz auch in strukturschwachen Gebieten und Angebote für breite Bevölkerungsschichten sind die Sparkassen nah an ihren Kunden. Ein ganz wichtiger Aspekt für die Zukunft ist dabei, dass wir Nähe nicht nur in einem dichten Zweigstellennetz sehen, sondern auch in der digitalen Welt. Es zählen persönliche Bindung, Vertrauen und das Gefühl, angemessen beraten und betreut zu werden. Dies ist sowohl offline als auch online möglich.

Für die zunehmenden Nachfragen vor allem seitens institutioneller Anleger und mittelständischer Firmenkunden hinsichtlich der Nachhaltigkeit des Geschäftsmodells sind die Sparkassen daher in einer guten Ausgangsposition.

Zur Formierung eines Nachhaltigkeitsverständnisses von Sparkassen

Hinsichtlich der besonderen Herausforderungen der ökologischen Dimension von Nachhaltigkeit hat der Deutsche Sparkassen- und Giroverband (DSGV) bereits im Jahr 2009 im Zusammenwirken mit Sparkassen, Verbänden, Landesbanken und Verbundpartnern mit der Vorstudie „Umwelt und nachhaltige Entwicklung in der Geschäftspolitik" eine systematische Vorgehensweise beschrieben.[170] Dabei wurden die folgenden vier Leitfragen zugrunde gelegt:

[170] Vgl. DSGV (2009).

- Welche Produkte und Leistungen bieten wir Kunden an, um deren Bedarf hinsichtlich umweltorientierter bzw. nachhaltiger Finanzierungs- und Anlagelösungen zu decken und gleichzeitig unsere Ertragsziele zu erfüllen? (Produkte und Vertrieb)
- Wie sollten Chancen bzw. Risiken aus den Anforderungen einer nachhaltigen Entwicklung berücksichtigt werden, um Erträge zu erschließen und Risikokosten zu senken? (Chancen- und Risikopolitik)
- Wie sind Standards und Abläufe im Innenbetrieb und im Management der eigenen Immobilien zu gestalten, um die Nutzung natürlicher Ressourcen und damit gleichzeitig die Kosten dauerhaft zu reduzieren? (Betriebliche Organisation und Prozesse)
- Welche Maßnahmen sind notwendig, um das Wissen zu Umwelt- und Nachhaltigkeitsthemen zu vertiefen und um extern die Leistungen der Sparkassen-Finanzgruppe für Umwelt und Nachhaltigkeit zu vermitteln? (Wissen und Kommunikation)

Auf Basis dieser Fragestellungen, vorhandener Konzepte und geschäftspolitischer Vorhaben sind neun Handlungsfelder mit insgesamt 24 Maßnahmenpaketen definiert worden, die als thematische Orientierung für die Integration nachhaltiger Aspekte ins Kerngeschäft dienen. Zu diesen Themen liegen bereits etliche Studien, Erfahrungsberichte und andere Materialien vor bzw. werden noch entwickelt, die von Sparkassen in der Geschäftspolitik genutzt werden können.

Viele Sparkassen haben für Dienstleistungen für den Kunden und den Innenbetrieb bereits überzeugende Lösungen mit ökologischem Schwerpunkt entwickelt:

- Dazu gehören zweckgebundene Sparbriefe mit fester Verzinsung und Laufzeit, die als risikoarme Anlageform Kredite für Anlagen erneuerbarer Energien refinanzieren. Hierzu ein Beispiel: Die Stadtsparkasse München hat zeitweilig einen M-Ökosparbrief aufgelegt, der zur Refinanzierung eines Kredits an die Münchner Stadtwerke dient. Die Stadtwerke nutzen diese Mittel ausschließlich für Projekte zum Ausbau erneuerbarer Energien für München. Ein solches Finanzprodukt legt dem Anleger gegenüber offen, in welche Investitionen die angesparten Mittel fließen, und fördert insoweit die Transparenz am Finanzmarkt.[171]
- Der Innenbetrieb der Sparkasse Kraichgau wird an ökologischen Grundsätzen ausgerichtet. Dazu dient auch die Zertifizierung nach dem europäischen Umweltmanagementsystem EMAS. Durch konsequente Ressourceneinsparung in den letzten zehn Jahren hat die Sparkasse die Umweltbelastung ihres Wirtschaftens um rund 30 Prozent senken können und gleichzeitig erhebliche finanzielle Einsparungen erreicht.[172]
- Die Sparkasse Nienburg hat sich insbesondere dem Klimaschutz gewidmet. Sie hat durch vorbildliche Energieeinsparung und Ankauf von Emissionsminderungszertifikaten zur Neutralisierung der restlichen Emissionen insgesamt als erste deutsche Sparkasse einen klimaneutralen Geschäftsbetrieb erreicht.[173]

[171] Vgl. Kunst 2013, S. 156 ff.

[172] Vgl. Oszter 2013, S. 386 ff.

[173] Vgl. Gieger-Graßl 2013, S. 377 ff.

Basis für das Handeln der Sparkassen ist ein gemeinsames Nachhaltigkeitsverständnis. Dazu hat die Sparkassen-Finanzgruppe — abgeleitet aus der oben genannten Vorstudie, dem Selbstverständnis und der Markenpositionierung — in den Jahren 2013/2014 Nachhaltigkeitsleitsätze entwickelt. Diese Leitsätze stecken den übergeordneten Rahmen für das Handeln in Bezug auf die Nachhaltigkeit und den öffentlichen bzw. gesellschaftlichen Auftrag ab.

Dabei stehen vier Aussagen im Mittelpunkt, die das Nachhaltigkeitsverständnis der Sparkassen ausmachen:[174]

- „Wir bekennen uns zu unserem öffentlichen/gesellschaftlichen Auftrag."
  Ein klares Bekenntnis zu dem durch die Gesellschaft an die Sparkassen erteilten Auftrag, sich zum Wohle der Allgemeinheit als Finanzdienstleister im Markt zu positionieren.
- „Wir machen Finanzwirtschaft verständlich und stellen sie in den Dienst der Menschen und der Wirtschaft."
  Ein klares Bekenntnis dazu, dass Finanzprodukte und Finanzdienstleistungen der Sparkassen nicht in allererster Linie einer größtmöglichen Gewinnerzielung dienen, sondern dem Wohl der Menschen, die möglichst an allen wirtschaftlichen und gesellschaftlichen Entwicklungen partizipieren können sollen. Ferner dienen die Finanzdienstleistungen der Handlungsfähigkeit der kleinen und mittleren Unternehmen in der Region, deren Finanzierung und Begleitung Arbeitsplätze und Prosperität sichern helfen soll.
- „Wir verpflichten uns dem ressourcenschonenden Wirtschaften."
  Ein klares Bekenntnis zu einem ökologischen Bewusstsein, das von den Instituten als zentraler Bestandteil für eine positive Zukunftsperspektive und steigende Lebensqualität gesehen und verstanden wird.
- „Wir machen uns stark für nachhaltigen Wohlstand und bessere Lebensqualität vor Ort."
  Ein klares Bekenntnis zu den von den Sparkassen gelebten Prinzipien der Regionalität und Subsidiarität. Diese Prinzipien sind wichtige Grundlagen für eine nachhaltige Entwicklung.

Dieses gemeinsame Verständnis lässt den vor Ort selbstständig tätigen Sparkassen genügend Spielräume, ihre eigenen lokalen Schwerpunkte, Strategien und Initiativen zusammen mit ihren Trägern und weiteren Stakeholdern zu definieren.

Transparenz durch ein neu entwickeltes System der Nachhaltigkeitsberichterstattung

Erfahrungen gerade auch mittelständischer Unternehmen zeigen, dass eine systematische Berichterstattung zu Aspekten nachhaltigen Wirtschaftens besonders geeignet ist, neue Denkweisen anzustoßen. Hinzu kommt, dass zunehmende Transparenz über das unternehmerische Handeln auch von der Politik und der Öffentlichkeit eingefordert wird.

[174] Vgl. DSGV 2014, S. 6 ff.

Deshalb ist die Berichterstattung durch Sparkassen mit folgenden Zielen weiterentwickelt worden:

- der Öffentlichkeit Informationen über die Auswirkungen des wirtschaftlichen Handelns von Sparkassen auf Gesellschaft und Umwelt zur Verfügung zu stellen,
- darzustellen, wie Sparkassen als „good citizens" in ihrem regionalen Raum tätig sind,
- Trägern, Kunden und Mitarbeitenden gegenüber zu demonstrieren, welche Rolle Sparkassen als regionale „Problemlöser" spielen.

Dabei sind nationale und internationale Entwicklungen der Unternehmensberichterstattung mit einzubeziehen.

Dort, wo Sparkassen freiwillig über Nachhaltigkeit Rechenschaft ablegen wollen, hilft das System, welches der Deutsche Sparkassen- und Giroverband (DSGV) im Jahr 2013 angelehnt an den Deutschen Nachhaltigkeitskodex[175], die Global Reporting Initiative (GRI)[176] und ergänzt um Facetten des öffentlichen bzw. gesellschaftlichen Auftrages entwickelt hat. Dieses Set mit Nachhaltigkeitsindikatoren bietet Sparkassen die Möglichkeit, nach außen darzustellen, wie sie mit ihrer unternehmerischen Haltung, mit ihren nachhaltigen Produkten und gesellschaftlichen Initiativen den Wohlstand fördern und sich für die gesellschaftliche Zukunft in der Region einsetzen. Damit ist es gelungen, die Kommunikation zum Auftrag von Sparkassen in eine Nachhaltigkeitsberichterstattung zu integrieren.

Mit der Kreissparkasse Heinsberg[177] und der Kreissparkasse Waiblingen[178] haben inzwischen die ersten beiden Sparkassen einen solchen „Bericht an die Gesellschaft" als Print- und Onlinepublikation vorgelegt. Auch die Sparkassen-Finanzgruppe insgesamt hat im Jahr 2014 erstmals einen Nachhaltigkeitsbericht als „Bericht an die Gesellschaft" veröffentlicht.[179] Dieser Bericht beschreibt als integraler Bestandteil des Jahresberichtes die Leistungen der Sparkassen-Finanzgruppe zur Förderung einer nachhaltigen Entwicklung in Deutschland und ihr Verständnis des öffentlichen bzw. gesellschaftlichen Auftrages. Ausgewählte Beispiele und Zahlen machen dies deutlich.

Um das neue Berichtssystem auch in den Kontext anderer Berichterstattungsstandards zu stellen, ist es kompatibel mit dem Deutschen Nachhaltigkeitskodex[180]. Der Rat für Nachhaltige Entwicklung begrüßt den eigens für Sparkassen entwickelten Kriterienkatalog zur Nachhaltigkeitsberichterstattung und erkennt ihn als Grundlage für die Erfüllung der Anforderungen des Deutschen Nachhaltigkeitskodex an.

175 Vgl. http://www.nachhaltigkeitsrat.de.

176 Vgl. http://www.globalreporting.org.

177 Vgl. http://www.kreissparkasse-heinsberg.de.

178 Vgl. http://www.kskwn.de.

179 Vgl. DSGV 2014.

180 Vgl. http://www.nachhaltigkeitsrat.de.

Die von der Europäischen Union im Jahr 2014 verabschiedete Richtlinie zur verpflichteten Nachhaltigkeitsberichterstattung für Unternehmen[181] ab 500 Beschäftigten, die noch in nationales Recht umzusetzen ist, sehen wir nicht nur als Herausforderung, sondern auch als Chance, das Geschäftsmodell „Sparkasse" mit seinen Vorzügen noch besser und differenzierter in der Öffentlichkeit zu verankern.

Nachhaltigkeit und Kreditwirtschaft: (k)ein Widerspruch?

Das Ziel der Sparkassen-Finanzgruppe ist es, auch weit über aktuelle Nachhaltigkeitsaspekte hinaus mit den Bürgern, den Unternehmen, der Politik und allen anderen gesellschaftlichen Gruppen gemeinsam an der Gestaltung der Zukunft zu arbeiten.

Dazu hat sich der DSGV an einigen wichtigen bundesweiten Initiativen beteiligt:

- Der DSGV wirkte für die Sparkassen-Finanzgruppe als einziger Vertreter aus der Kreditwirtschaft bei der UN-Dekade „Bildung für nachhaltige Entwicklung" (2005 bis 2014)[182] mit. Beratungsdienst „Geld und Haushalt"[183], Sparkassen-SchulService, Planspiel Börse und Wissenschaftsförderung der Sparkassen-Finanzgruppe e. V.[184] engagierten sich zur Integration wirtschaftlicher und finanzieller Aspekte in nachhaltige Bildung für die breite Öffentlichkeit.
- Zusammen mit weiteren Kreditinstituten und Versicherungen ist der DSGV von der Gründung im Jahr 2007 an am BMBF Finanz: Forum Klimawandel beteiligt[185]. Das Forum unterstützt die Klimastrategie der Bundesregierung und gewährleistet die Mitwirkung der Finanzwirtschaft als Partner am Innovationsprozess. Das Forum wird seit 2014 unter dem Dach des Vereins für Umweltmanagement und Nachhaltigkeit in Finanzinstituten e. V. (VfU), in dem die Sparkassen-Finanzgruppe ebenfalls mehrfach vertreten ist, fortgeführt. Der VfU gilt gleichzeitig als der deutsche „Arm" des Klimaprogramms der Vereinten Nationen in Bezug auf Finanzdienstleister (UNEP Finance Initiative)[186] und fördert die Verankerung nachhaltigen Wirtschaftens in Finanzinstituten.[187]

---

181 Vgl. Europäische Union 2014

182 Vgl. http://www.bne-portal.de.

183 Vgl. http://www.geldundhaushalt.de.

184 Vgl. http://www.s-wissenschaft.de.

185 Vgl. http://www.cfi21.org.

186 Vgl. http://www.unepfi.org.

187 Vgl. http://www.vfu.de.

In der aktuellen Phase, in der die Volkswirtschaften in den Industriestaaten insgesamt wieder positive Beispiele von funktionierenden Kreditinstituten suchen, können die deutschen Sparkassen ein überzeugendes Modell vorweisen. Sie haben ihre dienende Rolle für die übrige Wirtschaft und Gesellschaft nicht aus den Augen verloren und zur Stabilität im Finanzwesen beigetragen.[188] Bei der notwendigen Rückbesinnung auf die Aufgaben von Kreditinstituten spielt die Diskussion um die Nachhaltigkeit in der Wirtschaft eine wichtige Rolle. Sofern Kreditinstitute eng mit der Realwirtschaft verbunden sind, Kunden mit ihren Produkten und Dienstleistungen einen echten Nutzen stiften, mit Mitarbeitern partnerschaftlich umgehen und darüber hinaus ihre ökologischen Hausaufgaben machen, sehe ich Kreditinstitute aller Säulen des Kreditgewerbes als wichtige Partner in einer nachhaltigen Entwicklung an.

Als Sparkassen stellen wir uns dieser Diskussion und sind von der Nachhaltigkeit unseres Geschäftsmodells überzeugt. Eine maßgebliche Rolle spielen dabei für uns die Kommunen als Träger der Institute sowie die Mitarbeiter der Sparkassen, die diesen Dialog mit den Menschen tragen und vorantreiben sollen.

Literaturverzeichnis

Brämer, P./Gischer, H./Pfingsten, A./Richter, T. (2010): Der öffentliche Auftrag der deutschen Sparkassen aus der Sicht der Perspektive des Stakeholder-Managements, in: ZögU Nr. 4/2010, S. 311–332

DSGV (Deutscher Sparkassen- und Giroverband, Hrsg.)

(2009): Abschlussbericht zur Vorstudie „Umwelt und Nachhaltigkeit in der Geschäftspolitik der Sparkassen-Finanzgruppe, Bonn 2009 (Broschüre, nur zur Verwendung innerhalb der Sparkassen-Finanzgruppe)

(2014): Bericht an die Gesellschaft 2013. Unser Land — unser Beitrag, Berlin 2014 (Broschüre)

Europäische Kommission (2011): Mitteilung der Kommission an das Europäische Parlament, den Rat, den Europäischen Wirtschafts- und Sozialausschuss und den Ausschuss der Regionen, Eine neue EU-Strategie (2011–14) für die soziale Verantwortung der Unternehmen (CSR), KOM (2011) 681, Brüssel 2011

Europäische Union (2014): Richtlinie 2014/95/EU des Europäischen Parlaments und des Rates vom 22. Oktober 2014 zur Änderung der Richtlinie 2013/34/EU im Hinblick auf die Angabe nichtfinanzieller und die Diversität betreffender Informationen durch bestimmte große Unternehmen und Gruppen, Amtsblatt der Europäischen Union, http://eur-lex.europa.eu, Abfrage vom 24.11.2014

[188] Vgl. ZEW (2012), insbesondere S. 31.

Gieger-Graßl, U. (2013): Sparkasse Nienburg — Nachhaltig. Klimaneutral.gut., in: Schäfer, H./Krummrich, K. (Hrsg.), Handbuch Nachhaltigkeit. Strategie — Forschung — Praxis, Stuttgart 2013, S. 377–385*Hauff, V. (Hrsg.) (1987):* Unsere gemeinsame Zukunft. Der Brundtland-Bericht der Weltkommission für Umwelt und Entwicklung, Greven 1987

Kommission der Europäischen Gemeinschaften (2001): Europäische Rahmenbedingungen für die soziale Verantwortung der Unternehmen, Grünbuch, KOM (2001) 366, Brüssel 2001

Kunst, A. (2013): Der „M-Ökosparbrief", in: Schäfer, H./Krummrich, K. (Hrsg.), Handbuch Nachhaltigkeit. Strategie — Forschung — Praxis, Stuttgart 2013, S. 156–162

Oszter, J. (2013): Sparkasse Kraichgau. ÖKO? Logisch!, in: Schäfer, H./Krummrich, K. (Hrsg.), Handbuch Nachhaltigkeit. Strategie — Forschung — Praxis, Stuttgart 2013, S. 386–403

Schäfer, H./Krummrich, K. (Hrsg.) (2013): Handbuch Nachhaltigkeit, Strategie-Forschung-Praxis, Stuttgart 2013

ZEW (Hrsg.) (2012): Risikoübernahme im Bankensektor: Unterscheiden sich Sparkassen und Genossenschaftsbanken von Geschäftsbanken?, Broschüre, Mannheim 2012

Zitierte Internetseiten

http://www.bne-portal.de, Abruf vom 28.8.2014

http://www.cfi21.org, Abruf vom 28.8.2014

http://eur-lex.europa.eu, Abruf vom 24.11.2014

http://www.geldundhaushalt.de, Abruf vom 28.8.2014

[http://www.globalreporting.org, Abruf vom 28.8.2014

http://www.ipcc.ch, Abruf vom 28.8.2014

http://www.kreissparkasse-heinsberg.de, Abruf vom 28.8.2014

http://www.kskwn.de, Abruf vom 28.8.2014

http://www.nachhaltigkeitsrat.de, Abruf vom 28.8.2014

http://www.savings-banks.com, Abruf vom 28.8.2014

http://www.s-wissenschaft.de, Abruf vom 28.8.2014

http://www.unepfi.org, Abruf vom 30.7.2014

http://www.unglobalcompact.org, Abruf vom 30.7.2014

http://www.vfu.de, Abruf vom 28.8.2014

Industrieller Versicherungsschutz zur betrieblichen Existenzsicherung

Dr. Joachim ten Eicken
Mitglied des Vorstands, HDI-Gerling Industrie Versicherung AG

Management Summary

Als traditionsbewusster Industrieversicherer leistet die HDI-Gerling Industrie Versicherung AG einen wesentlichen Beitrag zur nachhaltigen Entwicklung von Unternehmen. Durch die umfassende Absicherung ganz unterschiedlicher betrieblicher Risiken erhalten Unternehmen und deren Belegschaften die Sicherheit, im Fall eines Schadeneintritts die erforderliche tatkräftige und finanzielle Unterstützung zu erfahren.

Besonders wichtig ist dies in Risikosituationen, die den Fortbestand des Unternehmens gefährden können. Dazu zählen unter anderem Großbrände, extreme Wetterereignisse wie Überschwemmungen und der Ausfall eminenter Produktionsanlagen. Gerade in solchen Notfällen kommt es darauf an, dass den Betrieben schnell und professionell geholfen wird. Hiervon hängt es am Ende ab, ob die Schadenfolgen begrenzt, die Produktions- bzw. Geschäftsfähigkeit aufrechterhalten oder schnellstmöglich wieder hergestellt werden können.

Die Unternehmen profitieren dabei von den vielfältigen Schadenerfahrungen aus unserer über hundertjährigen Tätigkeit als Industrieversicherer. Das gilt insbesondere auch für die Schadenprävention. Die Schadenverhütungsexperten von HDI-Gerling Industrie, sogenannte Risk Engineers, untersuchen die betriebliche Gefährdungslage vor Ort, führen Risikoanalysen durch und erstellen spezifische Schutzkonzepte. Auf dieser Basis werden individuelle Maßnahmen entwickelt und gemeinsam mit den Kunden umgesetzt.

Dieser „Dreiklang" aus Risikoabsicherung, Schadenmanagement und Schadenprävention schafft eine wesentliche Grundlage zum dauerhaften Fortbestand der Unternehmen und ist integraler Bestandteil des Risikomanagements der Unternehmen.

Industrieller Versicherungsschutz und Risk Engineering zur Förderung einer nachhaltigen Unternehmensentwicklung

Unternehmerisches Handeln wirkt sich unmittelbar auf die Wirtschaft, Umwelt und Gesellschaft eines Landes aus. Die Unternehmen leisten einen Beitrag zur ökonomischen Wertschöpfung, beanspruchen für die Leistungserstellung ökologische Ressourcen und sichern als Arbeitgeber die Einkommen der Mitarbeiter und ihrer Familien.

Unternehmerische Entscheidungen sind mit Risiken verbunden. Industrieller Versicherungsschutz gibt den Betrieben ein unverzichtbares Fundament der Sicherheit. Denn in jeder Minute kann sich ein Großschaden ereignen. Gerade dann benötigt der betroffene Betrieb einen Partner, der ihn tatkräftig und finanziell unterstützt, damit die betriebliche Existenz gesichert werden kann. Gleichzeitig zeigen wir als Industrieversicherer den Unternehmen Wege auf, wie sie die Wahrscheinlichkeit eines Schadeneintritts weitestgehend begrenzen können. Die Absicherung von Risiken und die Schadenprävention gehen dabei Hand in Hand.

Sachversicherungen zur Sicherung der betrieblichen Zukunft

Unternehmen müssen sich im Zuge ihrer betrieblichen Aktivitäten mit einer Vielzahl unterschiedlicher Risiken und daraus resultierender Schadenpotenziale auseinandersetzen. Einerseits wirken diese Gefahren von außen auf den Betrieb ein. Dies gilt beispielsweise zunehmend für extreme Wetterereignisse wie Hagelstürme und Überschwemmungen durch anhaltenden Starkregen. Ebenso kann der schadenbedingte Ausfall eines wichtigen Zulieferers zu Produktionsstörungen führen. Andererseits ergeben sich die Risiken im Zuge der betrieblichen Leistungserstellung. Dies ist zum Beispiel der Fall, wenn Montage- oder Materialfehler einen Maschinenbrand auslösen. Genauso kann unachtsames Handeln von Mitarbeitern ein Feuer verursachen, das sich bei unzureichendem Brandschutz schnell auf benachbarte Gebäudeteile ausbreiten kann.

Den verschiedenen Risikosituationen ist eines gemein: Den Unternehmen können hieraus Schäden entstehen, die zu erheblichen Betriebsunterbrechungen und finanziellen Einbußen führen. Bei Großschäden steht nicht selten die betriebliche Zukunft auf dem Spiel.

Die individuelle Vereinbarung von Versicherungslösungen bietet Unternehmen eine umfassende Absicherung auch existenzieller Sach- und Ertragsausfallrisiken. Der Deckungsschutz wird an den jeweiligen betrieblichen Anforderungen im In- und Ausland ausgerichtet. Betreut wird der Betrieb durch Risiko-Experten, unterstützt durch das Underwriting.

Schadenbegrenzung und -regulierung auch bei Großschäden

Aufgrund der mehr als hundertjährigen Tätigkeit als Industrieversicherer verfügt HDI-Gerling über umfangreiche Schadenerfahrungen. Eins zeigen uns diese Erfahrungen heute ganz deutlich: Gerade im Industriebereich haben vor allem Großschäden einen deutlichen „Impact" auf die Produktions- und Geschäftsfähigkeit der betroffenen Unternehmen. Zudem können sich negative Folgen für die Umwelt ergeben.

Ein Beispiel: Ein produzierendes Unternehmen wird mitten im Sommer von anhaltenden Starkregenfällen heimgesucht. Binnen Stunden überflutet das Hochwasser das gesamte Betriebsgelände in einer Höhe von 20 bis 50 Zentimetern. Bereits einen Tag später fließt das Wasser zwar wieder ab. Doch zurück bleibt eine Schicht aus nassem Schlamm, der sich gleichmäßig über alle Gebäude, Vorräte und Maschinen ausgebreitet hat. Jetzt ist Eile geboten. Würde der Schlamm verhärten, könnten die Rückstände nur noch mit großem Aufwand entfernt werden.

Es wird ein Expertenteam zusammengestellt, das kurze Zeit nach der Schadenmeldung vor Ort ist, um die Lage zu begutachten: Dies sind im Wesentlichen ein eigener Schadenregulierer, verantwortliche Fachleute des betroffenen Unternehmens sowie externe Sachverständige. Gemeinsam wird die Lage beurteilt und schnell werden die notwendigen Entscheidungen getroffen. Bereits am Folgetag wird im Drei-Schicht-Betrieb mit den erforderlichen Arbeiten begonnen. Durch das beauftragte Spezialunternehmen werden die betreffenden Produktionsanlagen fachgerecht gereinigt, saniert und zusammen mit dem Kunden schnell wieder in Betrieb genommen. Die Arbeiten werden durch einen Chemiker begleitet, der u. a. sicherstellt, dass möglicherweise freigesetzte Schadstoffe fachgerecht entsorgt werden. Nach Vorliegen der ersten Schadenschätzungen stellt die Versicherung eine erste Akontozahlung zur Verfügung.

Der Schadenfall zeigt deutlich: Es müssen fachkundige Personen schnell vor Ort sein, damit die richtigen Maßnahmen umgesetzt werden und greifen können. Das betrifft vor allem die Begrenzung und Beseitigung der Schäden. Gleichzeitig muss das Unternehmen darauf vertrauen können, dass die Versicherung unverzüglich in die Schadenregulierung eintritt, damit etwaige Liquiditätsengpässe vermieden werden. Erst durch das Zusammenwirken dieser Faktoren können nachhaltige Ziele erreicht werden: Sicherung des Fortbestandes des Unternehmens und der damit verbundenen Arbeitsplätze sowie die bestmögliche Schonung der Umwelt und Ressourcen. Es kommt neben dem Risikoschutz und dem eigenen Risikomanagement auch gerade auf die Auswahl des richtigen, erfahrenen und kompetenten Versicherers an.

Aufrechterhaltung der Geschäftstätigkeit bei Ausfall zentraler Produktionsanlagen durch Betriebsunterbrechungsversicherungen

Unternehmen bewegen sich in dynamischen Wirtschaftsprozessen. In einer globalisierten Weltwirtschaft müssen sie im täglichen Wettbewerb bestehen. Die Fokussierung auf Kerntätigkeiten, Strukturveränderungen und Kosteneinsparungen sind die Folge von Prozessoptimierungen. Gleichzeitig verschärfen sich jedoch damit gerade bei Produktionsunternehmen die Auswirkungen betrieblicher Störungen.

Unterschiedliche lokale Ereignisse können heutzutage die gesamte Fertigungskette eines Produkts für Wochen oder Monate lahmlegen. Auslöser dieser Betriebsunterbrechungen sind häufig der Ausfall einer zentralen, sogenannten Engpassmaschine durch einen Brandschaden, der schadenbedingte plötzliche Rückzug eines Kern-Lieferanten von seinen Lieferverpflichtungen oder auch die Zerstörung eingelagerter Werkzeuge durch ein Schadenereignis. In solchen Fällen steht das Unternehmen schnell vor der kritischen Situation, zeitnah keinen adäquaten Ersatz zu finden.

Ein weiterer Praxisfall: Bei einem metallverarbeitenden Betrieb löst eine automatische Brandmeldeanlage einen Feueralarm aus, im Bereich eines Walzwerkes ist ein Brand ausgebrochen. Der Brand kann gelöscht und das Gebäude über eine Absauganlage entraucht werden. Jedoch droht ein mehrmonatiger Produktionsausfall, weil das betroffene Walzwerk nur sehr zeitaufwendig repariert und aufgrund seiner Anlagengröße nicht ohne Weiteres ersetzt werden kann. Nach eingehender Schadenbesichtigung setzt das Experten-Team im Wesentlichen folgende Maßnahmen um:

1. In einer detaillierten Analyse werden Reparaturvarianten, Kosten und Zeitabläufe einander gegenübergestellt.
2. Das beschädigte Walzwerk wird unter Ausnutzung bestmöglicher Lieferzeiten neu bestellt.
3. Unverzüglich wird mit der provisorischen Instandsetzung des Walzwerkes begonnen, um damit einen Teil der Produktpalette fertigen zu können.
4. Verlagerung von weiteren Teilen der Produktion auf einen zweiten Standort
5. Befristete Ausweitung des Schichtbetriebes
6. Endgültige Wiederherstellung nach Neulieferung des betroffenen Walzwerkes
7. Frühzeitige Akontozahlungen in Millionenhöhe, damit alle erforderlichen Maßnahmen zügig umgesetzt werden können

Alle Beteiligten verfolgten mit ihrer Expertise und ihrem Engagement ein gemeinsames Ziel: die schnellstmögliche Wiederaufnahme der Produktion. Bereits nach einer Woche konnten Großkunden des Unternehmens mit den wichtigsten Produkten beliefert und somit die Geschäftsgrundlage des Produzenten aufrechterhalten werden. Gleichzeitig wurde so der durch die Betriebsunterbrechung verursachte Ausfallschaden deutlich gemindert – und vor allem die Zukunft des Unternehmens gesichert.

Risk Engineering als Beitrag für eine nachhaltige Geschäftspolitik

Der bekannte Slogan „Erst sichern, dann versichern" ist mehr als ein prägnanter Werbespruch. Er drückt einen wesentlichen Bestandteil der von HDI-Gerling seit Jahrzehnten gelebten Unternehmensphilosophie aus. Unternehmen können durch gezielte Maßnahmen aktiv das betriebliche Risikopotenzial begrenzen. Als traditionsbewusster Industrieversicherer unterstützen wir unsere Kunden nicht nur bei der Umsetzung, sondern fordern diese auch aktiv ein. Aus guten Gründen.

Die Schadenprävention untermauert die Zukunftsfähigkeit des Unternehmens, schützt die Gesundheit der Mitarbeiter und bewahrt die natürlichen Ressourcen. Damit leistet sie einen wesentlichen Beitrag für eine nachhaltige Geschäftspolitik. Damals wie heute bringt HDI-Gerling unter dem Dach des Gesamtverbandes der Deutschen Versicherungswirtschaft (GDV) sein Know-how bei der Erarbeitung spezifischer Sicherheitsanforderungen ein. Beispielhaft genannt seien hier die Richtlinien der GDV-Tochtergesellschaft VdS Schadenverhütung für Brandschutz in Recyclinganlagen.

Den Adressaten, wie z. B. Unternehmen und Anlagenbetreibern, dienen diese Regelwerke als „guidelines" im Geschäftsalltag. Darüber hinaus besteht in der Regel ein betrieblicher Bedarf nach Unterstützung beim Aufbau eines spezifischen Risikomanagements bzw. bei der Umsetzung individueller sicherheitstechnischer Maßnahmen z. B. für wichtige Einzelanlagen. Dies hat primär zwei Gründe: Die gesetzlichen Anforderungen sind eher auf den Personenschutz ausgerichtet, während der Blickwinkel des Risk Engineering auf den Erhalt der Produktion zielt. Zudem zeigen unsere Erfahrungen, dass Risiken, die für den Produktionserhalt von elementarer Bedeutung sind, in den Unternehmen oftmals unzureichend bewertet oder gar nicht erkannt werden. Der Blick des Risk Engineers ist eben nicht durch den betrieblichen Alltag geprägt.

Betriebsbegehungen zur Unterstützung des Aufbaus eines betrieblichen Risikomanagements

Die Analyse und Identifizierung von Risiken ist ein Kernbestandteil und Ausgangspunkt der partnerschaftlichen Zusammenarbeit mit unseren Kunden. Erst durch die Ermittlung der Risikopotenziale lassen sich die möglichen Schadenauswirkungen quantifizieren und Maßnahmen zur weitestgehenden Vermeidung bzw. Begrenzung der Risiken umsetzen.

Für uns als verantwortungsbewussten Industrieversicherer ist es unerlässlich, die Risikosituationen der Kunden möglichst genau zu kennen. Schließlich stellt die Risikobewertung die Basis für die Prämienkalkulation dar. Je nach Ausmaß der Risikoexponierungen, Gefährdungspotenziale und Schadenauffälligkeiten suchen unsere Sicherheitsexperten auch persönlich die Unternehmensstandorte zur Begutachtung der Risikolage auf. Bei diesen Betriebsbegehungen steht die Bestimmung des betriebsartspezifischen Brandgefährdungspotenzials auf der Agenda. Der Fokus richtet sich vor allem auf den Fertigungsprozess mit u. a. folgenden Schwerpunkten:

- vorhandene Brandlasten (z. B. brennbare Verpackungen)
- die Unterteilung von Gebäuden in Brandabschnitte, die Funktionsfähigkeit von Brandschutztüren sowie Rauch- und Wärmeabzugsanlagen, um bei einem Feuerausbruch ein schnelles Ausbreiten der Flammen und des Rauches zu verhindern (baulicher Brandschutz)
- betriebliche Zündquellen, Durchführung von Heiß- und Schweißarbeiten sowie der Einsatz von elektrischen Geräten
- der Einsatz von Brandmelde- und Löschanlagen (anlagentechnischer Brandschutz) für ganze Gebäude und einzelne Produktionsanlagen
- die Einsatzfähigkeit von Feuerlöschern, Wandhydranten und der Löschwasserversorgung
- die Einsatzbereitschaft von öffentlichen und ggf. werkseigenen Feuerwehren (abwehrender Brandschutz)
- die Überprüfung von Alarm-, Feuerwehr- und Rettungswegplänen sowie der Brandschutzordnung.

Weitere Kernfragen des organisatorischen Brandschutzes sind die Ernennung eines Brandschutzbeauftragten und die regelmäßige Unterweisung der Belegschaft über das richtige Verhalten im Brandfall.

Von zentraler Bedeutung für das Risikomanagement des Unternehmens ist die Bestimmung des wahrscheinlich höchsten Sach- bzw. Ertragsausfallschadens, der durch ein einzelnes Brand- bzw. Explosionsereignis unter Worst-Case-Bedingungen eintreten kann. Die Ermittlung des sogenannten Probable Maximum Loss (PML) basiert auf dem Ergebnis der durchgeführten Betriebsbegehung und spiegelt die Risikosituation wider. Gleichzeitig ist die PML-Bewertung die Grundlage für die erst- und rückversicherungstechnischen Zeichnungsentscheidungen — mit dem Ziel, eine bedarfsgerechte Risikoabsicherung des Unternehmens als Grundlage für den wirtschaftlichen Erfolg sicherzustellen.

In zunehmendem Maße verlagert sich die Bewertung von Brandgefahren in Richtung Supply Chain und der breiten Risikoexponierung einschließlich Naturgefahren.

Brand- und Explosionsschutz zur Vermeidung von Sach- und Personenschäden

Ausgehend von der Risikolage an den einzelnen Standorten des Unternehmens legen Experten des Underwritings und des Risk Engineerings von HDI-Gerling gemeinsam mit dem Kunden einen priorisierten „Risiko-Fahrplan" fest.

Oberste Priorität hat die Beseitigung von Mängeln, die im Schadenfall zu einer deutlichen Vergrößerung des Schadenausmaßes führen würden bzw. die Wahrscheinlichkeit eines Schadenfalls erhöhen. Mit Blick auf die damit verbundene Gefährdung des Unternehmens und die Versicherbarkeit der Risiken, gilt es, diese Mängel sofort bzw. kurzfristig abzustellen. Zur Veranschaulichung zwei Beispiele: In unmittelbar explosionsgefährdeten Bereichen werden herkömmliche Leuchten verwendet, die dafür nicht zugelassen sind, da sie eine wirksame Zündquelle darstellen; oder zweitens: In einem Hochregallager werden in direkter Umgebung von brennbaren Waren und Verpackungen feuergefährliche Arbeiten ohne besondere Schutzvorkehrungen durchgeführt.

Darüber hinaus werden Maßnahmen festgelegt, die umgesetzt werden sollten, um einen risikoadäquaten bzw. optimalen Sicherheitsstandard für den jeweiligen Standort zu erreichen. Auch hier erhält das Unternehmen konkrete Vorschläge zur bestmöglichen Umsetzung. Ggf. können diese Aktivitäten mit einem Zeitplan versehen werden, um der betrieblichen Organisation Rechnung zu tragen. Hierzu kann beispielsweise die Ausstattung von Fertigungsmaschinen mit eigenen Löschanlagen gehören. Ein weiteres Beispiel ist die Etablierung von baulichen Trennungen für betriebswesentliche, weil z. B. der Energieversorgung der Produktion dienende Räume.

Mit der Umsetzung sicherheitstechnischer Maßnahmen müssen keine hohen Investitionsausgaben verbunden sein. Oft sind es kleine bauliche Anpassungen oder organisatorische Maßnahmen, welche aber die Risikosituation dauerhaft verbessern können. Auf Wunsch unterstützen die Risiko-Ingenieure ihre Kunden bereits in der Planungsphase von neuen Bauvorhaben. Denn durch die frühzeitige Berücksichtigung der versicherungsbezogenen Anforderungen neben den behördlichen Vorgaben lassen sich nennenswerte Effizienzvorteile bei der Umsetzung des Brand- und Explosionsschutzes erzielen und spätere aufwendige Nachbesserungen vermeiden.

In jedem Fall stellt die Umsetzung sicherheitstechnischer Maßnahmen bzw. der Aufbau eines Risikomanagements für beide Seiten eine Win-win-Situation dar. Das Unternehmen verbessert dauerhaft die betriebliche Risikosituation und profitiert dabei von den langjährigen Schadenerfahrungen der Risiko-Ingenieure der Versicherer. Ein umfassender Kenntnisstand über die bestehende Risikolage ermöglicht uns eine individuelle risikoadäquate Kalkulation der Versicherungsprämien — mit der Konsequenz, dass sich ein sehr gutes Risiko-Profil entsprechend minimierend auf den Preis des Versicherungsschutzes auswirkt.

Analyse der Lieferketten zur Sicherstellung der Produktions- und Lieferfähigkeit

Weltweit verteilte Produktions- und Absatzmärkte erfordern eine zunehmende Vernetzung der Unternehmen in komplexen Lieferketten. Für die Unternehmen eröffnen sich hierdurch Skaleneffekte und Kostenvorteile. Durch die Spezialisierung auf Kernkompetenzen sind jedoch gleichzeitig die Abhängigkeiten von Zulieferern und Abnehmern gestiegen. Moderne Logistikkonzepte wie „Single Sourcing" und „Lean Management" kommen verschärfend hinzu. Treten in den Lieferketten Störungen auf, kann es zu massiven Lieferverzögerungen oder -ausfällen kommen. Die häufige Folge: Mit einem Schlag ist die gesamte Produktion lahmgelegt.

Welche Tragweite diese Lieferkettenproblematik inzwischen hat, offenbarten die vergangenen Naturkatastrophen in Asien. Durch das Erdbeben und den folgenden Tsunami im japanischen Fukushima konnten mehrere Kfz-Zulieferer ihre Lieferverpflichtungen an Automobilkonzerne nicht mehr einhalten. Die Hersteller mussten daraufhin ihre Produktionsprozesse strecken oder ganz aussetzen, da es offenbar weder Ersatzlieferanten noch ausreichende Lagerkapazitäten gab. Vergleichbare Auswirkungen hatten die Überschwemmungen in Thailand für die Computerindustrie.

Existenzielle Risiken können genauso aus den unternehmenseigenen Herstellungsprozessen resultieren. Ein Beispiel: Ein international tätiges Pharmaunternehmen produziert an drei außereuropäischen Standorten. Doch die Wirkstoffe für eine Medikamentenfamilie, die als Hauptumsatzträger gilt, werden nur an einer Fertigungsstätte hergestellt. Ein Ausfall könnte folglich die Existenz des gesamten Unternehmens gefährden. Abbildung 46 zeigt einen solchen „kritischen Pfad", identifiziert aus der Vielzahl von Materialströmen in einer Lieferkette. Hier haben mögliche Betriebsunterbrechungen die gravierendsten Auswirkungen.

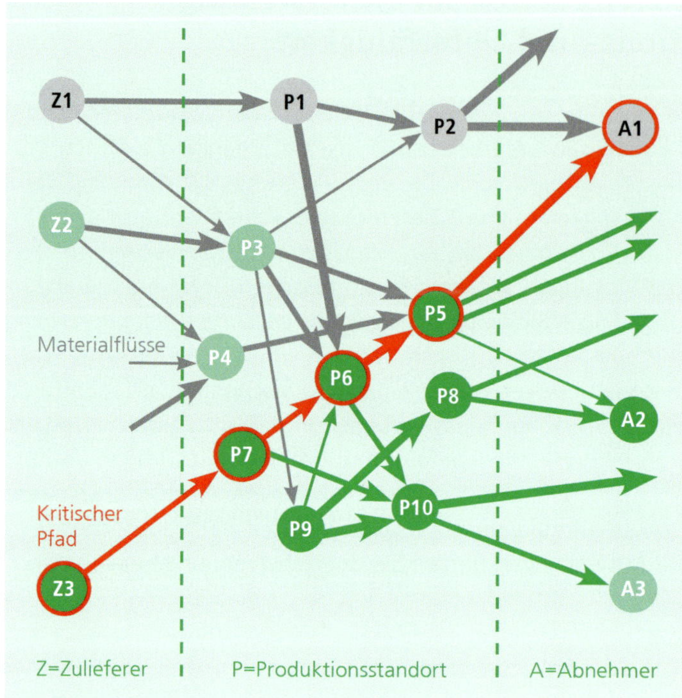

Abb. 46: Beispiel für komplexe Materialströme in der Lieferkette

Mit dem Ziel, derartige Risiken zu identifizieren und weitestgehend zu begrenzen, führt HDI-Gerling Industrie Betriebsunterbrechungs-Analysen (BU-Analysen) durch. Im zuvor beschriebenen Fall wurden gemeinsam mit dem Kunden drei zentrale Gegenmaßnahmen umgesetzt:

1. Aufbau von zusätzlichen Fertigungskapazitäten an einem weiteren Standort
2. Moderate Aufstockung der Lagerbestände der betreffenden Wirkstoffe
3. Verbesserung der Prozesssicherheit in diesem Produktionszyklus

Angesichts der erhöhten Betriebsunterbrechungsrisiken, die in den Wertschöpfungsketten verborgen sind, bietet sich ein modular aufgebautes Beratungskonzept an. Dreh- und Angelpunkt sind szenariobasierte Analysen, die stets einer „Was wäre wenn?"-Betrachtung folgen. Dabei wird das BU-Risiko der Unternehmensgruppe in Hinblick auf die bestehende Feuer-/Sach-Deckung untersucht. Auf Wunsch des Kunden lässt sich der Betrachtungswinkel auf externe Abhängigkeiten erweitern. Dabei werden sogenannte Rückwirkungsschäden betrachtet, wie sie sich z. B. infolge der zuvor beschriebenen Naturgefahren-Ereignisse ergeben haben. In einem weiteren Schritt kann der BU-Fokus auf Transport-, Projekt-/Montage- und Cyber-Risiken ausgeweitet werden.

Nach der Risikobewertung folgen konzeptionelle Empfehlungen zur weiteren Risikominimierung. Eine solche Maßnahme könnte beispielsweise die Auswahl und Qualifizierung eines alternativen Lieferanten in der Lieferkette sein. Darüber hinaus liefern die Ergebnisse wesentliche Ansatzpunkte für ein „Business Continuity Planning". Hier unterstützt HDI-Gerling das Unternehmen bei der Erarbeitung von Notfallstrategien, um sich bestmöglich auf einen Störfall vorzubereiten. Vorausgesetzt, die Pläne werden regelmäßig überprüft, überarbeitet und aktualisiert, bringt sich das Unternehmen so in die vorteilhafte Lage, im Ernstfall schnell und zielgerichtet handeln zu können. Dadurch sind die besten Voraussetzungen gegeben, dass die möglichen Schadenfolgen begrenzt bleiben und die Existenz des Unternehmens gesichert ist.

Prävention zur Vermeidung bzw. Begrenzung von Schäden durch Naturgefahren

Die Risiken durch Naturgefahren sind auch in Deutschland allgegenwärtig. Überschwemmungen (z. B. durch anhaltenden Starkregen), Hagelstürme oder lokal auftretende Tornados können sich bundesweit ereignen. Die Schadenfolgen sind oft immensen Ausmaßes und können die Produktionsfähigkeit auf einen Schlag lahmlegen. Anhaltende Betriebsunterbrechungen sind auch hier die Folge. Unternehmen sind daher verstärkt gefordert, sich mit diesen Gefahren auseinanderzusetzen.

Die zunehmenden Naturgefahren-Risiken beschäftigen uns als Industrieversicherer seit vielen Jahren in vielfältiger Weise. Ein Schwerpunkt jüngster Aktivitäten liegt in der Entwicklung des „Accumulation Risk Geospatial Online System", kurz ARGOS. Mithilfe dieses Werkzeuges lässt sich weltweit das Gefährdungspotenzial von Standorten hinsichtlich verschiedener Naturgefahren bewerten. Sogenannte Gefährdungskarten geben Aufschluss darüber, mit welcher Eintrittswahrscheinlichkeit bzw. Stärke bestimmte Naturgefahren auftreten können. Beispielsweise stellt die folgende Abbildung die Gefährdungszonen für Erdbeben und Tropische Stürme dar sowie die Hurrikan-Historie aus dem Jahr 2005. Weiterhin wird eine Risikoexponierungsbestimmung für einen Standort in Texas, in den Vereinigten Staaten, gegeben.

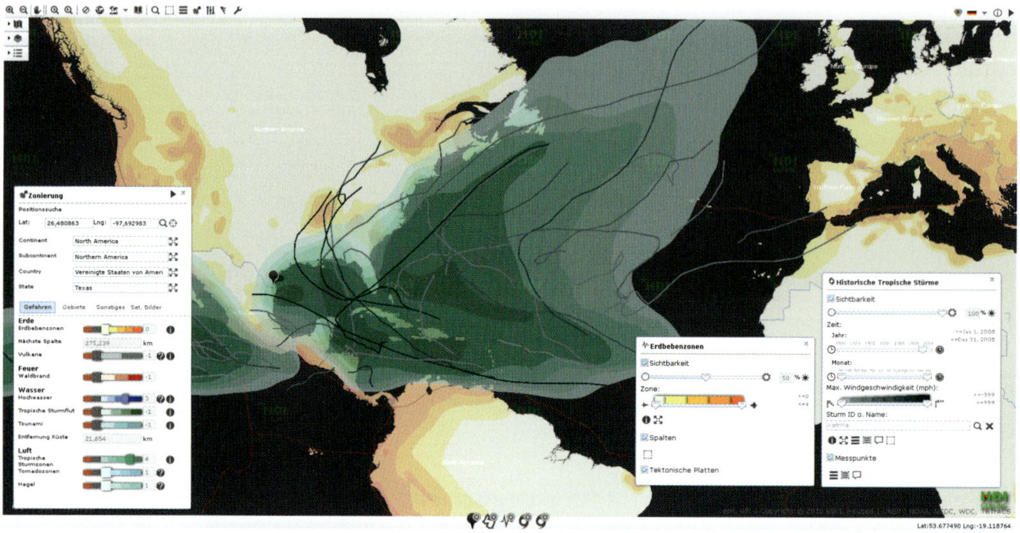

Abb. 47: Gefährdungszonen für Erdbeben und Tropische Stürme, Fokus: USA

Die Ergebnisse dieser Risikoexponierungsanalysen sind für den Industrieversicherer, aber besonders für den Kunden von hohem Nutzen. Dies gilt erstens im Ereignisfall. Durch den gleichzeitigen Zugriff auf ständig aktualisierte Naturgefahren-Ereignisdaten kann das Experten-Team vor Ort das voraussichtliche Ausmaß des Ereignisses besser einschätzen und die zu treffenden Maßnahmen darauf abstimmen. Zweitens können wir gemeinsam mit dem Unternehmen frühzeitig durch gezieltes Vorgehen dazu beitragen, dass die Folgen auch im Falle eines konkret zu erwartenden Schadeneintritts möglichst überschaubar bleiben. Neben öffentlichen Maßnahmen wie der Schaffung von Ablaufflächen bei Hochwasser oder dem Bau von Hochwasserschutzwänden können z. B. folgende Aktivitäten ergriffen werden:

- statische Maßnahmen, wie z. B. der Deichbau auf dem Betriebsgelände
- mobile Maßnahmen, wie z. B. der Einsatz von Dammbalken- oder Sandsacksystemen bei akuter Hochwassergefahr
- organisatorische Maßnahmen, wie z. B. die Erstellung von Notfallplänen, um Aktivitäten und Verantwortlichkeiten festzulegen
- präventive Maßnahmen, wie z. B. die zeitweilige Abschaltung von Trafos zum Schutz von Maschinen

Gemeinsam mit dem Kunden setzen wir auf Wunsch auch einen Schritt früher an. Bereits im Rahmen der Neubauplanung lässt sich durch die Einbeziehung solcher Gefährdungsdaten das Risikopotenzial erheblich senken. Die Erfahrungen zeigen: Schon die Verlegung kritischer Produktionseinheiten eines geplanten Standortes in höher gelegene Bereiche oder der Einsatz organisatorischer und baulicher Maßnahmen kann das Naturgefahren-Risiko erheblich senken — und damit frühzeitig die Weichen für eine sichere Zukunft des Betriebes und der Arbeitsplätze stellen.

Ausblick

Mehr denn je sind Unternehmenslenker gefordert, sich mit den vielfältigen Risiken für ihren Betrieb auseinanderzusetzen: Verstärkte Abhängigkeiten im Zuge von arbeitsteiligen Prozessen und steigende Sicherheitsstandards vonseiten der Gesetzgeber sind hier ebenso hervorzuheben wie Cyber-Angriffe auf Rechnersysteme und informationstechnologische Prozesse sowie nicht zuletzt die zunehmende Gefährdung durch extreme Naturereignisse.

HDI-Gerling Industrie sieht auch für die Zukunft eine ihrer wichtigsten Aufgaben darin, Unternehmen beim Risk-Management zu unterstützen — sei es durch sicherheitstechnische Maßnahmen zur Schadenprävention, durch bedarfsgerechte und innovative Versicherungslösungen zur Risikoabsicherung oder in einem hoffentlich nie eintretenden Schadenfall.

Gemeinsam mit unseren Kunden steht daher auch in Zukunft ein Ziel im Mittelpunkt unseres Handelns: die Sicherstellung der Betriebsbereitschaft und Produktionsfähigkeit der Unternehmen im In- und Ausland und damit der jeweiligen Arbeitsplätze vor Ort. Deshalb ist und bleibt industrieller Versicherungsschutz ein Kernelement der betrieblichen Existenzsicherung und nachhaltigen Geschäftsentwicklung von Unternehmen.

Nachhaltiges Wachstum – vier Punkte für ökonomischen, ökologischen und gesellschaftlichen Mehrwert (Siemens)

Joe Kaeser
Vorsitzender des Vorstands, Siemens AG

Management Summary

Nachhaltiges Wachstum ist, was langfristig ökologischen, ökonomischen und gesellschaftlichen Mehrwert schafft. Ausgehend von den großen globalen Trends, mit denen sich Deutschland und seine Unternehmen heute konfrontiert sehen, benennt der Beitrag vier Voraussetzungen, unter denen Unternehmen nachhaltig wirtschaften können: eine erfolgreiche Innovationstätigkeit, Ressourceneffizienz, funktionierende Finanzmärkte und eine gesunde Unternehmenskultur.

Der Begriff „Nachhaltigkeit“

Falls wir den Historikern glauben dürfen, so schulden wir die Popularität des Begriffes „Nachhaltigkeit“ dem sächsischen Oberberghauptmann Hans Carl von Carlowitz. Im Jahre 1713 publizierte er mit seiner „Sylvicultura oeconomica“ das erste geschlossene Werk über die Forstwirtschaft und forderte darin, dass es bei Anbau und Konservation des Holzes „eine kontinuierliche beständige und nachhaltige Nutzung“ gebe. Dabei ging es ihm um seine berühmt gewordene Maxime, dem Wald nie mehr Holz zu entnehmen, als nachwachsen kann; vor allem aber ging es ihm darum, den Wald für eine langfristige Wertschöpfung – auch und gerade durch nachfolgende Generationen – zu bewahren.

Deswegen liegt es nahe, dass Menschen in vom Wald geprägten Regionen ein besonders intensives Interesse an Nachhaltigkeit und am nachhaltigen Wirtschaften haben – und vielleicht auch einen ganzheitlichen Zugang. Denn wir wissen aus unserer Erfahrung, dass bei einer nachhaltigen Bewirtschaftung des Waldes das Ökologische vom Ökonomischen nicht zu trennen ist, und damit auch nicht vom Sozialen – denn nur ein gut bewirtschafteter Wald kann jetzigen und nachfolgenden Generationen als gesunde und tragfähige Grundlage für Existenz und Lebensqualität dienen.

Nachhaltig ist nicht, was nur „grün" ist; nachhaltiges Wachstum ist, was langfristig ökologischen, ökonomischen und gesellschaftlichen Mehrwert schafft.

Nachhaltigkeit bei Siemens heute

Bei Siemens wissen wir das schon lange. „Für kurzfristigen Erfolg verkaufe ich die Zukunft nicht." Dieses Zitat unseres Firmengründers Werner von Siemens beschreibt die Wertevorstellung von nachhaltiger Unternehmensführung. Sie ist daher nach wie vor die geltende Handlungsanweisung für das Management unseres Unternehmens, der wir uns verpflichtet sehen. Nachhaltigkeit heißt für uns, vor allem im Sinne zukünftiger Generationen zu handeln und die drei Dimensionen von Nachhaltigkeit — Ökologie, Ökonomie und Soziales — in Balance zu halten. Für uns ist Nachhaltigkeit daher zentraler Teil unserer Unternehmensphilosophie und -strategie. Genauso gilt es, den nächsten Generationen bei Siemens ein erfolgreiches und solides Unternehmen zu übergeben. Und der ökonomische Erfolg über mehr als 150 Jahre gibt uns Recht.

Megatrends als Schlüssel

Nachhaltiges Wirtschaften ist ein Prinzip — aber keines, das losgelöst von aktuellen Entwicklungen betrachtet werden sollte. Im Gegenteil — wer nachhaltig wirtschaften will, der muss auf die großen Entwicklungen unserer Zeit eingehen. Denn in ihnen liegen heute die Chancen für langfristige Wertschöpfung in der Zukunft. Die Welt steht vor großen Herausforderungen, die wir bei Siemens in fünf Megatrends gebündelt haben. Es handelt sich um den demografischen Wandel in der Bevölkerung, die zunehmende Urbanisierung, die anhaltende Globalisierung, den Klimawandel und die wachsende Bedeutung der Digitalisierung. Jeder Einzelne und ebenso jedes Unternehmen muss sich diesen Trends stellen, eigene Antworten finden und entsprechend agieren. Sichtbar werden diese Megatrends derzeit stärker in ihren negativen Auswirkungen. Wir durchleben viele verschiedene Krisen, ob in Politik oder im Realwirtschafts- und Finanzsektor, die noch lange nicht ausgestanden sind. Die Frage dahinter ist jedoch, ob es sich nicht bei all den symptomatischen Krisen der Zeit um eine weitaus tiefere Krise handelt, nämlich eine Krise der Nachhaltigkeit.

Die Fakten sprechen eigentlich für sich und sind erschreckend: So verbrauchen wir aktuell schon beispielsweise die natürlichen Ressourcen, wie Wasser, Luft oder Land von 1,6 Erden. Mit dem Anwachsen der Bevölkerung von derzeit sieben Milliarden auf neun Milliarden im Jahr 2050 werden wir bei gleichbleibendem Verhalten bei weit über zwei Erden liegen. Wir haben aber nur eine! Und auch wenn es Erfindern gelungen ist, den 3D-Drucker zu realisieren, so gibt es noch keine Kopiermaschine für die Erde. Es gilt daher, sich innerhalb des gegebenen Ressourcenrahmens ohne signifikanten Verzicht auf Wohlstand und Entwicklung zu bewegen. Es stellt sich die Frage, wie effizient wir die vorhandenen Ressourcen nutzen. Die Zeit zum Handeln drängt.

Nachhaltiges Wirtschaften heute – was dazu gehört

Wie soll also handeln, wer heute nachhaltig handeln möchte? Für mich gehören dazu vier Bestandteile — Innovation, Ressourceneffizienz, funktionierende Finanzmärkte und eine gute Unternehmenskultur —, auf die ich nun im Einzelnen eingehen möchte.

Innovation

Wie kaum ein anderes Unternehmen in der Welt steht Siemens für herausragende Technologien und Innovationen, die Infrastrukturen schaffen und modernisieren. So leistet Siemens einen wertvollen Beitrag für die Entwicklung von Gesellschaften und verbessert die Lebensqualität der Menschen. In dieser Tradition steht Siemens seit 167 Jahren und ist damit eines der traditionsreichsten und erfolgreichsten Unternehmen der Welt. 1847 konstruierte Firmengründer Werner von Siemens einen Zeigertelegrafen und brachte mit dieser Erfindung die Nachrichtenübertragung entscheidend voran. Mehr Menschen waren so in der Lage, über weite Strecken schneller miteinander zu kommunizieren. Innovationen wie die Verlegung des ersten eigenen Transatlantikkabels zwischen Irland und Amerika im Jahre 1874 oder die erste elektrische Straßenbahn der Welt 1881 belegen eindrucksvoll, dass es Siemens schon immer um die sinnvolle und konkrete technische Anwendung zur Lösung zeitgemäßer Fragestellungen ging.

Heutzutage ist Innovation nicht weniger bedeutsam — gerade hier in Deutschland, wo wir unseren Wohlstand nicht wie andere Staaten etwa auf der Grundlage von natürlichen Rohstoffen entwickeln können. Wer heute in Deutschland innovativ auf die globalen Trends reagiert, der handelt nicht nur im Interesse seines Unternehmens, sondern im Interesse der Gesellschaft insgesamt. Und wer mit innovativen Produkten Geld verdient, der leistet einen großen Beitrag zur Mehrung des Wohlstandes in unserem Land. Im Falle von Siemens etwa hängen alleine in Deutschland 218.000 Arbeitsplätze direkt oder indirekt von unserem Unternehmen ab; beim üblichen Multiplikator von 2,0 liegt die Beschäftigungswirkung unseres Unternehmens also bei ca. 436.000 Arbeitsplätzen.

Und in Summe zahlen wir knapp 6 Milliarden Euro an Steuern und Abgaben an den deutschen Staat.

Ressourceneffizienz

Ressourceneffiziente Technologien sind ein weiterer wichtiger Hebel. Wir arbeiten kontinuierlich daran, unser Portfolio an Elektrifizierungs-, Automatisierungs- und Digitalisierungslösungen sowie Produkte und Lösungen für die Gesundheit entsprechend zu gestalten. Dadurch gelingt es uns, für unsere Kunden einen Kostenvorteil zu erzielen, ihre Wettbewerbsfähigkeit zu steigern und gleichzeitig die Umwelt weniger zu beanspruchen. 2013 konnten unsere Kunden beispielsweise durch den Einsatz umweltfreundlicher und energieeffizienter Siemens-Technologien 377 Millionen Tonnen Kohlendioxid einsparen, was ungefähr der Hälfte des Ausstoßes der Bundesrepublik Deutschland von einem Jahr entspricht. Mit den Siemens-Technologien ist es möglich, 32 Prozent des weltweiten Vermeidungspotenzials von Treibhausgasen zu adressieren. Nicht nur erneuerbare Energien wie die Windkraft bieten hier Potenzial. Mit unserem Portfolio decken wir viele Bereiche ab, wie urbane Infrastrukturen und Mobilitätskonzepte, Gebäudetechnik und Industrieproduktion — alle unter den Aspekten der Ressourceneffizienz und Kosteneinsparung.

Allein die von Siemens installierte Windkraft-Flotte steht für die Vermeidung von über 45 Megatonnen CO_2 pro Jahr. Der technologische Fortschritt hierbei ist enorm. Eine Windturbine mit der Leistung von sechs Megawatt war vor nicht allzu langer Zeit Zukunftsmusik. Heute ist sie Realität.

Mobilität ist von jeher ein Grundbedürfnis des Menschen, und daher gilt es, diesem Bedürfnis gerecht zu werden, aber auch den zunehmenden Problemen v.a. in Städten zu begegnen. In London haben wir beispielsweise ein intelligentes Verkehrsmanagementsystem etabliert, das zu 20 Prozent weniger Verkehrsaufkommen geführt und gleichzeitig die Pendelzeit um 17 Prozent verringert hat. Gebäude sind nachweislich die größten Produzenten von Treibhausgasen. In über 7.000 Gebäuden auf der Welt hat Siemens Energieeffizienzmaßnahmen durchgeführt, die unseren Kunden Energiekosteneinsparungen von zwei Milliarden Euro gebracht haben.

Ein funktionierender Finanzkreislauf

Weithin unterschätzt in seiner Bedeutung für nachhaltiges Wirtschaften ist der Finanzsektor. Was aber all diejenigen nicht beachten, die die jüngste Wirtschafts- und Finanzkrise nutzen wollen, um die Finanzwirtschaft insgesamt zu diskreditieren, ist Folgendes: Ein funktionierender Finanzkreislauf ist das Lebenselixier der Weltwirtschaft. Denn erst die Finanzwirtschaft ermöglicht nachhaltiges Wirtschaften, indem sie gesamtwirtschaftliche Ersparnis für Investitionen verfügbar macht. Sie ist ein Markt, der Ressourcen für Innovationen, für Wachstum, für die Steigerung der Wertschöpfung zur Verfügung stellt. Erst durch die Finanzmärkte wird es möglich, Ressourcen für größere Projekte zu bündeln, auf nachfolgende Perioden zu übertragen, effizient im Zeitverlauf einzusetzen sowie Risiken zu bepreisen und zu diversifizieren. Dies sind Voraussetzungen für langfristig orientiertes Wirtschaften und den Erhalt der reproduktiven Grundlagen einer Volkswirtschaft. Darüber hinaus wird durch Ersatz- und Erweiterungsinvestitionen technischer Fortschritt laufend in der Produktion implementiert. Das ermöglicht einen effizienteren Einsatz unserer Ressourcen und damit auch bessere und nachhaltige Problemlösungen.

Dazu muss das Finanzsystem selbst aber auch nachhaltig funktionsfähig sein. Auf der systemischen Makro-Ebene bedeutet dies, dass ein verlässliches Zusammenwirken der Geld-, Kredit- und Kapitalmärkte unerlässlich ist. Davon kaum zu trennen ist aber die Mikro-Ebene: Alle beteiligten Akteure – in erster Linie Banken und andere Finanzdienstleister – müssen insgesamt in der Lage sein, ihre Rolle auch unter ungünstigen Szenarien zuverlässig auszufüllen. Das heißt etwa, dass es auch und gerade unter Krisenbedingungen für Unternehmen möglich sein muss, sich bei Banken Geld für Investitionen zu beschaffen. In diesem Bereich spielt Vertrauen eine zentrale Rolle; und deswegen müssen wir uns auch auf den öffentlichen Sektor verlassen können, der geeignete Rahmenbedingungen garantieren kann – und das auch tun muss. Die notwendige Regulierung muss aber mit Augenmaß erfolgen, damit die Kernaufgabe der Märkte, die effiziente Ressourcenallokation, nicht ausgehebelt wird. Auch Innovationskraft und Risikobereitschaft der Unternehmen sowie deren Reaktionsvermögen auf Veränderungen im Umfeld sind als essenziell für die Zukunftsfähigkeit einer Volkswirtschaft zu berücksichtigen.

Innerhalb dieses Rahmens ist es eine zentrale Aufgabe der Akteure, ihre Organisation, Prozesse und Produkte auch am Ziel finanzwirtschaftlicher Nachhaltigkeit auszurichten. Das gilt natürlich unmittelbar für den Finanzsektor selbst – für die Banken, die Finanzdienstleister, die Vermögensverwalter und für alle anderen betroffenen Akteure. Stellschrauben finden sich entlang der gesamten Wertschöpfungskette und das erste Augenmerk muss natürlich darauf liegen, dass das jeweilige Unternehmen selbst wetterfest und auf nachhaltige Profitabilität hin ausgerichtet ist. Das Spektrum kritischer Entscheidungsfelder reicht von der Refinanzierung über die Aktiv/Passiv-Steuerung bis zum Risikomanagement (insbesondere auch im Eigenhandel), Berichtswesen und Controlling.

Dazu gehören auch Aktivitäten des Finanzsektors, bei denen Marktteilnehmer Risiken weitgehend auf Dritte übertragen, hauptsächlich über Finanzmarktprodukte und Finanzdienstleistungen. Wie die Finanzkrise von 2008 gezeigt hat, können hier wegen der globalen Verflechtung enorme systemische Risiken lauern. Selbst wenn nicht bei jeder notleidenden komplizierten Konstruktion gleich ein Flächenbrand entsteht, wird Kapital vernichtet oder in ineffiziente Verwendungen gelenkt und Vertrauen zerstört. Vertrauensverlust ist das Schlimmste – denn Vertrauen ist die Grundlage für funktionierende Finanzmärkte. Im Interesse einer nachhaltig leistungsfähigen Finanzsphäre ist deshalb zumindest sicherzustellen, dass alle Risiken gehandelter Finanzprodukte für den jeweiligen Kunden transparent gemacht werden. Zudem hilft es, wenn Aufsichtsbehörden ihrer Überwachungsfunktion nachkommen – denn so können insbesondere gefährliche Klumpenrisiken vermieden werden. Allerdings muss Regulierung mit Augenmaß erfolgen, denn viele Finanzinstrumente sind in erster Linie nützliche Werkzeuge, auch wenn sie rein spekulativ eingesetzt werden können. Derivate etwa sind für das Risikomanagement, besonders auch des realen

Sektors, von zentraler Bedeutung. Aber letztlich sind alle Einheiten derjenigen Unternehmen, die an einer Schnittstelle zum Finanzsystem operieren, direkt von stabilen Finanzmärkten abhängig.

Auch Siemens legt großen Wert darauf, verantwortlich an den Finanzmärkten zu agieren — nicht nur, weil wir in vielen Bereichen die Dienstleistungen der Finanzwirtschaft nutzen, sondern weil zu unserem Hause auch eine eigene Finanzeinheit gehört — Siemens Financial Services. SFS managt zunächst Risiken im Auftrag des Konzerns, etwa Wechselkurs, Zins-, Liquiditäts- und Rohstoffpreisrisiken, und ganz besonders auch Finanzrisiken, die wir zur Erreichung unserer Geschäftsziele eingehen müssen. Und Risikomanagement heißt für uns, dass Vorbeugen besser ist als Therapieren — deswegen stellt SFS für den Konzern auch Versicherungslösungen bereit. Und schließlich bietet SFS auch selbst Finanzlösungen an, mit denen unsere Kunden unsere Produkte wirtschaftlich finanzieren können. So sind wir selbst ein nachhaltig operierender Akteur auf den Finanzmärkten.

Eine gute Unternehmenskultur

Wirtschaftlich erfolgreich zu sein ist die Grundvoraussetzung für ein Unternehmen, um sich überhaupt sozial engagieren zu können. Denn nur so kann man ein guter Bestandteil der Gesellschaft — ein sogenannter Corporate Citizen — sein und seinen Teil der Verantwortung tragen. Nur wer hat, kann geben, lautet die Devise. Der Erfolg von Siemens beruht auf seinen Mitarbeitern. Exzellente Mitarbeiter zählen zu den großen Stärken von Siemens. Sie haben Siemens zu dem Unternehmen gemacht, das es heute ist, und legen mit ihren Fähigkeiten und mit ihrem hohen Engagement die Grundlagen für fortwährenden Erfolg. So investieren wir in die kontinuierliche Aus- und Weiterbildung unserer Mitarbeiter im Geschäftsjahr 2013/2014 immerhin die Summe von 265 Millionen Euro.

Natürlich ist auch der Diversitätsfaktor enorm wichtig. Gemischte Teams aus Frauen und Männern verschiedener Nationen und Religionen sind nachweislich leistungsfähiger. Für ein international operierendes Unternehmen wie das unsere ist diese Diversität von immenser strategischer Bedeutung. So sind wir auch stolz darauf, dass wir den Prozentsatz von Frauen in Führungspositionen seit 2002 verdoppeln konnten. Dies ist auch darauf zurückzuführen, dass wir familienfreundliche Arbeitszeitmodelle anbieten, ebenso wie Plätze in Kinderbetreuungseinrichtungen. Derzeit stehen allein in Deutschland in 26 Städten 1400 solche Plätze zur Verfügung, und bis 2015 sollen es 2000 Plätze werden.

Ebenso ist uns die körperliche Unversehrtheit unserer Mitarbeiter ein höchstes Anliegen. Daher haben wir auch für die Gesunderhaltung eine Vielzahl an Programmen, die dazu dienen, Körper und Geist und Wohlbefinden der Siemensianer zu stärken. Jeder Mensch muss bei Siemens arbeiten können, ohne dass er eine Verletzung erleidet. Überall und zu jeder Zeit. Das ist unser Anspruch.

An der sogenannten „Generation Y" sehen wir, dass bei der Arbeitgeberwahl mehr als nur Einkommen und Karrieremöglichkeiten im Fokus steht. Menschen möchten für Unternehmen mit den höchsten ethischen Standards arbeiten. Verhalten und Werte stehen oben auf der Agenda; die Frage nach dem „Warum tue ich das" wird immer wichtiger. Daher ist es für uns von zentraler Bedeutung, attraktiv für die besten Talente zu sein, denn der Wettbewerb ist intensiv.

Wie schnell der Ruf als Arbeitgeber leiden kann, hat uns der Korruptionsskandal in unserer jüngsten Vergangenheit schmerzlich vor Augen geführt. Er hat das Unternehmen an den Rand des Abgrunds gebracht. Wir haben daraus unsere Lehren gezogen und sind inzwischen Vorreiter in Sachen Compliance. In der Korruptionsbekämpfung engagieren wir uns weltweit und haben eine globale Integritätsinitiative mit einem Budget von 100 Millionen US-Dollar gestartet.

Nachhaltigkeit gilt für uns alle!

Die vier Punkte, die ich genannt habe, haben eines gemeinsam: Sie lassen sich besser erreichen, wenn wir alle zusammen daran arbeiten.

Das gilt zunächst für die Innovation: Denn es ist doch kein Wunder, dass wir immer von sogenannten Innovationsclustern reden. In einer Region, in der viele Unternehmen eines Segments angesiedelt sind, in der es in diesem Bereich forschende Wissenschaftsinstitutionen gibt und in der es politische Unterstützung für diese Aktivitäten gibt — in einer solchen Region wird sich eine Atmosphäre der Zusammenarbeit, des konstruktiven Wettbewerbs und der wechselseitigen Inspiration entwickeln, von der letztendlich alle profitieren.

Das gilt genauso für die Ressourceneffizienz. Wir müssen uns auf ein gemeinsames Vorgehen einigen — national und vor allem auch international —, mit dem wir eine nachhaltige Nutzung der natürlichen Rohstoffe unseres Planeten sichern.

Das gilt für die Finanzmärkte, deren Bedeutung für nachhaltiges Wirtschaften weithin noch nicht hinreichend gewürdigt wird, die aber gerade für unseren Mittelstand unabdingbar sind. Ein großes Unternehmen wie Siemens kann im Zweifel — so wie wir das getan haben — seine eigene Finanzeinheit gründen und damit seine Handlungsoptionen an den Finanzmärkten erweitern. Aber kleine und mittelständische Unternehmen, die ja besonders in Deutschland das Rückgrat der Wirtschaft sind, können das häufig nicht. Und daher sind sie in besonderem Maße auf das Funktionieren der Finanzmärkte und auf gesunde Banken angewiesen. Denn auch wenn das Angebot an alternativen Finanzdienstleistungen wächst, bleiben Banken auf Sicht unverzichtbare Partner des Mittelstandes: Dort nehmen mittelständische Betriebe Kredite für ihre Innovationstätigkeit auf, sichern ihre Risiken im internationalen Handel ab und beschaffen sich Mittel für Neuinvestitionen.

Und schließlich gilt das auch für den Bereich der Unternehmenskultur. Alle Mitarbeiter sollten Nachhaltigkeit als ökonomische Handlungsmaxime begreifen. Die vielen familiengeführten Unternehmen im deutschen Mittelstand machen uns das vor. Denn deren Anliegen ist nicht die kurzfristige Maximierung des Gewinns, sondern langfristige Sicherung und langfristiger Ausbau ihres Unternehmens – sodass auch nachfolgende Generationen und ihre Angestellten gut und einträglich vom Geschäft leben können. Es stimmt, wenn man sagt, dass Eigentum verpflichtet: Eigentum verpflichtet zu nachhaltigem Handeln.

Daher ermutige ich auch die Siemensianerinnen und Siemensianer, stets so zu handeln, als wäre Siemens ihre eigene Firma. Und das soll keine Aussage im Konjunktiv bleiben – wir wollen, dass bei uns eine echte „Eigentümerkultur" herrscht. Denn über unser Mitarbeiteraktienprogramm machen wir unsere Mitarbeiterinnen und Mitarbeiter zu Eigentümern von Siemens. Schon heute sind rund 140.000 Mitarbeiter auch Eigentümer unserer Firma. Die Zahl der Siemens-Aktionäre, die auch bei Siemens arbeiten, soll in Zukunft um mindestens 50 Prozent steigen. Je mehr Mitarbeiter Eigentümer werden, desto stärker wird auch der Verantwortungssinn jedes Einzelnen. Das ist die Kultur, die wir bei Siemens schaffen wollen, und sie entscheidet über langfristigen Erfolg. Nicht allein die Strategie macht den Unterschied, sondern die Kultur eines Unternehmens, dessen Werte und wofür es steht.

So wollen wir im Sinne künftiger Generationen verantwortungsvoll handeln, um wirtschaftlichen, ökologischen und sozialen Fortschritt zu erreichen. So verstehen wir Nachhaltigkeit und so handeln wir. Siemens wurde vor 167 Jahren gegründet und soll und wird auch hoffentlich mindestens weitere 167 Jahre existieren. Ohne eine nachhaltige Unternehmensstrategie und -kultur ist erfolgreiches Unternehmertum heute und morgen gar nicht möglich. Deswegen behaupte ich: Siemens ist in keine der beiden gängigen Kategorien B2C („Business to Customer") und B2B („Business to Business") ausschließlich einzuteilen; vielmehr besetzt Siemens zusätzlich eine eigene Kategorie, die des B2S – Business to Societies, also das Betreiben von Geschäften für die Gesellschaften.

Das bedeutet vor allem, die Verantwortung in den Mittelpunkt zu stellen: Verantwortung gegenüber unseren Kunden, Verantwortung gegenüber unseren Mitarbeitern, Verantwortung gegenüber der Gesellschaft und der Umwelt. „Persönliche Leistungen irgendwelcher Art sind nur nach dem Nutzen, welchen sie anderen bringen, anzuerkennen oder zu schätzen. Erst durch diesen geleisteten öffentlichen Nutzen werden sie ein Verdienst", schreibt Werner von Siemens 1872.

Nachhaltigkeit muss daher als Wert in einem Unternehmen verankert sein und gelebt werden. Denn so, wie der sächsische Oberberghauptmann von Carlowitz wollte, dass Waldbauern den ihnen anvertrauten Wald nachhaltig und nicht nur zum eigenen Nutzen, sondern auch zum Nutzen nachfolgender Generationen bewirtschaften, so wollen auch wir die uns anvertrauten Werte bewahren und für unsere Kinder und Kindeskinder mehren. Gelingt uns das, dann können wir von uns behaupten, dass wir nachhaltig wirtschaften.

Die Rolle der Chemieindustrie für eine nachhaltige Entwicklung in der Welt

Dr. Rudolf Staudigl
Vorsitzender des Vorstands, WACKER Chemie AG

Management Summary

Mit ihren neuartigen Materialien, innovativen Vorprodukten und richtungsweisenden Ideen sowie ihrem Know-how für die Anwendungen ihrer Produkte gibt die chemische Industrie vielfältige Impulse für Innovationen in allen Bereichen der Nachhaltigkeit. Sie sorgt damit für Innovationsfortschritte in den Branchen ihrer Kunden. Der globalen Herausforderung des Klimawandels begegnet die Chemie mit verschiedenen Lösungsansätzen: Zum einen hat sie ihre Treibhausgasemissionen pro Produktionseinheit verringert. Zum anderen schafft sie Produkte und Anwendungen, die dabei helfen, weniger Energie zu verbrauchen, oder dazu beitragen, Energie aus erneuerbaren Quellen zu gewinnen. Innovationserfolge wie Elektroautos, Niedrigenergiehäuser oder die Nutzung erneuerbarer Energien wären ohne Produkte der chemischen Industrie nicht denkbar.

Die Welt verändert sich

Alle reden von Nachhaltigkeit – und wer sich heute für Nachhaltigkeit engagiert, ist Teil einer reichen Geschichte. Diese Geschichte ist eng verknüpft mit der Geschichte der Chemie, die seit sehr langer Zeit ein Begleiter des Wandels der Gesellschaft ist. Gerne wird vergessen, dass die Umwandlung von Stoffen – heute chemische Reaktionen genannt – schon in der Antike beispielsweise für die Gewinnung von Fett, Talg und Öl für Öllampen aus Lebensmitteln, der Bronzeherstellung aus Kupfer- und Zinnerzen oder später der Glasherstellung aus ausgelaugter Holzasche und Weinstein von Nutzen war.[189] Mit zunehmendem Verständnis der chemischen Zusammenhänge im Laufe der Geschichte gewinnt dabei auch folgende Erkenntnis an Bedeutung:

[189] Vgl. Volke (2009), S. 295 ff.

Um die Zukunft gestalten zu können, müssen wir die Vergangenheit verstanden und aus den Erfahrungen gelernt haben.

Beginnen soll der Ausflug in die jüngere Geschichte mit der Nachkriegszeit. Anfang der 1950er-Jahre beläuft sich die globale Weltbevölkerung auf gut zweieinhalb Milliarden Menschen. In die Geschichte der Bundesrepublik Deutschland geht dieses Jahrzehnt als die Dekade des Wirtschaftswunders ein, das erst durch die Bergbaukrise Anfang der 60er-Jahre beendet wird. Der wirtschaftliche Aufschwung wird durch den Vordenker der Währungsreform und ersten Wirtschaftsminister der Bundesrepublik Ludwig Erhard begleitet. Die neue Wirtschaftsordnung heißt „soziale Marktwirtschaft". Mit dem Slogan „Wohlstand für alle" wirbt die CDU zur Bundestagswahl 1957. Jeder, der etwas leistet, soll sich auch etwas leisten können. Die Förderung der Industrie steht am Anfang des wirtschaftlichen Aufschwungs. Als industrielle Grundlage werden Bergbau und Stahlindustrie aufgebaut, später gewinnen Maschinenbau, Chemie und Elektroindustrie an Bedeutung. Das Symbol für den wirtschaftlichen Aufschwung wird der VW Käfer: 1955 rollt das millionste Exemplar als vergoldetes Sondermodell im Werk Wolfsburg vom Band. Auch der Elektrobereich boomt: Waschmaschinen, Kühlschränke, Fernsehgeräte und Radioapparate sind die Verkaufsschlager in dieser Zeit. Lokomotiven, Industrieanlagen, Maschinen und Motoren aus Deutschland werden in alle Welt verkauft. Die Bundesrepublik als neuer Industriestandort lockt viele Investoren aus dem Ausland an — der Außenhandel blüht. „Made in Germany" wird zum Qualitätsmerkmal für Exportgüter. In den folgenden Jahrzehnten wird in Deutschland die Basis unserer heutigen Sozialstruktur gelegt. Die weitere Geschichte ist bekannt: Nach Jahren des stetigen Wachstums und steigenden Konsumausgaben privater Haushalte folgen die Öl- und Wirtschaftskrise, die Gründung der europäischen Wirtschafts- und Währungsunion — mehr und mehr holt uns die Globalisierung in der Welt ein.

Der Blick auf das gleiche Zeitfenster mit einer globalen Brille macht eine unbestreitbare Entwicklung deutlich: das Wachstum der Weltbevölkerung. Von 1950 bis zum Jahr 2010 stieg die Bevölkerungszahl von 2,5 Milliarden auf knapp sieben Milliarden weiter an — und das vorwiegend in den Städten der Entwicklungsländer. So lebten im Jahr 2010 mit 3,5 Milliarden Menschen mehr als 50 % der Weltbevölkerung in urbanen Regionen. Bis 2030 wird sich diese Zahl voraussichtlich auf rund fünf Milliarden erhöhen. An diesem Punkt ist die Welt heute mit der Bevölkerungsentwicklung angekommen: Vier Millionen Jahre oder etwa 150.000 Generation hat es gedauert, bis die Menschen die Zahl von einer Milliarde erreichten. Aber nur 180 Jahre später waren es bereits sieben Milliarden und nochmals 40 Jahre später, im Jahr 2050 werden neun bis zehn Milliarden erreicht sein[190]. Weltweit müssen daher für weitere zwei bis drei Milliarden Menschen Ressourcen, Nahrung und Energie bereitgestellt werden. Sie alle wollen ausreichend essen, sauberes Wasser trinken, ihren Alltag unter hygienischen Bedingungen verbringen, mobil sein sowie auf eine ausreichende Gesundheitsversorgung zurückgreifen. Nicht vergessen werden darf auch, dass heute noch längst nicht alle Menschen auf einem akzeptablen Lebensstandard leben: Etwa

[190] Vgl. United Nations Populations Division (2013).

zwei Milliarden Menschen leben noch auf dem Niveau des Holzfeuers, drei Milliarden haben einfache Stromquellen etwa für Licht, etwa eine Milliarde kann sich zusätzlich eine Waschmaschine leisten und nur eine Milliarde lebt auf dem von uns gewohnten Niveau. Für viele ist daher „sich endlich einmal satt zu essen und eine Wohnung zu haben" das große Ziel im Leben – genau wie für viele Menschen in der Nachkriegszeit in Deutschland. Gleichzeitig erfordern der Klimawandel, die Regenerationsgrenzen der Ökosysteme und die begrenzte Verfügbarkeit von Rohstoffen einen sorgfältigen Umgang mit den natürlichen Ressourcen.

Das zentrale Problem unserer Welt lautet daher: Wie mehren wir den Wohlstand und verbrauchen dabei weniger Ressourcen? Das ist die Aufgabe, die wir lösen müssen, schließlich haben wir nur eine Erde. Auch können und dürfen wir den Menschen in den Schwellenländern keine Vorgaben machen, was Ressourcenverbrauch und Wohlstand betrifft. Die Chemie gibt hier Hilfestellung dabei, den wachsenden Lebensstandard in diesen Ländern so zu gestalten, dass der Ressourcenverbrauch den Globus nicht in die Knie zwingt.

Die Chemie ist Impulsgeber für viele Branchen

Der gleiche Zeitraum aus Sicht der Chemie beleuchtet, zeigt auf, dass es immer schon die chemische Industrie war, die als Impulsgeber für viele andere Märkte maßgebend war. Während in der ersten Phase die industrielle Revolution mit Kohle, Dampfmaschine und Stahl noch weitgehend von „Tüftlern und Bastlern" ausgelöst wurde, ist die sogenannte „zweite industrielle Revolution" durch wissenschaftlich-technische Forschung angetrieben worden. Gerade in Deutschland trieb die friedliche Nutzung der Chlor- und Petrochemie viele Innovationen voran – hier seien Beispiele wie die Herstellung von Lösungsmitteln, Kunstoffen oder Pflanzenschutzmitteln genannt. Weltweit wurde das Erdöl zum Grundstoff der chemischen Industrie und diente zur Herstellung von Benzin. In der DDR wurde 1958 ein Chemieprogramm „Chemie gibt Brot, Wohlstand und Schönheit" gestartet, das der chemischen Industrie der DDR ein enormes politisches Gewicht und eine ebensolche Publizität sowie eine spürbare Akzeptanz in der Bevölkerung verlieh[191]. Über allem aber stand der Fortschritt und hinter allem die Wirtschaft. Die damit verbundene naturwissenschaftliche Kompetenz und das technische Können sind die Werte, die Deutschland als rohstoffabhängiges Land zu bieten hat – und die auch heute noch die Erfolgsfaktoren für den deutschen Export sind.

Bis heute hat sich die Chemieindustrie in Deutschland nach der Automobilindustrie und dem Maschinenbau zum drittstärksten Industriezweig entwickelt. Hinter China, den USA und Japan ist Deutschland damit die viertgrößte Chemienation weltweit. Die chemische Industrie in

[191] Vgl. Ministerium für Wirtschaft und Arbeit des Landes Sachsen-Anhalt (2003), S. 68.

Deutschland trug im Jahr 2010 mit einem Umsatz von mehr als 180 Milliarden mit 5,5 % zum weltweiten Branchenumsatz bei, der sich auf mehr als 3.000 Milliarden Euro belief. Auch hat sich die Chemie als sehr robust erwiesen: Der Industriezweig hat nach der Wirtschaftskrise in den Jahren 2008 und 2009 bereits 2010 zu seiner alten Stärke zurückgefunden.

Die Schlüsseltechnologien aus der Chemie verändern heute unseren Alltag. Dabei adressieren die wichtigsten Innovationstrends und entscheidenden Technologien die heutigen und zukünftigen Bedürfnisse der Menschen: Gesundheit, Ernährung, Wohnen, Mobilität, Kommunikation. Die Chemie eine Branche, die für all diese Megatrends Lösungsbeiträge liefern kann — darin liegt ihre wirtschaftliche Perspektive für weiteres globales Wachstum (siehe Abb. 48).

	1950	2010	2050
WIRTSCHAFTSRAUM	Weltbevölkerung: **2,53 Mrd.** Menschen "Wirtschaftswunder" startet in den Industriestaaten	Weltbevölkerung: **6,9 Mrd.** Menschen weltweit über 30 Megastädte mit mehr als 10 Mio. Einwohnern Lebenserwartung (weltweit) steigt auf über 65 Jahre	Weltbevölkerung: **ca. 9 Mrd.** Menschen weiterhin überwiegend urbanes Wachstum Lebensqualität und erhöhter Lebensstandard treibt Wachstum vorwiegend in Entwicklungs- und Schwellenländern
CHEMIE	"zweite" industrielle Revolution Wachstumstreiber ist die Nutzung der Chlor- und Petrochemie für • Lösungsmittel • Kunststoffe und Polymere • Pestizide	Gesamtumsatz der chemischen Industrie: **3.140 Mrd €** Stabiler Wirtschaftszweig Drittstärkster Industriezweig in Deutschland mit mehr als 5,8 Mio. Arbeitsplätzen	weltweites Chemiewachstum prognostiziert auf ca. **4,5 %/Jahr** Wachstumstreiber • Urbanisierung • Mobilität • Energie • Digitalisierung

Abb. 48: Die Welt verändert sich

Rohstoffe: der Schlüssel in der Chemie

Gleichzeitig ist die Chemieindustrie stark von Rohstoffen abhängig, wodurch der Ressourcenschonung eine wesentliche Rolle für nachhaltiges Handeln zukommt.

Knappe Ressourcen stellen die Chemie vor Herausforderungen

Hochentwickelte Industrieländer müssen ihren Ressourcenbedarf deutlich effizienter gestalten. Das ist die einzige Chance, einen globalen und nachhaltigen Wohlstandszuwachs zu erreichen. Gerade in der chemischen Industrie ist die Wertschöpfung aus natürlich vorkommenden Ressourcen die Grundlage, die Basis für die wirtschaftliche Tätigkeit und die Beschäftigung von 436.500 Mitarbeitern allein in Deutschland[192].

Die chemische Industrie nutzt eine große Vielfalt natürlicher Ressourcen: Von fossilen und nachwachsenden Rohstoffen über Salze, Metalle und andere Elemente des Periodensystems bis hin zu Luft, Wasser und genetischen Ressourcen. Aber vor allem Boden, Wasser, fossile und mineralische Rohstoffe sowie Energie stehen nicht unbegrenzt zur Verfügung.

Dazu steigt durch die wirtschaftliche Entwicklung der Schwellenländer, die wachsende Weltbevölkerung und die damit verbundenen Erwartungen an einen höheren Lebensstandard die Nachfrage besonders in den Industrienationen stark an: Pro Jahr werden heute weltweit 60 Milliarden Tonnen an Rohstoffen verbraucht — 50 % mehr als noch vor 30 Jahren[193]. Daher besteht die Gefahr, dass manche Rohstoffe bald nicht mehr ausreichend oder zu annehmbaren Preisen zur Verfügung stehen werden. Dies schafft Anreize zu einer ressourceneffizienten Produktion und zur Herstellung von Produkten, mit deren Hilfe Ressourcen eingespart werden können. Hier setzt die chemische und biotechnische Industrie in mehrfacher Weise an:

- durch die effiziente Verarbeitung von Rohstoffen und anderen Ressourcen in ihrer Produktion
- durch die Herstellung von Produkten, die in ihrer Anwendung Ressourcen schonen und so ressourceneffizienten Konsum ermöglichen, und
- durch eine intensive Forschung und Entwicklung, da nur dadurch eine weitere Steigerung der Ressourceneffizienz entlang der gesamten Wertschöpfungskette erreicht werden kann.

Somit ist die gesamte deutsche Industrie ein wichtiger Eckpfeiler im Rahmen des deutschen Ressourceneffizienzprogrammes — dem sogenannten ProgRess —, das 2012 von der Bundesregierung gestartet wurde. Die damit verbundenen Ziele, das Wirtschaftswachstum vom Ressourcenverbrauch zu entkoppeln und auf diese Weise Umweltbelastungen zu verringern, trägt die chemische Industrie in besonderer Weise mit. Zusätzlich können damit einhergehende Substitutionsmöglichkeiten oder neue Recyclingprozesse, beispielsweise von seltenen Metallen, auch neue Geschäftsfelder in der Branche eröffnen.[194]

[192] Vgl. VCI (2014) - Quartalsbericht.

[193] Vgl. Umweltbundesamt (2010).

[194] Vgl. Umweltbundesamt (2012) - ProgRess.

Endliche Ressourcen schonen

Eine wesentliche Strategie in der chemischen Industrie im Umgang mit Ressourcen ist, die fossilen, begrenzten Rohstoffe statt einer energetischen einer stofflichen Nutzung zuzuführen. Sie stellt damit den Nutzen der Wertschöpfung aus natürlichen Ressourcen in Deutschland in den Vordergrund — anstatt diese einfach zu verbrennen. Diese Rohstoffe müssen dann natürlich so effizient wie möglich eingesetzt werden, was durch neue technologische Verfahren, chemische Verbundstrukturen und weitere Materialeffizienzmaßnahmen gelingt.

Dass Rohstoffe heute deutlich effizienter eingesetzt werden, zeigt beispielsweise die Abfallbilanz der chemischen Industrie: Von 1995 bis 2007 verringerte sich der Abfall pro Tonne eingesetzter Rohstoffe von 115 auf rund 20 Kilogramm. Die Chemie konnte somit ihre Abfallmenge auf ein Sechstel reduzieren und es werden heute 98 % der verwendeten Rohstoffe in Produkte und Energie umgesetzt.[195]

Da Deutschland stark von Rohstoffimporten abhängig ist, setzt auch die chemische Industrie nachwachsende Rohstoffe vermehrt dort ein, wo es technisch und ökonomisch sinnvoll ist. So forschen deutsche Unternehmen unter anderem an der Gewinnung von Bioethanol aus zellulosehaltigen Reststoffen. In einer Demonstrationsanlage im bayerischen Straubing wird beispielsweise derzeit erfolgreich die Herstellung größerer Mengen von Bioethanol aus Stroh getestet. Damit steht der Einsatz dieses Agrarreststoffes nicht in Konkurrenz zur Produktion von Nahrungsmitteln und spart zusätzlich 95 % Kohlendioxid ein. Denn nachwachsende Rohstoffe geben beim Verbrennen nur die Menge an Kohlendioxid frei, die sie während ihres Lebens gespeichert haben.[196]

Auch der Mangel an sauberem Trinkwasser und hygienischer Abwasser-entsorgung — bei uns in Deutschland nicht wirklich ein kritisches Thema — ist als globales Umwelt- und Gesundheitsproblem in den letzten Jahren verstärkt in das Blickfeld von Industrie, Politik und Öffentlichkeit geraten. Der nachhaltige Umgang mit Wasser und der weltweite Schutz natürlicher Wasserressourcen sind daher wichtige Ziele für die chemische Industrie. Mit ihrem Know-how und innovativen Produkten zur Wasseraufbereitung bietet die Chemie auch hier Lösungen. So beseitigen beispielsweise Ionenaustauscher und Adsorber Schadstoffe wie Arsen, Nickel und Nitrat aus verschmutztem Wasser und machen es wieder nutzbar. In der Industrie werden sie auch für die Aufbereitung von Prozesswasser und die Reinigung von Abwasser verwendet und verhindern so die Verschmutzung des Wassers. Außerdem helfen Hochleistungskautschuke, Wasser zu sparen — sie dichten Behälter oder bewegliche Teile in Maschinen ab, um Flüssigkeiten ohne Verlust von einem Ort zum anderen zu leiten. Damit tragen viele chemische Produkte dazu bei, Wasser zu sparen sowie Wasserverschmutzung zu verhindern und zu beseitigen.[197]

195 Vgl. VCI (2013a), S. 37.

196 Vgl. VCI (2013a), S. 37.

197 Vgl. VCI (2013a), S. 36.

Verantwortungsvoller Umgang mit Ressourcen

Für die chemische Industrie ist das Leitbild der nachhaltigen Entwicklung heute aktueller denn je — aber nichts wirklich Neues: Als einer der ersten Wirtschaftszweige in Deutschland bekannte sich die Branche schon vor rund 20 Jahren zu einer nachhaltig zukunftsverträglichen Entwicklung. Mit ihrer Responsible Care®-Initiative hat sich die chemische Industrie weltweit und natürlich auch in Deutschland dem Ziel verschrieben, jeden Tag besser zu werden.[198] Management und Belegschaften arbeiten täglich daran, den Umweltschutz, die Gesundheit und die Sicherheit ihrer Betriebe zu verbessern. Und in der Tat ist Responsible Care® in den mehr als 20 Jahren in Deutschland in den Arbeitsalltag übergegangen.

In der chemischen Industrie ist zusätzlich ein gut durchdachtes Verbundsystem ein weiteres wichtiges Werkzeug, um in der Produktion Rohstoffe und Energie so effizient wie möglich einzusetzen. Der damit erzielte Fortschritt ist messbar: Der spezifische Energiebedarf ist von 1990 bis 2010 je Produkteinheit um rund 50 % zurückgegangen, die Treibhausgasemissionen wurden im gleichen Zeitraum um 75 % je Produkteinheit reduziert.[199] Absolut betrachtet heißt das: Die Treibhausgasemissionen in der deutschen chemischen Industrie konnten halbiert werden, während die Chemieproduktion um mehr als die Hälfte stieg. Damit trägt die chemische Industrie wesentlich dazu bei, die deutschen Klimaschutzziele zu erreichen. Eine ähnliche Entkopplung gelang bei Abfällen, der Wassernutzung und der Gewässerbelastung durch kontinuierliche Investitionen in den integrierten Umweltschutz. Hinzu kommt ein besonders hohes Niveau im Arbeitsschutz und der Anlagensicherheit. Das internationale Responsible Care®-Programm der Branche setzt hier Maßstäbe.

Unternehmertum, Ökologie und Chemie schließen sich nicht gegenseitig aus — im Gegenteil: In der chemischen Industrie entstehen ständig Innovationen und somit Potenziale für neue Geschäftsfelder. Die Chemie passt sich den großen Megatrends an — Nachfrage nach Produkten durch verstärkte Urbanisierung, den zunehmenden Bedarf in den Bereichen Wasserversorgung und Aufbereitung, Energieversorgung, verbesserter Zugriff auf erneuerbare Rohstoffe sowie Gesundheit und Ernährung (Abb. 49) zu bedienen. Daher forschen in den deutschen Chemieunternehmen derzeit mehr als 41.000 Menschen an Produkten und Verfahren für die Megatrends unserer Zeit, um Antworten auf die Herausforderungen einer globalen Gesellschaft zu finden.[200]

198 Vgl. Brandt (2002), S. 214 ff.

199 Vgl. VCI (2013a), S. 19.

200 Vgl. Utz (2012), S. 10.

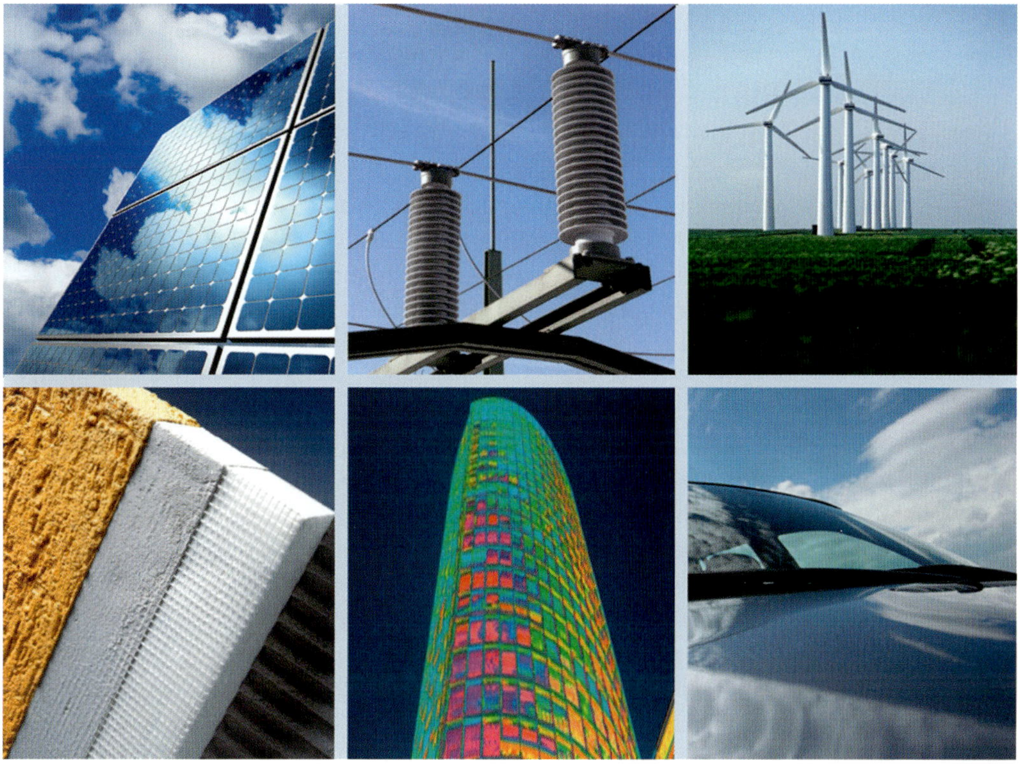

Abb. 49: Viele nachhaltige Anwendungen werden erst durch den Einsatz chemischer Produkte ermöglicht

Energie: die Herausforderung des Jahrhunderts

Dem steigenden Energiebedarf wird im Wesentlichen auf zwei Wegen entgegnet. Einerseits durch die Weiterentwicklung der erneuerbaren Energiegewinnung und andererseits durch Innovationen zur Senkung des Energiebedarfs.

Erneuerbare Energie gewinnen

Die Welt steht vor der Herausforderung, den Ausstoß von Kohlendioxid einzudämmen. Denn Kohlendioxid wird nach heutiger Lehrmeinung als das Treibhausgas mit der größten Bedeutung für den messbaren Treibhauseffekt auf unserem Kontinent eingestuft. Darüber kann man debattieren, aber es ist auf jeden Fall sinnvoll, all die natürlichen Ressourcen, die über

Jahrmillionen auf der Erde entstanden sind, nicht in 100 Jahren industrieller Produktion einfach unwiederbringlich zu verbrennen. Die Atomenergie hingegen produziert nur bei der Herstellung der Grundstoffe Kohlendioxid. Sie ist als Brückentechnologie in der Welt unverzichtbar. Es entstehen aber auch durch die Atomenergie Rückstände, die erst über Jahrmillionen abklingen und damit ebenfalls eine auf Dauer untragbare Hypothek für einen Zeitraum erdgeschichtlicher Dimension auslösen. Zusätzlich hat sich Deutschland auch politisch zum Ausstieg aus der Atomenergie entschlossen – und die Gestaltung der damit verbundenen Energiewende ist eine der größten technologischen Herausforderungen unserer Zeit. Wind und Sonne sind hierbei die wichtigsten Träger für eine regenerative Energieversorgung und lassen sich nur mit Produkten aus der Chemie in Strom und Wärme umwandeln. Die chemische Industrie ist dabei Wegbereiter für viele neue Technologien. Sie forscht intensiv daran, wie sich Energie noch effizienter erzeugen, speichern und transportieren lässt.

Die Windenergie soll beispielsweise mit einem von der Bundesregierung bis zum Jahr 2050 angestrebten Anteil von rund 50 % eine entscheidende Rolle bei der Stromerzeugung spielen und damit ein Rückgrat der Energiewende werden. Daher ist in Deutschland ein massiver Ausbau der Windkraftkapazitäten geplant. Die sogenannten Offshore-Anlagen – also Windräder, die in der See stehen – stellen die Hersteller aber auch vor enorme technische Herausforderungen, da diese im Vergleich zu Landanlagen deutlich größer sein müssen, um die erheblichen Zusatzkosten für die Errichtung und Netzanbindung auszugleichen und einen wirtschaftlichen Betrieb zu ermöglichen. Zusätzlich bestehen bei Windkraftanlagen auf See extreme Anforderungen an die Wetterfestigkeit. Hier hat die Entwicklung in den letzten Jahrzehnten große Fortschritte gemacht: Der Durchmesser von Windrotoren hat sich seit 1980 von 15 auf 126 Meter mehr als verachtfacht und kann damit eine deutlich größere Menge an Energie aufnehmen. Gleichzeitig werden dadurch die Rotorblätter aber auch immer schwerer; so wiegt beispielsweise ein 60-Meter-Blatt knapp 20 Tonnen. Damit steigen mit zunehmender Größe die Anforderungen an die eingesetzten Materialien. Um zum Beispiel Rotorblätter noch effizienter und langlebiger zu machen, arbeiten Chemiker an Verbundwerkstoffen auf Basis von Epoxidharzen, die durch Kohlefasern verstärkt sind. Diese enthalten Kohlenstoff-Nanoröhren, die 3.000-mal dünner als ein menschliches Haar sind, viermal leichter als Stahl, aber fünfmal so belastbar.[201]

Ein anderes Beispiel ist die Energiegewinnung aus Sonne. Deutschland ist bei der technischen Entwicklung und Verbreitung von Solaranlagen eines der führenden Länder. Die größte Herausforderung an die Photovoltaikindustrie besteht derzeit darin, den Wirkungsgrad von Solarzellen weiter zu steigern und zugleich die Herstellungskosten weiter zu senken. Beides ist durch Solarzellen auf Basis von kristallinem Silizium erreichbar, aus denen die meisten Solarmodule bestehen. Hierbei sind die hohen Anforderungen an die Qualität des Polysiliziums die entscheidende Größe für eine dauerhaft effiziente Nutzung von Solarenergie.[202] Auch Wasserstoff gilt

201 Vgl. VCI (2013a), S. 35.

202 Vgl. VCI (2013a), S. 34.

als ein Energiespeicher der Zukunft: In sogenannten Wasserstoff-Brennstoffzellen kann die im Wasserstoff gespeicherte chemische Energie mit sehr hohem Wirkungsgrad direkt in Elektrizität und warmes Wasser umgewandelt werden. Eine große Herausforderung bleibt aber weiterhin die Speicherung von Strom aus erneuerbaren Energien in großen Einheiten, wozu die Innovationskraft der Branche in den kommenden Jahren noch stark gefordert ist.

Mit modernen Materialien Energie sparen

Die heute vorwiegende Nutzung von fossilen Energieträgern wie Erdöl, Erdgas und vor allem auch Kohle macht den Zusammenhang zwischen Energieverbrauch und Klimaschutz deutlich. Ganz nach dem Motto „der beste (Öko-)Strom ist der, der erst gar nicht verbraucht wird" sind auch hier die Leistungen der chemischen Industrie gefragt. In vielen Lebensbereichen lässt sich durch den Einsatz von Chemieprodukten noch viel Energie sparen und so das Klima schützen. Als ein wichtiges Beispiel sei die Gebäudedämmung genannt: Hier spart eine Tonne Dämmstoff aus Polystyrol schon nach einem Jahr deutlich mehr Heizöl ein, als zu ihrer Herstellung benötigt wurde.[203] Das schützt das Klima und schont den Geldbeutel. Manche Werkstoffe für die Wärmeisolierung sind heute schon so weit entwickelt, dass Gebäude, die mehr Energie produzieren als sie verbrauchen, keine Utopie mehr sind. Schon heute benötigt ein sogenanntes Passivhaus 90 % weniger Heizenergie als ein nicht sanierter Altbau.[204] Hier gibt es noch viel Potenzial, denn in Deutschland gelten erst ca. ein Drittel aller Wohneinheiten als ausreichend gedämmt.[205]

Auch für den Haushalt schafft die Chemie Möglichkeiten zum Energiesparen. Ein Beispiel ist der zunehmende Einsatz von Kühl- oder Gefrierschränken mit hohen Energiesparklassen. Nicht jedem ist bekannt, dass hier zum Beispiel Isolierschäume aus Polyurethan dafür sorgen, dass die Kälte im Kühl- oder Gefrierschrank bleibt. Damit senken sie den Energieverbrauch beträchtlich. Die neuesten Geräte der höchsten Energiesparklasse (A+++) verbrauchen bis zu 70 % weniger Strom als vergleichbare Geräte im Jahr 1990. Die heutige Waschmittelgeneration ermöglicht es dank optimierter Waschleistung, dass Wäsche heute bei 40 °C so sauber wird wie früher erst bei 90 °C und dabei wird fast 70 % weniger Strom verbraucht. Dies wird unter anderem durch die Verwendung moderner Enzyme möglich, die eiweiß-, fett- oder stärkehaltige Flecken effizient von der Wäsche entfernen. Generell kann in Deutschland durch die Wahl niedrigerer Waschtemperaturen jährlich circa eine Terawattstunde Strom eingespart werden. Das entspricht in etwa dem jährlichen Stromverbrauch von 286.000 Haushalten in Deutschland.[206]

203 Vgl. VCI (2011).

204 Vgl. Utz (2012), S. 10.

205 Vgl. Forschungsinstitut für Wärmeschutz (2013), S. 162 ff.

206 Vgl. VCI (2011).

Dass der Weg zu mehr Energieeffizienz noch nicht zu Ende gegangen ist zeigt auch folgendes Beispiel: Kaum hat die Energiesparlampe die Glühlampe verdrängt, schicken sich Licht emittierende Dioden — sogenannte LEDs — an, die Energiesparlampe schon wieder abzulösen. LEDs verbrauchen 80 bis 90 % weniger Strom als herkömmliche Glühlampen und haben eine deutlich längere Lebensdauer als Energiesparlampen. Sie basieren auf anorganischen Halbleitermaterialien wie zum Beispiel Galliumnitrid und können in zahlreichen Formen und Varianten hergestellt werden. Zusammen mit den Halbleitern sorgen außerdem Leuchtstoffe — meist auf der Basis von Silikaten oder Phosphor — für die Farbtemperatur des Lichts und sind damit ein wichtiger Baustein für die zunehmende Akzeptanz der LED-Technologie. Auch in den Linsen der LED-Leuchten, die das Licht bündeln und lenken, finden sich Produkte der chemischen Industrie: Sie werden aus Kunststoffen wie Silikon, Polymethylmethacrylimid (PMMI) oder Polycarbonat hergestellt. Geforscht wird derzeit auch an organischen Licht emittierenden Dioden (OLEDs), die auf organischen Halbleitermaterialien basieren. Diese Materialien eignen sich durch ihr warmes, stimmungsvolles Licht vor allem für großflächige Beleuchtungsbereiche.[207]

Gesundheit und Ernährung – mehr Lebensqualität für alle

Die Verfügbarkeit von Trinkwasser und sauberem Wasser ist eine Voraussetzung für ein gesundes Leben. Aber weltweit haben fast eine Milliarde Menschen keinen Zugang zu sauberem Trinkwasser. Häufige Krankheiten und eine erhöhte Sterblichkeit sind die Folgen. Durchfallerkrankungen sind die zweithäufigste Todesursache bei Kindern unter fünf Jahren und verantwortlich für den Tod von 1,5 Millionen Kindern jedes Jahr. Der Bedarf an effektiven und kostengünstigen Möglichkeiten, sauberes Trinkwasser zu erhalten, ist daher sehr hoch. Einen Lösungsansatz bieten beispielsweise Materialien für tragbare Wasserfilter, mit denen die betroffenen Menschen ihr Wasser selbst reinigen können, und damit nicht mehr auf zentrale Wasseraufbereitungsanlagen angewiesen sind. Gleichzeitig wird die Gefahr von Verunreinigungen während des Abfüllens oder des Transports verringert. Solche Systeme entfernen Viren ebenso wie Bakterien aus verschmutztem Oberflächenwasser — und das mikrobiologisch zuverlässig ganz ohne den Einsatz von Elektrizität, Chemikalien, Strom oder aufwendiger Technik.[208]

Auch die Medizin hat in den letzten Jahrzehnten große Fortschritte gemacht, daher werden auch die Menschen in den Industrienationen immer älter. Auch hier leistet die chemische und pharmazeutische Industrie global einen entscheidenden Beitrag, denn rund 40 % der gewonnenen

207 Vgl. VCI (2013b).

208 Vgl. BASF (2009).

Lebensjahre gehen international auf die Verfügbarkeit besserer Medikamente zurück.[209] Neben neuen Wirkstoffen verbessern neue Materialien die Heilungschancen und erleichtern zusätzlich die medizinische Behandlung. Dabei eignen sich beispielsweise Silikonprodukte mit ganz spezifischen Eigenschaftsprofilen ideal zum Einsatz in der Medizintechnik. Die Sterilisierbarkeit und eine exzellente chemische sowie physikalische Beständigkeit ohne zusätzliche Stabilisatoren sind nur drei von vielen guten Gründen, in diesem Bereich silikonbasierte Werkstoffe zu nutzen.[210]

Neben der Gesundheitsversorgung ist die Ernährung der wachsenden Weltbevölkerung eine weitere Herausforderung, der sich die chemische Industrie stellt. Der bis 2050 erwartete Anstieg der Weltbevölkerung auf über 9 Milliarden Menschen macht deutlich, dass eine ausreichende Nahrungsversorgung nur durch höhere Erträge in der Landwirtschaft ermöglicht werden kann. Dabei dürfen neben einer hohen Wirksamkeit und Wirtschaftlichkeit natürlich auch die Ansprüche an die Sicherheit für Mensch und Umwelt nicht vernachlässigt werden. Der verantwortungsvolle Einsatz von Pflanzenschutzmitteln ist hier eine unverzichtbare Maßnahme, um Kulturpflanzen zu schützen und damit die ausreichende und kostengünstige Versorgung mit hochwertigen Nahrungsmitteln zu sichern.[211] Neben den offensichtlichen Hungersnöten, unter denen weltweit rund eine Milliarde Menschen leiden, hat auch der Nährstoffmangel in der Zwischenzeit drastische Ausmaße angenommen: Zwei Milliarden Menschen, also fast ein Drittel der Weltbevölkerung, sind nicht ausreichend mit Vitaminen oder Mineralstoffen versorgt. Auch hier hilft die chemische Industrie in Zusammenarbeit mit Partnern vor Ort, dieses Problem anzugehen. So werden beispielsweise erschwingliche Grundnahrungsmittel wie Speiseöl und Mehl mit Vitaminen versetzt, um auch den Ärmeren lebenswichtige Mikronährstoffe zugänglich zu machen.[212]

Die Mobilität von heute und morgen

Allein in den letzten zwei Jahrzehnten haben sich die weltweiten Verkehrsverflechtungen extrem intensiviert. Zugleich wachsen rund um den Globus immer mehr Städte zu Megacitys heran – zum Teil mit weit mehr als 20 Millionen Einwohnern, die auf engstem Raum enormes Verkehrsaufkommen verursachen. Der Transport von Personen und Waren wird auch in Zukunft wachsen. Die Welt wird mobiler. Schätzungen zufolge wird die Zahl der Fahrzeuge weltweit bis 2020 auf ca. 1,4 Milliarden Autos steigen. Diese Entwicklung trägt zwar zu mehr Lebensqualität vieler Menschen bei, erfordert aber von uns allen einen schonenderen Umgang vor allem mit fossilen Rohstoffen. Auch die klassischen Verbrennungsmotoren nutzen die eingesetzte Energie immer effizienter,

209 Vgl. Lichtenberg (2005), S. 68 f.

210 Vgl. Wacker Chemie AG (2013).

211 Vgl. Industrieverband Agrar (2011).

212 Vgl. VCI (2013a), S. 30 f.

aber mehr und mehr halten mittlerweile die elektrischen Antriebsmotoren Einzug ins Automobil — zur Unterstützung des Verbrennungsmotors im sogenannten Hybridantrieb oder auch als alleiniger Antrieb eines „Nullemissionsfahrzeugs", das selbst keine Schadstoffe mehr ausstößt.

Hier werden Brennstoffzelltechnologien zunehmend als interessante Alternativen für den Automobilantrieb von morgen gehandelt. Die regenerative Erzeugung von Wasserstoff ermöglicht dabei eine fast vollständige Vermeidung von Kohlendioxid-Emissionen und die Chemie steuert hier unverzichtbare Kernkomponenten bei, die die effektive Nutzung der Brennstoffzelle im Automobil erst ermöglichen. Aber auch der Umstieg auf rein strombasierte Antriebssysteme — ob Batterie- oder Hybridantriebe — ist eine große Herausforderung. Hier ist die Entwicklung von leistungsfähigen Batterien der Schlüssel für den Erfolg dieses neuen, umweltfreundlicheren Antriebssystems. Der Erfolg und die Akzeptanz des Elektroantriebs stehen und fallen mit der Frage der Energiespeicherung. Langlebige, leistungsfähige und wieder aufladbare Batterien mit hoher Kapazität sind dafür unerlässlich. Die chemische Industrie leistet an dieser Stelle viele Beiträge, um die Elektromobilität möglichst schnell voranzubringen und alltagstauglich zu machen. Leichtere Fahrzeuge, Schiffe und Flugzeuge, die weniger Treibstoff verbrauchen als bisher; Autos, die künftig mit Strom fahren — das sind Bausteine einer nachhaltigen Mobilität. Vor allem die Anforderungen an die passive Sicherheit sollen durch den vermehrten Einsatz der Leichtbauweise in der Karosserie gewichtsneutral realisiert werden. Leichtbauwerkstoffe wie Aluminium, Magnesium, faserverstärkte Kunststoffe, Klebstoffe mit neuen Eigenschaften oder leichte Ersatzstoffe für Sicherheitsglas können helfen, das Fahrzeuggewicht zu reduzieren. Moderne Gummimischungen für Reifen verringern den Rollwiderstand. „Das spart Energie — ganz gleich ob diese aus Benzin oder Strom gewonnen wird."[213]

Den Herausforderungen aktiv begegnen

Die chemische Industrie hat sich den Herausforderungen der Zeit angenommen und sieht zugleich die Chancen, die damit verbunden sind: Eine nachhaltige Entwicklung ist nicht nur eine Verpflichtung gegenüber künftigen Generationen. Sie bietet den Unternehmen auch die Chance für eine zukunftsorientierte Geschäftsstrategie, die wirtschaftlichen Erfolg mit gesellschaftlicher und sozialer Verantwortung sowie dem Schutz der Umwelt verbindet. Dieses Bewusstsein für Nachhaltigkeit hat die Entwicklung der deutschen Chemie maßgeblich mit geprägt. Als Schlüsselbranche trägt sie heute mit ihrem großen wissenschaftlichen und technischen Potenzial entscheidend zur Lösung globaler Aufgaben bei. Als drittgrößte Branche und wichtiger Arbeitgeber in Deutschland festigt sie die soziale Stabilität in unserem Land. Und diese Entwicklung macht Lust auf ein Leben, aus der eine verantwortlich genutzte Chemie nicht mehr wegzudenken ist.

[213] vgl. VCI (2013) – Ambitionen. Leistungen. Lösungen, S. 40 f.

Literaturverzeichnis

BASF (2009): Presse-Information „Mehr Gesundheit durch sauberes Wasser", Ludwigshafen 2009

Brandt, Christian (2002): Sustainable Development und Responsible Care. Chemie in unserer Zeit 36(4), 2002

Forschungsinstitut für Wärmeschutz e. V. München (2013): Technologien und Techniken zur Verbesserung der Energieeffizienz von Gebäuden durch Wärmedämmstoffe, Berlin 2013

Industrieverband Agrar (2011): Zum Nutzen des chemischen Pflanzenschutzes – Nachhaltig, ressourcenschonend, auf lange Sicht unverzichtbar, Frankfurt am Main 2011

Lichtenberg, Frank R. (2005): The impact of new drug launches on longevity, International Journal of Health Care Finance and Economics, 5, 2005, S. 47–73

Ministerium für Wirtschaft und Arbeit des Landes Sachsen-Anhalt (2003): Industrietourismus in Sachsen-Anhalt, Magdeburg 2003

Tillmann, Utz (2012): Nachhaltigkeit braucht mehr Chemie, Jubiläumsausgabe „20 Jahre CHEManager", Weinheim 2012

Umweltbundesamt (2010): Rohstoffeffizienz – Wirtschaft entlasten, Umwelt schonen, Dessau-Roßlau 2010

Umweltbundesamt (2012): Deutsches Ressourceneffizienzprogramm (ProgRess) – Programm zur nachhaltigen Nutzung und zum Schutz der natürlichen Ressourcen, Berlin 2012

United Nations Populations Division (2013): World Population Prospects: The 2012 Revision, New York 2013

Verband der chemischen Industrie e. V. (VCI) (2013a): Ambitionen. Leistungen. Lösungen. Nachhaltigkeit in der deutschen Chemie, Frankfurt am Main 2014

Verband der chemischen Industrie e. V. (VCI) (2013b): Beiträge der chemischen Industrie zum Klimaschutz und zur Energiewende, Frankfurt am Main 2013

Verband der chemischen Industrie e. V. (VCI) (2011): Chemieprodukte schützen das Klima, Frankfurt am Main 2011

Verband der chemischen Industrie e. V. (VCI) (2014): Quartalsbericht – Bericht zur wirtschaftlichen Lage der chemischen Industrie im 4. Quartal 2013, Frankfurt am Main 2014

Volke, Klaus (2009): Chemie im Altertum – Unter besonderer Berücksichtigung Mesopotamiens und der Mittelmeerländer, Freiberg 2009

Wacker Chemie AG (2013): Reine Silicone für Ihre Zukunft, München 2013

Erfolgsstorys der BBA-Preisträger und deren Nachhaltigkeitssichtweisen

Unternehmensstrategie als Erfolgsfaktor nachhaltiger Unternehmensführung für kleine und mittlere Unternehmen (Zwiesel Kristallglas AG)

Prof. Dr. Andreas Buske
Vorsitzender des Vorstands

Unternehmensbeschreibung

Name:	Zwiesel Kristallglas AG
Firmengründung	1872
Sitz	94227 Zwiesel, Deutschland
Branche	Glasindustrie
Unternehmensgegenstand	Herstellung, Verarbeitung und Vertrieb von Glas
Umsatz 2013	82 Mio. EUR
Mitarbeiter 2013	ca. 700
Webseite	http://www.zwiesel-kristallglas.com

Management Summary

Die systematische Ableitung einer Unternehmensstrategie und die Institutionalisierung einer strategischen Planung, Steuerung und Kontrolle gewinnen auch in kleinen und mittleren Unternehmen (KMU) aufgrund immer volatilerer Rahmenbedingungen und geänderter Regelungen zur Refinanzierung (Rating-Kriterien) zunehmend an Bedeutung. Viele KMU verfügen zwar über ein mehr oder weniger detailliertes Bild bezüglich ihrer zukünftigen Position. Eine Festlegung der grundsätzlichen Vorgehensweise zur Gestaltung der Unternehmensentwicklung hin zu dieser Position oder die Konkretisierung aufeinander abgestimmter Maßnahmen zur Zielerreichung fehlen in vielen Fällen genauso wie die regelmäßige Kontrolle und das steuernde Eingreifen bei Abweichungen vom vorgesehenen Pfad. Der vorliegende Beitrag der Zwiesel Kristallglas AG soll den Prozess, aber auch ausgewählte Ideen zur Implementierung der strategischen Führung am Beispiel eines mittleren Unternehmens darstellen und aufzeigen, dass Ansätze strategischer Planung und Steuerung nicht nur in größeren Unternehmen möglich sind. Dabei wird im ersten Schritt das Unternehmen vorgestellt. Anschließend werden der Prozess der strategischen Führung und die Implementierung bei der Zwiesel Kristallglas AG dargestellt.

Die Zwiesel Kristallglas AG

Die Zwiesel Kristallglas AG ist ein Kristallglashersteller mit Sitz in Zwiesel im Bayerischen Wald. Mit den drei Marken SCHOTT ZWIESEL, ZWIESEL 1872 und JENAER GLAS erfüllt das Unternehmen die hohen Anforderungen professioneller Anwender und privater Haushalte in den Segmenten Wine&Dine, Bar, Party&Event sowie Living&Interior.

Mit der im Jahre 1872 gegründeten Tafelglashütte „Annathal" legte Anton Müller den Grundstein für die heutige „Zwiesel Kristallglas AG".[214] Nach mehreren Erweiterungen, Umwandlungen und den Turbulenzen im Ersten und Zweiten Weltkrieg erfolgte im Jahr 1961 ein Wendepunkt, als die vollautomatische Kelchglasproduktion gelingt. Die erste derart vollautomatisch gefertigte Serie NECKAR stößt bereits nach kurzer Zeit auf große Nachfrage und ist bis heute mit weit über 500 Mio. Stück das meistverkaufte Kelchglas der Welt.[215]

In den folgenden Jahren setzte das Unternehmen viele technologische Meilensteine der Kelchglasindustrie.

Ende der 1990er-Jahre entgeht das Unternehmen nur knapp der Schließung. Eine Übernahme rettet das traditionsreiche Unternehmen: Im Jahr 2001 übernimmt die „Table Top Alliance GmbH" unter Führung der beiden neuen Eigentümer Dres. Robert Hartel und Andreas Buske mittels eines Management-Buy-outs die „Schott Zwiesel AG". Aus „Schott Zwiesel AG" wird im Jahre 2005 „Zwiesel Kristallglas AG". Zudem führt das Unternehmen die Manufakturmarke ZWIESEL 1872 ein und drückt damit die Verbundenheit zum Standort Zwiesel aus. Im Jahr 2006 erwirbt die Zwiesel Kristallglas AG die Rechte an der Marke JENAER GLAS.[216]

Heute ist die Zwiesel Kristallglas AG Weltmarktführer für Kristallglas im Segment der gehobenen Hotellerie und Gastronomie und besitzt Vertriebsgesellschaften in Spanien, Singapur, Japan,

[214] Vgl. Hubert (2001), S. 55.

[215] Vgl. Langenscheidt/May (2014), S. 1100.

[216] Vgl. Zwiesel Kristallglas AG (2013), S. 5.

China und Indien sowie eine Beteiligung in den USA. Mit einer Exportquote von ca. 60 % beliefert das Unternehmen Kunden in über 130 Ländern der Welt.[217]

Der Umsatz der Zwiesel Kristallglas Gruppe beträgt ca. 100 Mio. Euro. Das Unternehmen beschäftigt weltweit rd. 900 Mitarbeiter.[218]

Zahlreiche Innovationen (u. a. Tritan®Kristallglas) und Auszeichnungen (z. B. Interior Innovation Award, Red Dot Design Award) unterstreichen das Renommee des niederbayerischen Kristallglasherstellers. Mit der Umstellung der Produktion auf die umwelt- und ressourcenschonende Oxyfuel-Technologie Ende des Jahres 2012 gilt die Zwiesel Kristallglas AG in der Branche auch als ökologischer Vorreiter.[219]

Nachhaltige Unternehmensführung

Nachhaltigkeit bedeutet für die Zwiesel Kristallglas AG nicht alleine im „Hier und Jetzt" zu handeln, sondern im Bewusstsein für kommende Generationen und mit der entsprechenden Verantwortung. Das Bekenntnis zu einer nachhaltigen Unternehmensführung, zusammen mit hierauf abgestimmten Werthaltungen aller Führungskräfte und Mitarbeiter, ist zentraler Bestandteil der Unternehmensphilosophie der Zwiesel Kristallglas AG. Sie baut auf ihren unverwechselbaren Vorstellungs- und Orientierungsmustern bzw. ihrer Kultur auf. [220]

Unter langfristig orientiertem, nachhaltigem unternehmerischem Handeln versteht die Zwiesel Kristallglas AG die Berücksichtigung ökonomischer, ökologischer und gesellschaftlicher Werte. Dabei steht der Mensch stets im Mittelpunkt aller Anstrengungen.

Verantwortung für die Mitarbeiter, für die Menschen in der Region und für Kunden und Lieferanten in der ganzen Welt ist für die Zwiesel Kristallglas AG selbstverständlich.

Dieses Verständnis wiederum prägt wesentlich die auf der Unternehmenskultur und -philosophie aufbauende Unternehmenspolitik bzw. die Formulierung und Durchsetzung von Zielen und Maßnahmen, die Zwiesel Kristallglas als Ganzes betreffen. Vision und Mission als zentrale Bestandteile der Unternehmenspolitik beeinflussen wiederum maßgeblich die strategische Unternehmensführung, vor allem die Auswahl von Strukturen und Systemen, und sind für nach-

[217] Vgl. Zwiesel Kristallglas AG (2013), S. 6.

[218] Vgl. Zwiesel Kristallglas AG (2013), S. 7.

[219] Vgl. Langenscheidt/May (2014), S. 1100.

[220] Vgl. Hahn/Taylor (2006), S. 30.

haltiges Handeln unerlässlich.[221] Im Rahmen eines bewussten Abstimmungsprozesses ist unter Einbindung der Führungskräfte ein Zukunftsbild des Unternehmens zu schaffen, das dieses einzigartig und unverwechselbar macht und darüber hinaus die angestrebte Entwicklung des Unternehmens in wesentlichen Grundzügen in Hinblick auf die zukünftige Rolle definiert.[222]

Für die richtungsweisende Ausrichtung der Zwiesel Kristallglas AG wurde im Jahre 2010 exemplarisch nach verschiedenen Projektphasen die folgende Vision bzw. folgendes Zukunftsbild definiert:

„Zwiesel Kristallglas AG ist Weltmarktführer für hochwertige Trinkgläser in Sachen Sortiment (herausragende Qualität, einzigartiges Design, innovative Technik), Distribution und Marktzugang sowie Services (Logistik, Lieferfähigkeit) für begeisterte Kunden".

Die Mission wiederum ist die schriftliche Umsetzung der Vision und beschreibt die langfristige Zwecksetzung und das Selbstverständnis des Unternehmens. „Die Umsetzung der gesamtunternehmensbezogenen Zielsetzungen muss widerspruchsfrei in allen Funktionsbereichen der Zwiesel Kristallglas AG erfolgen. Nur eine entsprechende konsistente Ausrichtung aller Funktionsbereiche ermöglicht die Realisierung der langfristigen Unternehmensziele".[223] Hierfür werden für die einzelnen Funktionsbereiche Leitsätze ausgearbeitet, an denen die Strategieumsetzung auszurichten ist.

Der Prozess der strategischen Führung

Aufbauend auf der Festlegung eines nachhaltigen Zukunftsbildes sowie dem Selbstverständnis des Unternehmens bzw. der Vision und Mission legt die Strategie als Vorgehensweise grundsätzlicher Art die Gestaltung von Richtung, Ausmaß, Struktur und Trägern der Unternehmensentwicklung fest.[224] Gerade in volatilen Zeiten kommt der Festlegung des Pfades vom heutigen Zustand hin zum angestrebten Bild in der Zukunft eine zentrale Bedeutung zu. Diesen Pfad gilt es getrennt für jede eigenständige Marktaufgabe (für spezifische Kunden/Märkte) zu beschreiben. [225]

[221] Vgl. Hahn (a.a.O.), S. 12.

[222] Vgl. Henzler (1988), S. 21.

[223] Zwiesel Kristallglas AG (2008), S. 10.

[224] Vgl. Hahn/Hungenberg (2001), S. 101.

[225] Vgl. Hahn/Hungenberg (2001), S. 363.

Mittels Analysen und Prognosen ist hierfür der Zustand sowohl des Unternehmens (Unternehmensanalyse) als auch seines relevanten Umfelds (Markt- bzw. Umfeldanalyse für Kunden, Wettbewerber, Lieferanten etc.) zu konkretisieren.

In der sich anschließenden SWOT-Analyse werden die zentralen Stärken und Schwächen mit den Chancen und Risiken in einer Matrix zueinander in Beziehung gesetzt sowie strategische Optionen bzw. Strategiealternativen abgeleitet. Der Fokus liegt darauf, Stärken und Chancen zu nutzen und Schwächen und Risiken zu minimieren.[226] Es werden konkrete Produkt-/Markt- und Ressourcenpositionierungen entwickelt, um Wettbewerbsvorteile zu maximieren.[227] Durch die SWOT-Analyse werden Entscheidungsfelder der strategischen Planung eingeengt.[228]

Nach der Beurteilung der Strategiealternativen anhand der generellen Ziele (welcher Pfad erfüllt die Ziele am besten?) und der Entscheidung für eine konkrete Strategiealternative ist diese zu organisieren. Neben der Gestaltung von Strukturen und Systemen sind Schlüsselpersonen auszuwählen und die Mitarbeiter zu informieren.

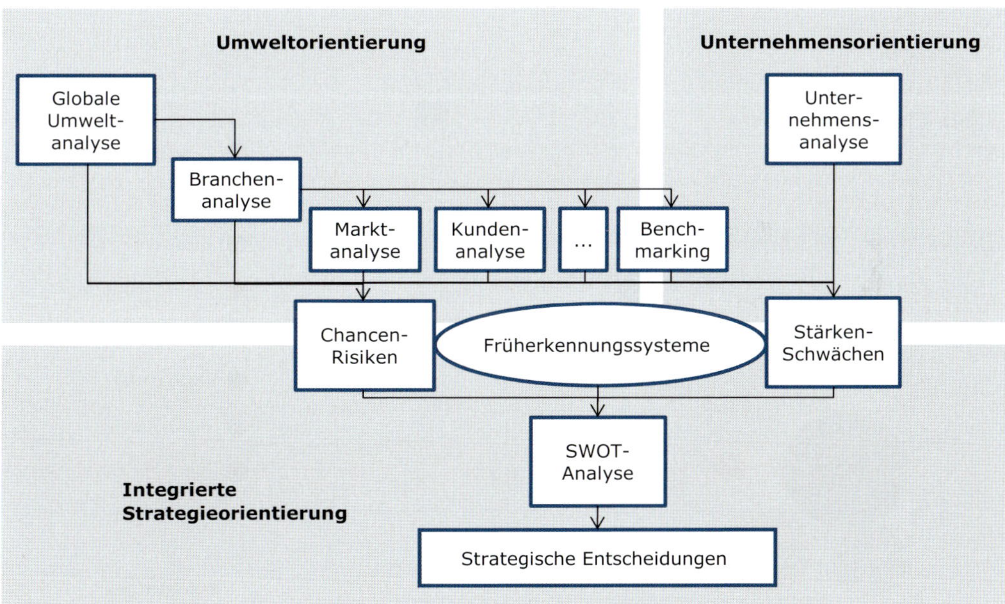

Abb. 50: Analysen und Prognosen werden in der SWOT-Analyse verdichtet[229]

[226] Vgl. Runia/Wahl/Geyer/Thewißen (2011), S. 60.

[227] Vgl. Alter (2011), S. 25.

[228] Vgl. Meffert/Burmann/Kirchgeorg (2008), S. 237.

[229] Vgl. Alter (2011), S. 84.

Im Folgenden wird aufgezeigt, wie die Zwiesel Kristallglas AG ihren kontinuierlichen Strategieprozess im Unternehmen führt.

Umwelt- und Unternehmensanalyse

Markt- und Umfeldanalyse

In der Markt- bzw. Umfeldanalyse werden neben den Marktentwicklungen und -trends u. a. die Wettbewerber, Kunden und Lieferanten analysiert. Diese Analysen sind notwendig, um die relevanten Marktkräfte und deren Wirkungen verstehen und Entscheidungen rational ableiten zu können. Trotz intensiver Bemühungen und Recherchen gibt es hierbei immer unvermeidliche informelle Grenzen in der Analyse.[230]

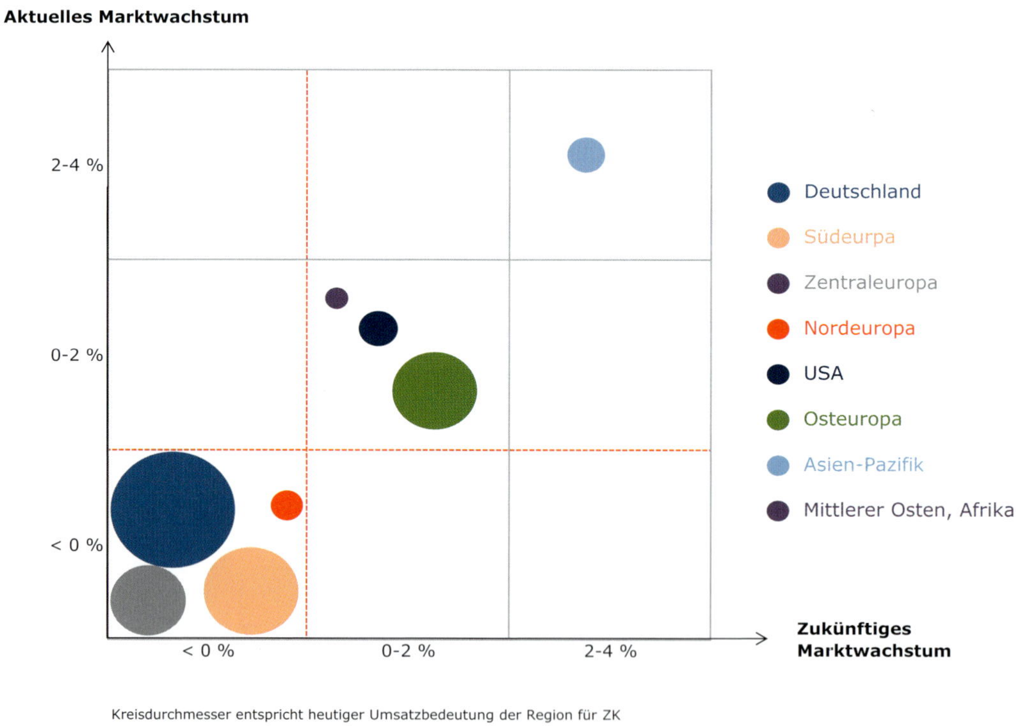

Abb. 51:Entwicklung des Marktvolumens nach Regionen: Retail[231]

[230] Vg. Hahn/Taylor (2006), S. 212.

[231] Vgl. Zwiesel Kristallglas AG (2008), S. 16.

Im Rahmen der **Marktanalyse** werden nach Abgrenzung des relevanten Marktes aktuelles und zukünftiges Marktwachstum sowie zukünftige Entwicklungen und Trends der relevanten Märkte untersucht. Bei der Analyse der allgemeinen Markttrends werden wichtige Branchentreiber identifiziert. Es erfolgt eine Untersuchung hinsichtlich eines möglichen potenziellen Handlungsbedarfs für die Zwiesel Kristallglas AG. Einen wesentlichen Einfluss auf die Wettbewerbssituation haben für die Zwiesel Kristallglas AG exemplarisch Veränderungen gesellschaftlicher Faktoren wie demografische Entwicklungen in den Zielmärkten, aber auch Trends wie „Single-Haushalte" und „Luxusorientierung" bedürfen eines regelmäßigen Monitorings. Analog sind rechtliche und ökonomische Faktoren relevanter Märkte kontinuierlich zu beachten.

Ebenso soll die **Wettbewerberanalyse** entscheidende Daten für den weiteren Planungsprozess liefern. Eine langfristige und nachhaltige Sicherung des Markterfolgs ist nur möglich, wenn die Wettbewerber der Branche bekannt sind.[232]

Für die Analyse der aktuellen und zukünftig erwarteten Wettbewerbssituation und damit auch potenzieller Marktanteile werden neben der Zwiesel Kristallglas AG die Hauptwettbewerber in die Peer-Group mit aufgenommen und diese u. a. in Hinblick auf Fertigung und Sortiment, generelle Kernkompetenzen sowie finanzielle Stabilität anhand finanzieller Kennzahlen (z. B. Return on Capital Employed, Kapitalumschlag, Umsatzrendite) verglichen.[233]

Die im Rahmen der Wettbewerbsanalyse gewonnenen Erkenntnisse spiegeln sich in der Abbildung der erfolgskritischen Branchentreiber wie Wettbewerberstruktur oder Produkt- und Qualitätsaspekte wider. Daraus ergibt sich der Handlungsbedarf für die jeweiligen Marken der Zwiesel Kristallglas AG.[234]

Um ein Unternehmen nachhaltig zum Erfolg zu führen, muss ein Unternehmen vor allem wissen, was die zentralen Bedürfnisse seiner **Kunden** sind. Da die tatsächlichen Kundenwünsche nicht immer den Vorstellungen des Unternehmens entsprechen, sind die kaufentscheidenden Faktoren kontinuierlich zu analysieren.[235] Um über die Zufriedenheit, die Erwartungen und die Kaufgewohnheiten Erkenntnisse gewinnen zu können, eignet sich eine regelmäßige Kundenbefragung aktueller und potenzieller Kunden. Erweitert um die kontinuierliche Berichterstattung durch den Außendienst, lassen sich auch für einen Mittelständler relevante Kriterien zusammentragen, um heute und zukünftig auf die Anforderungen der Kunden reagieren zu können.

Neben derart qualitativen Informationen werden von der Zwiesel Kristallglas AG die verschiedenen Absatzkanäle der unterschiedlichen Regionen quantitativ u. a. in Form von Kennzahlen wie

232 Vgl. Runia/Wahl/Geyer/Thewißen (2011), S. 52.

233 Vgl. Zwiesel Kristallglas AG (2008), S. 19.

234 Vgl. Zwiesel Kristallglas AG (2008), S. 20.

235 Vgl. Weissmann (2011), S. 70 ff.

Umsatz und Deckungsbeitrag analysiert. Aufbauend auf dieser Analyse sind im nächsten Schritt eine Prioritätenliste unter Kosten-, Mengen- und Wettbewerbsgesichtspunkten auszuarbeiten und entsprechende Maßnahmen abzuleiten.[236]

Im Zuge der **Lieferantenanalyse** werden bei der Zwiesel Kristallglas AG die wesentlichen Einflussfaktoren im Beschaffungsbereich (vgl. Abb. 52) analysiert. Ziel ist es, die relevanten Anbieter hinsichtlich der eigenen Bedürfnisse untersuchen zu können und entsprechende Entscheidungsgrundlagen für eine optimale Beschaffung zu erstellen.[237] Preis- und Nachfragestruktur wurden exemplarisch als Haupteinflussfaktoren definiert.[238]

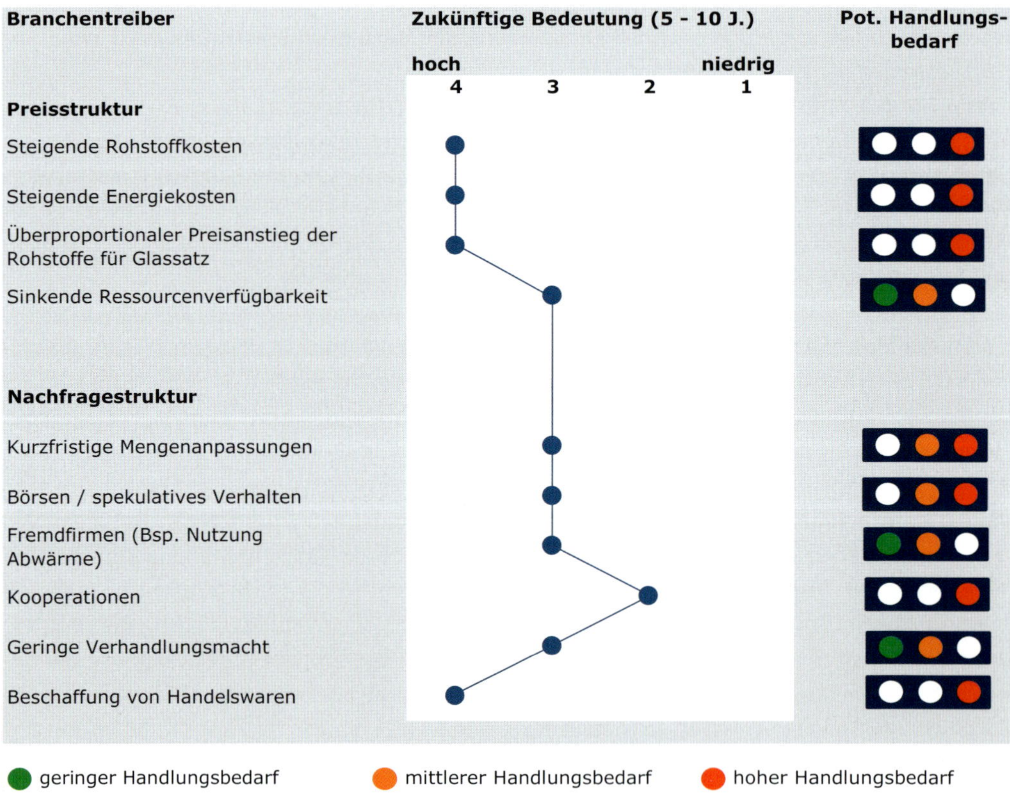

Abb. 52: Zukünftige Bedeutung von Branchentreibern – Lieferanten

236 Vgl. Zwiesel Kristallglas AG (2008), S. 22 ff.

237 Vgl. Büsch (2007), S. 63.

238 Vgl. Zwiesel Kristallglas AG (2008), S. 25.

Unternehmensanalyse

Die Unternehmensanalyse untersucht beeinflussbare und nicht beeinflussbare Variablen im Zusammenhang mit dem Unternehmen und bildet mit der Markt- bzw. Umfeldanalyse die Grundlage der Strategiewahl.[239] Bei der Zwiesel Kristallglas AG werden im Rahmen des Strategieprozesses eine **Wertkettenstrukturanalyse** durchgeführt sowie Stärken-Schwächen-Profile angefertigt.

Als Wertkette bezeichnet man die Summe der Funktionen, die als wertschaffende Aktivitäten gelten und dabei vor- und nachgelagerte Marktpartner integrieren.[240]

Die in der Wertkette der Zwiesel Kristallglas AG systematisch erfassten, strategisch relevanten Wertschöpfungsstufen bilden den Fokus beim Aufbau von langfristigen Wettbewerbsvorteilen.[241]

Die einzelnen Wertkettenstufen der Zwiesel Kristallglas AG werden hinsichtlich ihrer relativen Stärken im Wettbewerbsumfeld und ihrer zukünftigen strategischen Bedeutung untersucht. Die Stärken in der Wertkette sowie die erfolgskritischen Einflussfaktoren bilden die Grundlagen für die Ermittlung der Kernkompetenzen und sind die Basis für die Formulierung der Wettbewerbsstrategien. Die Analyse der Wertkette ist somit Bindungsglied von Unternehmensanalyse und Strategieentwicklung.[242]

In den **Stärken-Schwächen-Profilen** werden die eigenen Erfolgsfaktoren vor dem Hintergrund der identifizierten Wettbewerber als Basis für nachhaltige Maßnahmen dargestellt. So werden für die jeweiligen Marken SCHOTT ZWIESEL, ZWIESEL 1872 und JENAER GLAS Schwächen, aber auch Stärken in den Bereichen „Image", „wahrgenommene Qualität", „Distributionsnetz" sowie „POS-Marketing" definiert.[243]

Strategische Positionierung

Die aus Umwelt- und Unternehmensanalyse abgeleiteten Ergebnisse werden anschließend in einer **SWOT-Analyse** verdichtet.[244] Aus diesen Erkenntnissen ergibt sich eine priorisierte Strategielandkarte. Die Definition der strategischen Positionierung ist notwendig, um in Kenntnis des heutigen Zustands auf die sich ständig verändernden Markt- und Wettbewerbsbedingungen reagieren zu können.

239 Vgl. Hahn/Hungenberg (2001), S. 319.

240 Vgl. Porter (1992), S. 23 ff.

241 Vgl. Zwiesel Kristallglas AG (2008), S. 26.

242 Vgl. Zwiesel Kristallglas AG (2008), S. 27.

243 Vgl. Zwiesel Kristallglas AG (2008), S. 28.

244 Vgl. Meffert/Burmann/Kirchgeorg (2008), S. 237.

Die Zwiesel Kristallglas AG legt eine klare strategische Positionierung fest. Sie fokussiert auf die Produktion und den internationalen Vertrieb von Trinkgläsern, ergänzt um Accessoires und produktnahen Dienstleistungen, wobei die Kundengruppen Hotellerie, Restaurant und Catering sowie Retail bedient werden. Dreh- und Angelpunkt für die Wettbewerbsfähigkeit des Unternehmens ist seine Innovationsstärke, die zu einer höheren Produktwertigkeit in der Wahrnehmung der Kunden führt.

Neben der Definition der Geschäftspositionierung sowie der strategischen Stoßrichtung gilt es die jeweiligen Fachbereichsstrategien zu definieren.

Strategieumsetzung

Die operative Umsetzung der Strategie erfolgt durch die Balanced Scorecard (BSC).[245] Die BSC übernimmt bei der Zwiesel Kristallglas AG die Funktion der Kommunikation der Strategie anhand definierter Indikatoren und übersetzt die Strategie in das Tagesgeschäft. Die festgelegten Maßnahmenbündel zur Erreichung der strategischen Ziele finden sich in den vier Perspektiven Finanzen, Kunden, Prozesse sowie Mitarbeiter wieder. Hier werden Maßnahmen priorisiert und an die jeweiligen Fachbereiche als Aufgabenfelder übertragen. Diese wiederum werden mit den Zielvereinbarungen der Führungskräfte gekoppelt, was die Umsetzung der Maßnahmen unterstützt. In regelmäßigen Abständen sind die Maßnahmen in Hinblick auf sich ändernde Gegebenheiten neu zu priorisieren und mit den jeweiligen Zielen entsprechend zu plausibilisieren.

Die operative Planung baut auf der strategischen Planung auf und beinhaltet beispielsweise die Programm- und Potenzialplanung. Sie ist generell eine Zielerreichungsplanung und ist so auszulegen, dass zukünftige Chancen auch genutzt und Schwächen reduziert werden.[246] Anhand quartalsweiser Forecasts werden die Daten und Zahlen verprobt und können bei möglichen Veränderungen der internen und/oder externen Rahmenbedingungen entsprechend angepasst werden.

Implementierung strategischer Führung

Die richtige strategische Ausrichtung der Organisation sowie die an die Unternehmensphilosophie angepasste Struktur der Führungskräfte eines Unternehmens sind maßgeblich für den Erfolg der Strategieimplementierung verantwortlich und gelten als Erfolgsgarant für eine erfolgreiche Strategieinstitutionalisierung.[247]

[245] Vgl. Hahn/Hungenberg (2001), S. 251 ff.

[246] Vgl. Hahn/Hungenberg (2001), S. 102

[247] Vgl. Hahn/Hungenberg (2001), S. 108.

Im Rahmen der Strategieimplementierung und -institutionalisierung bei der Zwiesel Kristallglas AG werden dementsprechend die Organisation sowie die Führungsstruktur festgelegt. Dies erfordert auch die Aufstellung eines Regelwerkes, welches verschiedene Entscheidungsgremien definiert und Führungs- und Entscheidungsbefugnisse regelt.[248]

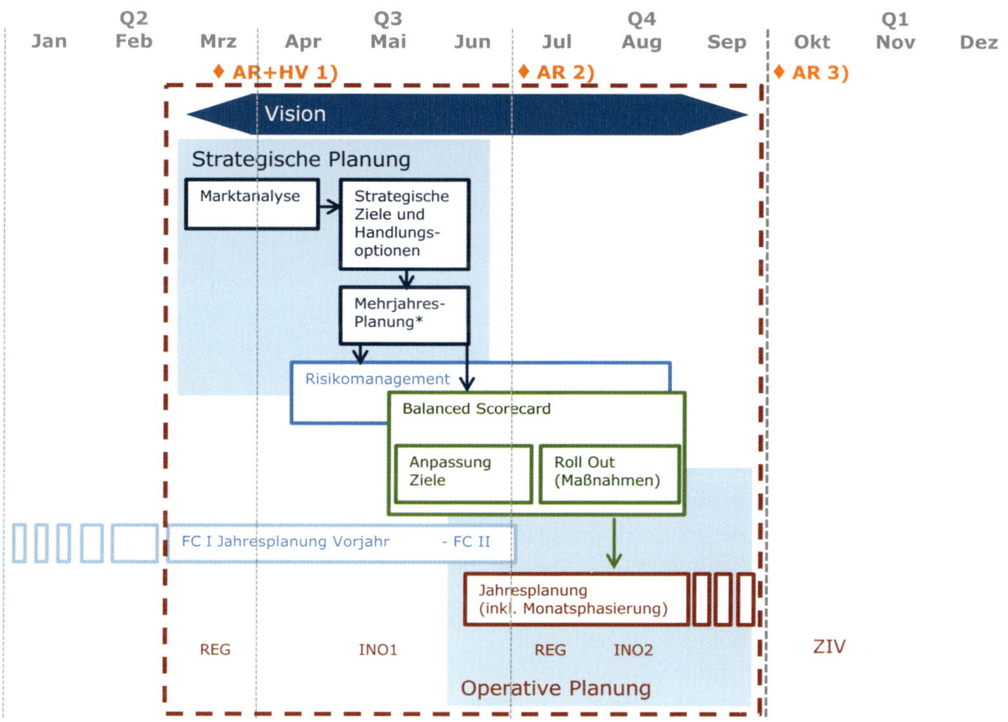

AR	Aufsichtsratssitzung
HV	Hauptversammlung
ZIV	Zielvereinbarungen
INO 1	Entwicklungsausschuss Produkte
INO 2	Entwicklungsausschuss Prozesse/Technologien
REG	Regionalabstimmung Neuheiten/Messen
FC	Forecast (laufendes Jahr)
*	Planung 3+2 Jahre (inkl. Eckwerte)
1)	Messen, Produkte, Marken
2)	Unternehmens-/Bereichsstrategie
3)	Jahresplanung

Abb. 53: Institutionalisierung des Strategieprozess bei der Zwiesel Kristallglas AG[249]

[248] Vgl. Zwiesel Kristallglas AG (2008), S. 49.

[249] Vgl. Zwiesel Kristallglas AG (intern).

Die Abbildung zeigt den Prozess der Strategieinstitutionalisierung der Zwiesel Kristallglas AG, welcher mit einfachen Mitteln unter Einbindung des Aufsichtsrates und unter Berücksichtigung des vom Kalenderjahr abweichenden Geschäftsjahres umgesetzt und in den vorangegangenen Kapiteln beschrieben wurde.

Dieser Prozess wurde in die Organisation integriert, um diesen dort nachhaltig zu verankern und eine höchstmögliche Effizienz für alle Prozesse erreichen zu können. Zudem wurde ein umfassendes Kommunikationskonzept für alle internen Zielgruppen des Unternehmens erstellt, um eine durchgängige und einheitliche Kommunikation der Unternehmensstrategie gewährleisten zu können. Hier übernimmt wiederum die Führung eine Schlüsselrolle, denn nur eine transparente Kommunikation sorgt für ein gemeinsames Commitment in der gesamten Belegschaft und trägt maßgeblich zu einer erfolgreichen Strategieimplementierung bei.

Fazit/Ausblick

Die beschriebene Vorgehensweise der strategischen Führung und Strategieimplementierung verdeutlicht, dass Strategien auch in KMU geplant, gesteuert und kontrolliert werden können und damit die Erreichung gesetzter Ziele steuerbar wird. Das Übersetzen strategischer Pläne in konkretes Handeln sorgt zudem dafür, dass Strategien nicht nur in den Köpfen vorhanden sind, sondern dass diese auch tatsächlich abgestimmt umgesetzt werden. Dies ist insbesondere vor dem Hintergrund eines immer dynamischer werdenden Umfelds von hoher Relevanz und wird auch in KMU zunehmend zum Erfolgsgaranten.

Ergänzt um ein effizientes Resilienzmanagement[250] kann es so auch KMU erfolgreich gelingen, mit unerwarteten Ereignissen und Entwicklungen umzugehen und gestärkt aus schwierigen Situationen hervorzugehen. Wichtig ist, dass nicht nur von einem „Zukunfts-Szenario“ ausgegangen wird, sondern verschiedene Szenarien (Worst-, Realistic- und Best-Case) abgebildet werden, um auf unterschiedliche Entwicklungen vorbereitet zu sein und entsprechend reagieren zu können.

[250] Vgl. Zwiesel Kristallglas AG (intern).

Literaturverzeichnis

Alter, Roland (2011): Strategisches Controlling — Unterstützung des strategischen Managements, München 2011

Büsch, M. (2007): Praxishandbuch Strategischer Einkauf, Wiesbaden 2007

Ellt, H. (2001): Auf dem Weg in eine neue Zeit: Frühe Industrien im Bayersichen Wald, Viechtach 2001

Hahn, D. (1992): Entwicklungstendenzen der strategischen Führung in Technologie & Management, Jg. 41, 1992

Hahn, D./Hungenberg, H. (2001): PuK — Wertorientierte Controllingkonzepte, Wiesbaden 2001

Henzler, H.A. (1988): Strategische Unternehmensführung, Wiesbaden 1988

Langenscheidt, F./May, P. (Hrsg.) (2014): Lexikon der deutschen Familienunternehmen, Köln 2014

Langenscheidt, F. (Hrsg.) (2009): Marken des Jahrhunderts, Köln 2009

Meffert, H./Burmann, C./Kirchgeorg, M. (2008): Marketing: Grundlagen marktorientierter Unternehmensführung: Konzepte, Instrumente, Praxisbeispiele, Wiesbaden 2008

Porter, M.E. (1992): Wettbewerbsvorteile: Spitzenleistungen erreichen und behaupten, Frankfurt am Main 1992

Runia, P./Wahl, F./Geyer, O./Thewißen, C. (2011): Marketing-Einführung: Eine prozess- und praxisorientierte Einführung, München 2011

Schott-Zwiesel-Glaswerke AG (Hrsg.) (1979): SCHOTT ZWIESEL — Die Geschichte einer Glashütte im Bayerischen Wald, Passau 1979

Sellner, C. (Hrsg.) (1988): Der Gläserne Wald. Ein Führer zu historischen Stätten, Glashütten und Museen in Ostbayern, München 1988

Weissmann, A (2011): Die Großen Strategien für den Mittelstand: Die erfolgreichsten Unternehmer verraten ihre Rezepte, Frankfurt am Main 2001

Zwiesel Kristallglas AG (Hrsg.) (2008): Strategic Booklet, Zwiesel 2008

Zwiesel Kristallglas AG (Hrsg.) (2013): Unternehmenspräsentation, Zwiesel 2013

Fünf Generationen Innovationskraft und verantwortungsvolles Wirtschaften (Leipfinger-Bader)

Thomas Bader
Inhaber

Unternehmensbeschreibung

Name	Leipfinger-Bader KG
Firmengründung	1871
Sitz	84172 Vatersdorf/Landshut
Branche	Mauerziegelhersteller
Unternehmensgegenstand	Produktion von nachhaltigen, energiesparenden und wohngesunden Mauerziegeln sowie Ergänzungs- und Systemprodukten.
Umsatz 2014	37 Mio. EUR
Mitarbeiter 2014	150
Webseite	http://www.leipfinger-bader.de

Management Summary

LEIPFINGER BADER zählt zu den traditionsreichsten unabhängigen Familienunternehmen der deutschen Baustoffindustrie. Zugeschnitten auf die Anforderungen unserer Kunden und Partner schaffen wir Innovationen, die den Maßstab des modernen, nachhaltigen Bauens neu definieren. Bereits seit fünf Generationen lautet unser Leitsatz: Stärke und Wachstum durch Verantwortung.

Als Unternehmer war es uns schon immer ein Anliegen, Wirtschaft und Umwelt zum Wohle der in unserer Gesellschaft lebenden Menschen zu gestalten. Unser Ziel ist daher die Schaffung langfristiger Werte für alle Beteiligten. Qualität und Menschlichkeit spielen hierbei eine herausragende Rolle – Qualität bei unseren Produkten und Services, Menschlichkeit im Umgang mit unseren Partnern und untereinander. Neben unseren Top-Produkten macht der Faktor Mensch bei LEIPFINGER BADER den entscheidenden Unterschied.

Unser Familienunternehmen ist bekannt für sein unschlagbares Team.

Dieses ist der Grund für unseren Erfolg und den unserer Partner. Jeder einzelne Mitarbeiter arbeitet nach den Prinzipien der Nachhaltigkeit und übernimmt die Verantwortung für seinen Teil in der Wertschöpfungskette. Durch diesen persönlichen Einsatz gelingt es uns, unseren Kunden und Partnern die modernsten Produkte, den persönlichsten Service und die kompetenteste Beratung für alle Bereiche des Bauens zu bieten.

So schauen wir der Zukunft unseres Unternehmens voller Zuversicht und Freude entgegen. Denn wir legen nicht nur den Grundstein für die dynamische Erweiterung unseres Unternehmens, sondern erwirken auch die Sicherung unserer zukunftsträchtigen Produktionsstandorte und wertvoller Arbeitsplätze in der Region.

Stärke und Wachstum durch Verantwortung — das nennen wir **Verantwortung Plus+**

Unternehmensdarstellung: Tiefe Wurzeln und Innovationen mit Weitblick

Im Jahr 1871, einer Zeit geprägt von zunehmender Industrialisierung und Aufbruchsstimmung in der Wirtschaft baute **Johann Buchner** seinen ersten Ziegelbrennofen. Damit setzte er den Grundstein für bisher fünf Generationen Ziegelgeschichte bei Leipfinger-Bader.

Abb. 54: Leipfinger-Bader in früheren Jahren

Seit 1940 firmieren wir unter „Leipfinger-Bader“. Die Qualität der Mauerziegel war dank zielgerichteter Investitionen und dem Vertrauen in innovative Verfahren und Produktionstechniken mit jedem Jahr besser geworden. Erste Ansätze der Entwicklung des profitablen Ziegelwerks hin zum Innovations- und Qualitätsführer der deutschen Ziegelindustrie waren schon 1973 zu sehen, als in eine vollautomatische Setzanlage investiert und gleichzeitig der Ofen optimiert wurde. Auf der Produktionskapazität und -qualität lag aber seit jeher nur *ein* Augenmerk in unserem Unternehmen: Als produzierender Betrieb, der auf die Ressourcen der Region zurückgreift, war uns der Umweltschutz von Beginn an wichtig. Was wir der Natur entnehmen, wollen wir ihr so gut es geht zurückgeben. Ausdruck dessen war es, dass wir 1997 als erstes deutsches Hintermauer-Ziegelwerk sowohl für unser Qualitäts- als auch für unser Umweltmanagement zertifiziert wurden. 2006 ist der Betrieb in die nächste Generation übergegangen. Jüngere Meilensteine sind beispielsweise die Inbetriebnahme der ersten, hochmodernen Verfüllungsanlage für „Unipor Coriso“-Hightech-Ziegel in Puttenhausen und die Installation der innovativen Wärmerückgewinnungsanlage, welche die Energieeffizienz unseres Werkes in Vatersdorf seitdem weiter stärkt. Auch die Übernahme der wesentlichen Vermögensgegenstände des Geschäftsbetriebes des Ziegelwerkes Schönlind (Ziegelei Merkl) am 01.04.2014 war ein weiterer großer Schritt, über den wir uns sehr freuen.

Mission und Vision von Leipfinger-Bader

Ein traditionsreicher Baustoff, ein Familienunternehmen in fünfter Generation und der unbedingte Wille, beides immer wieder zu modernisieren — das ist es, was Leipfinger-Bader ausmacht. Dieser **Mission** gibt sich bei uns jeder einzelne Mitarbeiter täglich hin. Auf diese Weise entstehen langfristige Werte im Unternehmen sowie bei unseren Kunden. Wir schaffen dort Lebensraum, wo Menschen nach einem Zuhause für sich und nachfolgende Generationen streben. Wir begleiten sie auf diesem Weg durch unsere fachmännische Beratung und die hervorragende Qualität unserer Ziegelprodukte. Deren Weiterentwicklung ist die Grundlage unseres bisherigen Erfolges, denn wir wollen neue Maßstäbe im Mauerwerksbau setzen. Dies gelingt uns dank unserer großen Innovationskraft. Damit ein Arbeitsschritt in den nächsten greift, vertrauen wir auf langfristige Beziehungen — sowohl zu unseren Mitarbeitern als auch zu externen Partnern. Kurzsichtiges Handeln widerspricht unserem Ziel einer nachhaltigen Unternehmensentwicklung.

Gemäß der Weisung „Der Weg ist das Ziel“ versuchen wir die erfolgreiche Evolution unseres Unternehmens immer wieder neu anzustoßen. Die **Vision**, wie Leipfinger-Bader in Zukunft aussehen soll und wie wir handeln wollen, orientiert sich stark an dem Pfad, den wir bisher beschritten haben. Das „Höher — schneller — weiter“ globalisierter Märkte spielt in unseren Überlegungen keine Rolle. Vielmehr vertrauen wir auf das, was uns in der Vergangenheit stark gemacht hat und versuchen, dies zu optimieren. Eine konstante Weiterentwicklung unserer Produktpalette und der nachhaltige Ausbau unserer Kapazitäten soll unsere Position als Innovations- und Qualitätsführer der deutschen Ziegelindustrie sichern. Immer im Mittelpunkt steht dabei der Kunde: Seine Bedürfnisse sollen unser Antrieb sein, über Lösungen nachzudenken und diese zu realisieren. Dafür brauchen wir motivierte Mitarbeiter, die Experten auf ihrem jeweiligen Gebiet sind. Eine ausgewogene Mischung aus Fördern und Fordern ist hierbei auch zukünftig der Schlüssel zum Erfolg. Dem drohenden Fachkräftemangel begegnen wir selbstbewusst, weil wir wissen, dass unser Ausbildungssystem jungen Menschen etwas bieten kann. Verantwortung auf ökonomischer, ökologischer und sozialer Ebene zu übernehmen, wird für uns weiterhin zentraler Bestandteil unserer Firmenphilosophie bleiben. Deshalb haben wir diese drei Ebenen im Konzept „Verantwortung Plus+“ zusammengefasst und uns damit gleichermaßen eine theoretische Zielsetzung und eine praktische Handlungsanleitung gegeben. Auf dieses Strategiepapier lässt sich auch unser Leitspruch zurückführen, dessen Inhalt seit jeher Widerhall in all unseren Unternehmensbereichen findet und auch in Zukunft finden wird:

„Stärke und Wachstum durch Innovation und Verantwortung“

Nachhaltigkeit: Trendbegriff ohne Tiefgang?

Sie ist in aller Munde, wird nahezu jedem Produkt zugeschrieben und als Kernbestandteil vieler Betriebsabläufe genannt — **die Nachhaltigkeit**. In vielen Fällen ist sie aber nicht mehr als eine Option zur Imagepflege. Aus unserer Sicht muss nachhaltiges Handeln mehr sein als das Ergebnis einer ausgedehnten Marketing-Sitzung — es muss der DNA des Unternehmens entspringen und täglich gelebt werden. Dabei ist der ökologische Blickwinkel auf das eigene Tun nur *ein* Aspekt der Nachhaltigkeit. Ebenso wichtig sind nachhaltiges Wirtschaften und die Übernahme sozialer Verantwortung in der Region. Wir fühlen uns der Umwelt, die uns umgibt und die uns die Rohstoffe für unsere natürlichen Produkte bietet, verpflichtet. Investitionen in den Naturschutz und in die Energieeffizienz begleiten unser Unternehmen deshalb bereits seit Jahrzehnten. Unsere Produkte spiegeln dieses Bestreben wider: In den vergangenen Jahren sind unsere Mauerziegel und Ziegel-Ergänzungsprodukte immer energieeffizienter und nachhaltiger geworden. Nachhaltigkeit bekommt auf diesem Wege bei uns sogar noch eine zweite Wurzel und trägt sowohl im Unternehmen als auch direkt beim Kunden ökologische Früchte.

Ebenso wichtig ist uns eine nachhaltige Geschäftspolitik, die sich nicht von der Virulenz internationaler Märkte anstecken lässt, sondern darauf abzielt, langfristige Werte im Unternehmen und bei den Partnern zu schaffen. Mutige Ideen von Experten ihres Faches sind hier das Mittel für eine kontinuierliche Weiterentwicklung. Diese fördern und fordern wir. Nicht zuletzt übernehmen wir die soziale Verantwortung, die uns als großem Arbeitgeber und erfolgreichem Wirtschaftsunternehmen in der Region zufällt. Um in all diesen Bereichen etwas zu bewegen und den Ansprüchen von Mitarbeitern sowie Kunden und Partnern gleichermaßen gerecht zu werden, haben wir das **Konzept „Verantwortung Plus+“** entwickelt. Es gibt dem Handeln, für das Leipfinger-Bader schon seit der ersten Generation steht, einen organisatorischen Rahmen. In den vier Bereichen „Umwelt“, „Gesellschaft“, „Mitarbeiter“ und „Kunden“ wollen wir uns fortan messen lassen. Als Zwischenfazit können wir hierbei Auszeichnungen für uns sprechen lassen, auf die wir wirklich sehr stolz sind. Darunter Preise wie die „Umweltmedaille des Freistaates Bayern“ und der „Best Business Award“.

Innovationskraft: Selbst große Neuerungen entwachsen einer kleinen Idee

In diesem Kapitel erfahren Sie mehr über unsere Produktinnovationen und die damit verbundene Energieeffizienz sowie unsere getätigten Investitionen in Innovationen.

Produktinnovationen

Für einen Baustoffproduzenten stehen die Produkte natürlich am Anfang eines jeden wirtschaftlichen Erfolges. Wir sind in der glücklichen Position, dass unser Produkt — der Ziegel — schon in seiner einfachen Form über Eigenschaften verfügt, die ihn für den Hausbau prädestinieren. Bereits in den frühen Siedlungen der Jungsteinzeit wurden Lehmziegel eingesetzt. Diese haben mit den heutigen Erzeugnissen nur noch die Basisbestandteile gemeinsam. So hat der Mauerziegel über die Jahre eine rasante Entwicklung genommen. Auch im Hause Leipfinger-Bader können wir auf Produktinnovationen verweisen, dank derer wir unsere Marktposition kontinuierlich ausbauen und die Ziegeltechnologie verfeinern konnten. Die Inspiration und der Forschungsdrang, den die Entwicklung und Optimierung unserer Produkte verlangt, ziehen wir vor allem aus den Wünschen und Bedürfnissen unserer Kunden. Hier ist es also der Markt, der einem bei entsprechend geschultem Blick verrät, was nötig sein wird.

Abb. 55: Hochwärmedämmender Coriso-Ziegel für Bestwerte im Wärme- und Schallschutz

Speziell in massiver Bauweise bieten die Ziegelwerke Leipfinger-Bader genau das an, was für jedes Bauprojekt gebraucht wird: hochwärmedämmende Ziegelprodukte, die wirtschaftliches Bauen mit Zukunftsperspektive ermöglichen. Dazu gehören besonders unsere **Hochleistungsziegel mit natürlich mineralischer Coriso-Dämmstoff-Füllung**. Sie ersparen dem Bauherrn eine aufwendige und kostenintensive Zusatzdämmung der Außenwände. Mit diesen besonderen Mauerziegeln lassen sich die Energiekosten im Haus um bis zu 90 Prozent reduzieren und erfüllen so auch die Anforderungen des Passivhausbaus. Wir bieten maßgeschneiderte Top-Produkte mit wärmedämm- und schallschutztechnisch hohen Werten für den massiven Hausbau.

Energieeffizienz in der Praxis

Unsere Ziegel mit natürlich mineralischer Füllung haben ihre hochwärmedämmenden Eigenschaften (λ=0,07 W/mK) und ihre Verarbeitungsfreundlichkeit in der Praxis bereits vielfach unter Beweis gestellt Der verwendete „Unipor W07 Coriso" war 2009 der erste Mauerziegel, der vom Passivhaus-Institut in Darmstadt als ein für Passivhäuser geeigneter Außenwandbaustoff zertifiziert wurde.

Auf ein klassisches Heizsystem kann bei Passivhäusern verzichtet werden. Trotzdem herrscht in den Räumen ein Höchstmaß an Wohnkomfort. Gewährleistet wird dies durch sogenannte „passive Quellen", die Wärme an den Raum abgeben — wie Sonneneinstrahlung, Abwärme von Personen oder technische Geräte. Expertenmeinungen im Vorfeld zu hören, ist überaus wichtig, aber der entscheidende Gradmesser für die Leistungsfähigkeit unserer Produkte bleibt am Ende immer die Kundenerfahrung. Ebenso spannend wie die Idee, dass Energieverbrauch und -erzeugung bei einem Wohnhaus in der Waage gehalten werden können, erschien uns der Ansatz, eine ganze Wohnsiedlung zu einem „kleinen Kraftwerk" zu machen.

„Mit Plusenergie in die Zukunft" könnte deshalb das Forschungsziel des **Bau- und Forschungsprojekt „Ludmilla Wohnpark"** in Landshut heißen, an dem wir uns seit 2010 beteiligen. Nach drei fertiggestellten Bauabschnitten haben wir nun erste Erkenntnisse aus der Wohnanlage gewonnen: Für Plusenergiehäuser sind dämmstoffgefüllte Mauerziegel dank ihrer besonderen bauphysikalischen Eigenschaften von hoher energetischer Bedeutung. Erklärtes Ziel des Forschungsprojektes ist es aufzuzeigen, wie mit einer energieeffizienten, monolithischen Ziegelbauweise und innovativer Anlagentechnik ein Plus an Energie erzeugt werden kann.

Abb. 56: Bau- und Forschungsprojekt „Ludmilla Wohnpark"

Das Projekt wurde von der Hochschule für angewandte Wissenschaft München begleitet. Auf diesem Wege flossen die Ergebnisse des Praxistests gleich in die Theoriewelt der Wissenschaft ein und beide Bereiche können sich gegenseitig inspirieren. Konkret ist es beim Ludmilla Wohnpark das Zusammenspiel verschiedener Faktoren, das für den Erfolg des Projektes steht. Der Ludmilla Wohnpark ist sowohl architektonisch, bauökologisch als auch bautechnisch und energetisch vorbildlich konzipiert. Die Nutzung erneuerbarer Energie hatte bei der Festlegung des energetischen Konzeptes oberste Priorität. So werden Einzel- und Reihenhäuser über eine Wärmepumpe mit Erdwärme beheizt, deren Stromversorgung – dank der auf den Flachdächern aufgeständerten Photovoltaikanlage – durch gewonnene Sonnenenergie gedeckt wird. Auch die Beheizung und Warmwasserversorgung der Mehrfamilienhäuser sorgt durch die mit Biogas erzeugte Wärme aus einem Blockheizkraftwerk und einer Gastherme für eine energetische Optimierung. Überschüssiger Strom wird in das öffentliche Stromnetz eingespeist.

Um einen Plusenergiehausstandard zu gewährleisten, musste auch ein möglichst minimaler Heizenergieverbrauch erreicht werden. Im Bauabschnitt drei kam deshalb die Unitherm-Flächenheizung der Unipor-Ziegel-Gruppe zum Einsatz. Gegenüber einer Fußbodenheizung konnten somit bis zu 40 Prozent an Energie eingespart werden. Innovative, großangelegte Bauprojekte wie dieses sollen auch in Zukunft die Energieeffizienz unserer Ziegelprodukte evaluieren und zeitgleich unsere führende Rolle in diesem Bereich sichern. Auf diese Weise leisten wir unseren Anteil zur Energiewende bereits auf der Produktebene.

Investitionen in Innovationen

Die ambitionierten Ziele der Energiewende und den Versuch, Energie einzusparen, nehmen wir auch an unseren Produktionsstandorten überaus ernst. Hierbei geht es uns vor allem um eine **energetisch optimierte Produktion**, die ihrer Zeit voraus ist. Wer diese richtig anpackt, kann dabei mittelfristig auch Kosten einsparen. Dazu haben wir in den vergangenen Jahren verstärkt in unsere Produktions- und Anlagentechnik investiert.

Die Kraft der Sonne nutzen

Heutzutage erscheint es kaum als Neuerung, dass verantwortungsbewusste Betriebe auf erneuerbare Energiequellen setzen. So haben auch wir bereits seit einigen Jahren Photovoltaikanlagen auf den Dächern unserer Produktionsstandorte. Auf diese Weise können wir einen Teil der benötigten Energie selbst herstellen. Allerdings wollten wir es dabei nicht belassen: Auf einer Fläche von 4,3 Hektar haben wir deshalb eine ehemalige Lehmgrube renaturiert und zu einem **modernen Solarpark** aufgerüstet.

Abb. 57: Solarpark

Dank der hohen Einstrahlungswerte, der überwiegenden Südausrichtung und den nahe gelegenen Einspeisungsmöglichkeiten eignet sich dieses Areal hervorragend für solare Zugewinne. Laut unseren Berechnungen können wir mit einem Leistungsertrag von rund zwei Millionen Kilowatt Strom pro Jahr rechnen, welcher in Zukunft auch betriebsintern genutzt werden könnte. Legt man 4.000 Kilowattstunden durchschnittlichen Stromverbrauch bei einem Vierpersonenhaushalt zugrunde, wäre der Solarpark in der Lage, den Jahresbedarf von rund 500 Haushalten zu decken. Mit dieser sogenannten Freiflächen-Photovoltaikanlage bekräftigen wir unser Engagement für die Zielsetzungen des Erneuerbare-Energien-Gesetzes und machen einen weiteren wichtigen Schritt in Richtung Energieautarkie. Gleichzeitig sind wir bemüht, unseren Energieverbrauch durch schlanke Abläufe, energiesparende Motoren und hochmoderne Produktionsanlagen sowie das entsprechende Verhalten unserer Mitarbeiter so gering wie möglich zu halten. Ein verantwortungsvoller Umgang mit natürlichen Ressourcen ist ein weiteres Mosaiksteinchen in diesem Gesamtbild.

Ressourceneinsatz mit Maß

Selbstverständlich entziehen wir als produzierender Betrieb unserer Umwelt Ressourcen, die den Menschen zur Errichtung moderner Wohnhäuser dienen. Wir achten aber dabei darauf, dass wir die Natur nicht überlasten: Deshalb bedienen wir uns von Rohstoffquellen, die sich in unmittelbarer Nähe zu unserer Produktion befinden. So verkürzen wir die Transportwege und verringertn die Belastung durch CO_2 deutlich. Seit Kurzem bereichert zudem eine hauseigene **„Kurzumtriebsplantage“** die Ziegelproduktion. Dieser sogenannte Energiewald versorgt Leipfinger-Bader mit einem eigenen Porosierungsstoff. Hierbei werden auf Ackerflächen schnellwachsende Baumarten – wie Weiden und Pappeln – angebaut. Bereits nach vier bis fünf Jahren erreichen die Pflanzen eine Höhe von bis zu zehn Metern und können abgeerntet werden.

Zu feinem Sägemehl zerkleinert, ermöglichen die Bäume so eine natürliche und umweltschonende Ziegelporosierung. Während des Brennvorgangs wird das Sägemehl im Tunnelofen rückstandsfrei verbrannt. Dadurch entstehen Poren im Baustoff, die für die hohe Wärmedämmung und hervorragende Wärmespeicherfähigkeit von Mauerziegeln verantwortlich sind. Auf diese Weise erzeugen wir unsere energieeffizienten Mauerziegel unter Einsatz von eigenen Rohstoffen und bei möglichst geringem Energieverbrauch. Damit sind zwei entscheidende Innovationen für die Energieerzeugung und die Ressourcenschonung genannt. Doch selbst aus einem scheinbar verbrauchten Produktionsbestandteil lässt sich Energie gewinnen: der Abluft.

Wärmeenergie auffangen und nutzbar machen

Dank der neuen **Abluftreinigungsanlage samt Wärmetauscher** können der Bedarf an fossilen Brennstoffen um 35 Prozent und die CO_2-Emissionen um 2.500 Tonnen jährlich gesenkt werden. Das sind beachtliche Zahlen, wenn man bedenkt, dass diese Energie sonst einfach verloren gegangen wäre. Hier investieren wir große Summen, um in der Energie- und Umwelttechnik führend zu bleiben. So stellt diese Kopplung aus Energienutzung und Abluftreinigung auch ein Novum in der deutschen Ziegelindustrie dar.

Abb. 58: Abluftreinigungsanlage

Die eigentliche Innovation des Systems besteht in der besonderen Kombination aus Wärmerückgewinnung und Abluftreinigungsanlage: Dank eines zusätzlichen Wärmetauschers kann die Prozesswärme, die durch den Reinigungsvorgang frei wird, nutzbar gemacht werden. Dabei strömt das Reingas durch den Tauscherblock und gibt seine Wärmeenergie an die kalte Frischluft ab, welche durch die Rohre des Wärmetauschers fließt. Diese erzeugte Wärmeenergie wird in der Produktion zum Trocknen der Mauerziegel verwendet. Auf diese Weise gewährleistet die neue Anlage einen doppelten Energiegewinn: Sie benötigt keine fossilen Brennstoffe mehr für den eigenen Betrieb und gibt gleichzeitig Prozesswärme ab, die für den Trocknungsvorgang der Ziegel genutzt werden kann. Solche Lösungen sind es, die wir auch für die Zukunft anstreben. Denn es ist absolut möglich, gleichzeitig wirtschaftlich zu produzieren und die Umwelt zu schonen. Das Erreichte regelmäßige zu überwachen und gegebenenfalls Anpassungen vorzunehmen, gebietet dabei schon die Logik.

Energiemanagement und Mitarbeitersensibilisierung

Um den eigenen Energieverbrauch immer im Blick zu haben, gibt es seit 2012 an unseren Standorten in Vatersdorf und Puttenhausen ein sogenanntes **Energiemanagementsystem**.

Diese „geprüfte Nachhaltigkeit“ wurde gemäß DIN EN ISO 50001 zertifiziert. Ziel des Systems ist es, regelmäßig Energieströme zu erfassen und zu bewerten. Damit sollen energetische Verbesserungspotentiale nicht nur aufgezeigt, sondern auch umgesetzt werden. Mit diesem System können wir nun effizienter arbeiten, die Energieziele erreichen und Umweltanforderungen noch besser erfüllen. So wie Innovation beim Menschen beginnt, kann er aber auch ihr (verfrühter) Endpunkt sein. Deshalb ist es uns wichtig, unsere Mitarbeiter für den verantwortungsvollen Umgang mit der Energie und Umwelt zu sensibilisieren. Nur für einen Betrieb, in dem alle Beteiligten von der Notwendigkeit der Maßnahmen zur Energieeffizienz überzeugt sind, werden sich die entsprechenden Investitionen am Ende lohnen. Wir sind dabei auf einem hervorragenden Weg und erhalten dafür auch immer wieder Zuspruch aus Politik und Gesellschaft.

Vergangenheit bewahren – Zukunft gestalten

„Nur wer die Vergangenheit kennt, hat eine Zukunft.“ Ein Zitat, das Wilhelm von Humboldt zugeschrieben wird und das sehr schön beschreibt, wie wir bei Leipfinger-Bader seit jeher gedacht haben. Wir sind der festen Überzeugung, dass die kontinuierliche Weiterentwicklung unseres Familienunternehmens zum Qualitäts- und Innovationsführer der deutschen Ziegelindustrie mit Werten zu tun hat, die sich in unseren Wurzeln finden: Fortschritt dank kreativer Innovationen, die oftmals im Bereich der Energieeffizienz von Produkten und Produktionsverfahren angesiedelt waren. Aber natürlich auch die stete Verbesserung unserer Produktqualität, dank derer wir vom normalen Mauerziegel bis zum Coriso-Hochleistungsziegel für jedes Bauvorhaben etwas anbieten können. Gerade in diesem Bereich befinden wir uns aktuell in vertrauensvoller Zusammenarbeit mit einem Partner, um einen ganz neuen Ansatz für die Verarbeitung von massivem Mauerwerk zu entwickeln. Die Treue unserer Geschäftspartner und Kunden, die uns seit Jahrzehnten ihr Vertrauen schenken, ist ein weiterer Grundstein unseres Erfolgs, für den wir große Dankbarkeit empfinden. Die Verantwortung gegenüber unseren Kunden und Mitarbeitern, aber auch gegenüber der Region und Umwelt ist ein ebenso wichtiger Bestandteil unserer Zukunftsplanungen. Sie begleitet uns nun schon seit weit mehr als 100 Jahren und hat sich als Unternehmensmaxime bewährt. Mit dem Konzept „Verantwortung Plus+“ und unserer Innovationskraft im Rücken sehen wir in der Zukunft vor allem spannende Projekte, interessante Partner und auch weiterhin die Möglichkeit, voranzugehen und Prozesse mitzugestalten.

Literaturverzeichnis

Arbeitsgemeinschaft Mauerziegel e. V. im Bundesverband der deutschen Ziegelindustrie e. V./ Bundesverband Ausbau und Fassade im Zentralverband des deutschen Baugewerbes (Hg.) (2009): Außenputz auf Ziegelmauerwerk — einfach, sicher, wirtschaftlich: Fachgerechte Planung und Ausführung, Heft 9, Bonn, 2009

Gierga, M./Staniszewski, A. (2014): EnEV 2014, Energie-Einsparverordnung, Leitfaden für Wohngebäude, Bonn 2014

Heye, H. G. (2013): Zukunftsweisendes Wärmemanagement, in: Deutsches Ingenieurblatt, Heft 5, Berlin 2013

Messari-Becker, L./Bollinger, K./Grohmann, M. (2011): Erste Erfahrungen mit Mehrfamilien-Passivhäusern in monolithischer Bauweise, in: Bauphysik 33, Heft 1, Wiesbaden 2011

Moll, W./Moll A. (2011): Schallschutz im Wohnungsbau — Gütekriterien, Möglichkeiten, Konstruktionen, Berlin, 2011

Schoch, T. (2012): Luftschalldämmung von Mauerwerk — aktuelle Entwicklungen und Trends, in: Mauerwerksbau Aktuell 2012, Berlin/Wien/Zürich: Beuth, 2012

Müsli nach Maß – über die Gründung und Vermarktung eines ungewöhnlichen Start-ups (mymuesli)

Max Wittrock
Geschäftsführer und Mit-Gründer

Unternehmensbeschreibung

Name	mymuesli GmbH
Firmengründung	2007
Sitz	94032 Passau, Deutschland
Branche	Lebensmittelhersteller
Unternehmensgegenstand	Vertrieb von Lieblingsmüsli
Umsatz 2013	/
Mitarbeiter 2015	420
Webseite	http://www.mymuesli.com

Management Summary

Ich bin kein Wissenschaftler, kein Theoretiker. Die Universität habe ich zwar noch abgeschlossen, doch danach durfte ich mit zwei Studienfreunden und Mit-Gründern eine faszinierende Reise erleben, eine Reise durch mehr als sieben Jahre Unternehmertum und die bisher intensivste Erfahrung meines Lebens.

Auf den nachfolgenden Seiten findet sich daher ein Praxisbericht, keine wissenschaftliche Erörterung. Das ist wahrscheinlich eine ungewöhnliche Zusammenfassung und für einen solchen Buchbeitrag ein seltsamer Einstieg: Doch schon die Geschäftsidee von mymuesli ist schließlich keine gewöhnliche.

Der Beitrag soll unsere Entwicklung beschreiben und einen Fokus auf das Marketing und die Kommunikation für ein nachhaltig geführtes Start-up im FMCG-Sektor legen. Dabei haben wir in der täglichen Praxis die Höhen und Tiefen einer solchen Gründung erlebt, hatten Erfolge und Misserfolge, sind dabei aber (hoffentlich) unseren Prinzipien immer treu geblieben.

Von dieser Geschichte möchte ich stellvertretend für unser Team erzählen, dem wir alles verdanken. Und gleichwohl wir (insbesondere im Kontext des vorliegenden Buches, der anderen Autoren) sicher noch am Anfang unserer Geschichte stehen (und eher noch von den anderen Autoren lernen, als andere belehren können), so hoffen wir doch, dass die Geschichte von mymuesli Inspiration sein kann: Es lohnt sich, auch an verrückte Ideen zu glauben. Das fasst unsere These und den Beitrag vielleicht am besten zusammen.

Unsere Geschichte – ein Überblick

Auf dem Weg zum Badesee

Auf einer Fahrt zum Badesee hatten wir, drei Studenten aus Passau, im Jahr 2005 eine Idee, die wahrscheinlich nur in unseren eigenen Ohren nicht verrückt klang: Mass-Customized Müsli. Die Prinzipien kundenindividueller Fertigung, sogenannter Mass-Customization, sollten auf eines unserer Lieblingsprodukte übertragen werden: ausgerechnet Müsli, damals nicht gerade ein Bestseller im E-Commerce.

Die Idee des zu gründenden Unternehmens, welches zu diesem Zeitpunkt noch keinen Namen hatte, war recht simpel zu erklären: Über einen Konfigurator sollten Kunden sich eine Müslikreation aus rund 75 Zutaten zusammenstellen können, die dann individuell produziert und direkt versendet würde. Kommunikationsmedium zwischen den Wünschen des Kunden und dem Angebot von mymuesli sollte das Internet sein. Das war kostengünstiger und schneller zu realisieren, als etwa Offline-Verkaufsstellen oder eigene Läden.

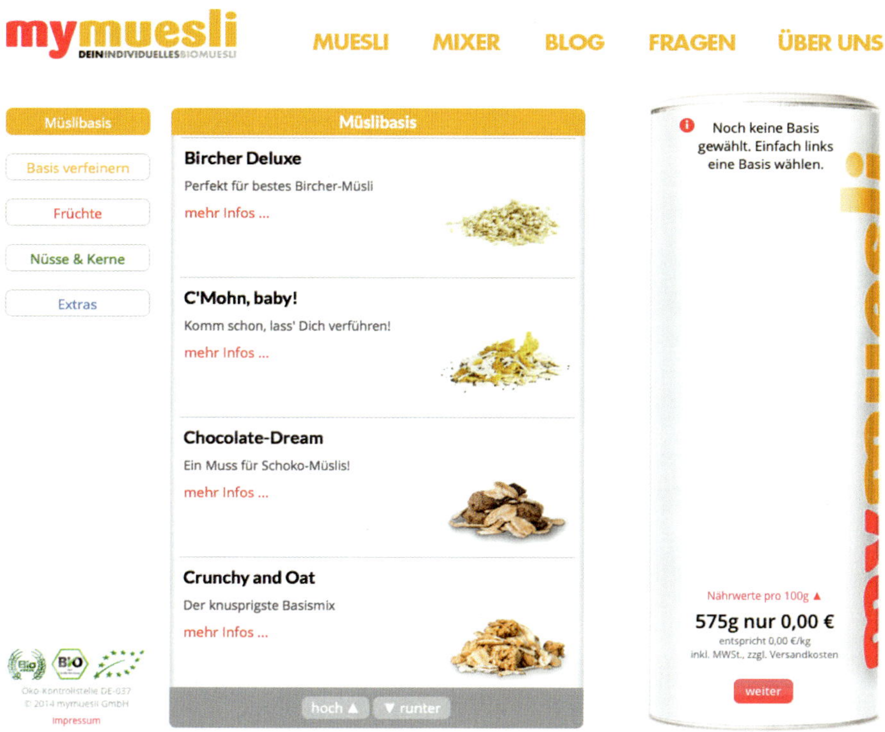

Abb. 59: Müsli-Konfigurator der mymuesli-Website

Im April 2007 schließlich ging er online, der Müsli-Konfigurator von mymuesli. Schon in den ersten Minuten gingen Bestellungen ein, nach zwei Wochen waren alle unsere Verpackungen aufgebraucht. mymuesli war ausverkauft. Zunächst war der Service nur in Deutschland verfügbar, es folgte Österreich, dann die Schweiz, später noch Großbritannien und die Niederlande.

Coming of Age

Im Jahr 2009 (mittlerweile waren wir glücklicherweise in eine neue, größere Produktionsstätte umgezogen) trafen wir eine folgenschwere Entscheidung: In einer kleinen Gasse in der Passauer Altstadt eröffneten wir im Mai einen mymuesli-Laden. Ein Geschäft also, in dem es neben Getränken ausschließlich Müsli gab. Individuelle Müslis konnte (und kann) man online auf der Webseite mixen und dort im Geschäft abholen.

Der Laden war ein Experiment, doch es glückte: Die Umsätze steigerten sich von Monat zu Monat. So beschlossen wir 2012, aus dem Online-Müsli ein Multi-Channel-Modell zu formen. Im Frühjahr 2012 eröffneten wir weitere Läden in Regensburg und München, mittlerweile betreibt das mymuesli-Team 20 (Stand April 2015) eigene Filialen in Deutschland und auch Österreich (Wien und Salzburg). Auch in vielen deutschen und österreichischen Supermärkten ist unser Müsli gelistet. Seit der Gründung wurde das mymuesli-Team nicht nur mit dem Best Business Award, sondern vielen weiteren Preisen ausgezeichnet, darunter auch der Deutsche Gründerpreis 2013. Wir durften also als Team seit der Gründung des Unternehmens eine wunderbare Entwicklung erleben.

Abb. 60: mymuesli-Store Berlin, Schloßstraße

Erfolgsfaktoren: PR und Marketing

Wer selbst ein Unternehmen gegründet hat oder eines führt, der weiß natürlich aus eigener Erfahrung, dass diese Erfolgsgeschichte viele Umwege, schwierige Entscheidungen und auch Misserfolge beinhaltete und immer noch beinhaltet. Das liegt in der Natur eines Start-ups.

Doch dieser Beitrag soll insbesondere die andere Seite beleuchten: den Erfolg und seine Faktoren. Dabei ist vorab zu sagen, dass richtiges Timing, das sprichwörtliche Glück und das Zusammenspiel vieler weiterer Dinge freilich für den Geschäftserfolg ebenso kausal sind, wie etwa ein strukturierter Vertrieb oder ein stringentes Marketing. Auch lassen die nachfolgenden Ausführungen sicher keine Adaption auf jedes Szenario und jede Problemstellung zu. Doch dürften ihre Grundzüge für viele Modelle Gültigkeit haben, auch und gerade durch eine kritische Auseinandersetzung.

Der Markt

Für jede Unternehmensgründung mit Gewinnerzielungsabsicht (und auch bei der Führung von Unternehmen und der Einführung von Neuprodukten etwa) stellt sich vorab die grundlegende Frage nach der Akzeptanz des Produktes oder der Dienstleistung am Absatzmarkt. Bei der Erstellung des Businessplans wird für die erfolgreiche Positionierung neuer Angebote dann beispielsweise auf Wettbewerbstheorien von Michael E. Porter und anderen Experten auf den Gebieten der Betriebswirtschaft und des Marketing zurückgegriffen.

Für die Strategiefindung und Platzierung des Angebots wird der Ist-Zustand des Marktes analysiert und dabei nachfrageseitig und angebotsseitig untersucht, um mögliche Nischen und Wettbewerbsvorteile zu entdecken.

Dies ist für bestehende Märkte eine sinnvolle und plausible Herangehensweise, die sich (wie wir selbst feststellen mussten) jedoch nicht ohne Weiteres auf Innovationen übertragen lässt — also Produkte, die der Markt noch gar nicht kennt, die nicht oder nur modifiziert existieren.

Um diese Unsicherheiten zu beseitigen, verlassen sich Unternehmen üblicherweise auf die Marktforschung: „Wenn keine brauchbaren Daten vorhanden sind, müssen sie eben erhoben werden." Doch die Akzeptanz von innovativen Produkten kann durch Methoden und Instrumente der Marktforschung nur schwer abgefragt werden. Schon Henry Ford, heißt es, habe bewusst nicht den Markt (seine zukünftigen Kunden also) über den Wunsch nach Automobilen befragt. Denn, so seine viel zitierte Antwort, diese hätten sich keine Autos, sondern schnellere Pferde gewünscht.

Auch in unserem Fall zeigten sich ähnliche Ergebnisse: Eine eigene Umfrage mit hunderten Teilnehmern, die wir vor dem Start von mymuesli versendet hatten, kam zu dem Ergebnis, dass keiner der Befragten Müsli im Internet bestellen würde.

Doch das auf den ersten Blick ernüchternde Ergebnis hielt uns nicht davon ab, mit dem Angebot an den Markt zu gehen. Denn auch wir vertraten die Auffassung, dass erst das verfügbare, echte Produkt eine Nachfrage erzeugen würde. Vorher war es für die Befragten wohl zu abstrakt. Wir entschieden uns für einen Test am echten Markt, eine Just-do-it-Methodik.[251]

Gemeint ist damit ein Test am realen Markt, der je nach eingesetztem Kapital eine unterschiedlich lange zeitliche Beschränkung erfährt, das Angebot wird also unter echten Bedingungen getestet, die Akzeptanz des Produkts bei den Kunden abgeprüft. Im Idealfall nur so ausgereift wie nötig, um die Kosten für Fertigung und Weiterentwicklung nicht unnötig in die Höhe zu

[251] Vgl. Bessau/Wittrock (2010b), S. 223 ff.

treiben. Spätere Modifikationen sollen nicht schmerzen. Eine Potenzialabschätzung ist meist aber schon nach kurzer Laufzeit (je nach Angebot mag diese natürlich variieren) möglich. In unserem Fall zeigte sich schnell, dass Müsli nach Maß aus Passau Käufer fand. Es gab einen Absatzmarkt. Nur wussten wir zu diesem Zeitpunkt nicht, wie groß er sein würde. Außerdem mussten potenzielle Kunden ja auch über das Angebot informiert werden.

Erste Schritte: Public Relations

Kunden kauften unser Müsli. Aber wie hatten sie von unserer Idee erfahren? Denn gleichwohl eine Internetseite potenziell jeden, der sie in einen Browser eingibt, erreichen kann, muss sie erst von den Usern gefunden werden.

In unserem Fall waren User im Idealfall auch Kunden. Gefunden hatten sie uns dank vieler Zeitungsberichte, die in den ersten Tagen und noch vor dem Start über mymuesli erschienen waren. Vor allem aber dank sogenannter Weblogs, also Internettagebüchern, die 2007 (in einer im Vergleich zu heute nicht mal annähernd so komplexen Social-Media-Landschaft) gerade eines der primären Instrumente waren, um unter anderem neue Online-Angebote vorzustellen, abseits der großen und bewährten Medienlandschaft.

Blogs können in der Regel ohne komplexen Redaktionsprozess und fast in Echtzeit publizieren. So wurde die Nachricht, dass es ein Müsli nach Maß mit mehr als 566 Billiarden Kombinationsmöglichkeiten gäbe, hunderte Male schon in den ersten Gründungstagen von mymuesli erzählt. Jedes Blog war ein neuer Multiplikator, beeinflusste und inspirierte wiederum klassische Medien zur Berichterstattung. Deren Konsumenten waren unter Umständen wieder Blogger, griffen die Geschichte erneut auf. Ein Kreislauf entstand.

Unsere Geschichte erreichte immer mehr Menschen, mymuesli gewann immer mehr Kunden — der Grund war PR.

Public Relations: zum Begriff

PR oder Public Relations ist ein sehr weiter Begriff, der nicht nur für Öffentlichkeitsarbeit allgemein verwendet wird, sondern im allgemeinen Sprachgebrauch für ihre Ergebnisse: Wer eine gute und breite PR bekommt, der taucht viel und mit einer positiven Botschaft in den alten und neuen Medien auf. Public Relations und PR-Arbeit waren und sind für mymuesli und viele Start-ups im Allgemeinen von grundlegender Bedeutung. Denn gerade in der Anfangsphase, oftmals mit wenig oder keinem Marketingbudget ausgestattet, bietet sich durch PR für Unternehmen die Möglichkeit, ein Produkt oder eine Dienstleistung medial und öffentlich zu verbreiten.

USP: Das Alleinstellungsmerkmal

Gerade für Journalisten (ich war selbst einer) und Blogger (ich bin einer) ist das Alleinstellungsmerkmal, der Innovationscharakter, bei Produkten und Dienstleistungen von entscheidender Bedeutung. Jeder kann wohl nachvollziehen, dass man lieber neue Geschichten erzählen möchte, die potenziell viele Menschen interessieren. Mit einzigartigem und aktuellem Content bekommen Blogs neue und mehr Leser, generieren und befriedigen Medien ihre Nutzer.

Das erste Bio-Müsli der Welt, das man sich online selbst zusammenstellen kann. Die Idee von mymuesli war neu, das Konzept hatte ein klares Alleinstellungsmerkmal: Denn am Markt gab es fast ausschließlich Fertigprodukte in Supermärkten, ein vergleichbares Online-Angebot existierte nicht.

Das Konzept war „eine Nachricht oder hatte Nachrichtenwert", wie ich es als Journalist formulieren würde. Es begründete eine neue Produktkategorie[252], Mass-Customized Müsli. Das machte es „berichtenswert" und es bestand den nicht-akademischen sogenannten Kneipentest, den wir für jedes von uns zu gründende Start-up und jedes neue Produkt als zu überwindende Hürde betrachten:

Ist mein Produkt oder meine Idee so interessant, dass ich intrinsisch motiviert meiner Freundin/ meinem Freund in der Kneipe davon erzählen würde?

Was zunächst profan klingt, ist von entscheidender Bedeutung, wenn eine Innovation sich möglichst ohne Marketing(-budget) verbreiten soll. Kaum einer wird beim Feierabendbier erzählen, er habe gerade ein Produkt im Supermarkt gesehen, das es schon seit Jahrzehnten so ähnlich oder unverändert gibt. Dagegen erzählen wir gerne Neuigkeiten.

Konzeptkreativität

Der unter anderem von Faltin geprägte Begriff der Konzeptkreativität[253] geht über den des Alleinstellungsmerkmals, den der guten Idee, hinaus. Und er beschreibt somit gut eine Herausforderung, der sich Gründer und auch Manager gegenüber sehen: Es braucht nicht nur gute Ideen, nicht nur Alleinstellungsmerkmale. Ebenso kausal für den Erfolg ist in fast allen Fällen das mit der Innovation verbundene Konzept, das unter anderem den Vertrieb beinhaltet. Nicht *individuelles Müsli* war maßgeblich für die Neuheit des Modells, sondern es war und ist *individuelles Müsli, das sich Kunden selbst über das Internet zusammenstellen konnten*. Auch und gerade hierauf ist zu achten, wenn es um die Potenzialbestimmung und Erfolgswahrscheinlichkeiten für einen möglichen PR-Erfolg geht.

[252] Vgl. Ries/Ries (2002).

[253] Vgl. Faltin (2008), S. 28–32.

Von der USP zur Nachricht

Zur Nachricht wird eine USP, eine neue Kategorie, meist erst durch ihren Kontext: Wer sind beispielsweise die Menschen dahinter, welche anderen Dinge kennzeichnen das Produkt und wo ist es erhältlich?

In unserem Fall waren es drei Studenten in einer niederbayerischen Kleinstadt. Das Produkt sah durch seine Röhrenverpackung auch ganz anders aus als bisher erhältliche Müslis. Außerdem war Nachhaltigkeit (im ökologischen Sinn etwa durch die ausschließliche Verwendung von Bio-Zutaten) von entscheidender Bedeutung.

Abb. 61: Gründer-Trio (v.l.n.r.) Hubertus Bessau, Max Wittrock, Philipp Kraiss

Das gab unserem Produkt und unserer Idee eine Geschichte, eine Identität. Gerade diese Geschichten rund um Unternehmen und ihre Angebote rücken zusehends in den Fokus von Marketing- und Kommunikationsfachleuten und werden im Allgemeinen unter dem (schrecklichen) Stichwort des Content-Marketing zusammengefasst.

Ein aufwendiges Kommunikationskonzept brauchte es zu diesem Zeitpunkt der Unternehmensgründung übrigens noch nicht. In der Einfachheit unserer Botschaft lag ihre Stärke. Nichts war erklärungsbedürftig.

Doch uns war klar: Nicht immer kann PR so stark sein wie am Anfang, denn auch unsere Geschichte würde an Aktualität verlieren. Auf das erste Plateau, auf erste Erfolge mussten Marketingmaßnahmen folgen.

Müsli-Marketing

Eine interessante Definition für erfolgreiches Marketing gibt Sergio Zyman[254]:

> *Selling more stuff to more people more often for more money more efficiently.*

Und auch für uns und das mymuesli-Team stellte sich nach der ersten Welle der Berichterstattung die Frage nach den richtigen Instrumenten, um mehr potenzielle Kunden zu erreichen, also mehr Müsli an mehr Menschen zu verkaufen. Folgt man Zymans Definition, so musste unsere Vermarktung auch (sehr) effizient sein. Denn mangels Risikokapital war es notwendig, mymuesli von Anfang an und immer profitabel zu betreiben. Wir konnten und wollten keine unnötigen Ausgaben tätigen.

Es würde den Rahmen (und Auftrag) dieses Beitrages sprengen, die Methodik und Auswahl unserer Marketing-Instrumente im Detail zu analysieren. Doch gerade dem Online-Marketing kam in unserer Entwicklungsgeschichte eine tragende Rolle zu. Wie wenig andere Methoden lassen diejenigen des Online-Marketings eine sehr effiziente und zielgerichtete Aussteuerung zu.

Performance-Marketing und Testreihen

Im Bereich des E-Commerce sind es gerade sogenannte Performance-Marketing-Techniken, also solche mit direkt messbaren Ergebnissen und wenigen oder gar keinen Streuverlusten, die unser Wachstum getragen haben (und das vieler, vieler weiterer E-Commerce-Unternehmen).

Denn Performance-Marketing folgt, vereinfacht gesagt, dem Grundsatz, dass nur solche Methoden beibehalten werden, die einen ökonomisch sinnvollen und messbaren Erfolg bringen.

[254] Vgl. Aitken/Young (2007), S. 68.

Einen ähnlichen Stellenwert haben für Online-Händler Testreihen, bei denen etwa die Betreffzeile eines Newsletters zunächst für kleine, verschiedene Kohorten variiert wird. Die erfolgreichste (etwa diejenige, bei der am meisten Umsatz oder die beste Öffnungsrate erzielt wird) wird dann an den Gesamtverteiler versendet.

Diese Prinzipien sind grundlegend für unser Marketing-Verständnis, das auf einer effizienten und Budget-orientierten Arbeitsweise beruht.

Branding

Doch können und wollen wir nicht nur auf die Effizienz einer Marketing-Maßnahme abstellen. Uns beschäftigt im Sinne einer längerfristig angelegten Strategie immer die Frage:

Welchen Wert oder welchen Einfluss hat die Maßnahme auf die Markenbildung?

Hier agieren wir, wie gerade erwähnt, langfristig, damit im Sinne der Brand, der Marke, nachhaltig: Was unseren Überzeugungen (etwa der schon erwähnten Philosophie, dass wir ausschließlich Bio-Zutaten, davon möglichst viele aus regionalem Anbau, verwenden) widerspricht, passt auch nicht zur mymuesli-Welt. Und wird kurzfristig schaden — und dauerhaft erst recht keinen ROI bringen.

Neben kurzfristigen Ertragssteigerungen und sofort messbaren Erfolgen hat die Kommunikations- und Marketing-Strategie damit ein übergeordnetes Ziel: Es geht nicht nur darum, sofort mehr zu verkaufen, sondern eine Marke aufzubauen — mit bloßen Worthülsen wie *eine höhere Awareness bei Zielgruppen für die Marke schaffen*[255] ist Gründern aber auch nicht geholfen. Wir wollen bei unseren Kunden, bei den Empfängern unserer Botschaften, emotionale Vorstellungen auslösen, die mit der Marke gedanklich so verknüpft werden, dass diese selbst zum Medium für emotionale Erlebnisse wird".[256]

Nachhaltige Unternehmensführung

Der Titel des vorliegenden Buches ist gleichsam ein hervorragender Aufhänger für abschließende und zusammenfassende Gedanken.

[255] Vgl. Bessau/Wittrock (2010c), S. 73–86.

[256] Vgl. Böhring/Griese (2011), S. 80.

Unsere Geschichte und die damit verbundene PR hat uns einen Anfangsschub gegeben, durch konsequentes, aber immer authentisches, Marketing (im Besonderen aber durch ein hervorragendes Team) konnten wir weiter wachsen und immer mehr Menschen für unsere Müslis begeistern.

Von Anfang an haben wir mymuesli nicht gegründet mit einem schnellen Verkauf oder sogenannten Exit im Blick, wie das bei anderen Modellen im Online-Umfeld der Fall ist. Uns war recht schnell klar, dass wir langfristig agieren und planen müssten, und einen nachhaltigen Marken- und Unternehmensaufbau forcieren: Dabei berühren wir gewissermaßen automatisch alle Aspekte der Nachhaltigkeit und können auf die müßige Begriffsdefinition verzichten, die sich zu Tausenden in der Literatur finden dürfte.

Für uns hat der Begriff, wie in diesem Beitrag dargestellt, zwei Aspekte: Wir müssen zum einen unseren Urwerten, unserer DNA, treu bleiben. Das heißt unter anderem ein kompromisslos gutes Bio-Müsli herstellen — und das in einem Unternehmen, das mehr Familie als juristische Hülle ist, alle gleichermaßen wertschätzt und sich ständig selbst verbessern möchte.

Für das Marketing und die Kommunikation bedeutet das zum anderen, dass wir, wie dargestellt, langfristig planen müssen, immer den Blick auf die Marke als Aushängeschild der gesamten Organisation gerichtet.

Nur so kann die Geschichte von mymuesli, die mit PR begann und mit konsequentem Marketing und Vertrieb weitergeführt wurde, auch erfolgreich weitergehen. Aber obwohl wir als Unternehmensgründer und Geschäftsführer noch immer einen kleinen, erst ein paar Jahre umfassenden, Erfahrungsschatz haben, können wir zumindest eines mit Sicherheit sagen: Ein nachhaltig geführtes Unternehmen trägt vor allem Verantwortung für seine Mitarbeiter. Die Strategie kann noch so ausgefuchst, das Marketing noch so perfekt sein. Aber die wichtigste Lektion, die wir lernen durften, war, dass nur ein ebenso langfristig motiviertes Team einen durchschlagenden Erfolg bringen kann — insbesondere, wenn keine Short-Term-Exit-Variante im Fokus der Gründer steht. Diesem Team haben wir alles zu verdanken, und sie, die mymuesli-Mitarbeiter, sind die wahren Träger des nachhaltigen Unternehmensgedankens: Indem sie jeden Tag aufs Neue für ein Ziel arbeiten: auch in Zukunft gemeinsam das beste Müsli überhaupt zu produzieren.

Literaturverzeichnis

Aitken, L./Young, A. (2007): Profitable Marketing Communications. London: Kogan Page Limited, S. 68.

Bessau, H./Wittrock, M. (2010a): Fans statt Kunden — authentische Emotionalisierung by mymuesli in F. Hannich/B. Rüeger (Hrsg.), Erfolgsfaktor Emotionalisierung. Stuttgart: Schäffer-Poeschel, S. 73–86.

Bessau, H./Wittrock, M. (2010b): Mass Customization im Versandhandel — individualisierte Angebotsgestaltung als Differenzierungsmerkmal in Mattmüller, R. (Hrsg.): Frankfurt am Main.

Bessau, H./Wittrock, M. (2010c): Erfolgsfaktor Emotionalisierung, Stuttgart: Schäffer Poeschel, S. 73–86.

Böhring, S./ Griese K. (2011): Marketing-Grundlagen. Wiesbaden: Gabler Verlag, S. 80.

Faltin, G. (2008): Kopf schlägt Kapital. München: Carl Hanser Verlag, S. 28–32.

Kundenwunsch + Erfüllungsgrad = Innovationsqualität? Messbarkeit von Innovation im Dienstleistungsbereich (ICUnet.AG)

Dr. Fritz Audebert
Gründer und Vorstandsvorsitzender

Veronika Hackl
Leiterin Unternehmenskommunikation & Marketing

Unternehmensbeschreibung

Name	ICUnet.AG
Firmengründung	2001
Sitz	94032 Passau, Deutschland
Branche	Dienstleistung
Unternehmensgegenstand	Interkulturelle Unternehmensberatung, Global Mobility
Umsatz 2013	
Mitarbeiter 2013	150
Webseite	http://www.icunet.ag

Management Summary

Innovationen bilden eine wichtige Säule für nachhaltige Unternehmensentwicklung. Innovation ist jedoch zeitkritisch: Strategische Entscheidungen für oder gegen eine Innovation dürfen die zeitliche Komponente nicht überstrapazieren. Ansonsten riskiert ein Unternehmen, von Marktbegleitern abgehängt zu werden. Zudem müssen sich Entscheider, wenn es um Innovation geht, nicht selten auf ihr Bauchgefühl anstatt auf fundierte Kennzahlen verlassen. Unternehmen sind daher gut beraten, für sich als Organisation individuelle Quotienten zur Messung und Bewertung von Innovation zu entwickeln. Basierend auf den Gesamtzielsetzungen des Unternehmens unter Betrachtung bestehender und zukünftiger Absatzpotenziale werden Kennzahlen rund um die Unternehmensentwicklung zu aussagekräftigen Quotienten kombiniert. Diese können sowohl die interdisziplinäre Zusammenarbeit innerhalb des Unternehmens, die zeitliche Perspektive oder die durchschnittlichen Kosten von der ersten Idee bis zur konkreten Umsetzung in Kombination mit erwartetem ROI betreffen. Für strategische Entscheidungen sind Kennzahlen zur Messung und Bewertung einer Innovation daher ein wichtiges Hilfsmittel, um Vergleichbarkeit herzustellen und fundierte Entscheidungen zu treffen.

In diesem Beitrag werden die ICUnet.AG, ihr Verständnis von nachhaltiger Unternehmensführung sowie die Bereiche Innovationskultur und Innovationsmessung vorgestellt.

ICUnet.AG – Make success global

Die ICUnet.AG begleitet Unternehmen und Organisationen weltweit in der Internationalisierung: Das interdisziplinäre Expertenteam mit Kompetenz für mehr als 75 Länder und 25 Sprachen bereitet jährlich mehrere tausend Fach- und Führungskräfte auf die internationale Zusammenarbeit vor, berät und unterstützt Unternehmen beim Aufbau neuer Standorte in fremden Märkten und revolutioniert Global Mobility.

ICU®: Das heißt sehen, was wichtig ist. Alle Themen der Internationalisierung und Mobilität hängen untrennbar zusammen. Die ICU®-Lösung verknüpft darum interkulturelle Beratung, Qualifizierung, Assessment und Global Mobility zu einer leistungsfähigen und integrierten Gesamtlösung. Der Kunde steht im Mittelpunkt: Individualisierte Lösungen für alle internationalen Herausforderungen sind für die ICUnet.AG selbstverständlich.

Abb. 62: Die Werte der ICUnet.AG

Die Vision der ICUnet.AG

Die ICUnet.AG hat die Vision, das bevorzugte Beratungsunternehmen für Internationalisierung in Europa zu sein. Als Qualitäts-, Service- und Innovationsführer setzt es Maßstäbe im Global Mobility Management sowie in der Entwicklung und Umsetzung internationaler Erfolgsstrategien. Das Unternehmen ist ein Schmelztiegel von Menschen mit unterschiedlichsten Kompetenzen, Erfahrungen, Talenten und kulturellen Hintergründen. Alle Mitarbeiter eint die Begeisterung, die interkulturelle Verständigung zu ermöglichen und zu vereinfachen. Die ICUnet.AG möchte nicht nur kurzfristig, sondern langfristig Begleiter in allen Fragen der Internationalisierung sein. Kunden bezeichnen die ICUnet.AG als „international facilitator", als die, die Internationalisierung möglich machen, getreu dem Motto „make success global“.. Die ICUnet.AG verfolgt das Ziel, bis 2020 ihr Standortnetzwerk auf 20 Länder auszudehnen. So ist das Unternehmen für Ihre Kunden weltweit vor Ort.

1 Gründer, 3 Praktikanten, 1 gebrauchter VW Golf: Die Unternehmensgeschichte

Das Startkapital bescheiden, der Enthusiasmus riesengroß: Darum findet sich auch schnell ein erster Kunde für die Idee der ICUnet.AG: Der sitzt allerdings nicht in der gemütlichen Drei-Flüsse-Stadt Passau in Niederbayern, sondern in Bonn. Nicht nur der Golf macht es möglich, die Idee in die Welt zu tragen: Schnell spricht sich die Botschaft durch bis nach Berlin, wo die ICUnet. AG den Deutschen Gründerpreis entgegennimmt. Und ganz nebenbei sitzen zahlreiche spätere Kunden im Publikum. Doch was wäre die ICUnet.AG, wenn sie nicht immer wieder neue spannende Herausforderungen annähme? So organisiert sie im Jahr 2004 zum ersten Mal den in Folge jährlich stattfindenden Interkulturellen Kongress, auf dem sich Manager, CEOs, Wissenschaftler und Personalverantwortliche zum Austausch rund um das Thema Internationalität treffen — in Passau. Im selben Jahr wird die Leuchtbox installiert, ein begehbares interkulturelles Großprojekt mit Schwerpunkt Donauraum, in dem fremde Kulturen erlebt werden konnten.

Zahlreiche Auszeichnungen motivieren das junge Team zusätzlich: Deutschlands kundenorientierteste Dienstleister, die Best Business Awards, der Re:locate Award in London oder die European Diversity Leadership Honour in der Kategorie Multicultural Working Environment. Neben den Preisen sind es aber an erster Stelle die Kunden, die motivieren: Herausfordernde Projekte erfordern innovative Lösungen! Und an der nötigen Kreativität, Expertise und Fleiß hat es in der ICUnet.AG seit ihrer Gründung nicht gemangelt.

Nachhaltige Unternehmensführung

Die drei Säulen der Nachhaltigkeit der ICUnet.AG: der Mensch, die Idee, das Engagement

Der Mensch

Authentisch, individuell und engagiert: Die ICUnet.AG vereint Menschen unterschiedlicher Kulturen, Erfahrungen und Sprachen, um Unternehmen und Institutionen auf globale Zusammenarbeit und internationales Zusammenleben vorzubereiten und dabei zu begleiten. Die Dienstleistung, die das interkulturelle Team interdisziplinär erbringt, ist eine Dienstleistung am Menschen.

Diese sind demnach — nach innen wie nach außen — das höchste Gut der ICUnet.AG. Die damit einhergehende gesellschaftliche Verantwortung nimmt das Unternehmen sehr ernst. Basierend auf den Werten des Unternehmens — Wertschätzung, Vertrauen, Integrität, Leistung mit Leidenschaft, Beweglichkeit — werden Mitarbeiter individuell in ihrer persönlichen Entwicklung gefördert. Besonders stolz ist die ICUnet.AG auf ihre Auszubildenden. Aktuell werden 14 junge Menschen unterschiedlicher Hintergründe auf Berufe in einem internationalen Umfeld ausgebildet.

Die Idee

Wie gestalte ich internationale Zusammenarbeit erfolgreich? Wie verhandle ich erfolgreich mit Verhandlungspartnern anderer Kulturen? Warum ist ein ‚Ja' nicht immer ein ‚Ja'? Die ICUnet.AG widmet sich seit der Gründung der Verbesserung des internationalen Dialogs und der Zusammenarbeit über Grenzen hinweg. Das Team der ICUnet.AG ist fasziniert von kulturellen Besonderheiten, die, so klein sie scheinen mögen, unschätzbaren Einfluss auf Wirtschaft und Politik ausüben. Ein Beispiel: Dass Entscheidungen stets im Verhandlungsraum getroffen werden, ist eine Annahme, die sich nach genauerem Hinsehen in den wenigsten Kulturen der Welt bestätigt. In deutschen Kaffeeküchen und spanischen Tapas Bars, während chinesischer Abendessen und russischer Saunagänge einigt man sich häufig einfacher als nach zähen Gesprächen am Verhandlungstisch. Mit ihren Gesamtlösungen aus interkulturellem Assessment, Beratung und Kompetenzentwicklung sowie Global Mobility berät und begleitet die ICUnet.AG heute zahlreiche Unternehmen (darunter 24 DAX-Unternehmen) und Institutionen rund um die Internationalisierung.

Das Engagement

Die ICUnet.AG legt großen Wert auf ihr Engagement in der Region und darüber hinaus. Das Unternehmen beteiligt sich durch Geld- und Sachspenden, durch die Übernahme ehrenamtlicher Tätigkeiten und Projekte sowie durch ehrenamtliche Vorträge in vielfältiger Weise an seinem wirtschaftlichen und sozialen Umfeld. Die ICUnet.AG ist Unterstützer des UN Global Compacts und verpflichtet sich damit, die universell anerkannten Prinzipien aus den Bereichen Menschenrechte, Arbeitsnormen sowie Umweltschutz aktiv zu leben. Das interkulturelle Beratungshaus öffnet sich jederzeit Besuchern und bietet höchste Transparenz: So weiß etwa jeder Mitarbeiter tagesaktuell um die Unternehmensaktivitäten und hat Einsicht auf die Umsatzentwicklung. Damit befähigt hat er täglich die Chance, sich für bestimmte Ziele zu engagieren.

Wann ist eine Innovation gut?

Eine gute Innovation ist eine gute Innovation? Drei Kulturen, Meinungen – Ein Chinese, ein Amerikaner und ein Deutscher bringen es auf den Punkt, wann für sie eine Innovation gut ist:

> *„Für unser Unternehmen ist eine Innovation gut, wenn wir genau den ROI für das Unternehmen einschätzen können."*
> *„Ich finde, eine Innovation ist gut, wenn ich sie als Erster habe."*
> *„Bei uns kann eine Innovation nur dann gut sein, wenn sie gemeinschaftlich erarbeitet wurde."*

Von wem stammt wohl welche Aussage?

Die Entscheidung für oder gegen eine Innovation und damit die strategische Entscheidung, sie umzusetzen oder nicht, wird nie rein objektiv getroffen. Vielmehr ist sie immer abhängig von subjektiven Bewertungskriterien. Diese variieren nach Unternehmenskultur, aber auch nach Landeskultur. Während den US-Amerikaner häufig der Wettbewerbsgedanke stark umtreibt und er unbedingt Erster sein will, orientieren sich Chinesen tendenziell an der Gruppe. Deutsche Manager gehen in der Bewertung einer Innovation in der Regel sehr analytisch vor: Wie viele Innovationen des Unternehmensportfolios sind jünger als zwei Jahre oder wie groß ist das erwartete Marktpotenzial? Das heißt nicht, dass diese Aspekte alleine eine Entscheidung bedingen, vielmehr beeinflussen sie die Gewichtung in der Gesamtbewertung bis hin zur Entscheidung.

Unternehmenserfolg sowie wirtschaftliches und gesellschaftliches Wachstum teilen eine gemeinsame Antriebskraft: Innovationen. Was verstehen wir aber unter Innovation?

Eine Innovation ist „eine Idee, ein Verfahren oder ein Projekt, welches von einem Individuum oder von einer Gruppe als neu wahrgenommen wird."[257]

Eine neue Idee muss sich im internationalen Wettbewerb erst einmal beweisen: Strukturen und Dynamiken verändern sich weltweit nicht nur tiefgreifend, sondern auch in Zeitraffergeschwindigkeit und erreichen ein großes Publikum. Ohne Innovation sind neue Produkte wertlos und der Produktlebenszyklus fängt gar nicht erst an. Damit Innovation entstehen kann, müssen Unternehmen bestens über Trends und aktuelle Entwicklungen nicht nur ihrer Branche, sondern interdisziplinär informiert sein. Megatrends, die die Weltbevölkerung prägen, liefern hier Inspiration. Aber das Ziel, den entscheidenden Schritt voraus zu sein, ist nicht unbedingt planbar: Innovations- und F&E Aktivitäten sind zwar eine langfristige Angelegenheit, jedoch immer abhängig vom Menschen. Daher muss Ideen Raum gegeben werden: Dies kann durch entsprechende Innovations-Abteilungen, eine Beteiligung der Mitarbeiter und Kunden und gelebte Innovationskultur geschehen.

[257] Vgl. Rogers 2003.

Trotz des allgemeinen Bewusstseins um die Bedeutung von Innovationen fristen diese in Unternehmen häufig ein Nischendasein oder finden als Zufallsprodukt Eingang in strategische Entscheidungen, welche in der Regel auf fundierten Datengrundlagen basieren. Im Bereich Innovation hingegen verlässt sich das Management meist auf Bauchentscheidungen. Würde es nun gelingen, einen Kennwert für Innovation zu schaffen, fiele es Entscheidungsträgern leichter, neue Ideen abzusegnen und umzusetzen. Wie schafft man es als Unternehmen, Innovation im Dienstleistungssektor messbar zu machen?

Wie geht Innovation?

Open Innovation, Service Engineering oder Innovation durch Kundenintegration, sogenanntes Customer Co-Development: Die Wege zur innovativen Idee sind vielfältig. Doch wie schaffe ich Innovation? In welchem Unternehmensklima gedeihen frische Ideen am besten? Kann ich durch Impulse Innovationen anstoßen?

▶ BEISPIEL: Open Innovation: ein Fallbeispiel

Frisch von der Innovationskonferenz, den Kopf voller Ideen, betritt Herr Meier das Büro: „Offenheit! Offenheit! Das ist es, was uns voranbringt!“ Seine Kollegen wundern sich, sodass er weiter ausholt. „Das Konzept der Open Innovation ist genau das Richtige für uns. Hier wird der Kunde zum Ideengeber. Denkt doch mal an Frau Wagner von unserem Kunden XYAUTOTEILE! Sie bringt immer wieder Vorschläge, wie wir unseren Service noch verbessern können. Wäre es nicht gut, wenn wir ihr und unseren anderen interessierten Kunden eine Plattform böten? Auf der sie ihre Vorschläge anbringen können?“

Die Generation Y, die zunehmend die Geschäftswelt erobert, zeichnet sich durch ihre Fähigkeit aus, querzudenken und gruppenorientiert vorzugehen. Partizipation ist ein wichtiger Wert, der diese Generation eint. Diesem kommt Open Innovation entgegen: Hier hat der Kunde die Möglichkeit, seine Ideen direkt einzubringen, möglicherweise über eine Ideenpinnwand auf der Homepage des Unternehmens. Für das Unternehmen birgt dies einige Vorteile: guter Kontakt zum Kunden, die Identifikation von Lead Usern sowie Unterstützung in der Ideengenerierung, um einige Beispiele unter dem Schlagwort „Demokratisierung von Ideen“ herauszugreifen (vgl. Leimeister 2012, von Hippel 2005).

Institutionalisierung von Innovation: Das innoLAB der ICUnet.AG

Höchste Qualität und Vorsprung durch kundenorientiertes Innovationsmanagement

Ideenreichtum, visionäres Denken, Partizipation und Wandlungsfähigkeit sind Werte, die das Innovationsteam der ICUnet.AG, das icu®-LAB, auszeichnen. Innovation wird hier institutionalisiert. Nach festgelegten Gütekriterien werden sowohl die Forschung als auch die Entwicklung von Prototypen in den verschiedenen Dienstleistungsbereichen innerhalb eines budgetären Rahmens durchgeführt. Das Kernteam des innoLAB umfasst Psychologen, Kommunikations- und Marketing-Experten, Analysten, den CEO der ICUnet.AG, Dr. Fritz Audebert, sowie Lead User auf Kundenseite. Diese Teamstruktur erlaubt umfassende Blicke auf Trends und ermittelt, in welchen Bereichen die besten Lösungen erst entwickelt werden müssen — und bringt genau diese auf den Weg. Nach dem Kernprinzip „Innovation durch Kundenintegration" werden genau die Lösungen entwickelt, die dem Kunden optimale Dienstleistungen ermöglichen — der Kunde wird zum Miterfinder, partizipiert nach eigenem Bestimmen am Entwicklungsprozess und wird zum ersten Nutzer. Neben dem teaminternen regelmäßigen Austausch wählt das Team zudem gezielt externe Plattformen und Ideengeber aus Wirtschaft und Wissenschaft und prüft Innovationen auf Markttauglichkeit.

Bewusstsein im Betrieb schaffen: Innovationskultur

Innovationskultur fasst all jene Wertvorstellungen, Einstellungen und Normen zusammen, die das Verhalten der am Innovationsprozess beteiligten Personen prägen und ihnen Orientierung geben. Innovationsprozesse liegen bei der ICUnet.AG nicht innerhalb eines Fachbereichs, sondern integrieren mehrere Unternehmensbereiche. Damit erschaffen sie auch eine bereichsübergreifende Unternehmenskultur, die von den Prozessbeteiligten getragen und geprägt wird. Die Innovationskultur als spezielle Ausprägung der Organisationskultur soll die Generierung von Innovationen im Unternehmen fördern. Bei der ICUnet.AG kennzeichnen die folgenden Merkmale die Innovationskultur:

- Vertrauen in die Mitarbeiter: hohe Eigenverantwortung, kreative Freiräume, flexible Arbeits-, Führungs- und Beteiligungskonzepte
- hoher Stellenwert von Innovation und Kreativität: Verankerung im Wertesystem, Sichtbarkeit und Erfahrbarkeit
- Förderung und Unterstützung innovativer Mitarbeiter, Belohnung und Ermunterung zu Vorträgen und Veröffentlichungen (Anreizsystem)

- Fehler als Chance begreifen: Innovationsvorhaben sind immer mit Risiken behaftet und gelegentliche Fehlschläge daher unvermeidlich; hohe Fehlertoleranz und Toleranz gegenüber Misserfolgen („successful failure")
- transparente und zeitnahe Informations- und Wissensbereitstellung
- Berücksichtigung interkultureller Unterschiede: Ein Deutscher spricht Ideen anders an als ein Amerikaner oder ein Japaner und einem Amerikaner fällt es in der Regel weniger schwer, einen Fehler oder Rückschlag zu kommunizieren als einem Japaner — die interkulturellen Herausforderungen rund um Innovationskultur sind vielfältig.
- Konsequenter Dialog mit Kunden, Weiterentwicklung und Integration von Ideen von „außerhalb"

Jedes Unternehmen muss für sich einen Weg finden, Innovationskultur zu leben. Mögliche weitere Ansätze, um das Bewusstsein für das Thema zu erhöhen sind Innovationstage mit Teilnehmern aus allen Unternehmensbereichen und der Vorstandschaft, interne Start-up-Wettbewerbe oder die Prämierung besonders innovativer Lösungen, aber auch successful failures.

Innovationen messbar machen

Das integrierte Leistungsbündel als Ziel der Innovation im Dienstleistungssektor

Wo liegt das größte Wertschöpfungspotenzial für Beratungsunternehmen wie die ICUnet.AG? Nicht Dienstleistungen für Privathaushalte, sondern vielmehr unternehmensbezogene Dienstleistungen überwiegen bei dem interkulturellen Beratungshaus stark. Dies führt zu einer weiteren bedeutsamen Erkenntnis, die notwendig ist, um Innovation und Ideengeber zu verorten: Das Sachgut als traditioneller Kern industrieller Leistungen tritt in den Hintergrund; Integrierte Leistungsbündel rücken stattdessen in den Fokus der Nachfrage. Die nachgefragten Leistungsbündel sind daher zunehmend integrativ und immateriell[258].

Die Messbarkeit von Innovationen erfordert valide Gütekriterien und, davon abgeleitet, Kennzahlen. Dies erlaubt die Bewertung und den Vergleich von Innovationen, wodurch wiederum der Entwicklungs- und Freigabeprozess beschleunigt wird. Die Folge sind kürzere Reaktionszeiten, da Entscheidungsträger schneller abwägen und entscheiden können. Im Zeitalter der absoluten digitalen Vernetzung ist Schnelligkeit im Innovationsbereich essenziell.

[258] Vgl. Kleinaltenkamp/Plötner/Zedler 2004, S. 627 f.

Entwicklung von Kennzahlen

Die Auswahl an Kennzahlen und damit verbundener Auswertungen scheint endlos: Investitionsquoten, Kosten-Umsatz-Verhältnis, prognostizierter ROI, Anzahl verfolgter Ideen, durchschnittliche Zeit zwischen Ideeneinreichung und Go-Entscheidung, Anzahl Veröffentlichungen, Anzahl Patentanmeldungen pro Jahr, Long-Tail-Potenzial eines Innovationsprojektes, Kosten für Wettbewerbsbeobachtung je Projekt, Kundenzufriedenheit, Energieverbrauch — um nur einige Beispiele zu nennen.

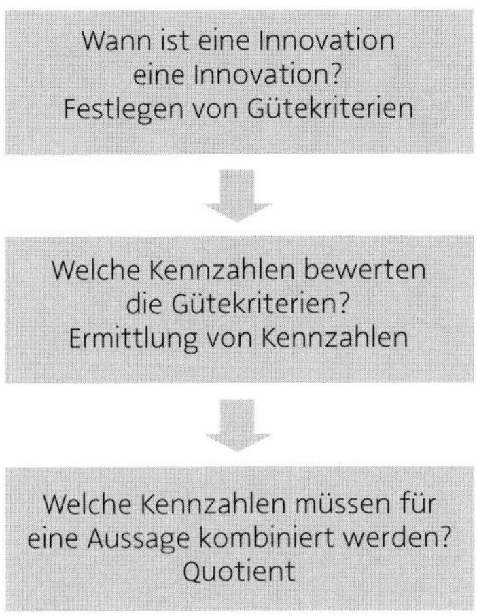

Abb. 63: Prozessschritte von einzelnen Gütekriterien zu einem transparenten Quotienten

Von Bedeutung sind jedoch nicht die bloßen Kennzahlen, sondern vielmehr ihr Bezug untereinander. Im Folgenden werden daher einzelne Formeln beispielhaft aufgeführt, die einen entsprechenden Innovationsquotienten für die ICUnet.AG ergeben und für strategische Entscheidungen herangezogen werden. Wichtig ist hier, dass diese übergreifend bei Innovationen angewandt werden, damit die Vergleichbarkeit gegeben ist. Jedes Unternehmen muss für sich selbst entscheiden, welche Werte in Kombination ausschlaggebend sind; es gibt hier kein Patentrezept.

Eine Beispielkennzahl: Anzahl beteiligter Unternehmensbereiche

Wie bereits ausgeführt liegt der zukünftige Schwerpunkt der Nachfrage auf integrierten Leistungsbündeln. Um diese zu packen, müssen Innovationen interdisziplinär entwickelt werden. Die wohl simpelste Formel, die Anzahl der beteiligten Unternehmensbereiche, erlaubt eine Aussage zur Innovationskultur eines Unternehmens und zur Fähigkeit zur Ideengenerierung. Je mehr Unternehmensbereiche mit einbezogen werden, desto größer die Streuung unter den Mitarbeitern, desto breiter die Diskussion und desto ganzheitlicher das entstehende Leistungsbündel. Zudem zeigt sie auf, ob und in welchem Umfang unternehmensintern Absprachen und Zusammenarbeit erfolgen.

$\sum$ beteiligte Unternehmensbereiche

Ein Rechenbeispiel für eine Dienstleistungsinnovation der ICUnet.AG im Bereich interkultureller Qualifizierung: niveaubasiertes E-Learning

BEISPIEL

Marketing + Vorstand + Kommunikationsabteilung + IT + Psychologie + Qualifizierungsbereich = 6

Festzuhalten ist, dass jedes Unternehmen für sich individuell reflektieren muss, welche Kennzahlen Aussagekraft über ihre Innovationskraft treffen und diese entsprechend entwickeln und erheben.

Relevante Kennzahlen für die ICUnet.AG

Die ICUnet.AG baut ihre Innovationsführerschaft nicht nur durch Forschungsprojekte mit Universitäten weltweit, sondern vor allem auch durch Neuentwicklungen in enger Zusammenarbeit mit ihren Kunden kontinuierlich aus.

Wie aktuell sind innovative Formate? Wie messe ich die zeitlichen Komponenten von Innovationen bei der ICUnet.AG? Hier wird in einem halbjährlichen Turnus ermittelt, wie aktuelle Kundenherausforderungen bedient werden. In der Regel sind mehr als 80 % aller Formate bei den Top-Kunden der ICUnet.AG jünger als zwei Jahre.

Was kostet Innovation? Der Anteil der Forschungsausgaben am Gesamt-Umsatz des Unternehmens ist ein weitverbreiteter Wert, der auch bei der ICUnet.AG Anwendung findet. Hier wird der Stellenwert von Forschung und Entwicklung im Gesamt-Unternehmen monetär greifbar.

Was wünscht sich der Kunde? Die ICUnet.AG pflegt auf Events an all ihren Standorten den konsequenten Dialog mit Bestands-Kunden sowie interessierten Unternehmen in neutraler Atmosphäre. Wie viele Events finden pro Jahr statt und wie viele Ideen und Anregungen entstehen daraus? Neben Events führt die ICUnet.AG jedes Geschäftsjahr Surveys durch, um Trends frühzeitig erkennen, zum Beispiel zu „Work and Mobility Preferences“[259].

Wie kommt eine Innovation international an? Die ICUnet.AG legt bei der Entwicklung ihrer Dienstleistungen einen großen Wert darauf, diese international anzupassen. Ein Beispiel: Das Inventory for Intercultural Development (I4ID®), ein interkulturelles Assessment Verfahren, das Kompetenzen und ihre Veränderungen im zeitlichen Verlauf abbildet, wurde daher nicht einfach nur entwickelt und übersetzt, sondern interkulturell adaptiert. So bedient sich etwa die chinesische Version anderer Fragestellungen als die deutsche, um aussagekräftige Antworten trotz unterschiedlicher Direktheit in der Kommunikation zu erhalten. Die Wirksamkeit des Testes wurde von internationalen Universitäten (u. a. Beijing) belegt. Neben der Wirksamkeitsanalyse durch Universitäten werden Kundenfeedbacks systematisch erfasst und ausgewertet.

Innovationsführer zu sein bedeutet für die ICUnet.AG neben der Sicherstellung einer herausragenden technischen Abwicklung aller angebotenen Services auch die bewusste Weiterentwicklung aller Dienstleistungen. Ziel ist es, unter Einbeziehung der Kunden proaktiv an neuen

[259] ICUnet.AG (2015): Where will you work in the future? International workforce preferences. Link: http://x.icunet.ag/?workandmobilitypreferences.

Formaten, Inhalten und Umsetzungsmöglichkeiten zu arbeiten und diese passgenau für den Kunden zu realisieren.

Auf diese Weise werden die Dienstleistungen der ICUnet.AG vier wichtigen Anforderungen gerecht:

- Die zeitnahe Verfügbarkeit neuer Produkte bereits bei Entstehung des Bedarfs beim Kunden erfüllt den Anspruch der Marktführerschaft der ICUnet.AG an sich selbst in Sachen Pioniergeist und Aktualität.
- Die enge Abstimmung mit Kunden, die Berücksichtigung der Wünsche für die Gestaltung und der zu erreichenden Ziele garantiert die Individualität der kompetenzentwickelnden Maßnahme und damit die größte Nachhaltigkeit der vermittelten Inhalte für die Teilnehmer.
- Durch das bewusste Verlassen des Beraterblickwinkels bei der Konzeption neuer Formate können innovative, ungewöhnliche Ansätze verfolgt und Auffrischungen auch bei bereits bekannten Themen erreicht werden.
- Die Beobachtung von globalen Megatrends, welche die Bedürfnisse kommender Jahre und Jahrzehnte abbilden, stellt die Nachhaltigkeit und langfristige Orientierung von Innovationen sicher.

Diese vier Anforderungen müssen evaluiert werden. Die zeitnahe Verfügbarkeit kann unter anderem gemessen werden durch die durchschnittliche Zeit zwischen Ideeneinreichung und Go-Entscheidung oder zwischen Go-Entscheidung und Time2Market. Die enge Abstimmung mit dem Kunden wird etwa durch externe Kundenzufriedenheitserhebungen evaluiert. Die Anzahl eingereichter Ideen inklusive successful failures, die zwar nicht umgesetzt werden, aber dennoch wertvolle Hinweise für andere Bereiche geliefert haben, geben Aufschluss über die innovative Leistung bei der Konzeption von Formaten.

Messung von Innovation – ein Fazit

Abhängig von der Unternehmenskultur, aber auch von der umgebenden Kultur, ergeben sich abweichende Anforderungen an Kennzahlen: Für die eine Kultur ist Schnelligkeit entscheidend, für die nächste wiederum Gemeinschaftsorientierung. Kennzahlen sind daher unter Berücksichtigung der umgebenden Kulturen einzurichten, um genau die Faktoren zu messen, die mit den Unternehmenswerten- und zielen übereinstimmen und so Innovationen in die gewünschte Richtung laufen lassen. Zwei zentrale Faktoren bestätigen die Relevanz unternehmensspezifischer Kennzahlen für die Messung von Innovation für Unternehmen: Zeit und Vergleichbarkeit. Während der Faktor Zeit entscheidend ist, um etwa Produktneuentwicklungen rechtzeitig auf den Markt zu bringen, dient der Faktor Vergleichbarkeit den Entscheidern einer Organisation dazu, fundierte Abwägungen zu treffen, in welche Bereichen eine Innovation besonders kritisch oder besonders lohnend sein kann. Es bleibt festzuhalten, dass es keine Patentlösung für den optimalen Innovationsquotienten gibt, sondern dass vielmehr jedes Unternehmen für sich festlegen muss, welche Gütekriterien eine Innovation ausmachen und für die Gesamtstrategie entscheidend sind. Unternehmensrelevante Kennzahlen erlauben in Kombination eine Interpretation der Erfolgsaussichten einer Innovation entsprechend der Unternehmensstrategie.

Das innoLAB der ICUnet.AG setzt auf Kennzahlen, die Aussagen über die zeitnahe Verfügbarkeit, die Kundenzufriedenheit, die innovative Leistung bei der Konzeption von Formaten ermöglichen und die Nachhaltigkeit einer Innovation betreffen.

Literaturverzeichnis

Leimeister, J. M. (2012): Dienstleistungsengineering und -management. Heidelberg.

Reichert, K. (2013): 100 Kennzahlen Innovationsmanagement.Wiesbaden.

Rogers, E. M. (2003): Diffusion of Innovations. New York.

v. Hippel, E. (2005): Anwender-Innovationsnetzwerke: Hersteller entbehrlich. In: Lutterbeck, B./ Gehring, R.A./Bärwolff, M. (Hrsg.) (2005): Open Source Jahrbuch. Berlin.

Kleinaltenkamp, M./Hellwig, A. (2007): Innovationen durch Kundenintegration bei unternehmensbezogenen Dienstleistungen. In: Gouthier et al. (2007): Service Excellence als Impulsgeber. Wiesbaden.

Kleinaltenkamp, M./Plötner, O./Zedler, C. (2004): Industrielles Service-Management. Wiesbaden.

Literaturempfehlungen

Boss, J. (2011): Innovationserfolg im Dienstleistungssektor. Eine empirische Analyse unter Berücksichtigung des Dienstleistungsgrads. Wiesbaden.

Geissbauer, R. (2012): Serviceinnovation. Potenziale industrieller Dienstleistungen erkennen und erfolgreich implementieren. Berlin.

Kreis, H. (2010): Quantitative Analysen zur Erfolgswirksamkeit von F&E und Marketing. Berlin.

Kriegesmann, B. (2007): Innovationskulturen für den Aufbruch zu Neuem. In: Kerka, F./Kriegesmann, B.: „Big Ideas" erkennen und Flops vermeiden — System zur Beurteilung der Erfolgsaussichten von Investments in Kompetenzentwicklung und Innovation. Wiesbaden.

Innovationskraft mit Begeisterung (Rohde & Schwarz Teisnach)

Thomas Kasparbauer
Leiter Ideenmanagement im Werk Teisnach

Unternehmensbeschreibung

Name	Rohde & Schwarz GmbH & Co. KG
Firmengründung	1933
Sitz	81671 München, Deutschland
Branche	Elektronik
Unternehmensgegenstand	Produktion von Geräten, Anlagen und Systemen der elektronischen Mess- und Nachrichtentechnik
Umsatz 2013	1,75 Mrd. EUR (GJ 2013/14, Juli bis Juni)
Mitarbeiter 2013	9.800 weltweit, davon etwa 5.900 in Deutschland
Webseite	http://www.teisnach.rohde-schwarz.com

Management Summary

Rohde & Schwarz Teisnach, das Fertigungswerk im Bayerischen Wald, hat sich in über 40 Jahren aus bescheidenen Anfängen zum größten Produktionswerk im Rohde & Schwarz Konzern entwickelt. Die wichtigsten Treiber dieser Entwicklung waren neben den enormen technologischen Veränderungen und der gezielten Ausrichtung auf Kunden und Märkte, eine starke Kultur des Zusammenhalts, der Kommunikation und der Problemlösung. Dazu kommt ein ausgeprägtes Verantwortungsbewusstsein des Managements gegenüber den Menschen, der Umwelt und gegenüber der gesamten Region. Ein idealer Mix für eine erfolgreiche, nachhaltige Unternehmensführung und für Innovation.

Unternehmensdarstellung – Wer sind wir?

Gründung Rohde & Schwarz

Der Anfang von Rohde & Schwarz liegt in Jena, wo sich die Gründer Lothar Rohde und Hermann Schwarz während des Studiums der Physik kennenlernten.
1933 richteten die beiden ein elektrotechnisches Labor in einer Münchner Wohnung ein und gründeten die Firma „Physikalisch-Technisches Entwicklungslabor Dr. L. Rohde & Dr. H. Schwarz" (kurz PTE).
1934 gelingt der erste Exportauftrag an eine englische Isolierstoff-Fabrik, die ein Verlustfaktormessgerät bestellt
1938 entwickelte das Labor die erste transportable Quarzuhr (36kg)
Nach dem Zweiten Weltkrieg wird die Firma in Rohde & Schwarz umbenannt und übernimmt in Erding die Wartung und den Service für die Geräte im Zentrallager der United States Air Force.
1949 erhält Rohde & Schwarz vom Vorgänger des Bayerischen Rundfunks, Radio München, den Auftrag über einen frequenzmodulierten UKW-Versuchssender.

Rohde & Schwarz heute

Rohde & Schwarz GmbH & Co. KG ist ein global agierender deutscher Elektronikkonzern mit den Arbeitsgebieten Hochfrequenzmesstechnik, Rundfunk, Funküberwachung und -ortung sowie Funkkommunikation. Das Unternehmen fertigt Produkte für den Mobilfunkmarkt, die Elektronikindustrie, für Luftfahrt, Verteidigung und Informationssicherheit sowie Fernseh- und Radiosender. Der Firmensitz befindet sich in München. Weltweit arbeiten 9.800 Mitarbeiter in etwa 70 Ländern. Davon ca. 5.900 in Deutschland und über 1.400 im Werk Teisnach. Der Umsatz liegt bei ca. 1,75 Mrd. EUR (GJ 2013/14, Juli bis Juni)

Werte von Rohde & Schwarz

- Wir pflegen nachhaltige, ethisch und rechtlich korrekte und vertrauensvolle Beziehungen zu unseren Kunden und Partnern.
- Kompetente, engagierte und eigenverantwortlich handelnde Mitarbeiter bilden die Grundlage unseres Erfolges. Unser Umgang miteinander ist von Respekt und Vertrauen geprägt.
- Unsere innovativen Produkte begeistern durch Kundennutzen, technischen Vorsprung und Qualität.
- Durch profitables Wachstum und sorgfältigen Umgang mit Risiken bleiben wir ein selbstständiges und unabhängiges Unternehmen.
- Wir gehen verantwortungsvoll mit Ressourcen um und schonen die Umwelt

Historie Rohde & Schwarz Teisnach

Die Erfolgsgeschichte von Rohde & Schwarz Teisnach beginnt mit der Suche nach einem Standort für ein Produktionswerk und der „gemeinsamen Wellenlänge" zweier vorausschauender Männer, nämlich von Dr. Hermann Schwarz und dem ehemaligen Teisnacher Bürgermeister Karl Stern. 1969 entstand daraus das Werk Teisnach, ursprünglich als verlängerte Werkbank geplant, in dem anfangs ausschließlich mechanische Einzelteile gefertigt wurden. Da damals wie heute verfügbare Fachkräfte in der Region rar waren, startete der Aufbau Teisnachs mit Qualifizierungsschulungen, in denen 39 Waidler[260] ihren Facharbeiterbrief Metall erwarben. Aus dieser Vergangenheit heraus hat die Aus- und Weiterbildung auch heute noch höchsten Stellenwert im Werk Teisnach. Im weiteren Verlauf der Entwicklungsgeschichte gelang es den Waidlern, die für ihr handwerkliches Geschick und ihre Findigkeit bekannt und sowohl weltoffen wie auch fest verwurzelt in ihrer Heimat sind, das Fertigungswerk kontinuierlich auszubauen. Mit heute über 1.400 Mitarbeitern sowie einer Fertigungsfläche von 62.000m^2 ist das Werk Teisnach das größte Produktionswerk im Firmenverbund. Die bemerkenswerte Fertigungstiefe und – breite ist eine der Erfolgsstrategien von Rohde & Schwarz Teisnach. So findet man inzwischen sowohl die mechanische Einzelteilfertigung, wie z. B. Dreh-, Fräs-, Blechkomponenten mit Oberflächenbehandlung in höchster Präzision, als auch eine exklusive Leiterplattenfertigung und Endmontagen für Fernseh- und Radiosender sowie Systemmontagen und Fahrzeugeinrüstung. Seit Kurzem wird sogar der Ersatzteilservice des gesamten Unternehmens Rohde & Schwarz abgewickelt.

Nachhaltige Unternehmensführung

Nachhaltige Unternehmensführung beinhaltet die Suche nach sinnvollen Neuerungen und bedenkt dabei deren dauerhafte Auswirkungen. Und das unabhängig von irgendwelchen Modeerscheinungen, kurzfristigen Erfolgen und aktuellen Zeittrends. Jede Organisation strebt von Natur aus nach langfristigem Fortbestand. Ziele wie Auftragseingang, Umsatz und Gewinn sind dabei Mittel zum Zweck, da eine Herstellerfirma ohne Gewinn keinen allzu langen Bestand hat.

Ein Beispiel nachhaltiger Unternehmensführung bei Rohde & Schwarz ist das Festhalten am Geschäftsbereich Rundfunk. In den 90er-Jahren mussten wir ein „schwieriges Jahrzehnt" durchstehen. Jedes börsennotierte Unternehmen hätte bei den Aussichten nach zwei bis drei Jahren die Geduld verloren und das Geschäft aufgegeben. Nicht so die Menschen bei Rohde & Schwarz. Geschäftsführung, Entwicklung und Produktion hielten an dem Geschäftsbereich fest und fanden die richtigen Lösungen. Heute ist Rohde & Schwarz mit Fernseh- und Radiosendern Weltmarktführer.

260 Die Einheimischen bezeichnen den Bayerischen Wald als „Woid" und nennen sich selbst „Waidler".

„Innovationskraft“ Werk Teisnach

Für die kontinuierliche positive Entwicklung des Werks Teisnach sind folgende fünf Erfolgsfaktoren besonders bedeutsam.

Sich der Herausforderung, dem Wettbewerb stellen und am Kundenwunsch orientieren

Es war im Jahr 1989 als unser damaliger Abteilungsleiter der spanabhebenden Fertigung auf die Idee kam, wir müssten etwas für unsere Weiterentwicklung tun. Das könnten wir am besten, war seine Meinung, wenn wir uns dem freien Wettbewerb stellten. Bis dahin waren wir ein reiner Inhouse-Fertiger. Wir hielten uns damals in der mechanischen Fertigung für Weltklasse und nur unsere hausinternen Kunden, die Entwickler und Konstrukteure, wertschätzten dies nicht ausreichend. Trotz großer Bedenken sahen wir uns auf dem Markt um und fanden einen attraktiven Kunden aus München, der unter anderem Kameras für Tierfilme herstellte. Da diese Kameras verständlicherweise sehr leise sein mussten, waren alle mechanischen Teile hochglanzpoliert. Die Rauhigkeitsangaben auf den Zeichnungen nahmen wir nicht allzu ernst, weil sie uns unrealisierbar erschienen. Bis dann die ersten Teile vom Kunden reklamiert und wieder zurückgeschickt wurden. Unser Selbstbewusstsein bekam einen ernsthaften Knacks. Es half nichts, wir mussten runter von unserem hohen Ross und bekennen, dass polierte Oberflächen nicht zu unseren Stärken gehören.

Zum Glück handelte es sich um einen sehr geduldigen Kunden, der sein Know-how mit uns teilte. Sprich, er hat uns angelernt. Wir fielen raus aus unserer Wohlfühl- und Komfortzone und waren nach und nach bereit zu lernen und uns zu verändern. Da wir an der Fertigungsdienstleistung festhielten und diese kontinuierlich ausbauten, setzte dies einen Prozess in Gang, der mit der Zeit das ganze Werk ergriff. Inzwischen zählen namhafte Firmen zu unseren Kunden. Eine Präzisionsfertigung im spanabhebenden Bereich wurde aufgebaut, in der wir Teile für Medizin, Raum- und Luftfahrttechnik im µ-Bereich fertigen und auch vergolden, wenn es der Kunde wünscht. Wir fertigen und montieren komplette elektromechanische Systeme und Geräte, teilweise unter Reinraumbedingungen. Dazu haben wir uns inzwischen Fertigkeiten und Kompetenzen angeeignet, die vor 25 Jahren unvorstellbar waren. Ein neues, anderes Selbstbewusstsein machte sich bei uns breit. Nicht mehr „wir sind die Besten“, sondern, „ja wir sind schon ganz gut, müssen aber ständig lernen und etwas dafür tun, um vorne dabei zu bleiben“. Wir kennen ganz gut unsere Stärken und auch unsere Schwächen. Das sind ideale Voraussetzungen für Lernen und kontinuierliche Verbesserung.

Das Umfeld beobachten und den systematisierten Zielprozess leben – Umfeldanalyse, Strategien, Ziele, Umsetzung

Rohde & Schwarz war bis Anfang der 1990er-Jahre überwiegend Lieferant für staatliche Institutionen wie Bundeswehr und Post und somit stark auf das Inlandsgeschäft konzentriert — aus heutiger Sicht eine stabile Umwelt. Die Zeiten wandelten sich mit dem Ende des Kalten Krieges dramatisch. Die Märkte änderten sich für Rohde & Schwarz: Von Behörden zum Mobilfunkmarkt. Vom Inlandsgeschäft Richtung Export. Interner Wechsel an der Firmenspitze von der ersten zur zweiten Generation. Die Firma stand an der Schwelle zur Neuzeit und musste sich weit öffnen und verändern.

Die Antwort darauf hieß „CHANGE“. Es war eine von Friedrich Schwarz, dem Sohn von Dr. Hermann Schwarz, ins Leben gerufene Bewegung zur Kulturveränderung bei Rohde & Schwarz. Mit großem Aufwand wurde eine Gruppe von Change-Agents geschult, die als Moderatoren agierten, und ein Gebäude als Change-Factory gestaltet, in der noch heute verschiedenste Workshops abgehalten werden. Es gab Veranstaltungen auf verschiedenen Führungsebenen, bei denen über das Selbstverständnis von Rohde & Schwarz und über die Zukunft diskutiert wurde. Ein bis dahin unerhörter Vorgang, dass von der Firmenleitung bis hin zu den Mitarbeitern in der Produktion über Veränderung, Richtungen, Strategien und Ziele diskutiert wurde, um erste Maßnahmen umzusetzen.

Einige Aussagen von Friedrich Schwarz sind mir noch heute gut in Erinnerung. Zum einen betonte er immer wieder, dass er von allen Führungskräften fordert, mindestens 15 % ihrer Zeit für die Zukunft zu verwenden. Also darüber nachzudenken, was wird in 5 Jahren sein, wohin geht es, wohin wollen wir, was müssen wir verändern, was verbessern?

Es war daher ein Eckpfeiler des CHANGE, einen systematischen Strategie- und Zielprozess zu initiieren, damit wir zukünftig schneller auf Veränderungen reagieren können. Dazu gehört der mutige Blick ins Umfeld und in die Zukunft, eine Balance in den Zielen (nicht nur Finanzziele) und natürlich eine vertrauensvolle, offene Kommunikation in jedem Bereich des Unternehmens. Die Einbindung aller Mitarbeiter. In einer großen Runde mit ca. 200 Führungskräften wurde damals anonym abgefragt, wie lange es wohl dauern wird, bis Rohde & Schwarz diesen CHANGE schafft. Unter anderem kam die Antwort: „Es wird 25 Jahre dauern“. Das ist jetzt gut 16 Jahre her und es wurde viel Staub aufgewirbelt. Aber was hat sich verändert bzw. was ist geblieben von dem großen CHANGE?

Es freut mich, wenn ich heute sehe, wie sich Rohde & Schwarz seither verändert und weiterentwickelt hat. Viele interne Vorgänge und Zahlen, auch kritische, werden offen kommuniziert und das gibt einem das Gefühl, dass man immer weiß, wo die Firma steht. Der Strategie- und Zielprozess wird in Teisnach seit dem Jahr 2000 konsequent gelebt. Es finden turnusmäßig die Strategieklausuren, Zielkonferenzen und Zielvereinbarungen statt. Der durchgängige Prozess, angefangen vom Gesamtunternehmen übers Werk, die einzelnen Segmente bis hin zur Regelkommunikation mit den Mitarbeitern, Workshops und Abweichungsmanagement unterstützen die Agilität des Unternehmens.

Anfangs war es nicht leicht, gestandene „Produktioner" dazu zu bringen, ernsthaft über die Zukunft nachzudenken. Das Credo war meist: „Ich weiß nicht mal, wie der nächste Tag läuft, und da kommt ihr mit Themen daher, die in fünf Jahren spielen" oder „Wäre es nicht besser, wenn wir produzieren statt stundenlang zu diskutieren?" Auch war Misstrauen vorhanden. „Was passiert, wenn ich ehrlich sage, was ich über Strategien von oben denke?" Inzwischen ist dieser Zielprozess etabliert und es wird offen diskutiert. Jeder weiß, es ist kein Wunschkonzert, denn am Ende stehen Entscheidungen und Maßnahmen, die mitgetragen werden müssen. Der Vorteil davon ist, wir reagieren heute viel früher, stellen uns auf Veränderungen rechtzeitiger ein, sind veränderungsbereiter, weil das Wozu, der Sinn vermittelt wird und nutzen den Blick von vielen, statt nur von einzelnen. Damit konnten wir auch die Akzeptanz bei der Umsetzung von Veränderungsprojekten wesentlich erhöhen, gerade bei Anpassungen, die Menschen in ihrer Komfortzone betrifft. Mit dem Zielprozess gestalten wir heute unsere Zukunft proaktiv und warten nicht darauf, bis uns die Veränderung aufgezwungen wird.

Zusammenhalt und Kommunikation

Gemeinsame Ziele und entsprechende Kommunikation fördern den Zusammenhalt einer Organisation. Worin der innovative Erfolgsfaktor bei Zusammenhalt und Kommunikation liegt, erschließt sich nicht von selbst. Dazu muss man wissen, dass Rohde & Schwarz Teisnach aus fünf Produktsegmenten besteht. „Präzisionsmechanik spanabhebend"; „Gehäusetechnik spanlos"; „Leiterplatte"; „Systeme Hochfrequenz" und „Sender", die verglichen mit anderen Firmen, einen hohen Eigenständigkeitsgrad besitzen. Diese Segmente sind für Qualität, Kosten und Termine, sowie Weiterentwicklung und Investitionen verantwortlich.

2007 standen Investitionen von mehreren Millionen Euro in unserer Leiterplattenfertigung an. Wir waren uns in Teisnach einig, dass die Leiterplattenproduktion eine strategische Schlüsselkompetenz für Rohde & Schwarz darstellt und wir unseren Werkserfolg unserem Zusammenhalt verdanken. Wie eine Burg, aus der kein Stein herausgebrochen werden darf, standen alle Segmente im Werk Teisnach zusammen, um die Veränderungen und Investitionen in der Leiterplattenfertigung gemeinsam zu schultern. Die Werkleitung begann eine Allianz zu schmieden, aus Geschäftsführung, allen Mitarbeitern, dem Betriebsrat, der Teisnacher Bürgermeisterin sowie dem Marktrat und einigen mehr. Heraus kam die „Agenda 2020" in der sich alle Beteiligten verpflichteten, ihren Beitrag zum Ausbau der Leiterplattenproduktion in Teisnach zu leisten.

Die Folgen der Agenda wirken bis heute nach. Zum einen konnten die Produktionskosten im gesamten Werk Teisnach durch verschiedene Maßnahmen deutlich reduziert werden. Auf der anderen Seite investiert das Management jedes Jahr mehrere Millionen für Maschinen und Anlagen um die Produktion auf dem neuesten Stand zu halten und auszubauen. Dazu wurden umfangreiche Forschungsprojekte gestartet um die Höherqualifizierung der Leiterplatte zu ermöglichen. Am deutlichsten traten die Früchte dieser Vereinbarung ein Jahr später hervor. Die Bankenkrise traf im Herbst 2008 auch Rohde & Schwarz in aller Härte. Der Mobilfunkmarkt brach extrem ein und keiner wusste, wie lange dieser Zustand andauern würde. Betroffen waren neben der Leiterplattenfertigung auch die anderen Segmente in Teisnach. Etwas beruhigend war dabei die Beschäftigungsgarantie, die in der Agenda 2020 vereinbart worden war. In dieser Krisensituation, in der wirklich keiner wusste, wann es wieder aufwärtsgeht, versuchte man, mit dem Abbau von Gutstunden und teilweise durch Kurzarbeit über die Runden zu kommen. Die ganze Mannschaft blieb aber an Bord. Und das war gut so. Denn ziemlich genau nach einem Jahr gingen die Märkte wieder nach oben. Erst langsam, dann immer schneller und ehe wir uns versahen, waren wir im Werk wieder voll ausgelastet. Dann kam die Anfrage eines namhaften Kunden, um den größten Auftrag in der Rohde & Schwarz – Geschichte zu platzieren. Obwohl wir alle Mitarbeiter an Bord hatten, war selbst für uns dieser große Auftrag in so kurzer Zeit kaum realisierbar. Jetzt kam ein Glaubenssatz von Rohde & Schwarz zum Einsatz, der lautet: „Es geht kein Auftrag wegen Kapazitätsmangel verloren“. Also wurde der Auftrag angenommen.

Unser Werkleiter informierte alle Mitarbeiter über das Vorhaben und appellierte an unseren Zusammenhalt. Dann ging es los. Zusätzliche Mitarbeiter wurden gesucht, eingestellt und eingearbeitet. Platz für die Fertigungssteigerung wurde gefunden. Material wurde beschafft „um jeden Preis“. An den Engpassstellen wurde 7 mal 24 Stunden gearbeitet. Das hört sich dramatisch an, ist es auch, aber irgendwie lieben wir diese Zeiten.

Für uns ist Zusammenhalt ein Innovationstreiber, weil erst dadurch Dinge ermöglicht werden, die ein einzelner nicht leisten kann. „Niemand kann eine Symphonie flöten. Er braucht ein Orchester, um sie zu spielen.“

Technologieentwicklung

Ein weiterer Erfolgsfaktor für Innovation ist die Weiterentwicklung der Technologie. Rohde & Schwarz ist ein technologiegetriebenes Unternehmen und baut seinen Erfolg auf die Neuentwicklung von Messgeräten, Systemen und Anlagen. Diese Strategie spiegelt sich in dem hohen Investitionsvolumen für Forschung und Entwicklung, das bei ca. 16 % des Jahresumsatzes liegt. Aber neben der Produktentwicklung in den Forschungslaboren kommt es darauf an, neue Fertigungsprozesse zu implementieren oder bestehende Prozesse zu verbessern. Dies wurde in den letzten Jahren mehr und mehr die Aufgabe der Produktion. So gibt es in Teisnach eigens Technologen, die neue Fertigungsmöglichkeiten suchen, analysieren und integrieren. Dies ist ein sehr breites Betätigungsfeld. Angefangen von der Höherqualifizierung der Leiterplatte bei der es um neue Materialien und Strukturen geht über den Aufbau der Präzisionsfertigung sowohl im mechanischen wie auch im galvanischen Bereich, bis hin zu Laserschweißen in der Gehäusefertigung, Kunststoff-Mikrospritzguss und neue additive Verfahren wie z. B. 3-D-Drucker, um nur einige zu nennen. Parallel dazu müssen auch die Messmöglichkeiten ausgebaut werden. Darüber hinaus gilt es noch ganz andere technologische Herausforderungen zu meistern. Sei es in der Kommunikationstechnik, sei es ein neues ERP-System, seien es neue Werkzeugmaschinen mit verschiedenen Steuerungen oder neuartigen Werkzeugen. Da im Werk Teisnach überwiegend technologiebegeisterte Menschen arbeiten und das Management bereitwillig in die besten Maschinen und Anlagen investiert, gehört die technologische Weiterentwicklung inzwischen zu unseren Kernkompetenzen.

Mensch und Kultur

Gebäude, Maschinen, Anlagen, Werkzeuge, Materialien usw. lassen sich kaufen. Was sich jedoch nicht kaufen lässt sind begeisterte Mitarbeiter, die dauerhaft Innovationen vorantreiben, die sich einbringen und den Status Quo in Frage stellen. Von diesen engagierten, leidenschaftlichen Mitarbeitern, die sich mit dem Unternehmen identifizieren und nicht nur in der Firma arbeiten, sondern auch bereit sind, an der Firma zu arbeiten, braucht jedes Unternehmen eine erhebliche Anzahl. Studien sprechen von 15 bis 20 %. Vielfach wird inzwischen darauf hingewiesen, dass der Rückgang dieser innovativen Gruppe in deutschen Firmen eine größere Bedrohung darstellt, als der häufig genannte demografische Wandel mit seinen Auswirkungen. In der Folge werde ich einige Möglichkeiten aufzeigen, wie es bei Rohde & Schwarz Teisnach gelingt, unsere überdurchschnittliche Innovationskultur zu erhalten und auszubauen.

Menschen brauchen Sicherheit. Je mehr Veränderung, je mehr Innovationen vorangetrieben werden sollen, desto mehr benötigt der Mensch Stabilität und feste Bezugspunkte. Ein sicherer Arbeitsplatz, eine klare Struktur, Regeln und Rollenzuteilung, sinnvolle, verständliche Ziele, eine Gemeinschaft, die zusammenhält, eine Kultur in der Fehler erlaubt sind, das gibt Menschen einen verlässlichen Halt in einer sich immer schneller verändernden Welt. Ein wesentlicher Aspekt jedes Veränderungsprozesses ist der Umgang mit Fehlern, weil die Angst vor Fehlern ein großer Innovationshemmer ist. Bezeichnend hierfür ist für mich die Aussage von Friedrich Schwarz: „Vor CHANGE habe ich den Schuldigen gesucht, heute frage ich, was gedenken sie zu tun?“

Inzwischen werden Probleme und Fehler in Teisnach mehr als Chancen gesehen, vor allem weil es eben von „oben“ vorgelebt wird. Ein innovationsförderndes Prinzip ist das Pflegen der Vertrauenskultur zwischen Vorgesetzten und Mitarbeitern. Dies geschieht mittels einer umfangreichen, offenen und ehrlichen Kommunikation. In der Praxis heißt dies in Teisnach, dass alle Mitarbeiter sehr gut über den Stand der Firma informiert sind. Seien es Umsatz, Auftragseingang und Rendite wie auch die Zukunftsaussichten. Dabei werden nicht nur die positiven Dinge erwähnt, sondern auch die kritischen, unerfreulichen. Die Misserfolge, Fehler und Gefahren ebenso wie die gelungenen Projekte.

Ein anderes Prinzip ist die Sinnvermittlung. Wenn ich möchte, dass Menschen Ziele verfolgen, muss ich den Sinn und Nutzen dahinter benennen können. Niemand engagiert sich für sinnlose Vorhaben. Sinnvolle Ziele sind es, die in den Menschen Emotionen hervorrufen. E-Motion bedeutet, Energie in Bewegung. Dazu bedarf es Bilder und keine bloßen Kennzahlen. So sprechen wir in Teisnach vom Ziel der „Fünf-Tages-Fabrik". „Montag bestellt und Freitag geliefert". Das ist viel stärker als nur zu sagen, „Wir wollen die Lieferzeit auf fünf Tage reduzieren".

Auch hat Innovation sehr viel mit umdenken bzw. anders denken zu tun. So haben wir herausgefunden, dass uns eine Orientierung am Idealzustand wesentlich weiter bringt, als nur zu denken, wie könnten wir ein Stückchen besser werden. Beispiel dazu war 2007 unsere „Grüne-Wiese-Planung" fürs gesamte Werk. Wir erstellten in sechs Monaten ein Bild unseres idealen „Grüne-Wiese-Werks" von 3 mal 4 Metern auf Papier. Richtung gebend war der optimale, kürzeste Materialfluss, ohne dass dabei auf bauliche Begrenzungen geachtet werden musste. Anschließend planten und zeichneten wir alles in die bestehenden Hallen neu ein. Von diesem Gesamtbild ließ sich das höhere Management überzeugen und begeistern, sodass wir genügend Ressourcen bekamen um das gesamte Werk in den folgenden Jahren konsequent umzubauen und zusätzlich um ca. 20.000m^2 zu erweitern. So viel zur Macht von Bildern. Um diesen aufwendigen Umzug zu meistern, gibt es in Teisnach seither acht freigestellte Trainer. Diese planen und betreuen hauptberuflich Umgestaltungen und nehmen, genauso wie die Führungskräfte, Menschen bei diesen Veränderungen mit. Teils in Workshops oder auch mittels Card-Board-Engineering. Das heißt, es werden Arbeitsplätze zusammen mit den Mitarbeitern mittels Kartonagen aufgebaut und anschließend in Aluminium realisiert.

Als Nächstes verweise ich noch auf die besondere Förderung unserer Innovationskultur durch das Einführen von Moderation und einfachen Kreativmethoden wie Brainstorming, „Rot-Grüne-Phase" oder Ishikawa. Dies alles und noch einiges mehr ist Inhalt unseres seit 2006 eingeführten Lean Managements mit dem Namen „sprint" und dem entsprechenden Produktionsleitbild. Damit verfolgen wir unsere Vorstellung von einer lernenden Organisation, die sich ständig verbessert, schnell verändert und anpasst.

Fazit/Ausblick

Nachhaltige Unternehmensführung bedingt, dass sich Unternehmen veränderungs- und anpassungsfähig gestalten und dafür die notwendigen Ressourcen bereitstellen. Ein Unternehmen braucht die Fähigkeit und Möglichkeit sich zu verbessern und, bei Bedarf, sich neu zu erfinden. Ausschlaggebend dafür sind das Wollen, Können und Dürfen der Mitarbeiter zusammen mit ihrer Vorstellungs- und Innovationskraft.

Literaturverzeichnis

Kajüter, P. (2000): Proaktives Kostenmanagement. Konzeption und Realprofile, Wiesbaden 2000

Kaplan, R.S./Norton D.P. (1997): Balanced Scorecard, Stuttgart 1997

Personalmarketing in schwierigem Umfeld (Rohde & Schwarz)

Mgr. Václav Hanzlík
PR und HR Marketing Spezialist

Unternehmensbeschreibung

Name	ROHDE & SCHWARZ závod Vimperk, s. r. o. (Rohde & Schwarz Werk Vimperk, GmBH)
Firmengründung	Konzern Rohde & Schwarz 1933, Werk Vimperk am 26. März 2001
Sitz	Špidrova 49, 385 01 Vimperk, Tschechische Republik
Branche	Dienstleistung
Unternehmensgegenstand	Elektrotechnische Messtechnik, drahtlose Kommunikation, Hörfunk- und Fernsehtechnik, usw.
Umsatz 2013	1,75 Mrd. EUR (Konzern, GJ 2013/14)
Mitarbeiter 2013	650 (Vimperk)
Webseite	www.vimperk.rohde-schwarz.com; www.rohde-schwarz.com

Management Summary

Das Familienunternehmen Rohde & Schwarz gehört weltweit zu den führenden Anbietern auf allen Feldern der drahtlosen Kommunikationstechnologie. Jeden Tag beschäftigen wir uns mit der Zukunft. Die neusten und modernsten Technologien werden bei uns entwickelt. Aus diesem Grund sind uns hoch motivierte und gut ausgebildete Mitarbeiter enorm wichtig. Um diese Leute für uns zu gewinnen, müssen wir im Produktionswerk in Vimperk, einer Kleinstadt in Südböhmen, gute Argumente haben und uns geschickt vermarkten. Das ist eine große Aufgabe und Herausforderung für unser Personalmarketing, das für seine Mühe und Ergebnisse als Benchmark im Rahmen des Best Business Awards ausgezeichnet wurde.

Das Unternehmen im Überblick

Der Konzern

Rohde & Schwarz steht seit 80 Jahren für Qualität, Präzision und Innovation auf allen Feldern der drahtlosen Kommunikationstechnologie. Mit seiner strategischen Ausrichtung auf die vier Standbeine Messtechnik, Rundfunk, sichere Kommunikation sowie Funküberwachungs- und -ortungstechnik adressiert das Unternehmen verschiedene Marktsegmente: Mobilfunk-, Rundfunk- und Elektronikindustrie, Luftfahrt und Verteidigung sowie die Bereiche Homeland Security und kritische Infrastrukturen.

Abb. 64: Rohde & Schwarz Gründer Dr. Lothar Rohde und Dr. Hermann Schwarz

In all seinen Geschäftsfeldern zählt der Elektronikkonzern mit Sitz in München zu den führenden Anbietern weltweit. Rohde & Schwarz ist Weltmarktführer als Hersteller von Mobilfunk- und EMV-Messtechnik sowie von Sende- und Messtechnik für das digitale terrestrische Fernsehen.

Als unabhängiges Familienunternehmen finanziert Rohde & Schwarz sein Wachstum aus eigener Kraft. Der Konzern ist keinem Quartalsdenken unterworfen und kann langfristig planen. Zum 30. Juni 2014 betrug die Zahl der Mitarbeiterinnen und Mitarbeiter rund 9.800. Davon sind zirka 5.900 in Deutschland beschäftigt. Das Unternehmen erwirtschaftete im Geschäftsjahr 2013/2014 (Juli bis Juni) einen Umsatz von rund 1,75 Milliarden Euro. Im Geschäftsjahr 2012/2013 (Juli bis Juni) hat R&S einen wichtigen Meilenstein erreicht — zum ersten Mal in der 80-jährigen Firmengeschichte hat der Auftragseingang die Grenze von zwei Milliarden Euro überschritten.

Abb. 65: Rohde & Schwarz Firmengelände

Das Werk Vimperk

Eletrotechnik hat in der Kleinstadt Vimperk eine lange Tradition. Die erste Zusammenarbeit begann im Jahr 1991 — kurz nach der Wende. Damals wurden als Erstes die Kabelfertigung und die Wickelei aufgebaut. Im Zuge dieser Zusammenarbeit hat R&S das Werk als erstes Produktionswerk außerhalb Deutschlands im März 2001 komplett übernommen.

Das Werk gewann stetig an Bedeutung. In nur 13 Jahren ist das Produktionswerk kontinuierlich gewachsen: Aus 125 Mitarbeitern sind 650 geworden[261], das Produktionsvolumen hat sich vervielfacht, die Fertigungsfläche hat sich von 3.500 auf 30.000 Quadratmeter fast verzehnfacht.

Ursprünglich wurde das Werk als verlängerte Werkbank für Rohde & Schwarz gegründet, heute können wir stolz sagen: Wir sind im Konzern fest etabliert! „Wir sind als Werk in den vergangenen Jahren am schnellsten gewachsen, sowohl von der Mitarbeiterzahl her, als auch räumlich. Rohde & Schwarz hat viel Geld in den Werksausbau investiert. Rund 50 Millionen Euro sind allein in Infrastruktur, Hallen und Equipment geflossen“, so Geschäftsführer und Werkleiter Konrad Bartl.[262]

Und wofür ist das Werk Vimperk zuständig? Das Werk ist Kompetenzzentrum für die Kabelfertigung. Es ist möglich, innerhalb eines Tages nach Auftragseingang jede Art von Kabel zu liefern. Außerdem werden komplette Produkte produziert, wie zum Beispiel alle Oszilloskope. Daneben gibt es in Vimperk auch die Baugruppenfertigung, die Bestückung von Leiterplatten und die Baugruppenprüfung, also ein breites Angebot von Leistungen. Um maximal flexibel zu werden, stehen bei uns auch Fremddienstleistungen (FDL) im Angebot.

Abb. 66: Der Eingangsbereich des neuen R&S-Werks in Vimperk

[261] Stand 1. Juni 2014.

[262] Inside Heft (November 2014).

Benchmark im Bereich – „Personalmarketing im schwierigen Umfeld“

Was bedeutet eigentlich schwieriges Umfeld? Unter diesem Begriff kann man sich alle Probleme vorstellen, mit denen wir im Personalbereich jeden Tag kämpfen müssen. Wie bereits erwähnt wurde, ist die Zahl der Mitarbeiter bei uns schnell gewachsen und wir rechnen mittelfristig mit vielen weiteren neuen Arbeitskräften. Allerdings wird es immer schwieriger, neue Mitarbeiter und vor allem Fachkräfte und Absolventen zu gewinnen, was eine große Herausforderung für unser Personalmarketing darstellt.

- Die Situation stellt sich ähnlich dar wie in Deutschland. Die Zahl der Absolventen im Engineering-Bereich ist nicht ausreichend und kann den Bedarf auf dem Arbeitsmarkt nicht abdecken.
- Die Stadt Vimperk liegt im Grenzgebiet, nur 25 Kilometer von der Bundesrepublik Deutschland entfernt. Viele gute Ingenieure wandern daher ins nahe Nachbarland aus.
- Vimperk ist beileibe keine Großstadt. Als Kleinstadt mit knapp 8.000 Einwohnern erscheint es für Hochschulabsolventen, also junge Leute, eher weniger interessant.
- Als deutsches Unternehmen mit Hauptsitz in München ist es für uns wichtig, dass unsere Mitarbeiter über Deutschkenntnisse verfügen. Auch in diesem Zusammenhang ist Steigerungspotenzial gegeben.
- Ein erfolgreiches Unternehmen benötigt Führungskräfte in ausreichender Zahl. Auch in diesem Bereich müssen wir ständig am Ball bleiben.

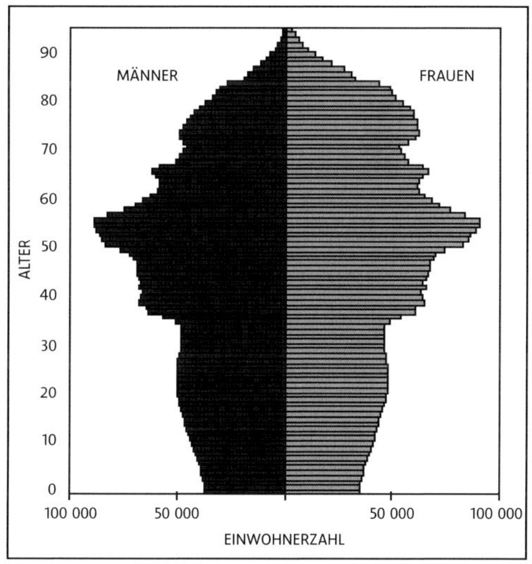

Abb. 67: Demografische Entwicklung Südböhmen[263]

Jedes große Unternehmen muss selbstverständlich auch nach vorne schauen. In diesem Zusammenhang stellt die demografische demografischen Entwicklung bis zum Jahre 2030 (siehe Diagramm) eine große Herausforderung für uns dar. So wird beispielsweise die Einwohnerzahl in Südböhmen in den kommenden 20 Jahren wesentlich sinken.

[263] Quelle: Tschechisches Statistikamt.

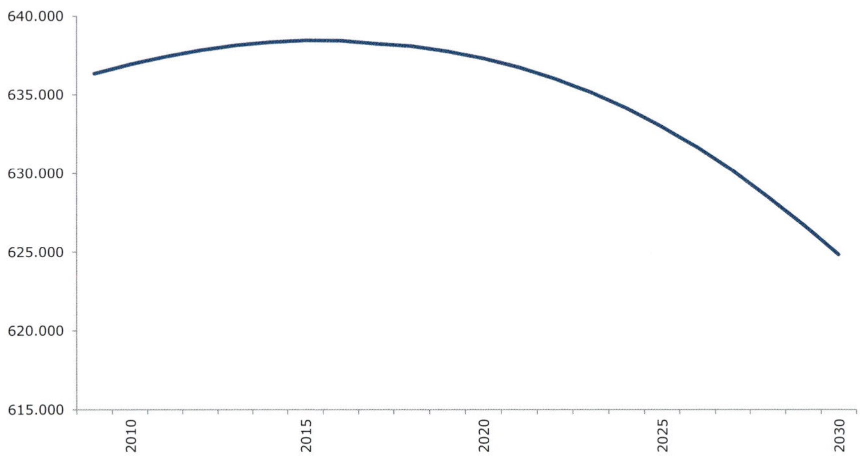

Abb. 68: Bevölkerungszahl in Südböhmen[264]

Mit den gerade erwähnten Herausforderungen kämpfen wir seit Jahren. Daher haben wir uns eine erfolgreiche Lösung überlegt. Unsere Strategie baut auf vier Grundpfeilern auf, welche im folgenden Kapitel genauer erläutert werden.

„Um die Leute zu motivieren nach Vimperk zu ziehen beziehungsweise dort zu bleiben, müssen Sie gute Argumente haben und sich geschickt vermarkten."

Konrad Bartl, Geschäftsführer und Werkleiter[265]

Rohde & Schwarz als Familienunternehmen präsentieren

Das Unternehmen Rohde & Schwarz wurde im Jahre 1933 gegründet. Seit dieser Zeit gilt es als Familienunternehmen und verfolgt diese Firmenkultur mit der höchsten Priorität. Auch für das Werk Vimperk ist diese Tradition verpflichtend und wird aktiv gepflegt. Unser Ziel ist es, ein attraktiver Arbeitgeber zu sein, der für Vereinbarkeit von Beruf und Familie steht.

Leben Sie gesund, leben Sie im Böhmerwald!

Einer unserer besonderen Vorzüge ist es, dass die Stadt Vimperk an der Grenze des Nationalparks Böhmerwald liegt, also mitten in der Natur. Viele junge Leute streben nach einem gesunden Lebensstil und wollen, dass ihre Kinder an der frischen Luft aufwachsen, weit entfernt vom

264 Quelle: Tschechisches Statistikamt.

265 Inside Magazin (November 2014).

Alttagsstress der Großstadt. Das alles können wir bieten! Die Skiloipen warten vor der Haustür, überall gibt es Radwege. Ein guter Job mit idealen Lebensbedingungen — das ist unser Angebot. In diesem Rahmen hat sich die Firmenleitung entschieden, auch Sportaktivitäten der Mitarbeiter zu unterstützen. Das Angebot umfasst Fussball, Eishockey, Tennis, Squash, Schwimmen und Wandern.

Neue Wohnung, neue Chance

Als Hauptargument in der Phase „Gewinnung der Absolventen“ gilt das Angebot von Firmenwohnungen. Für junge Leute, die eine Familie gründen wollen, ist es oft sehr wichtig, ein neues Zuhause in der Nähe ihres Arbeitsplatzes zu finden. In diesem Punkt arbeiten wir eng mit der Stadt Vimperk zusammen. Aktuell stehen neun Wohnungen zur Verfügung und über weitere wird verhandelt.

Veranstaltungen für unsere Mitarbeiter und ihre Familien

Nicht nur unsere Mitarbeiter, sondern auch ihre Familien sollen sich wohl fühlen. Das sehen wir als eine Aufgabe, die auch uns verpflichtet. Seit Jahren werden regelmäßige Veranstaltungen organisiert, die die Zugehörigkeit zu unserem Unternehmen stärken — im Sommer ein Ferienlager für die Kinder, im Dezember eine Nikolausfeier, gefolgt vom Rohde & Schwarz-Ball. Im Jahr 2013 wurde zum ersten Mal und mit großem Erfolg ein Tag der offenen Tür organisiert.

Zusammenarbeit mit Bildungsinstitutionen aktiv gestalten

Weniger Auszubildende und Studenten, weniger junge Fachkräfte und sinkendes Interesse an technischen Studienrichtungen sind Probleme, die jedes Unternehmen kennt. Auch für Rohde & Schwarz ist es daher enorm wichtig, eine enge Zusammenarbeit mit den Schulen auf allen Ebenen zu pflegen.

Es ist für uns eine große Herausforderung, einen Weg zu finden, schon bei kleinen Kindern Interesse an Technik zu wecken. Die Grundschulen aus der Umgebung sind bei uns herzlich willkommen und haben jederzeit die Möglichkeit, das Werk zu besichtigen.

Wir fokussieren selbstverständlich auch die Mittelschulen, deren Direktoren uns sehr gute Partner sind. Unsere Fachexperten halten oft Fachvorträge, stellen den Schülern neue Produkte vor und sind mit ihnen im engen Kontakt.

Die Zusammenarbeit funktioniert gegenseitig. Den Schülern steht unsere Tür immer offen, sie können bei uns Erfahrungen sammeln oder Ferienjobs absolvieren. Bei uns bekommen die jungen Leute erste Erfahrungen und Einblicke ins Berufsleben und können sehen, wie ein Hightech-Produktionswerk tickt.

Vor einem Jahr haben wir eine Partnerschaft mit der Fachoberschule in Písek abgeschlossen. In diesem Zusammenhang bekam die Schule Messgeräte für den Unterricht zu einem dotierten Preis und die Lehrer können bei uns spezielle Schulungen absolvieren. Außerdem wollen wir gemeinsam auch den Deutschunterricht unterstützen, der für das Unternehmen Rohde & Schwarz wichtig ist. Auf ähnlicher Basis haben wir auch die Kooperation mit dem Gymnasium Vimperk vorbereitet, wo ein Wahlfach Elektrotechnik im Gespräch ist.

Eine enge Kooperation mit den Universitäten ist eine Selbstverständlichkeit, insbesondere mit den elektrotechnischen Fakultäten in Prag, Pilsen, Brünn, Ostrau und neuerdings auch im slowakischen Žilina. Wir sind mit unseren Fachexperten und Ingenieuren an den Universitäten anwesend, um fachliche Vorlesungen zu halten oder neue Produkte vorzustellen. Rohde & Schwarz nimmt regelmäßig an Messen und Karrieretagen teil. Der Austausch mit den Studenten ist uns sehr wichtig.

Desweiteren bieten wir Diplomarbeiten, Praktika und Exkursionen an. In der letzten Zeit wurde das Angebot noch um Trainee-Programme und Stipendien erweitert, was das Werk in den Augen der Studenten noch interessanter macht. Wichtig ist immer, den Studenten stets offen und hilfsbereit zu begegnen!

Škoda Auto – ein starker Partner!

Die Marke ŠKODA AUTO kennt man auf der ganzen Welt. Kaum jemand ahnt aber, dass dieses Automobilwerk auch eine eigene Universität in Tschechien gegründet hat, die jetzt von Rohde & Schwarz Vimperk ein neuer offizieller Partner ist.

Nicht nur Elektrotechniker sind uns wichtig. Im Unternehmen sind auch die Experten für Logistik, Qualität oder Supply-Chain herzlich willkommen. Nicht nur aus diesem Grunde ist im Jahr 2013 eine neue Partnerschaft mit der ŠKODA AUTO Universität entstanden.

„Für beide Seiten entstehen durch diese Kooperation neue Möglichkeiten und Einblicke, wovon einerseits die Studenten und andererseits die Mitarbeiter bei R&S profitieren werden", bewertet Werkleiter und Geschäftsführer Konrad Bartl die Verbindung des Elektrotechnikunternehmens und der Automobilindustrie.

Was genau sind die Vorteile für beide Seiten? „Unseren Mitarbeitern bieten wir die Möglichkeit, an vielen Kursen und Seminaren an der UNI Škoda Auto im Rahmen der persönlichen Weiterentwicklung teilzunehmen. Auch stehen Projekte an, die nun gemeinsam mit der Universität umgesetzt werden können“, so Konrad Bartl. Den Studenten ist die Praxiserfahrung im Werk wichtig. Sie können Erfahrungen auf dem Gebiet Supply Chain, Qualität, Personalwesen und Logistik sammeln. „Wir hoffen so auch gute Absolventen für unser Unternehmen gewinnen zu können.“

Auch bei Škoda in Mladá Boleslav schaut man über den Tellerrand. „Für unsere Absolventen ist es sehr wichtig, auch außerhalb des Bereichs Automotive arbeiten zu können. Diese Möglichkeit bieten wir jetzt mit unserem Kooperationspartner Rohde & Schwarz. Unsere Studenten erlangen Praxisbezug in einem Vorzeige-Produktionsunternehmen (Arbeitgeber des Jahres 2014), welches zudem auch noch weltweit tätig ist“, bestätigt Hochschulrektor Petr Šulc.[266]

Fallstudienwettbewerb — R&S Hautnah

Der Fallstudienwettbewerb, den Rohde & Schwarz in München in Kooperation mit dem Verband VDE vor 10 Jahren eingeführt hat, bietet Studenten technischer Studienrichtungen verschiedener Universitäten die Möglichkeit ihre wissenschaftlichen Fachkenntnisse zu vertiefen. Zum ersten Mal war im Jahre 2014 auch das Werk Vimperk dabei. Fünf Universitäten wurden zur Vorrunde nach Südböhmen eingeladen. Das Siegerteam aus Brünn hat sich für das Finale in München qualifiziert, wo für das Gewinnerteam tolle hochwertige Preise in Aussicht standen. Der Fallstudienwettbewerb ist auch für die nächsten Jahre geplant und Vimperk wird wieder dabei sein, denn die Teilnehmer waren von der Rohde & Schwarz Welt wirklich begeistert. Die meisten haben sich später für ein Praktikum im Werk beworben und bleiben weiter im Visier.

Abb. 69: Mit diesem Flyer wurden Studenten auf den Fallstudienwettbewerb hingewiesen

266 R&S/Škoda Auto UNI (2014).

Interne und externe Kommunikation

Der Erfolg eines Unternehmens ist heute auch von der Art und Weise der Kommunikation abhängig. Eine gute Kommunikation ist enorm wichtig, nach außen wie auch intern. Im Bewusstsein dieser Tatsache nutzen wir verschiedene Kanäle, um ein möglichst breites Publikum anzusprechen: eine Mitarbeiterzeitschrift, das Intranet mit den neusten Nachrichten aus allen Standorten, das Inside Magazin für den gesamten Konzern sowie Presseberichte. Seit Neuestem planen wir auch Auftritte in den sozialen Netzwerken, denn für die junge Generation ist diese Art der Kommunikation eine Selbstverständlichkeit.

Regelmäßig werden auch Mitarbeitergespräche und Mitarbeiterumfragen durchgeführt. Sogar ein Führungskräfte-Feedback steht in Kürze an.

Sowohl soziale Verantwortung in der Region als auch Nachhaltigkeit sind für uns wichtige Themen, die wir aber ganz leise kommunizieren, denn sie sind für uns selbstverständlich. Gerne machen wir z. B. eine Flutopferspende usw.

Aus- und Weiterbildung

Den größten Beitrag leisten in jedem Unternehmen motivierte Mitarbeiter. Es ist unser Ziel, hoch motivierte Leute zu haben. Die Aus- und Weiterbildung hat aus Sicht des Unternehmens folgende Bedeutung:

- gezielte Entwicklungsmöglichkeiten
- Differenzierung von anderen Firmen
- Sicherung des Fachkräftenachwuchses
- Sicherung des Führungskräftenachwuchses
- Nachhaltigkeit bei der Mitarbeiterentwicklung

Im Geschäftsjahr 2013/2014 haben unsere Mitarbeiter mehr als 8.500 Schulungsstunden absolviert. Um alles möglichst transparent und übersichtlich zu halten, haben wir ein neues Trainingsportal eingeführt. Jeder Mitarbeiter kann sich selbst anmelden. Im Angebot stehen alle internen und externen Kurse. Die Pflichtschulungen werden einheitlich organisiert. Ganz wichtig: Im Werk wurde auch ein eigenes Schulungszentrum eingerichtet, wo jederzeit interne Kurse stattfinden können. Auch neue Mitarbeiter absolvieren gleich nach dem Einstieg verschiedene Schulungen, damit sie alle spezifischen Fertigungsvorgänge kennenlernen.

Elektrotechnische Akademie – mit Erfolg eingeführt.

Ein ausreichend großer Pool von qualifizierten Arbeitskräften für den Bereich Prüftechnik und die Vermittlung von tieferen Kenntnissen in der Elektrotechnik sind für uns von großer Bedeutung. Aus diesem Grund wurde im Rohde & Schwarz Werk in Vimperk eine eigene elektrotechnische Akademie gegründet.

Seit 2011 haben interne Mitarbeiter die Möglichkeit sich dort anzumelden. Das Studium an der Akademie ist dem realen Studium angeglichen und besteht aus Theorie und Praxis in zwei Semestern. Am Ende des Semesters müssen die Studierenden mündliche und schriftliche Prüfungen ablegen. Die Kenntnisse können schon während des Studiums in die Praxis umgesetzt werden, was uns sehr wichtig ist. Die Akademie findet bei den Mitarbeitern hohe Anerkennung und kann bereits mehr als 20 erfolgreiche Absolventen vorweisen. Ein erfolgreicher Abschluss spiegelt sich auch in einer besseren Entlohnung wider.

Auszeichnungen/Awards

Lernen von den Besten – ein Spruch, der bei uns einen wichtigen Stellenwert gefunden hat. Wir wollen uns stetig weiterentwickeln und langfristig zu den Besten gehören. Die Teilnahme an verschiedenen Wettbewerben nehmen wir daher ernst. Im Geschäftsjahr 2013/2014 erhielten wir folgende Auszeichnungen: Progressiver Arbeitgeber in Südböhmen 2014 und den dritten Preis in der Kategorie „Mehr als 100 Mitarbeiter“ im Rahmen des Best Business Award.

Abb. 70: Auszeichnungen 2013/14

Literaturverzeichnis

Fencl, P./Kozák, R. (2003): Historie a současnost podnikání na Prachaticku a Vimpersk. Žehušice 2003

R&S/Škoda Auto UNI (Hrsg.) (2014): Pressebericht (Juli)

Rohde & Schwarz München (Hrsg.) (2014): Mitarbeiterzeitschrift Inside Heft November 2014

Der Weg zur erfolgreichen Arbeitgebermarke – das CORE Prinzip (Fill)

Andreas Fill
Geschäftsführer

Unternehmensbeschreibung

Name	Fill GmbH
Firmengründung	1966 (100 % in Familienbesitz)
Sitz	4942 Gurten, Österreich
Branche	International führendes Maschinen- und Anlagenbau-Unternehmen für verschiedenste Industriebereiche
Unternehmensgegenstand	Tätigkeitsbereiche Metall, Kunststoff und Holz für Automobil-, Luftfahrt-, Windkraft-, Sport- und Bauindustrie sowie Weltmarktführer in der Aluminium-Entkerntechnologie sowie für Ski- und Snowboardproduktionsmaschinen
Umsatz 2013	115 Mio. EUR
Mitarbeiter 2013	über 600
Webseite	http://www.fill.co.at

Management Summary

Der Arbeitgebermarkt und die Bedeutung von Personalmanagement haben sich in den letzten Jahren massiv verändert. Konnten sich noch vor einigen Jahren die Firmen die besten Fachkräfte aussuchen, so wählt heute oft die Fachkraft ihren Arbeitgeber. Angebot und Nachfrage haben sich aufgrund der demografischen Entwicklung verschoben. Zudem machen die sozialen Plattformen im Web 2.0 die Unternehmen für jeden ersichtlich bewertbar. Eine positive Arbeitgebermarkenbildung ist daher wichtiger denn je.

Personalmanagement ist mittlerweile viel mehr als reine Zeitwirtschaft und Lohnverrechnung. Die erfolgreiche Suche nach den besten Mitarbeitern, die optimale Ausbildung und Karriereplanung und ein professioneller Informations- und Wissenstransfer sind zu zentralen Themen geworden.

Wertschätzende Mitarbeiterführung und Kommunikation sind keine Frage der Unternehmensgröße. Maßgeschneiderte Angebote im Gesundheitsbereich und zur Familienintegration in Abstimmung auf die Organisationsstruktur fördern die Mitarbeiterbindung. Dort, wo sich der Mitarbeiter wohlfühlt, wird er auf lange Sicht seinen Beitrag für die erfolgreiche Unternehmensentwicklung leisten.

Vor gut zehn Jahren haben wir als eines von sieben strategischen Zielen ein klares Bekenntnis zur Arbeitgebermarkenbildung niedergeschrieben: „Wir zählen zu den attraktivsten Unternehmen Österreichs und unterstützen unsere Mitarbeiter in ihrer Entwicklung." Daraus abgeleitet wurde das Projekt „Fill your life" gestartet, welches all jene Maßnahmen umschreibt, die der Entwicklung zur ausgezeichneten Arbeitgebermarke dienen.

Als Unternehmen geben wir ein klares, eindeutiges Versprechen und erfüllen die geweckten Erwartungen, indem wir die Mitarbeiter in ihrer Arbeit bestmöglich unterstützen. Wir kümmern uns um ihre Gesundheit und das Wohlbefinden und bieten Perspektiven zur professionellen Weiterbildung.

„Wer die beste Lösung sucht, entwickelt gemeinsam mit Fill seine Zukunft."

Fill your future

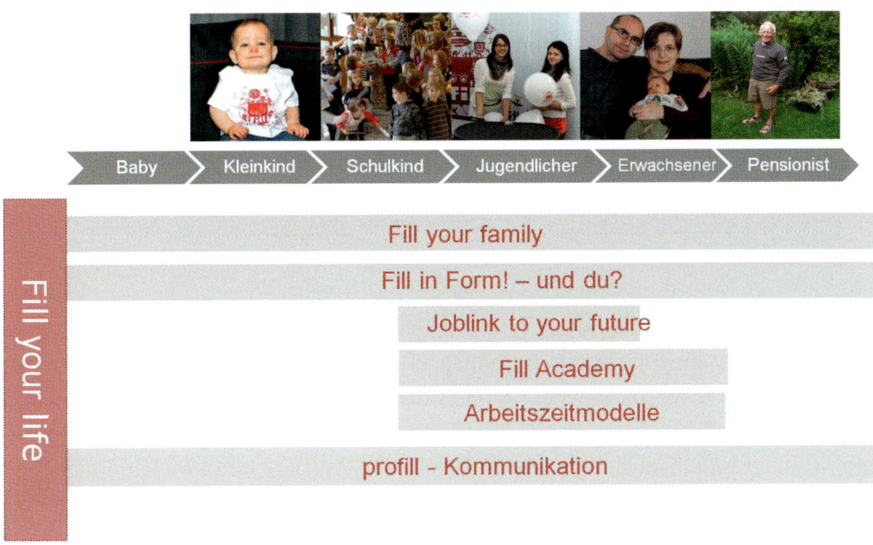

Abb. 71: „Fill your life" – das Projekt für Gesundheit, Wohlbefinden und professionelle Weiterbildung

Fill your family

Ausgehend von der Firmenphilosophie haben wir das Projekt „Fill your family“ entwickelt. Dieses ist im Kontext mit unseren Projekten „Fill your life“, „FillCard“, „Fill in Form! — und du?“ und „profill“ zu sehen. Als Gesamtheit bringen all diese Projekte die Familie des Mitarbeiters unserem Unternehmen näher. Geht es den Familien und den MitarbeiterInnen gut, so geht es auf Dauer auch dem Unternehmen gut.

Aufmerksamkeiten rund ums Jahr

Unser firmeneigener Storch begrüßt die Neugeborenen unserer Mitarbeiter und überbringt eine kleine Aufmerksamkeit für das Baby, die Mama und den Papa. Zum Geburtstag gratulieren wir den Kindern ab dem vierten Lebensjahr und den Partnern unserer Mitarbeiter mit einer persönlichen Glückwunschkarte.

In den Tagen vor Weihnachten ist oft besonders viel los. Um die Adventszeit ein klein wenig zu versüßen, erhält jeder Mitarbeiter einen Adventkalender gefüllt mit feinster, handgeschöpfter Schokolade im Fill-Design.

Fill Shop und FillCard

Im Fill Shop bieten wir unseren Mitarbeitern mehr als 30 Artikel zu sehr günstigen Preisen zum Verkauf an. Angefangen von funktioneller Sportbekleidung über eine Lorry-Bag (Umhängetasche) bis hin zum praktischen Rollmeter im aktuellen Fill-Design können die Artikel online im Fill Shop bestellt und bargeldlos bezahlt werden. Einkaufen im Fill Shop ist ganz easy! Der Fill Shop ist natürlich für die ganze Familie geöffnet.

Zur Finanzierung verschiedenster Aktivitäten und Veranstaltungen für alle Mitarbeiter wurde ein Budgetkonto geschaffen — die FillCard. Die freiwillige Mitgliedschaft kostet den Mitarbeiter 2,00 Euro monatlich, diese werden bei der Gehaltsabrechnung einbehalten. Zusätzlich verdoppelt das Unternehmen die geleisteten Beiträge!

Den Teilnehmern entstehen Vergünstigungen in vielen regionalen Geschäften auf Sportartikel, Unterhaltungselektronik, Spielzeug und vieles mehr. Selbst für den modischen Haarschnitt oder die dazu passende Sonnenbrille — Fill-Mitarbeiter und die Partner zahlen weniger! Steigende Treibstoffpreise? Auch hier bietet die FillCard Vorteile: Mit der FillCard tankt man günstiger und spart auch beim Autowaschen eine Menge Geld. Die Fill-Partner-Card für Lebenspartner der Mitglieder ist gratis und beinhaltet die gleichen Vergünstigungen.

Veranstaltungen für Jung und Alt

Am letzten Schultag laden wir die Mitarbeiterkinder von 4 bis 14 Jahren zu einem ausgelassenen Fest mit Spaß, Action und vielen Attraktionen ein. Betreut werden die jungen Gäste von Kindergartenpädagoginnen und Schülerinnen der BAKIP Ried. Einmal im Jahr bieten wir so dem Nachwuchs unseres Teams die Gelegenheit, den Arbeitsplatz von Mama und Papa zu besichtigen, und geben bei den einzelnen Spielestationen mitunter erste Einblicke in die spannende Welt der Technik.

Abb. 72: Fill Schulschlussfest 2014

Ehemalige Mitarbeiter sind einmal jährlich zum „Fill Pensionistenstammtisch“ eingeladen. Dabei präsentiert die Geschäftsführung die Highlights des Vorjahres und die Vorhaben für die kommenden Jahre. Im Anschluss an ein gemeinsames Mittagessen ist der Rundgang durch das Unternehmen eine schöne Gelegenheit, ehemalige Kollegen zu treffen. Besonders interessant finden unsere Pensionisten, was sich in ihren früheren Arbeitsbereichen alles getan hat. Das Interesse an der Entwicklung von Fill ist auch bei den ehemaligen Mitarbeitern noch sehr groß. Zudem sind die gut informierten „Fill-Pensionisten“ tolle Botschafter der Arbeitgebermarke Fill nach außen.

Fill-Mitarbeiter sind sportlich – das ganze Jahr hindurch. Dies beweisen regelmäßig stattfindende Lauftreffs, Tennis- und Tischtennisturniere, Skifahrten, Kart-Meisterschaften, Fußballspiele, Besuche im Hochseilgarten oder Downhillpark sowie Wanderwochenenden etc. Bei vielen Events ist auch die ganze Familie mit an Bord.

Abb. 73: Fill-Mannschaften beim Kulmlauf 2014

Filli Future

Seit 2012 begeistert das Firmenmaskottchen „Filli Future" Jung und Alt. Filli Future ist ein supercooler Roboter vom Planeten „netruG", der täglich neue Abenteuer besteht. Auf seiner eigenen „Rob-Page" verrät das Maskottchen alles über sich und sein Leben auf unserem Planten. Mit Filli Future kann man eine Menge spannender Abenteuer erleben, Rätselnüsse knacken, an Wettbewerben teilnehmen, die coolsten Fanartikel erwerben, Fotos posten und vieles mehr.

Mit „F3 — DIE FILLI FUTURE FOUNDATION" unterstützt Filli Future Kinder in Not auf der ganzen Welt. Sein Leitspruch lautet: Wo immer Kinder Hilfe benötigen, ist Filli Future nicht weit!

Fill in Form! Und du?

Die Gesundheit der Familien liegt uns am Herzen. „Gesundheit ist alles, denn ohne Gesundheit ist alles nichts." Ganz nach diesem Motto wollen wir das Wohlbefinden und die Sicherheit der Familienmitglieder nicht vernachlässigen. Ein Teil unseres Gesundheitsprogramms kann daher auch von den Partnern und Kindern unserer Mitarbeiter in Anspruch genommen werden.

Sportmöglichkeiten vor Ort

An 365 Tagen im Jahr steht exklusiv für alle Mitarbeiter und deren Partnern ein eigener Fitnessraum kostenlos zur Verfügung. Den Vorlieben der fleißigen Sportler entsprechend ist der Raum von früh morgens bis in den späten Abend stets gut besucht. Auf 160 m² kann man hier seine Ausdauer verbessern, seine Muskulatur stärken oder bei dreidimensionalen Koordinationsübungen an der Kinesiswand von Technogym seine innere Balance finden.

Um das körperliche Wohlbefinden zu verbessern, finden zweimal wöchentlich unter der Anleitung einer Trainerin Yoga-Einheiten statt.

Abb. 74: Yoga im Fill Fitnessraum

Fixer Bestandteil des Fill-Veranstaltungsprogramms sind folgende Sportevents, die regelmäßig bzw. einmal jährlich stattfinden:

- Tennis- bzw. Tischtennisturnier
- Skiwochenende (ca. 140 Teilnehmer)
- Asphalteisstockmeisterschaft
- Gokart-Rennen
- Mountainbike-Downhillpark

- Lauftreff
- Rennrodeln am Königssee
- Fahrsicherheitstraining
- etc.

Beitrag zur Gesundheit

Zweimal im Jahr finden Fachvorträge und Workshops mit Experten statt, unter anderem zu allgemeinen Gesundheitsthemen wie Ernährung, Bewegungsapparat, verschiedenen Entspannungstechniken etc. Dazu laden wir auch die Partner unserer Mitarbeiter ein.

Unser Betriebsarzt berät und unterstützt in seinen wöchentlichen Sprechstunden die Mitarbeiter. Impfberatungen und Gratis-Impfaktionen (FSME, Grippe, Polio, Diphterie) werden individuell oder saisonbedingt durchgeführt, seit 2009 für die ganze Familie.

Für individuelle Behandlungen im Gesundheitsbereich arbeitet Fill mit regionalen Therapeuten (Physiotherapeuten, Osteopathen, Masseure etc.) zusammen.

Blutspenden heißt Leben retten: Seit 2011 holt Fill einmal pro Jahr die Blutzentrale Oberösterreich ins Haus und ermöglicht den Mitarbeitern während der Arbeitszeit im Unternehmen Blut zu spenden. An diesem Tag wird im Fitnessraum eine Blutabnahmestation eingerichtet. Zwischen 80 und 100 Mitarbeiter folgen gerne dem Aufruf und nutzen diese praktische Gelegenheit zur Blutspende.

In unserem Mitarbeiterrestaurant werden täglich zu Mittag frisch gekochte Mahlzeiten angeboten — vier warme Hauptspeisen, Salatbuffet, Suppe und Dessert stehen zur Auswahl. Für die Vormittagspause kann am Vortag über das hausinterne Intranet eine Jause bestellt werden. In der Snackbar in der Produktion stehen eine Küchenzeile zum Erwärmen mitgebrachter Speisen, Sitzgelegenheiten, Getränke- und Snackautomaten zur Verfügung.

Joblink to your future & Fill Academy

Eine fundierte Aus- und Weiterbildung ist uns besonders wichtig, weshalb wir eng mit Schulen zusammenarbeiten und die Fill Academy gegründet haben.

Schulbesuche und Unternehmenseinblicke

Mit dem Programm „Joblink to your future“ laden wir Interessierte zur Mitarbeit in unserem erfolgreichen Team ein. Dazu tätigen wir Schul- und Messebesuche und geben die Möglichkeit, Einblicke ins Unternehmen zu erhalten.

Das Firmenmaskottchen Filli Future besucht die Kinder im Kindergarten und in der Volksschule und bringt ihnen Technik in Form von Rätseln, Malbildern und Geschichten näher. Ein Projektbeispiel: Gemeinsam mit der Brucknerschule Ried startete Anfang Jänner 2013 das erste Filli Future Filmprojekt.

Auf den Jobbörsen der umliegenden HTLs zählt Fill schon seit Jahren zu den fixen Ausstellern. Auch bei der ersten Jobbörse der HTL Andorf am 11. April 2014 war Fill mit einem Stand präsent. Das Interesse der Schüler an unserem Unternehmen und an den Karrieremöglichkeiten war bei allen Veranstaltungen sehr groß.

Abb. 75: HTL-Jobbörse in Ried im Innkreis

Die Teilnehme an der Lehrlingsmesse in Ried im Innkreis stellt bei Fill bereits seit Jahren einen Fixtermin dar. Lehrlingsausbildner und Lehrlinge beantworteten den Schülern sämtliche Fragen zum Thema Lehre. 2013 war Fill zum ersten Mal auch auf der Lehrlingsmesse in Altheim vertreten. Auch hier war das Interesse der Besucher riesig.

Beim Girls Day verbringen jeweils circa 10 Mädchen aus umliegenden Schulen einen Tag im Unternehmen, um die Lehrberufe bei Fill kennen zu lernen. Der Girls Day bietet den Schülerinnen die Gelegenheit, Technik hautnah zu erleben und ihr handwerkliches Geschick unter Beweis zu stellen. Das Ergebnis ihrer Arbeit — einen selbst zusammengebauten Pneumatikzylinder mit Signatur — dürfen die Mädchen zur Erinnerung behalten.

Mehr als 400 Schüler — doppelt so viel wie im Jahr zuvor — besuchten unser Unternehmen an den Berufsorientierungstagen im Oktober 2013. Dies zeigt, dass das Interesse an der Technik bzw. an einem Lehrberuf sehr groß ist. Ein abwechslungsreiches Programm und besonders die neue Teamübung „Turmbau" sorgten für ein sehr gutes Feedback. Sowohl Schüler als auch Lehrer konnten sich an den verschiedenen Stationen über die Lehrberufe informieren und durften selbst Hand anlegen.

Eine Ideensammlung für eine Konstruktionslösung, Programmieren, einen Teil einer Anlage selbst zusammenbauen, eine Teamübung, ein Gespräch mit einem ehemaligen HTL-Absolventen und eine Firmenführung: das sind die Highlights der zuletzt im November 2013 veranstalteten HTL-Techniktage. Mehr als 150 Schüler der HTLs Braunau, Andorf und Ried nutzten die Gelegenheit zur Information über unser Unternehmen und die Jobmöglichkeiten bei Fill. Die Schüler waren mit großer Motivation und vollem Eifer bei der Sache.

Im Rahmen der Schnuppertage können junge Mädchen und Burschen, die sich für Technik interessieren, die angebotenen Lehrberufe (Maschinenbautechniker, Mechatroniker, Zerspanungstechniker, Elektroanlagentechniker, Technischer Zeichner/Konstrukteur, Lagerlogistiker) näher kennenlernen. Nach einer kurzen Vorstellung der verschiedenen Lehrberufe hat jeder Schüler die Möglichkeit, mehr über seinen bevorzugten Lehrberuf zu erfahren. Dabei darf man bei Projekten mitarbeiten und kleine Aufgaben erledigen. Um diesen Tag gut gestärkt meistern zu können, sind alle „Schnupperer" zum Mittagessen im Fill-Restaurant eingeladen.

Für Diplom-, Bachelor- und Masterarbeiten bietet Fill Studenten Berufspraktika in den Bereichen Vertrieb, Betriebswirtschaft, Technik, Logistik und Produktion an. Bewerber, die Interesse an einem spannenden Projekt oder eigene innovative Themenvorschläge für unser Unternehmen haben, sind herzlich willkommen.

Immer mehr junge Menschen verbringen ein soziales Jahr im Ausland. Wie zum Beispiel Lukas, der in Ghana eine Klasse für den IT-Unterricht aufbaute. Dieses Projekt unterstützte Fill finanziell bzw. in Form von gebrauchten Laptops. Die junge Studentin Agnes unterrichtete Kinder in einer Armenschule in Ecuador und Peru. Auch sie erhielt von Fill finanzielle Unterstützung für ihr Sozialprojekt. Bei diesen Auslandspraktika immer mit dabei ist natürlich unser Maskottchen Filli Future, der es vermag, das eine oder andere Kinderlächeln herbeizuzaubern.

Fill Academy

Aus- und Weiterbildung bei Fill ist ein stetiger Entwicklungsprozess, der die Mitarbeiter vom ersten Tag an begleitet. Eine eigene Ausbildungsstätte, die Fill Academy, sichert die kontinuierliche Aus- und Weiterbildung. In einer klar strukturieren und transparenten Schulungsorganisation werden die Mitarbeiter auf ihre Aufgaben vorbereitet. Die langfristig geplante und kontinuierliche Weiterbildung sichert den Erfolg von Fill.

Schulungsschwerpunkte sind:

- Basisinformation Fill
- Arbeitstechnik
- Fachseminare
- Persönlichkeitsbildung
- Fremdsprachen
- Qualität und Sicherheit
- Einarbeitungspläne
- laufende Mitarbeiterentwicklungsgespräche (MEG)
- individuelle Mitarbeiter-Scorecard

In den letzten fünf Jahren haben Fill-Mitarbeiter durchschnittlich mehr als vier Schulungstage pro Jahr absolviert.

Extern ist Fill im Rahmen der Fill Academy mit den Themen Leichtbau, Energieeffizienz, Life Cycle Costing (LCC), Simulation und Arbeitgebermarkenbildung am Markt präsent.

profill – interne Kommunikation

Wer kommuniziert, gewinnt. Auf offene Kommunikation innerhalb des Unternehmens legen wir bei Fill großen Wert. Daher kommunizieren wir aktuelle Themen auf verschiedenste Art und Weise.

Newsletter, Mitarbeiterzeitung, Infoveranstaltungen

Am ersten Arbeitstag jeden Monats erscheint der „Fill Newsletter“, ein Brief der Geschäftsführung an die Mitarbeiter, mit aktuellen Informationen aus den Bereichen Unternehmen, Kommunikation, Markt und „Fill your family“ (interne Veranstaltungen). Der Fill Newsletter wird den Mitarbeitern persönlich überreicht bzw. auf den Arbeitsplätzen verteilt.

Seit 1992 informiert Fill seine Mitarbeiter in der Mitarbeiterzeitung „profill“ viermal pro Jahr über sämtliche Themen rund um das Unternehmen. Mit 36 Seiten und Berichten aus den Bereichen Karriere, Messe & Event, Projekt, Fitness & Sport, Reise & Kultur, Mitarbeiter und Allgemeines sind die Mitarbeiter stets auf dem neuesten Wissensstand. profill wird per Post an die Wohnadresse der Mitarbeiter geschickt. So können sich auch die Familien über das Geschehen bei Fill informieren.

Alle drei Monate sind alle Mitarbeiter in Kleingruppen zu einer Informationsveranstaltung eingeladen. Dabei berichtet die Geschäftsführung über das aktuelle Geschehen im Unternehmen und bietet gleichzeitig die Gelegenheit, auf Fragen der Mitarbeiter einzugehen.

CORE – eine einzigartige Kommunikationsplattform

Das Core-Prinzip: Communication, Organisation, Recreation und Expert. Darunter verstehen wir eine intelligente Software, die Kommunikation, Führungs- und Organisationsaufgaben, Gesundheitsmanagement, Mitarbeiterentwicklung und Expertenförderung auf einzigartige Weise miteinander vernetzt.

Abb. 76: CORE smartwork: Vernetze Mitarbeiter. Stifte Sinn!

Die Kommunikationsplattform CORE verfügt über folgende Module:

- CORE info — der schnelle Weg zu Informationen über den Markt, das eigene Unternehmen und das Team.
- CORE community — schafft innerhalb des Unternehmens eine eigene soziale Plattform für zwischenmenschliche Kommunikation.
- CORE atmosphere — ist das Tool für interne Online-Umfragen.
- CORE system — die zentrale Datenbank für alle Stammdaten der Mitarbeiter.
- CORE score — die Lösung für strategische Führung mit Balanced Scorecards.
- CORE map — der intelligente Gebäudeplan, der einen zweidimensional jeden Kollegen und jeden Meetingraum finden lässt.
- CORE mobility — regelt einfach und hochattraktiv das tägliche Fuhrpark- und Reisemanagement.
- CORE rent — eine effiziente Lösung, um sich Dinge für einen gewissen Zeitraum auszuleihen.
- CORE wellness — zur Organisation aller Aktivitäten im Gesundheitsbereich.
- CORE shop — löst das Verwalten und Bestellen von Shop-Artikeln für die Mitarbeiter auf einfache Art und Weise.
- CORE genius — das Wissensmanagement. Es sammelt das Wissen im Unternehmen und macht es für jeden Einzelnen wieder auffindbar.
- CORE stand up — liefert im Netz die Information, wo sich ein Kollege gerade befindet, woran er gestern gearbeitet hat bzw. woran er heute arbeitet.
- CORE inventory — Modul ermöglicht die Verwaltung des Inventars für Mitarbeiter (IT-Equipment, Arbeitskleidung etc.)
- CORE idea — für effektives Ideenmanagement. Hier werden die Prozesse systematisiert, standardisiert und für jeden nachvollziehbar.
- CORE candidate — wickelt den internen Prozess des Bewerbermanagements praktisch ab.
- CORE academy — für die optimale Verwaltung, aber auch die Kommunikation des Ausbildungsprogramms innerhalb des Unternehmens.
- my CORE — Hier findet der Mitarbeiter die eigenen Aus- und Weiterbildungspläne, Artikel, Foren und noch vieles mehr.

Zusätzlich haben bereits seit dem Jahr 2000 alle Fill-Mitarbeiter freien Zugang zu Internet und E-Mail.

Feste und Ausflüge

Im Laufe eines Jahres gibt es zahlreiche Gelegenheiten und Anlässe zum Feiern. Bereits zur Tradition geworden sind die Adventfeier, das Faschingsgschnas, das Schulschlussfest, das Sommer- oder Oktoberfest und Jubiläen. In regelmäßigen Abständen organisieren wir Ausflüge und Fahrten zu verschiedenen kulturellen Veranstaltungen, wie z. B. Konzerte (Sportfreunde Stiller, Die Ärzte, Pink Floyd, AC/DC) und Musicals.

Fazit

Wettbewerbsvorteile für positive Arbeitgebermarkenbildung lassen sich nur schwer anhand einer einzigen Zahl ableiten. Viele größere und kleinere Puzzleteile ergeben ein Bild des Unternehmenserfolges.

Arbeitgebermarkenbildung ist keine einmalige Marketing und Public Relations Aktion, die kurzfristigen Erfolg bringt, sondern jenes Werkzeug, das erst bei kontinuierlicher und durchgängiger Nutzung auf Dauer den Erfolg sichert. So wie Human Resources immer mehr an strategischer Bedeutung gewinnt, gewinnt Employer Relationship Management an Bedeutung wenn es um den Wettbewerb der besten Mitarbeiter geht.

Seit Projektbeginn hat sich die Anzahl der Mitarbeiter von 225 auf 640 erhöht, zahlreiche Start-ups und Tochterunternehmen wurden gegründet und das Unternehmen hat sich zu einer der weltweit führenden Marken im Maschinenbau entwickelt. Trotz enormen Wachstums verbesserte sich das Betriebsklima kontinuierlich, die Bewerberzahlen stiegen auf das Sechsfache an, Fluktuationsraten und Krankenstandstage liegen auf niedrigstem Niveau.

Herausforderung Sprachdienstleistungen (Ü-Werk GmbH)

Barbara Wohanka
Geschäftsführerin

Unternehmensbeschreibung

Name	Ü-Werk GmbH
Firmengründung	2000
Sitz	84028 Landshut, Deutschland
Branche	Übersetzungen
Unternehmensgegenstand	Übersetzung, Korrektur, Layout, Terminologierecherchen in allen Sprachen
Umsatz 2013	8 Mio. EUR (konsolidiert)
Mitarbeiter 2013	180
Webseite	http://www.ue-werk.com

Management Summary

Eine Übersetzung ist ein schriftlicher Text, der von einer Sprache in eine andere übertragen wird. Die Herausforderung des Übersetzers ist die Korrektheit, Texttreue, Schönheit, Nützlichkeit, Einzigartigkeit und Funktion des Inhalts. Der Übersetzer hat die Qual der Wahl: Für jedes Wort, jeden Ausdruck, jede morphologische, syntaktische und stimmhafte Komposition darf er nur eine einzige Lösung wählen. Dabei fehlen zusätzliche Informationen, die in der ursprünglichen Botschaft verborgene Bedeutungen erweitern, und normalerweise durch Stimme, Mimik, Gestik und Blickkontakt vermittelt werden. Kreative Aspekte, wie Ästhetik, Lesbarkeit und Stilempfinden, spielen bei der Tätigkeit eine gewichtige Rolle. Man kann sagen, dass Übersetzer ein Beruf ist, der überdurchschnittliches Denkvermögen und Sprachgefühl voraussetzt.

In den letzten Jahrzehnten haben sich die Übersetzungswelt und die Tätigkeit des Übersetzers grundlegend verändert. Das Arbeitsvolumen ist unter dem vorherrschenden Zeitdruck mittels

Humanübersetzung allein nicht zu bewältigen. Ein guter Übersetzer beherrscht nicht nur die Sprachen und kennt nicht nur die Fachgebiete, er arbeitet heute vor allem effizient und effektiv — dies setzt den Einsatz komplexer Technologien voraus. Analog dazu kann ein Unternehmen in der Übersetzungsbranche nur bestehen, wenn es auch die Fülle an teuren CAT-Tools (Computer Aided Translation Tools) einsetzt. Die IT ist heute das Kernstück des Übersetzerarbeitsplatzes und des Übersetzungsunternehmens. Nur durch technische Innovationen, konstante Investitionen in komplexe Soft- und Hardware, Schulungen, Fortbildung der Mitarbeiter und rigides, computergestütztes Qualitätsmanagement haben die Ü-Werk GmbH und deren Tochtergesellschaften eine Chance und Zukunftsperspektiven.

Die nahe Zukunft ist spannend. Neue technische Ansätze nähren bei so manchen die Hoffnung, dass bisherige Unzulänglichkeiten der maschinellen Übersetzung überwunden werden können. Ob Computer eines Tages in der Lage sein werden, die idiomatischen und kulturellen Eigenschaften von Sprache vollständig zu berücksichtigen, ist fraglich. Die Ü-Werk GmbH stützt ihre Entwicklung auf modernste Technik und auf menschliche Übersetzer, die über ein Gespür für interkulturelle Kontexte, Verständnis für die jeweiligen Leser und ein individuelles Stilgefühl verfügen.

Abb. 77: Etwa 7100 Sprachen gibt es auf der Welt

Der Übersetzungsmarkt

Die Welt ist stark vernetzt. Das Tempo, mit dem Waren, Dienstleistungen und Informationen in der Wirtschaft im Umlauf sind, hat sich im letzten Jahrhundert vervielfacht. Globalisierung, Industrialisierung und eine rasante technologische Entwicklung sind die Ursachen. Mehrsprachige Kommunikation ist zu einem der wichtigsten Faktoren für die Entwicklung mittelständischer und großer Unternehmen geworden. Unternehmen kommunizieren in Fremdsprachen. Dies hat zu einer großen Nachfrage nach Sprachdienstleistungen geführt.

Der weltweite Markt für Übersetzungen, Dolmetschen und Übersetzungstechnologie wird auf 34,7 Milliarden US-Dollar geschätzt (Common Sense Advisory, 2012). Der Markt ist in zwei Hauptgebiete eingeteilt: Nordamerika/Kanada und Europa mit Marktanteilen von 49 % bzw. 43 %. Die verbleibenden 8 % sind über die restliche Welt verteilt. Gemäß Common Sense Advisory liegen die durchschnittlichen Wachstumsraten in Europa bei über 10 %. Über 27.600 Übersetzungs- und Dolmetschdienstleister sind in 154 Ländern tätig.

Die europäischen Sprachdienstleister sind vorwiegend in Nord- und Westeuropa angesiedelt. Die zahlreichen Mitgliedsstaaten innerhalb der Europäischen Union sind die Ursache für eine große sprachliche Vielfalt. Der freie Verkehr von Gütern, Dienstleistungen und Personen hat die innereuropäische Geschäftstätigkeit verstärkt. Hierdurch bietet Europa ideale Voraussetzungen für die Verbreitung von Sprachdienstleistungen. Auch führt die zunehmende Anzahl internationaler Partnerschaften zu einem Erfahrungs- und Wissensaustausch. Dadurch wächst der Bedarf an Sprachdienstleistungen zusätzlich. Dennoch geht der Export der Übersetzungsindustrie selten über die europäischen Grenzen hinaus, d. h. Entwicklungsländer sind nur selten Abnehmer solcher Dienstleistungen.

Das Überraschende am Übersetzungsmarkt ist seine Zersplitterung. Die 40 größten Sprachdienstleister haben lediglich einen Anteil von 15 % des weltweiten Umsatzes. Etwa 85 % des Marktes teilen sich KMUs und freischaffende Übersetzer. So sind laut EUATC (European Union of Associations of Translation Companies) im Jahre 2013 rund 50 % der Sprachdienstleister in Europa freiberufliche Übersetzer.

	Anzahl der Agenturen	**Umsatzanteil**
< 250 T€	82	38%
< 1 M€	60	28%
< 5 M€	56	26%
< 20 M€	14	6%
> 20 M€	6	3%

Abb. 78: Umsatzverteilung von 218 Übersetzungsagenturen und freien Übersetzern (Europa)

Diese Marktaufteilung erklärt sich aus dem vorwiegend anzutreffenden Geschäftsmodell, worin Übersetzungsagenturen die Rolle des Mittlers zwischen Kunden — mit spezifischen Anforderungen — und freiberuflichen Übersetzern — mit spezifischen Kenntnissen — übernehmen.

Die rasante Entwicklung der Wirtschaft und des Übersetzungsmarktes impliziert, dass die heutige Situation und die aktuellen Standards morgen nicht mehr dieselben sein werden. Nachhaltige Unternehmensführung erfordert eine ständige Analyse der Realität des Sprachdienstleistungsmarktes. Als wesentlicher Baustein zum Erfolg müssen Strategien in der Sprachdienstleistungsbranche einer ständigen Wandlung unterzogen sein.

Die Ü-Werk GmbH

Es ist nicht verwunderlich, dass die Ü-Werk GmbH und deren Schwestergesellschaften im Jahre 2000 in einer von der heutigen Zeit völlig anderen wirtschaftlichen Anforderungssituation entstanden. In den letzten 15 Jahren entwickelte sich ein Einzelunternehmen zu einer Unternehmensgruppe mit Standorten in Europa und fast 200 angestellten Mitarbeitern.

Im Jahre 2013 war der Anteil der einzelnen Sprachen in der Ü-Werk GmbH wie folgt:

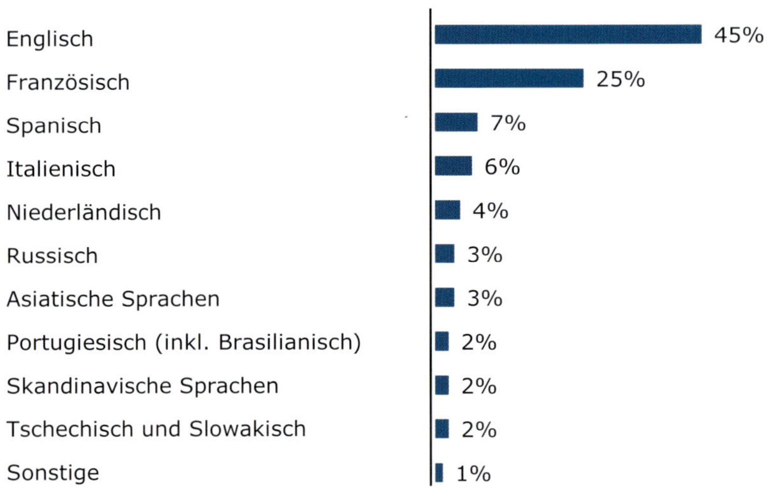

Abb. 79: Verteilung der Sprachen in der Ü-Werk GmbH

Unternehmenskultur

Ihre Unternehmenskultur macht die Ü-Werk GmbH in der Übersetzungsbranche einzigartig. Sie trägt dazu bei, dass die Mitarbeiter des Unternehmens stolz darauf sind, bei der Ü-Werk GmbH zu arbeiten. Sie begründet einen unvergleichlichen Zusammenhalt.

Das Unternehmen hat für alle Mitarbeiter in allen Unternehmen der Firmengruppe einen Orientierungsrahmen geschaffen, der verbindlich darstellt, was die Ziele sind, wie die Ü-Werk GmbH zusammenarbeitet und wofür die Ü-Werk GmbH als Unternehmen steht.

Die Vision des Unternehmens

Die Ü-Werk GmbH hat die Vision, kontinuierlich in mehreren Übersetzungsmärkten zu wachsen

- durch flexible, länderübergreifende Struktur- und Werterahmen,
- durch eine konsequent hohe Qualität unserer professionellen Dienstleistungen,
- durch Wertschätzung unserer Kunden, denen wir einen substanziellen Mehrwert bieten,
- durch Effektivität und Effizienz unserer Mitarbeiter und Prozesse sowie
- durch umweltschonende technologische Lösungen.

Werte, Erfolgsfaktoren und Kernkompetenzen

Damit die Vision Wirklichkeit wird, benötigt die Ü-Werk GmbH Erfolgsfaktoren. Darüber hinaus setzt die Ü-Werk GmbH Instrumente ein, die dafür sorgen, dass sich das Unternehmen kontinuierlich verbessert. Unterschiedliche Faktoren haben zum Erfolg des noch relativ jungen Unternehmens beigetragen.

Veränderungsfähigkeit durch Entwicklungsmaßnahmen

Ein schnelles Wachstum führt zu häufig wechselnden Strategie-, Veränderungs- und Restrukturierungsmaßnahmen. Beispielsweise wurden innerhalb von zehn Jahren drei Prozesssteuerungssysteme entwickelt und realisiert, wobei auch Mitarbeiter stark eingebunden waren.

Kundenorientierung

Das Wachstum erforderte eine immer intensivere Kunden- und Dienstleistungsorientierung, um Kundenanforderungen frühzeitig zu erkennen und das Leistungsangebot möglichst schnell anzupassen. Eine systematische Kundendatenerfassung und die gezielte Kundenansprache wurden umgesetzt.

Die Kundenzufriedenheit spielt eine überaus wichtige Rolle für den Erfolg der Ü-Werk GmbH am Markt. Je zufriedener ein Kunde ist, desto höher ist auch seine Loyalität gegenüber der Ü-Werk GmbH bzw. den Sprachdienstleistungen. Die Kundenzufriedenheit wird gemessen und ist das Ergebnis einer Beurteilung, die die Ü-Werk GmbH von jedem Kunden von Zeit zu Zeit einfordert. In erster Linie ist die Zufriedenheit von der Qualität der Dienstleistung und dem Preis-Leistungs-Verhältnis der Übersetzung abhängig, aber auch von den Leistungen der Sachbearbeiter, also der Freundlichkeit der Mitarbeiter, der telefonischen Erreichbarkeit, der Zuverlässigkeit der Leistungsaussagen, der Kulanz oder der Beschwerdezufriedenheit, falls es zu Reklamationen gekommen ist.

Zu den entscheidenden Faktoren für eine erfolgreiche Marktposition gehören auch die gelungene Integration von CAT-Werkzeugen (Computer Aided Translation) sowie der Aufbau eines auf den Kunden zugeschnittenen Angebots, aber natürlich auch die richtige Prozess- und Promotionsstrategie, um das Unternehmen zu fördern.

Vernetzung

Vernetzung sichert Knowhow. In diesem Sinne zählen dazu sowohl Verbindungen zu externen Partnern als auch Kontakte zwischen Mitarbeitern eines Unternehmens zum Sozialkapital. Die Ü-Werk GmbH pflegt Netzwerkaktivitäten und Kooperationen. Zu den Vernetzungsaktivitäten gehören unter anderem die aktive Mitgliedschaft in Berufsverbänden und Organisationen sowie die enge Zusammenarbeit mit deutschen, britischen und französischen Universitäten. Dies ermöglicht auch, die Kluft zwischen den Vorstellungen vom Übersetzerberuf an Hochschulen und der Wirklichkeit zu überbrücken. An den Hochschulen und Universitäten wird eine wissenschaftliche Herangehensweise ans Übersetzen in den Vordergrund gestellt. Die Texte werden sehr detailliert besprochen und mit großem Zeitaufwand untersucht. Der Zeit- und Leistungsdruck, der die praktische Arbeit später beherrscht, wird dabei höchstens am Rande thematisiert. So steigen die Absolventen in eine Berufswelt ein, die all ihre wissenschaftlichen Illusionen zerstören kann. Daher sollte der Anspruch der Curricula in Zukunft sein, neben der wissenschaftlichen Bildung ein praxisorientiertes Berufsbild zu vermitteln. Das wird bereits angestrebt, beispielsweise durch Seminare mit Übersetzungsprojekten. Pflichtpraktika haben sich allerdings noch nicht durchgesetzt, wären aber begrüßenswert.

An Tagen der offenen Tür oder im Rahmen von Veranstaltungen zum Kennenlernen der Branche, zu denen Übersetzungsunternehmen und Freiberufler eingeladen werden, ist auch die Ü-Werk GmbH regelmäßig an Universitäten vertreten. Dort sprechen die Mitarbeiter der Ü-Werk GmbH mit Studenten über das Leben in der Arbeitswelt. Die Ü-Werk GmbH hat bereits in Masterkursen mitgewirkt und Workshops zur Übersetzungstechnologie im Rahmen von Masterstudiengängen gehalten. Im Bereich Tutorate erhalten Studenten der Übersetzungswissenschaften im Rahmen ihres Studiums kleinere Übersetzungen, die durch die Mitarbeiter der Ü-Werk GmbH überarbeitet und bewertet werden. Die Bewertung erfolgt über die Qualitätsabteilung, die eine qualifizierte Beurteilung für Studenten und Universität erstellt.

Human Ressources

Gegen den Trend anderer Sprachendienstleister, ausschließlich freiberufliche Übersetzer zu beschäftigen, deckt die Ü-Werk GmbH 80 % des Übersetzungsbedarfs mit festangestellten Mitarbeitern ab. Hochqualifizierte Mitarbeiter erfordern besondere Maßnahmen der Mitarbeitergewinnung und -motivation. Dadurch erzielt das Unternehmen Kosteneffizienz, Qualitätssicherung und Effizienz im Übersetzungsprozess.

Kosteneffizienz

Auf der einen Seite werden immer mehr Inhalte in immer mehr Sprachen übersetzt. Auf der anderen Seite sieht sich Ü-Werk GmbH mit einem immer stärkeren Kostendruck konfrontiert. Dies führt zum Beispiel wiederum zu Überlegungen, ob man gegebenenfalls maschinelle Übersetzungssysteme einsetzen sollte. Gleichzeitig ist auch der Kunde einem Kostendruck ausgesetzt, dem er mittels des Einsatzes von Billigübersetzern entgegenzuwirken versucht. Die Ü-Werk GmbH setzt auf angestellte Übersetzer, die Übersetzungen und Kunden kennen. So wird unnötiger Rechercheaufwand vermieden.

Qualitätssicherung

Die Ü-Werk GmbH hat definierte Qualitäts-Überwachungsprozesse nach DIN 9001:2008, in denen alle Schritte des Übersetzungsprozesses verbindlich beschrieben sind. Die Beschreibung berücksichtigt Richtlinien für die Übersetzungsvorgänge und Qualitätsanforderungen, wie zum Beispiel die europäische Übersetzungsnorm EN13058. Diese Norm beinhaltet eine Standardisierung von häufig verwendeten Ausdrücken und überwacht die Übersetzungsprozeduren. Das Ziel dieser Norm ist es, eine Reihe von Prozeduren und Vorschriften (wie zum Beispiel das Korrekturlesen aller Übersetzungen) klar zu definieren. Weiterhin definiert die Norm die erforderlichen Fähigkeiten und die Ausbildung der am Übersetzungsprozess teilnehmenden Personen (Übersetzer, Korrekturleser, Projektverantwortliche usw.).

Hohe Qualitätsanforderungen gewährleisten, dass alle Übersetzer und Korrektoren mindestens ein anerkanntes Diplom einer höheren Übersetzungsausbildung (meist Master im Rahmen eines Universitätsstudiums) sowie Erfahrung im Bereich Übersetzungen haben.

Effizienz im Übersetzungsprozess

Durch den verstärkten Einsatz von Technologien hat sich die Übersetzungsgeschwindigkeit in den letzten Jahren mehr als verdoppelt. Dies bringt vor allem sehr hohe Anforderungen an die Übersetzer mit sich. Ein Übersetzer muss nicht nur die Sprachen sehr gut beherrschen. Er muss ebenso über ein fundiertes Wissen der Inhalte verfügen, sich im kulturellen Kontext auskennen und zugleich die inzwischen doch zahlreichen Software-Anwendungen kennen und bedienen können, die für die Anfertigung der Übersetzungen benötigt werden.

Zunehmende Differenzierung des Marktes

Auf der einen Seite gibt es informative Übersetzungen mit einem geringeren Budget und Qualitätsanspruch. Dem gegenüber stehen die hochwertigen Übersetzungen, für die natürlich auch eine optimale Effizienz gefordert wird, bei denen aber genauso ein hohes Maß an Qualität vom Kunden gefordert wird.

Die Ü-Werk GmbH beschäftigt ausschließlich Fachübersetzer und ist so optimal auf die Bedürfnisse der Verbraucher und Endkunden eingestellt.

Schneller, höher, weiter ... Produkte werden immer schneller auf den Markt gebracht – eine Verpackung mit Text, eine Bauanleitung, Warnhinweise oder Pflegetipps gehören zu jedem Produkt – Kunden werden von ihren Kunden unter Druck gesetzt, schneller zu liefern, und dies wirkt sich auch auf die Übersetzungsindustrie aus. Auch hier sind klare Prozesse, klare Regeln und festangestellte Übersetzer die Antwort der Ü-Werk GmbH.

Optimierung

Die Ü-Werk GmbH versteht sich als Dienstleister. Das heißt, dass das Unternehmen die Anforderungen seiner Kunden ernst nimmt und Lösungen für diese entwickelt. Konkret bedeutet das, dass interne Abläufe noch schneller werden und gleichzeitig die Voraussetzungen z. B. durch eine definierte Terminologie geschaffen werden müssen, damit die Übersetzer auch für kleine Textfragmente eine optimale Übersetzung anfertigen können. Im Qualitätssicherungsprozess sieht die Ü-Werk GmbH auf technischer Seite noch Optimierungspotential.

Sehr wichtig ist hier für die Ü-Werk GmbH, dass diese bei der Optimierung von Prozessen immer auch den Blick für den Menschen behält. Nur wenn es dem Unternehmen gelingt, hier eine Umgebung zu schaffen, in der sich der Mensch wohlfühlt, kann durch den Einsatz von Technologie die Effizienz und die Qualität verbessert werden.

Die Mitarbeiter der Ü-Werk GmbH

Die Ü-Werk GmbH wurde in einer Zeit gegründet, in der sich der Übersetzungsdienstleistungsmarkt immer stärker splittete und die Zahl der Einzelübersetzer rapide zunahm. Gegen den Trend anderer Full-Service-Sprachendienstleister, ausschließlich freiberufliche Übersetzer zu beschäftigen, deckt die Ü-Werk GmbH 80 % des Übersetzungsbedarfs intern ab.

Die Ü-Werk GmbH bietet daher ihren Mitarbeitern ein umfassendes Paket, um als Arbeitgeber möglichst attraktiv zu wirken.

Traineeship

Seit 2000 gibt es bei der Ü-Werk GmbH ein umfassendes Traineeship-Programm. Die Ü-Werk GmbH gibt Studenten der Übersetzungswissenschaft aus der ganzen Welt die Möglichkeit, ein im Studium vorgesehenes Praktikum bei der Ü-Werk GmbH zu absolvieren. Zudem besteht die Möglichkeit, auch dann ein Traineeship im Unternehmen zu absolvieren, wenn dieses völlig unabhängig von einer universitären Ausbildung benötigt wird. Der Zeitraum für alle Praktika beträgt ca. drei bis zwölf Monate. Alle Trainees bei der Ü-Werk GmbH unterziehen sich derselben ein- bis zweiwöchigen Einarbeitungsphase, die auch neue Mitarbeiter durchlaufen. Da Trainees für gewöhnlich in der Arbeitswelt noch unerfahren sind, helfen ihnen gutes Management und Betreuung dabei, die Motivation nicht zu verlieren und sich schnell zu entwickeln.

Work-Life-Balance

Flexibles Arbeiten

Die Ü-Werk GmbH ist ein familienfreundliches Unternehmen. Beruf und Familie lassen sich gut miteinander vereinbaren. Mitarbeiter können z. B. zu flexiblen Zeiten oder von zu Hause aus arbeiten. Die Ü-Werk GmbH ist weltweit als familienfreundliches Unternehmen bekannt. Zahlreiche Auszeichnungen belegen das.

Projekt „Mit ElternKOMPETENZ gewinnen“

Die Ü-Werk GmbH gehört zu den 100 bayerischen Unternehmen, die an der Initiative „Mit ElternKOMPETENZ gewinnen“ des Bayerischen Staatsministeriums für Arbeit und Soziales, Familie und Integration teilnehmen. Ziel ist es, innerhalb der Unternehmen noch frauen- und familienfreundlicher zu handeln.

Zukunftsstarke Unternehmen sichern sich heute die kompetenten Kräfte von morgen. Zum einen mit einer Personalpolitik, die wechselnde Lebensphasen von Beschäftigten berücksichtigt, von der Elternphase bis zur Pflege von Angehörigen. Und zum anderen mit der gezielten Förderung von Eltern in allen Ebenen des Unternehmens.

Themen sind unter anderem Heimarbeitsplätze, flexible Tages-, Wochen-, Monats- und Lebensarbeitszeiten, Kinderkrippen- und Kindergartenbetreuungskonzepte, Unterstützung bei der Betreuung Angehöriger und Entsendung, d. h. Arbeiten im Ausland für einen Zeitraum von ein bis zwei Jahren.

Abb. 80: Familienfreundlichkeit hat Priorität

Mit dem Partner ins Ausland gehen

Die Ü-Werk GmbH bietet viele Möglichkeiten, damit Mitarbeiter nicht von ihrer Familie getrennt werden oder die Karriere des reisenden Partners beeinträchtigt wird. Darum bemüht sich die Ü-Werk GmbH, auch für den eigenen Mitarbeiter eine passende Tätigkeit an dessen neuen Lebensort zu finden — bei einem ihrer Standorte oder in Heimarbeit. In den letzten Jahren konnte die Ü-Werk GmbH so rund sechs Mitarbeiter unterstützen.

Arbeiten lohnt sich bei der Ü-Werk GmbH

Die Ü-Werk GmbH bezahlt für die Arbeit nicht nur gut, sondern auch fair. Dabei geht das Unternehmen einheitlich und transparent vor. Schließlich liegt dem Unternehmen eine langfristig erfolgreiche Zusammenarbeit mit den Mitarbeitern am Herzen. Zum Grundgehalt bietet das Unternehmen attraktive Extras, z. B. betriebliche Altersvorsorge. Betriebliche Altersvorsorge bedeutet, dass die Ü-Werk GmbH ihren Arbeitnehmern im Rahmen der Arbeitsverhältnisse Versorgungsleistungen bei Alter, Invalidität bzw. Tod zusagt. Für langjährige Mitarbeiter übernimmt die Ü-Werk GmbH die monatlichen Kosten für eine private Zusatzkrankenversicherung in voller Höhe. Und hohes Engagement zahlt sich für die Mitarbeiter zusätzlich in Form von Leistungs- oder Erfolgsprämien aus.

Betriebliches Vorschlagswesen, Freizeitangebote

Auf einer Internetplattform können die Mitarbeiter der Ü-Werk GmbH Ideen einbringen. Vorschläge, die z. B. dazu beitragen, Abläufe gewinnbringend zu optimieren oder die Produktqualität zu verbessern, honoriert die Ü-Werk GmbH mit einer Prämie. Damit die Mitarbeiter der Ü-Werk GmbH Spaß haben, sich fit halten oder ihrem Hobby nachgehen, hat das Unternehmen einige Angebote. Diese reichen von Yoga, Marathon, Vorträgen über gesunde Ernährung bis hin zum gemeinsamen Fußballfernsehabend.

Was bringt die Zukunft im Sprachdienstleistungsmarkt?

Dank der steigenden Nachfrage in Sprachdienstleistungen weist der Übersetzungsmarkt seit einigen Jahren ein stabiles Wachstum auf. Die Struktur der Aufträge ist kleinfragmentiert. Die Sprachdienstleister sind aufgeteilt in sehr viele freiberufliche Übersetzer, die sich bemühen, die Interessen der Übersetzerprofession zu verteidigen, und auf der anderen Seite Unternehmen, die aufgrund ihrer Größe auf hohe Übersetzungsvolumen ausgerichtet sind.

In Deutschland sowie in Europa ist der Übersetzungsmarkt sehr wettbewerbsintensiv, auf dem die Dienstleister vor der Herausforderung stehen, mit immer größerer Konkurrenz, höheren Qualitätsanforderungen und ständig sinkenden Preisen klarzukommen. Dabei spielt die Integration von CAT-Werkzeugen für computerunterstütztes Übersetzen und Qualitätssicherungsmaßnahmen eine wichtige Rolle.

Obwohl die Automatisierung der Produktionsmittel ein Risiko in Sachen Qualität darstellt, werden sich diese in Zukunft noch weiter verbessern und vielleicht sogar eines Tages unumgänglich werden. Zu den entscheidenden Faktoren für eine erfolgreiche Marktposition gehören also die gelungene Integration von CAT-Werkzeugen sowie der Aufbau eines auf den Kunden zugeschnittenen Angebots, aber natürlich auch die richtige Prozess- und Promotionsstrategie, um das Unternehmen zu fördern.

In Zukunft ist die Übersetzungstätigkeit nicht mehr ein rein sprachlicher Beruf, sondern wird sich immer mehr zu einem technischen Beruf entwickeln, bei dem die Beherrschung computerunterstützter Übersetzungsmittel eine wesentliche Rolle spielt. Gerade Unternehmen, die nicht über technische Experten verfügen, fällt es dann vielleicht schwerer, sich auf die Informationstechnologie einzustellen. Aus der Sicht der Ü-Werk GmbH kann aber das Übersetzen in einem technologisch geprägten Umfeld nur in einem Team aus sprachlichen und technischen Experten erfolgreich sein.

Wie bereitet sich die Ü-Werk GmbH auf die kommenden Jahre vor?

Früher wurde mit der Hand oder der Schreibmaschine übersetzt. Dann kam die Zeit der Automatisierung, z. B. über Translation-Memory-Systeme (Datenbanken, in denen Übersetzungen satzweise nach Sprachen gespeichert sind). Heute steht die Ü-Werk GmbH vor der Aufgabe, immer individuellere Workflows umzusetzen. Dabei greift das Unternehmen auf einen immer größeren Werkzeugkasten von verfügbaren Tools zurück und erstellt zudem auch individuelle Werkzeuge, die genau auf eine konkrete Anforderung passen.

Zielsetzung ist, dass die von der Ü-Werk GmbH angefertigten Übersetzungen quasi just in time in die Prozesskette der Kunden einfließen. Zusammenfassend sieht die Ü-Werk GmbH, dass sie sich immer stärker zum Systemanbieter wandeln und ihre Leistungen passgenau auf die Prozesse der Kunden maßschneidern muss.

Abb. 81: Ü-Werk unterwegs

Literaturverzeichnis

The Language Service Market (2012): Common Sense Advisory

Survey Report (2013): EUATC Brussels

Mensch und Maschine – Das nachhaltige Erfolgsrezept (RUBBLE MASTER)

Gerald Hanisch
Gründer und CEO

Unternehmensbeschreibung

Name	RUBBLE MASTER HMH GmbH
Firmengründung	1991
Sitz	4030 Linz, Österreich
Branche	Baumaschinenhersteller
Unternehmensgegenstand	Produktion von kompakten und mobilen Brech- und Siebanlagen zum Recycling und Aufbereiten von Naturstein
Umsatz 2013	39 Mio. EUR
Mitarbeiter 2013	115
Webseite	http://www.rubblemaster.com

Management Summary

RUBBLE MASTER wurde 2012 der Best Business Award verliehen und damit für seinen Einsatz im Bereich der Nachhaltigkeit ausgezeichnet. Der oberösterreichische Leitbetrieb stellt RM Compact Crusher her und ist mit seiner innovativen Technologie Weltmarktführer für mobiles Brechen und Recycling in der Kompaktklasse. RM Compact Crusher ermöglichen mit ihrem innovativen Konzept und höchster Qualität die zweckmäßige Aufbereitung von Bauschutt und Naturstein direkt vor Ort. Verschiedenste Materialien von Resten aus der Ziegelproduktion über Asphalt- oder Betonabbruch bis Bauschuttrestmassen können in Form hochwertiger Baustoffe wiederverwertet werden. Das so gewonnene Wertkorn findet beispielsweise als Tennisplatzbelag oder Füllmaterial Verwendung.

Ausgehend von der Unternehmensvision ist Nachhaltigkeit für RUBBLE MASTER seit Anbeginn ein zentrales Thema. Die Maschinen sind im Recycling aktiv und arbeiten somit tagtäglich im Bereich der ökologischen Nachhaltigkeit.

Nachhaltigkeit basiert bei RUBBLE MASTER insgesamt auf drei Säulen: wirtschaftliche, soziale und ökologische Nachhaltigkeit. Wesentliche Faktoren, um diese drei Säulen abzusichern sind die hohe Qualität des Produktes, das Markenbewusstsein und die Dienstleistungen für die Kunden von RUBBLE MASTER, wie beispielsweise RM Academy, Service und After Sales, sowie der hohe Mitarbeiterstellenwert und die Innovationskraft des Unternehmens.

Unternehmensdarstellung – Wer sind wir

In Linz-Pichling hat sich ein Visionär mit seinem Unternehmen RUBBLE MASTER und einem architektonisch außergewöhnlichen Firmensitz seinen persönlichen Traum erfüllt. Dieser Visionär ist Gerald Hanisch, Firmengründer, Kunstliebhaber, akribischer Kämpfer für Top-Qualität, darüber hinaus international denkend und schon seit mehr als 20 Jahren der Nachhaltigkeit verpflichtet. Als Gerald Hanisch 1991 RUBBLE MASTER gründete, begann man am Markt über die Wiederverwendung von Materialien am Bau gerade erst zaghaft nachzudenken.

Der oberösterreichische Leitbetrieb konzentrierte sich stets auf seine Kernkompetenzen, die Entwicklung, Vermarktung und den Service von mobilen Brechanlagen in der Kompaktklasse, und stieg damit konsequent zum Weltmarktführer mit den Compact Crushers auf. Mit dem Ziel Gesamtlösungen anzubieten, komplettierte RM 2013 die GO! Linie der Brecher mit raupenmobilen Vor- und Nachsiebanlagen (in die Kategorie Kompaktklasse fallen Brecher und Siebe mit einem Gewicht von unter 30 Tonnen).

Das übergeordnete Ziel des Unternehmen ist es, dass so viele Unternehmen wie möglich mobiles Bauschutt-Recycling zur Wertschöpfung nutzen und das ihnen somit ein neues Geschäftsfeld eröffnet wird, weshalb RM unter anderem das RM GO! Prinzip entwickelte — die intelligente Einfachheit in der Bedienung der Maschinen.

Was RUBBLE MASTER unter nachhaltiger Unternehmensführung versteht

Für RUBBLE MASTER bedeutet Nachhaltigkeit einen verantwortungsbewussten Umgang mit sämtlichen Ressourcen entlang der gesamten Wertschöpfungskette. Nachhaltigkeit basiert dabei auf drei Säulen: wirtschaftliche, soziale und ökologische Nachhaltigkeit. Auf den folgenden Seiten wird dargestellt, wie bei RUBBLE MASTER die Nachhaltigkeit gelebt wird.

Wirtschaftliche Nachhaltigkeit

Mit der Möglichkeit zur Bauschuttbeseitigung vor Ort schuf Gerald Hanisch ein eigenes Geschäftsmodell. Höchste Materialqualität verlängert die Lebensdauer der Brecher, macht diese wartungsärmer und spart somit den Kunden Zeit sowie wertvolle Ressourcen. Seit 2009 konnte das Unternehmen den Umsatz stetig steigern. Die Konzentration auf Serviceleistungen, die RM Academy, die Stärkung der Marke sowie unterschiedliche Kundenbindungsprogramme brachten diesen kontinuierlichen und nachweisbaren Erfolg. 2013 erwirtschaftete das Unternehmen mit mehr als 50 Vertriebspartnern und einem Exportanteil von mehr als 90 Prozent 39 Millionen Euro.

Abb. 82: Der RM 70GO! ist ideal – wie hier in der Linzer Innenstadt – für den Einsatz auf engstem Raum

Soziale Nachhaltigkeit

RUBBLE MASTER bietet mehr als Maschinen: Offenheit und Toleranz spielen in der Unternehmenskultur eine zentrale Rolle und fördern Mitarbeitermotivation und -verantwortung. Mehr dazu in Kapitel 28.3.2 beim Thema Mitarbeiterstellenwert.

Ökologische Nachhaltigkeit

RM-Anlagen arbeiten mit und für den Umweltgedanken. Die Brecher erfüllen alle Auflagen in Bezug auf Emissionswerte, weshalb sie sich hoher Akzeptanz bei Behörden und Anrainern erfreuen. Mit dem Recycling von Bauschutt ersparen die RM Compact Crusher der Umwelt das Anlegen von Bauschuttdeponien sowie den Aushub neuer Schottergruben. Mit dem Prinzip der Aufbereitung vor Ort, fallen LKW-Fahrten zu Deponien weg.

Dass die ökologische Nachhaltigkeit ein durchgängiges Prinzip ist, zeigt sich auch am RM Headquarters: Die Produktionshalle wurde in Niedrigenergiebauweise und der Bürokomplex in Passivhausbauweise errichtet.

Abb. 83: Im „grünen“ Bürokomplex entstehen grüne Ideen für nachhaltiges Wirtschaften.

Darstellung der Leistungen in den Kategorien des BBA

In diesem Kapitel wird das Thema Nachhaltigkeit exemplarisch anhand von drei Kategorien des Best Business Awards dargestellt.

Einzigartigkeit – Exzellente Alleinstellungsmerkmale

RUBBLE MASTER hebt sich in vielen Punkten von seinen Mitbewerbern ab. Im Folgenden werden die drei Aspekte Qualität, Markenbewusstsein und maßgeschneiderte Dienstleistungen beleuchtet.

Qualität

Ein hochwertiges Produkt wird von jedem Kunden vorausgesetzt. Sich von Mitbewerbern abzuheben gelingt RUBBLE MASTER dadurch, dass Qualität als weiter Begriff verstanden wird.

Qualitätsmanagement wird als dauerhafter Prozess verstanden, an dem alle Mitarbeiter beteiligt sind. David Garvin, Professor für Business Administration an der Harvard Business School, hat mehrere Dimensionen von Qualität entwickelt[267], an welchen sich das Qualitätsverständnis von RUBBLE MASTER orientiert. Im Folgenden werden exemplarisch sechs Dimensionen aufgegriffen und die Umsetzung bei RUBBLE MASTER dargestellt:

„**Leistung**: misst grundlegende, objektiv bewertbare Eigenschaften."

- Die Leistung von RUBBLE MASTER misst sich nicht nur an Hard Facts wie dem Durchsatz der Maschinen (wie viele Tonnen Material die Maschine pro Stunde bricht) sondern auch an den umfangreichen Services, die RM bietet.
- RM Academy: Die mehrstufige Ausbildung reicht vom technischen Bereich (optimale Bedienung und Wartung der Maschinen) über Verkaufsschulungen (Kunden finden und verstehen, Prozesstechnik Brechen und Sieben) bis zum Aufbau neuer Geschäftsfelder durch die Mietpark-Schulungen.

[267] Vgl.: Tenner & DeToro: (2008).

„**Ästhetik**: zeigt die individuellen Präferenzen einer Person."

- Qualität ist für RUBBLE MASTER unter anderem eine Frage der Sichtbarkeit. Das zeigt sich sowohl im Gebäude, welches 2013 für einen renommierten Architekturpreis nominiert wurde als auch im Design der Maschinen, welches mit dem Red Dot Design Award ausgezeichnet wurde.

„**Zuverlässigkeit**: bewertet die Wahrscheinlichkeit, dass ein Produkt nicht innerhalb eines definierten Zeitraumes versagt."

„**Beständigkeit**: misst die Lebensdauer des Produkts. Diese endet, wenn die Verwendung des Produkts nicht mehr wirtschaftlich sinnvoll ist."

- Die Ersatzteilverfügbarkeit ist für die komplette Lebensdauer einer Maschine gesichert.
- Mit einer durchschnittlichen erwarteten Lebensdauer von 15 Jahren sind die RM Maschinen äußerst langlebig und somit wertbeständig.

„**Features**: bezieht sich auf besondere Eigenschaften, die Nutzen und Anziehungskraft für die Verwender erhöhen."

- RM GO! Prinzip: Die intelligente Einfachheit in der Bedienung der Maschinen — mehr dazu unter Punkt 28.3.3.
- Mit dem RM Hospitality Package sind Kunden und Händler stets in unserem Haus willkommen und spüren den RM Spirit.
- Zahlreiche Optionen ermöglichen den Kunden maßgeschneiderte Lösungen innerhalb einer qualitätsvollen Serienproduktion.

„**Betriebstauglichkeit**: bewertet die Dauer der Wiederherstellung der Funktionstüchtigkeit im Falle eines Defektes."

- RUBBLE MASTER leistet hier Prävention. Durch die Schulungen in der RM Academy wird auch die optimale Bedienung der Anlagen vermittelt, um Standzeiten zu verkürzen und die Service-Intervalle zu verlängern.
- Entsteht dennoch der Bedarf von Unterstützung durch die RM Service-Experts sind diese 24/7 weltweit erreichbar.

Abb. 84: Qualität zeigt sich auch durch Ästhetik: Hier im RM Headquarters beim Blick in die Produktionshalle aufs Design der RM Brecher und die Architektur des Gebäudes

Markenbewusstsein

> *„Eine Marke kann als die Summe aller Vorstellungen verstanden werden, die ein Markenname (Brand Name) oder ein Markenzeichen (Brand Mark) bei Kunden hervorruft bzw. beim Kunden hervorrufen soll, um die Waren oder Dienstleistungen eines Unternehmens von denjenigen anderer Unternehmen zu unterscheiden."*[268]

RM®
COMPACT CRUSHING

Gemäß dieser Definition des Wirtschaftsprofessors Christoph Burmann zielt RUBBLE MASTER beim Kunden darauf ab, für mehr zu stehen, als für kompakte Brechanlagen.

RUBBLE MASTER versteht sich als Problemlöser, gibt dem Kunden das Gefühl ein qualitätsvolles Produkt gekauft zu haben, steht für das gesamte Unternehmen, samt seinen Mitarbeitern und den Visionen des Eigentümers. Umgesetzt wird das Markenbewusstsein sowie der Fokus

[268] Burmann (2014).

auf qualitativ hochwertige Bestandteile entlang der gesamten Wertschöpfungskette — vom Lieferanten bis zum Mitarbeiter. Wichtiger Aspekt in puncto Marke ist außerdem der Standort Österreich, der ständig mittransportiert wird. Im Rahmen unserer Veranstaltungen für Kunden aus aller Welt wird österreichische Kultur und österreichisches Qualitätsbewusstsein vermittelt.

Wir sind uns der Bedeutung der Marke RM bewusst, identifizieren uns damit. Das Management und alle Mitarbeiter müssen die eigene Marke kennen, verstehen, stolz auf sie sein — und sie leben. Unsere Kunden dürfen und können mehr von uns erwarten.

Dienstleistungen

RUBBLE MASTER unterscheidet sich durch seine umfangreichen Dienstleistungen von seinen Mitbewerbern. Hier ein Auszug aus dem umfangreichen Repertoire:

- 24 h-Service-Hotline
- RM Lifetime Support
- RM Academy
- RM Service Centre
- Marketing Support für Händler
- Hospitality Packages für Kunden
- Beratung bei Finanzierungen
- und viele individuelle Maßnahmen mehr

Mitarbeiterstellenwert: Der RM Spirit – Eine Unternehmenskultur, die verbindet!

Mitarbeiter von RUBBLE MASTER leben eine Unternehmenskultur, die auf Offenheit, Transparenz und Vertrauen basiert. Das erzeugt Sicherheit, Motivation und die Bereitschaft zur Übernahme von Verantwortung. Dieses Potenzial und eine in alle Prozesse integrierte Lehrlingsausbildung sichern RUBBLE MASTER qualifizierten Fachkräftenachwuchs. 15 Prozent der Mitarbeiter sind Lehrlinge. Derzeit werden Lehrlinge in den Berufen Mechatroniker/in, Baumaschinentechniker/in, Bürokaufmann/-frau, Konstrukteur/in für Maschinenbautechnik, Lagerlogistiker/in ausgebildet.

Dank eines erfolgreichen Employer Brandings bei Messen und der Projektarbeiten mit diversen Hochschulen in Oberösterreich gilt RUBBLE MASTER am Arbeitsmarkt als attraktiver Arbeitgeber, was sich in vielen Initiativbewerbungen widerspiegelt.

Innovationskraft

„Think forward bzw. der Mut weiterzudenken" ist bei RUBBLE MASTER in den Unternehmensprinzipien verankert. Innovation bezieht sich dabei sowohl auf Produkte, Dienstleistungen wie sämtliche Prozesse im Unternehmen.

Produktinnovation ist bei RUBBLE MASTER hauptsächlich als Prozess definiert, der sich am Erfolg des Produktes am Markt und am Feedback der Kunden und Vertriebspartner misst. Sowohl Vertriebspartner als auch Lieferanten sind an diesem Prozess beteiligt. So werden beispielsweise Fertiger bereits bei der Konstruktion involviert, um eine Teilefertigung mit hoher Qualität sicherzustellen.

RM GO! Prinzip — die intelligente Einfachheit!

Ein Beispiel für die Innovationen von RM ist das GO! Prinzip. Dahinter stehen die Einfachheit bzw. Durchschaubarkeit und Bedienbarkeit der Maschinen, die Reduzierung von Serviceprozessen und die Kostenersparnis. Für die Anwender bringt das den großen Nutzen, mit den GO!-Modellen unmittelbar Erträge erwirtschaften zu können.

Aus der Benutzerfreundlichkeit entwickelte sich dieses GO! Prinzip für das gesamte Unternehmen, das mittlerweile auch auf GO! getrimmt wurde, und somit technische Anforderungen genauso berücksichtigt wie organisatorische.

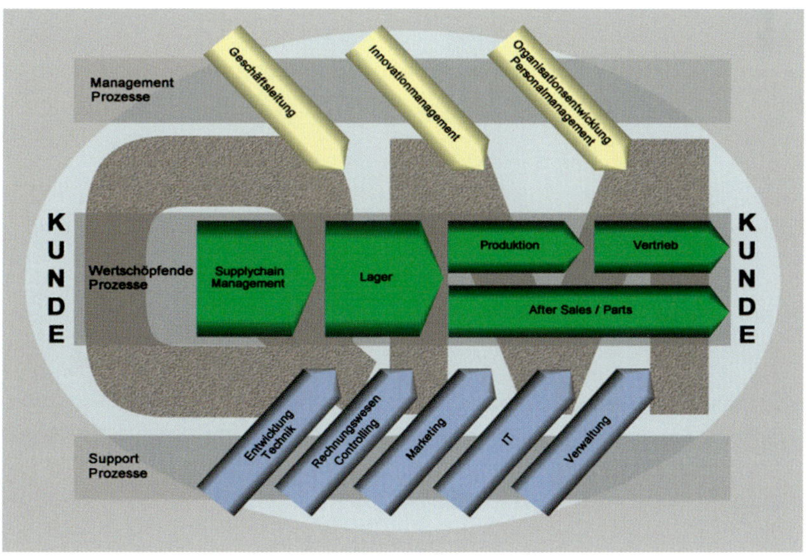

Abb. 85: RM Prozesslandkarte

Fazit

Nachhaltigkeit ist für RUBBLE MASTER weniger ein ursprüngliches Ziel, sondern das Ergebnis eines verantwortungsvollen Umgangs mit Ressourcen in allen Bereichen.

Den eigenen Weg definieren und diesen konsequent zu verfolgen, wird oft als Erfolgsrezept genannt und es gilt auch für RUBBLE MASTER. Diese Konsequenz sowie ein klares Ja zur Nachhaltigkeit wird bei uns mit dem nötigen Quäntchen Flexibilität verknüpft. Denn nur so ist es möglich unplanbare Ereignisse (z. B. die Finanzkrise 2008/09) als Chance zu nutzen, um die Organisation und die Prozesse innerhalb eines Unternehmens zu überarbeiten und wirtschaftlich gesund gestalten zu können.

Dass nachhaltiges Wirtschaften zum Erfolg führt, zeigt RUBBLE MASTER mit seiner Geschäftsbilanz. Seit 2009 hat das Unternehmen jährlich konstant seinen Umsatz um jeweils mehr als zehn Prozent erhöht.

Sidesteps werden immer nötig sein, doch seiner Unternehmensvision und der Nachhaltigkeit treu zu bleiben, lohnt sich und macht einen wichtigen Teil des Erfolges aus.

Literaturverzeichnis

Burmann, Ch. (2014): Gabler Wirtschaftslexikon. Online: http://wirtschaftslexikon.gabler.de/Definition/marke.html#definition

Tenner & DeToro (2008): Total Quality Management. Online: http://shoablog.blogspot.co.at/2008/07/garvins-eight-dimensions-of-product.html

Organisation statt Improvisation! – wie Sie Ihrem Team Freiräume schaffen (KWP)

Stephan Rixinger
Geschäftsführer

Unternehmensbeschreibung

Name	KWP Informationssysteme GmbH
Firmengründung	1991
Sitz	84030 Landshut, Deutschland
Branche	Softwarehersteller für Handwerker-Software
Unternehmensgegenstand	Software, Organisation und Training für Handwerksbetriebe der Heizungs, Lüftung, Sanitär und Elektrobranche
Umsatz 2013	4,2 Mio. EUR
Mitarbeiter 2013	42
Webseite	http://www.kwp-info.de

Management Summary

Ist Organisation im modernen Unternehmen wichtig? Oder verursacht Organisation nur einen Mehraufwand an Bürokratie? Was hat Organisation mit Nachhaltigkeit zu tun? Wie bringe ich Organisation in mein Unternehmen? Auf diese Fragen versuchen wir im Folgenden Antworten zu geben.

Wer ist die KWP Informationssysteme GmbH?

Software — Organisation — Training! Mit diesen drei Worten lässt sich der Zweck der KWP Informationssysteme GmbH beschreiben.

Das Unternehmen

„KWP — Fachkompetenz ist unsere Stärke.“ Gemäß diesem Leitsatz entwickelt die KWP Informationssysteme GmbH, mit Sitz in Landshut, seit über 20 Jahren kaufmännische Branchensoftware für Handwerksbetriebe. Der Geschäftsbereich Bauhandwerk wurde am 01.07.1991 von der damaligen Philips Kommunikations Industrie AG, Siegen, mit Produkten, Mitarbeitern und Kunden übernommen.

Heute umfasst das Unternehmen über 40 qualifizierte Mitarbeiter, Niederlassungen in Chemnitz, Bottrop, Bremen, Hannover und Rosenheim, über 20 autorisierte Vertriebspartner im deutsch-österreichischen Raum und mehr als 8.000 Kunden.

Auch hinter der weit verbreiteten Handwerker-Software Vaillant winSOFT, die direkt von Vaillant vermarktet wird, steht die KWP Informationssysteme GmbH als Softwarehersteller.

Das Produkt kwp-bnWin.net

Die kaufmännische Softwarelösung vereint jahrelange Branchenerfahrung mit modernster „Microsoft .NET-Technologie“. Nicht nur die Qualität, sondern auch ein sehr großer Leistungsumfang machen „kwp-bnWin.net“ zu einer der ausgereiftesten Handwerkslösungen auf dem Markt. Durch den modularen Aufbau können wie bei einem Baukasten die Module und Funktionen ausgehend von den Anforderungen des jeweiligen Betriebs zusammengefügt werden.

Neben der Software bieten wir gemeinsam mit unseren Vertriebs- und Organisationspartnern auch die passenden Konzepte und Trainings für eine reibungslose und durchgängige Einführung der Softwarewerkzeuge in Ihrem Unternehmen. So planen wir bereits vor der eigentlichen Installation der Software die Unternehmensprozesse des Handwerkers und richten Software und Schulung danach aus. Dieser umfassende Lieferumfang wird durch eine telefonische Hotline ergänzt.

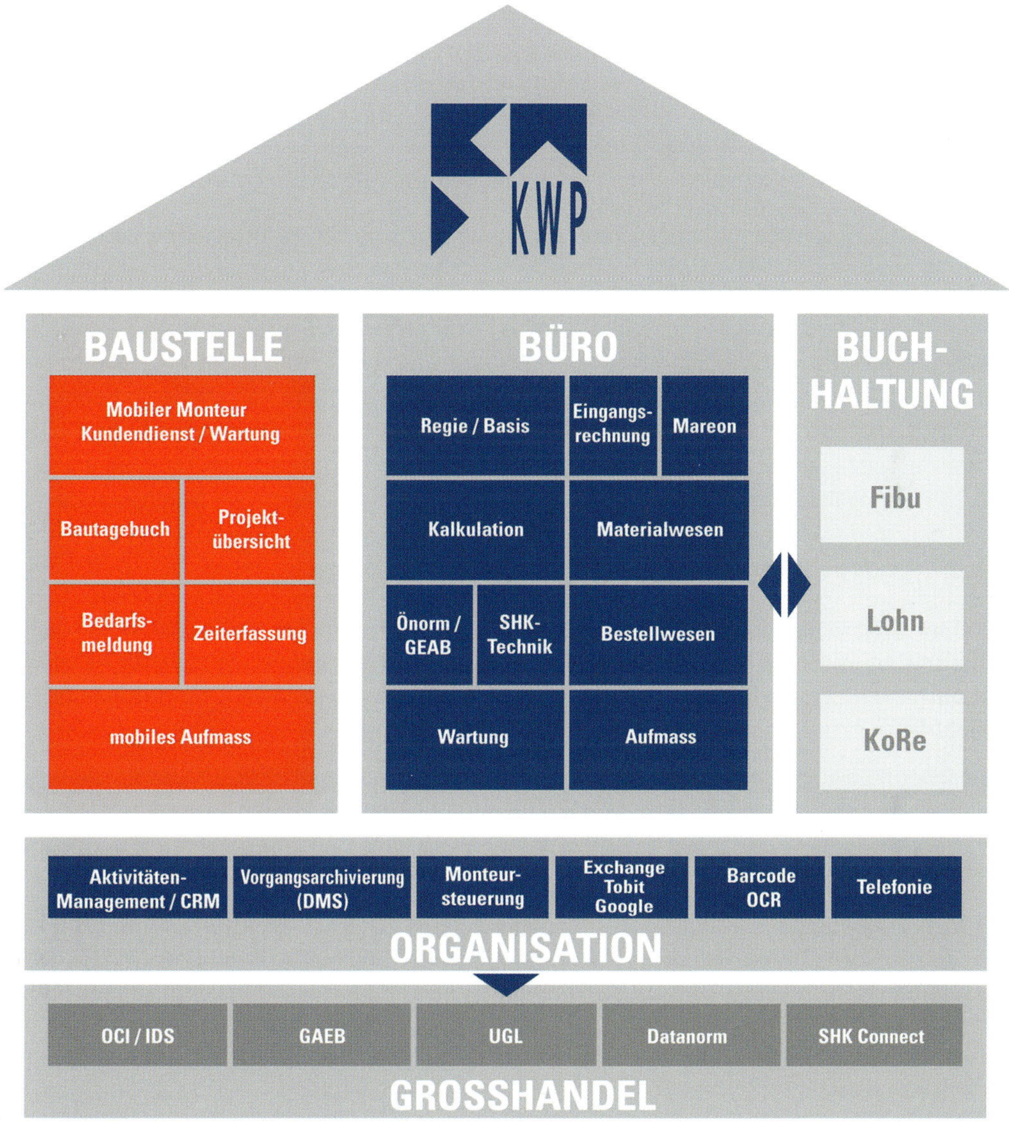

Abb. 86: Modularer Aufbau

Was bedeutet Nachhaltigkeit im Hause KWP?

Was ist Nachhaltigkeit? — Eine interessante Frage! Der Begriff der Nachhaltigkeit begegnet uns täglich in den Medien — in allen möglichen Facetten. Für KWP ist Nachhaltigkeit ein Handlungsprinzip mit dem Ergebnis, dass das Unternehmen KWP auch morgen und in hundert Jahren noch existiert, wenngleich auch mit anderem Team, anderen Produkten oder in anderer Form.

Die Voraussetzungen für Nachhaltigkeit lassen sich gut von der Natur ableiten. Nehmen wir einen Baum, der 100 Jahre alt wird. Der Boden versorgt den Baum mit Nährstoffen und bildet eine stabile Grundlage, damit er auch einen kräftigeren Sturm unbeschadet überstehen kann.

Was hat nun ein Baum mit einem Unternehmen zu tun? Auf den ersten Blick wenig. Man könnte jedoch den Boden und die Wurzeln mit dem Team gleichsetzen. Die Nährstoffe im Boden und in der Luft, die jeder Baum in entsprechendem Maße braucht, um überleben zu können, bilden die Kunden. Der Stamm ist die Organisation im Unternehmen. Schneidet man einen Baumstamm auf, so erkennt man klar strukturierte und gleichförmige Jahresringe, kein Durcheinander. Die Krone mit ihren Blättern und Früchten steht für den Erfolg des Unternehmens und die Innovation. Die Ausprägung der Krone verändert sich permanent und passt sich an.

Wenn Sie die letzten Zeilen aufmerksam gelesen haben, werden Sie feststellen, dass alle Begrifflichkeiten wie Mitarbeiter, Kundenorientierung, Innovationskraft, wirtschaftlicher Erfolg und auch soziales Umfeld ebenso Themenfelder des Best Business Award für nachhaltige Unternehmensführung sind.

Stabilität und Wachstum durch Organisation

Was im vorangehenden Beispiel der Baumstamm darstellt, ist im übertragenen Sinne im Unternehmen die Betriebsorganisation. Ist Organisation im Unternehmen wichtig? Oder verursacht Organisation nur einen Mehraufwand an Bürokratie und Arbeit?

Der Baumstamm ist die Verbindung zwischen Wurzel und Krone. Also ist die Organisation die Verbindung zwischen Mitarbeitern und unternehmerischem Erfolg.

Regeln

Wer nicht organisiert, der improvisiert. Wer nicht agiert, der reagiert! Agieren heißt, ich tue etwas. Ich handle. Ich bin aktiv. Nur wie handle ich? Was mache ich?

Jeder Mensch wird unsicher, wenn er nicht den nächsten Schritt kennt. Wenn er nicht weiß, wie er reagieren soll, wie er handeln soll! Diese Unsicherheit spiegelt sich tagtäglich im Alltag wider.

BEISPIEL

Wenn Ihre Teamassistentin das erste Mal einen Fragebogen vom Statistischen Bundesamt erhält, wird sie unsicher. Diese Fragen hat sie noch nie beantwortet, teilweise weiß sie auch die Antworten nicht. Was wird passieren? Sie wird die Arbeit liegen lassen, bis sie für sich die Entscheidung getroffen hat, wo welche Info zu besorgen ist, wen sie fragen kann, bis sie letztlich den Fragebogen ausfüllen kann. Wenn sie dann einmal damit begonnen hat und im „flow" ist, läuft es meist von alleine.

Diese Verhaltensweise ist in keinster Weise negativ. Es handelt sich in diesem Beispiel auch nicht um eine unfähige Mitarbeiterin, im Gegenteil. Diese Verhaltensweise ist einfach nur menschlich!

Unsicherheit führt zu Fehlern oder auch zur Unterlassung!

BEISPIEL

Ein neuer, motivierter Kollege wird in der Auftragsabwicklung eingesetzt und bekommt nun eine Kundenbestellung auf den Tisch. Wenn er nicht genau das Prozedere kennt, wird er unsicher werden. Er wird die Bestellung liegen lassen, wird versuchen, bei Kollegen Hilfe zu erhalten, der Vorgang wird ihm keinen Spaß machen! Er wird Fehler machen oder lässt den Vorgang zu lange liegen. Irgendwann, vielleicht kurz bevor der Kunde verärgert ist, wird ein anderer Kollege eingreifen, wird improvisieren und die Ware noch per Express versenden, in der Hoffnung, dass der Kunde nichts davon mitbekommt. Auch dem helfenden Kollegen macht es keinen Spaß zu improvisieren. Er macht Überstunden und der teure Express-Versand belastet die Auftragsmarge.

Dieses Szenario ist zugegeben etwas überspitzt, aber dennoch Praxis. Bleiben wir bei dem Beispiel, so wird sich der neue Mitarbeiter die Abläufe bei Eingang einer Kundenbestellung vom erfahrenen Kollegen zeigen lassen, um in Zukunft den nächsten Schritt zu kennen. Quasi Wissenstransfer durch mündliche Überlieferung.

Selbstverständlich wird die Arbeitsqualität des jungen Kollegen dadurch besser. Aber auch effizient?

BEISPIEL

Im Büro eines Handwerksbetriebs wurde eine Organisationsberatung durchgeführt. Es ging dabei um die Erfassung der Wochenarbeitsberichte der Monteure. Der Monteur gibt am Freitag seinen Wochenbericht ab. Die junge Auszubildende erfasst die Stunden in einer Excel-Tabelle für das Baustellencontrolling und gibt den Zettel an die Chefin weiter. So hat sie es aus „Überlieferung" des Azubis im dritten Lehrjahr gelernt. Die Chefin hat sich selbst „organisiert" und tippt die Stunden ein weiteres Mal ab, um einen Überblick der Arbeitszeitkonten zu erhalten. Die Lohnabrechnung wird extern beim Steuerberater gemacht. Also geht der Zettel an den Steuerberater, wo er ein drittes Mal verarbeitet wird.

Jeder weiß genau, was er zu machen hat. Jeder hält sich daran, wie er es gelernt hat und wie es schon über Jahre immer gemacht wurde. Ist diese Arbeit aber effizient?

Um organisiert und effizient arbeiten zu können, braucht es Regeln. Regeln gibt es schon seit Jahrtausenden. Das sind Regeln, an die sich die Menschheit heute noch (mehr oder weniger) hält.

Solche Regeln sind auch im Unternehmen notwendig: Angefangen vom Leitgedanken, der besagt, wie wir die Unternehmensvision erreichen wollen, bis hin zu den daraus abgeleiteten Unternehmensprozessen, die zeigen, wie mit einem Urlaubsantrag zu verfahren ist.

Die Regeln, die in einem Unternehmen aufgestellt werden und vor allem im Unternehmen gelebt werden, prägen die Unternehmenskultur. Es reicht jedoch nicht aus, sich als Regel den fairen Umgang mit Kunden auf die Fahnen zu schreiben und bei jedem dritten Vertragsabschluss den Kunden über den Tisch zu ziehen. Die Unternehmenskultur wird nicht durch die geschriebenen Regeln, sondern die gelebten Regeln gelenkt.

Die Grundlage jedoch bildet das Geschriebene. Die KWP Informationssysteme GmbH hat dies in dem Buch „Die KWP-Taktik" für alle Mitarbeiter im Unternehmen zusammengefasst. Die Grundregel lautet: „Alles nun, was ihr wollt, dass euch die Leute tun sollen, das tut ihr ihnen auch." (Evangelium nach Matthäus, Kapitel 7, Vers 12).

Angefangen von dieser doch sehr abstrakten, aber dennoch einfachen Handlungsweise über die Kernprozesse des Unternehmens bis hin zum ganz konkreten To-Do-Ablauf bei einem Kundenauftrag ist die Organisation in diesem Buch niedergeschrieben.

So verfügt jeder Mitarbeiter im Team neben der unabdingbaren, mündlichen Überlieferung über einen Leitfaden der Prozesse aus erster Hand. Das Buch bildet Detailprozesse ab, sorgt aber durch wiederkehrende Revisionen auch dafür, dass die tägliche Arbeit dennoch effizient gestaltet wird und keine vermeidbaren Doppelerfassungen, wie in dem Praxisbeispiel gezeigt, vorkommen.

Die KWP-Taktik stellt eine Art von Leitplanken für unser Team dar. Innerhalb dieser Leitplanken kann sich jeder Mitarbeiter bewegen.

Abb. 87: Die KWP-Taktik

Die Grundlage jeder Organisation sind klar definierte Abläufe. Aufgrund dieser Regeln ist immer der nächste Schritt bekannt und kann zeitnah abgearbeitet werden. Dies vermeidet Fehler oder Unterlassungen.

Unser Tipp: Definieren Sie in Ihrem Unternehmen die Kernprozesse. Erst wenn Sie diese herausgearbeitet haben, können Sie Regeln dafür aufstellen.

Organisation am eigenen Arbeitsplatz

Jeder Mensch organisiert sich! Es gibt keine unorganisierten Mitarbeiter. Die Unterschiede liegen in der Effizienz der Organisation. Machen Sie die Augen zu! Denken Sie an Ihren Arbeitsplatz im Büro oder im Home-Office. Was sehen Sie?

Kleine gelbe Klebezettel? Eine Schreibtischunterlage, die mit Motiven, Schlagwörtern, Namen und Telefonnummern verziert ist? In der Ecke ein hoher Stapel an Papier und Zeitschriften? Zweifelsohne handelt es sich dabei um Organisation. Der Spruch „Nur ein Genie beherrscht das Chaos!“ ist nicht aus der Luft gegriffen. Jeder Mensch organisiert sich. Die Wahl der Mittel und Werkzeuge ist nur oft sehr unterschiedlich.

Innerhalb der KWP Informationssysteme GmbH nutzen alle Mitarbeiter das eigene Softwareprodukt „kwp-bnWin.net“ zur persönlichen Selbstorganisation. Bestandteil der Software sind Kalenderfunktionen und das Aktivitäten-Management. Ziel der KWP-Organisationssoftware ist es, jedem Kollegen seinen nächsten Schritt aufzuzeigen. Quasi als Leitplanke, damit nichts vergessen wird oder untergeht.

Die Aktivitätenvorlage, sozusagen die To-do-Liste, jedes Einzelnen, zeigt jeden Tag die circa 15 bis 20 Aktivitäten an, die zu erledigen sind. Kann eine Aktivität nicht erledigt werden, weil der Kunde sich wieder melden wollte, so wird die Aktivität entsprechend auf ein Wiedervorlagedatum gelegt. Nach dem Prinzip „Aus den Augen, aus dem Sinn“ sollte die Wiedervorlage abgearbeitet oder entsprechend terminiert werden. Ich persönlich fühle mich am wohlsten, wenn ich abends aus dem Büro gehe und meine Aktivitätenvorlage komplett leer ist. Das bedeutet nicht, dass ich keine Arbeit mehr hätte. Aber das, was ich mir für heute vorgenommen habe, ist erledigt und ich habe das gute Gefühl, nichts vergessen zu haben.

Für mich persönlich sind Aktivitäten das einzige Instrument, mich zu organisieren. Das ist mir sehr wichtig, denn ich halte es nicht für sinnvoll mehrere Quellen parallel zu „überwachen“. Natürlich kommen E-Mails, Briefe, Faxe und Telefonate. Doch aus allen relevanten Informationen wird sofort eine Aktivität. Jede eingehende relevante E-Mail wird zur Aktivität und auch darüber erledigt. So ist der E-Mail-Eingang immer „sauber“. Briefe und Faxe werden bereits im Service Center gescannt und ebenfalls als Aktivität weiterverteilt. Und auch Rückrufe und Telefonate werden in Form einer Aktivität hinterlegt. So landet jede Information als Aktivität auf meinem Schreibtisch.

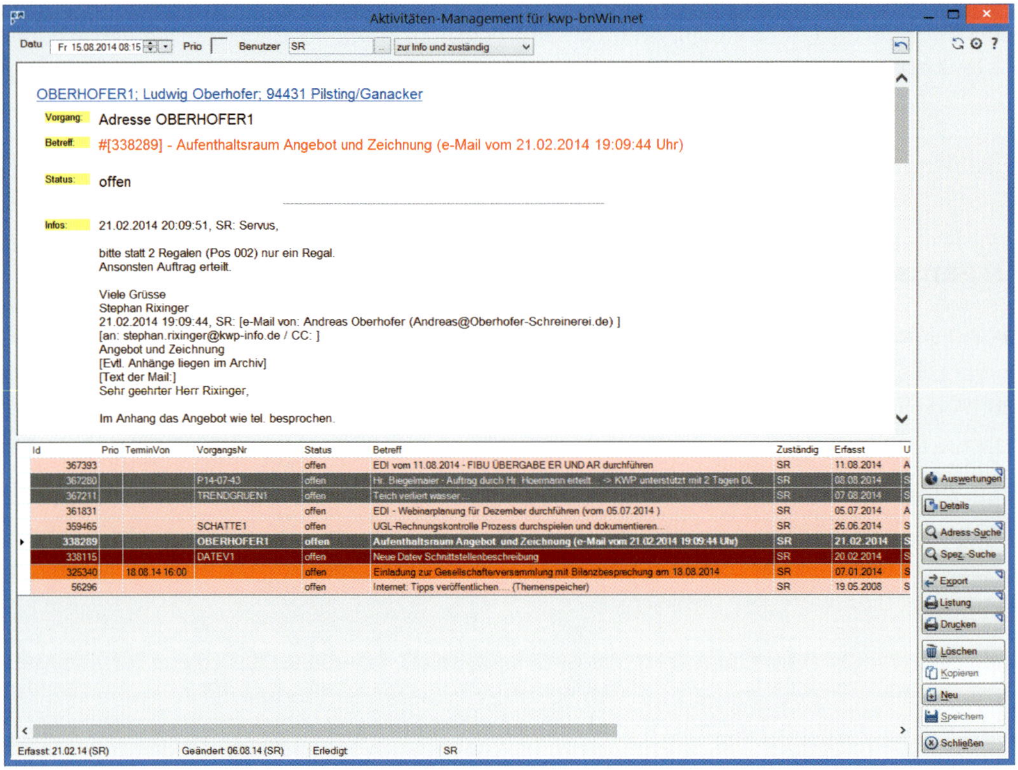

Abb. 88: Aktivitätenvorlage

Meine Aktivitäten begleiten mich auch unterwegs. Über die KWP-App werden Aktivitäten empfangen, versendet, auf Wiedervorlage gelegt oder einfach nur erledigt.

Unser Tipp: Überprüfen Sie Ihre eigene Organisation. Denn nur wenn Sie Selbstorganisation beherrschen, können Sie den nächsten Schritt zur Team-Organisation gehen.

Organisation im Team

Zugegeben, für die eigene Organisation müsste man kein KWP Aktivitäten-Management einsetzen. Das würde mit Outlook oder auch mit der guten alten Wiedervorlagemappe fast genauso funktionieren. Der Vorteil liegt in der Team-Organisation. Dadurch, dass jeder im Team sich selbst über Aktivitäten organisiert, funktioniert der Informationsaustausch ohne Medienbruch.

Aufgaben werden im Team delegiert und jeder kann sicher sein, dass diese auch gelesen und entsprechend abgearbeitet werden. Diese Team-Organisation ist in vielen Betrieben oft das Problem. Wie im vorangegangen Abschnitt erwähnt, organisiert sich jeder Mensch, in welcher Form auch immer, selbst. Wenn aber nun Menschen im Team zusammenarbeiten müssen, so prallen nicht selten unterschiedliche Organisationsformen aufeinander. Die Teamassistentin verwendet Outlook, ist sich aber nicht sicher, ob ihr Bauleiter das Telefonat auch zeitnah erledigt, wenn sie ihm den Rückrufwunsch per E-Mail schickt. Also legt sie ihm sicherheitshalber zusätzlich noch einen Zettel auf den vollen Schreibtisch, direkt neben den Stapel mit der Eingangspost. Kommt der Bauleiter von seinem Termin zurück ins Büro, steht er erst einmal vor einem Berg von Arbeit. Kennt er nun den nächsten Schritt oder fühlt er sich einfach nur „genervt" und beginnt einfach damit, Stein für Stein abzutragen?

Es ist es auch bei KWP nicht motivierend, nach einem Termin den PC einzuschalten und dann mit 31 Aktivitäten in seiner To-do-Liste konfrontiert zu werden. Aber nach nur fünf Minuten ist die erste Sichtung durch und man kann schnell entscheiden, was wichtig und dringend ist! Alles andere wird je nach Wichtigkeit und Dringlichkeit per Wiedervorlage geplant.

So wird die kostbare Arbeitszeit nicht mit unnötigen Dingen vergeudet, sondern für alles Wichtige verwendet. Aber im Team gibt es noch einen, aus meiner Sicht, viel wichtigeren Ansatz, die Arbeitszeit effizient einzusetzen:

In einem Seminar von Christian Schwab von CS Teamlösungen, Peissenberg, bin ich auf den Begriff der „Internen Kunden" gestoßen. Was ist damit gemeint? Es geht um den Workflow — den Arbeitsfluss. Aber wie kann Arbeit fließen? Arbeitsschritte hängen immer zusammen. Es wird ein Auftrag angenommen, die Arbeit wird geplant, die Arbeit wird ausgeführt, dann wird sie dokumentiert und letztlich die Leistung abgerechnet. Die Rechnung landet in der Finanzbuchhaltung. Dort wird der Zahlungseingang verbucht. Das sind Schritte, die im Team, nicht von einem Einzelnen durchgeführt werden. Die Schritte sind aufgesplittet auf verschiedene Stellen im Team. Doch die Schritte hängen immer noch zusammen. Es haben sich lediglich Schnittstellen gebildet. Schnittstellen, wo beispielsweise der Monteur den Arbeitsbericht mit seiner dokumentierten Leistung an die Büro-Mitarbeiterin zur Abrechnung übergibt.

Und genau die Organisation dieser Schnittstellen ist entscheidend. Denn die Art und Weise der Übergabe entscheidet über die Leistung seines Nachfolgers, eines „Internen Kunden"! Je besser der Monteur den Arbeitsbericht ausfüllt, am besten mit den abzurechnenden Artikelnummern, desto schneller und effizienter wird die Büro-Mitarbeiterin ihre Arbeit verrichten können. Andernfalls wird ihr Arbeitsfluss ins Stocken geraten. Sie ist sich nicht sicher, was sie verrechnen soll. Erinnern Sie sich? Sie wird den Arbeitsschein liegen lassen, bis sie jemanden fragen kann oder einfach nur irgendetwas abrechnen, in der Hoffnung, dass es korrekt ist. Jedenfalls ist sie mit ihrer Leistung nicht zufrieden und es wird ihr keinen Spaß machen.

Nach diesem einfachen Beispiel sind alle Arbeitsschritte im Team aufgebaut. Jeder im Team ist von der Leistung seines Vorgängers abhängig. Genauso ist jeder Nachfolger (Interner Kunde) wiederum von meiner Leistung abhängig. Jeder im Team muss sich dessen bewusst sein. Denn wenn es im Team nicht funktioniert, wenn unnötige Zeit verschenkt wird, so liegt es in der Regel nicht an der Böswilligkeit der Team-Mitglieder. Es liegt am fehlenden Bewusstsein, wer mein „Interner Kunde" ist und was er von mir benötigt — sprich wie die Schnittstelle definiert ist.

Sind die Schnittstellen klar definiert und ist im Team das Bewusstsein dafür geschaffen, so wird es zur Selbstverständlichkeit werden, dass jeder seinem „Nachfolger" in der Kette die Leistung so aufbereitet, dass ein nahtloser Workflow entsteht.

Abb. 89: Organisation mit kwp-bnWin.net

Auch hier nutzen wir bei KWP wieder unsere eigene Software. So werden beispielsweise Rückrufwünsche immer gleich mit Kundenbezug, Ansprechpartner und Grund des Rückrufs dokumentiert und delegiert. Das erleichtert dem Delegierten die Arbeit. Er muss keine Telefonnummer recherchieren, muss nicht rückfragen. Mit einem Mausklick (über die TAPI-Schnittstelle) lässt er sich verbinden. Die Dokumentation des Telefonats ist ebenfalls schon vorbereitet. Er nutzt die gleiche Aktivität! Die Arbeit kann fließen! Er ist im „flow".

Unser Tipp: Legen Sie gemeinsam mit Ihrem Team ein einheitliches Werkzeug für Ihre Organisation fest. Installieren Sie dieses Werkzeug bei jedem Mitarbeiter und trainieren Sie gemeinsam den Umgang damit.

Organisation in Verbindung mit Kunden

Die These „Organisation bedeutet, den nächsten Schritt zu kennen!" haben wir in den vorangegangen Ausführungen ja schon ausführlich belegt. Warum erzähle ich Ihnen das jetzt schon wieder? — Ganz einfach: Sie gilt nicht nur für den Mitarbeiter und Kollegen. Sie gilt für unsere Kunden in gleichem Maße.

Ein Beispiel aus der täglichen Praxis bei unseren Handwerks-Kunden: Sie rufen einen Handwerker an, weil Ihre Heizung kalt bleibt. Ihr Gegenüber am Telefon nimmt den Störungsauftrag entgegen, kann Ihnen aber keine Terminzusage nennen. Mit den Worten „ich klär das ab und wir melden uns…" wird das Gespräch beendet. Bis jetzt noch kein Problem. Wenn Sie aber einen Tag lang keine Rückmeldung erhalten, werden Sie langsam ungeduldig. In der Regel reagieren Sie, indem Sie nochmals beim Handwerker nachfragen. Mehr oder weniger verärgert, wollen Sie zu Recht wissen, wie es weiter geht. Sie möchten den nächsten Schritt kennen. Dieses Beispiel könnten wir beliebig weiterführen.

Über die KWP-Taktik versuchen wir, uns bei jeder Prozess-Schnittstelle zum Kunden in dessen Lage zu versetzen und möglichst genau zu definieren, was der Kunde erwartet und wie wir ihm diese Information liefern.

Zurück zu obigem Beispiel: Wie könnte der Informationsfluss besser laufen? Wenn die nette Dame beim Handwerker Ihnen sofort die Information liefert: „Wir werden morgen zwischen 15 und 17 Uhr bei Ihnen sein.", dann können Sie sich darauf einstellen. Sie kennen den nächsten Schritt. Zwei Stunden vorher erhalten Sie dann aus der KWP-Handwerkersoftware direkt eine SMS mit den Worten „Wir haben Sie nicht vergessen. Unser Monteur wird den vereinbarten Termin einhalten!". Diese gut organisierte Terminplanung einiger unserer Handwerkskunden erzeugt beim Endkunden nicht selten einen „Wow-Effekt". Diese Form der Organisation ist er nicht gewohnt. Er hat sie nicht erwartet und ist umso mehr positiv überrascht.

Mit einer einfachen und klar geregelten Organisation lassen sich Kunden an den Stellen positiv überraschen, an denen sie es nicht erwarten. Genauso bleibt aber auch der Eindruck einer „Chaos-Firma" hängen, wenn Sie die erwartete Organisation nicht liefern. Sie kennen das selbst, wenn Sie bei der Teamassistenz um einen Rückruf eines Mitarbeiters bitten und dann die nächsten Tage nichts von ihm hören. Heute werden diese Standardprozesse vorausgesetzt. Niemand ist mehr beeindruckt, wenn ein zugesagter Rückruf noch am selben Tag erfolgt. Das ist ein Muss! Ein Standard, der erfüllt werden muss.

Bei KWP sind alle Schnittstellen nach außen klar geregelt. Es ist organisiert, wann und wie eine Rückrufzusage in Form einer elektronischen Rückrufaktivität zu erfolgen hat. Auch die Dokumentation und Abnahme unserer Dienstleistungen beim Kunden erfolgt nicht mehr in Papierform sondern auf Windows-Tablets mit unserem „Mobilen Monteur". Auftragsdaten werden dem Techniker direkt auf das Gerät übertragen. Er dokumentiert seine Leistung und lässt sich diese, ähnlich wie der Fahrer vom Paketdienst, auf dem „Mobilen Monteur" unterschreiben. Die Abnahme ist quasi fertig. Der Kunde weiß, was auf ihn zukommt: Der nächste Schritt ist die zeitnahe Rechnung.

Unser Tipp: Prüfen Sie Ihre Kunden-Schnittstellen! Was könnte der Kunde erwarten? Was liefern Sie ihm wann mit welchen Hilfsmitteln?

Kontrolle der Organisation

„Vertrauen ist gut, Kontrolle ist besser!“ Damit ist jedoch nicht gemeint, jedem Mitarbeiter hinterherzuspionieren und zu versuchen einen Fehler aufzudecken. Ganz im Gegenteil. Es ist wichtig, dass Fehler gemacht werden. Nur dadurch kann sich eine Organisation weiterentwickeln und verbessern, damit nicht dieselben Fehler immer wieder gemacht werden.

Bei KWP haben wir für unsere aufgestellten Regeln auch Kontrollmechanismen eingerichtet, jedoch nicht in Form von Fehlerermittlung oder gar Strafen, sondern eher in Form eines Frühwarnsystems. Im Fachjargon nennen wir dieses System EDi — Ereignis-Dienst für Aktivitäten. Ebenfalls ein Stück Standard-Software, das auch viele unserer Handwerks-Kunden täglich einsetzen.

Wie funktioniert der EDi? Ich vergleiche ihn gerne mit einem modernen Auto. Wenn ich während der Fahrt das Tempolimit übersehe, signalisiert das Auto im Head-Up-Display den Fehler. In diesem Moment ist aber noch nichts passiert. Ich werde darauf aufmerksam und korrigiere das Verhalten. Genauso arbeitet EDi. Noch bevor es zum „Fehler“ kommt, fällt unserem EDi die Fehlentwicklung auf und er macht sich in den verschiedensten Formen bemerkbar. Entweder als Aktivität „Vergessener Auftrag“ oder auch nur als Rote-Ampel-Anzeige auf unserem Support-Monitor. EDi unterstützt mit einem hinterlegten Regelwerk täglich, indem er entstehende Organisationsprobleme frühzeitig erkennt. Somit kann gegengesteuert und ein möglicher Fehler beim Kunden vermieden werden.

Wichtig ist auch, dass EDi nicht nur mögliche Fehler signalisiert, sondern auch im positiven Sinne unterstützt, in Form von „Alles im grünen Bereich“. Dieses OK schafft ein gutes, positives Gefühl und vermittelt die Sicherheit, alles richtig zu machen.

Auch unterwegs bleiben wir mit EDi am Ball. Per E-Mail oder SMS gibt er täglich automatisch Feedback zu den wichtigsten Kenngrößen wie z. B. Angebotsvolumen, Auftragsvolumen und Umsatz.

Unser Tipp: Ermitteln Sie Kennzahlen, um Ihre eigenen Organisationsregeln messen zu können. Machen Sie diese Messwerte jedem im Team zugänglich. So verbessern Sie täglich Ihre eigene Organisation.

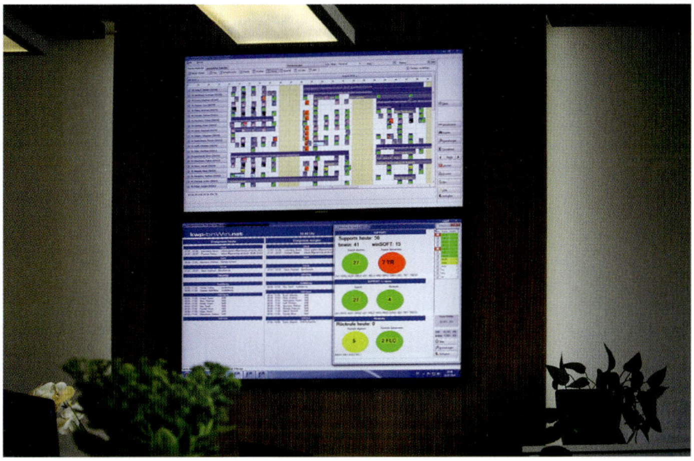

Abb. 90: Monteursteuerung, Ereignismonitor und Ampel-Anzeige

Fazit

Aus unserer Sicht ist eine definierte Unternehmensorganisation mit der wichtigste Baustein für nachhaltigen Erfolg und Wachstum. Wachstum ohne Organisation wird nur in bestimmtem Maße funktionieren. Organisation bedeutet gewisse Standards. Mit standardisierten Strukturen legen Sie den Grundstein dafür, dass alle Beteiligten den nächsten Schritt kennen: Sowohl die Menschen im eigenen Team, als auch unsere Kunden. Jedem ist klar, was er zu tun und zu erwarten hat.

Standardisierte Strukturen werden Ihre Reklamationsquote sinken lassen. Definierte Prozesse und Regeln werden dazu führen, dass Arbeiten schneller erledigt werden können. Die höhere Geschwindigkeit wird nicht zu mehr Fehlern führen. Im Gegenteil: Die Fehlerquote wird sinken. Nacharbeit und Improvisation werden merklich weniger. Dies reduziert Stress und setzt wiederum Zeit frei.

Alle Prozesse der KWP Informationssysteme GmbH sind mit unserer Software „kwp-bnWin.net" abgebildet. Der Einsatz einer Standard-Software als Organisationswerkzeug im Gegensatz zur Individual-Software ist für uns auch eine Form der Nachhaltigkeit!

Leider ist dieser Gedanke nicht in allen Unternehmen verwurzelt. Nicht selten kommen Unternehmen und gehen dann bald wieder.

Die „organisierte" Fließbandfertigung der Automobilindustrie beweist seit Jahren, dass alle genannten Thesen in der Praxis auch funktionieren. Neu ist der Mut, diese bewährten Konzepte zu adaptieren und auch in andere Branchen, z. B. Dienstleistungsgewerbe oder Handwerk, zu übernehmen. Bewusst nicht zu kopieren, sondern selbst den Schritt zu gehen und seine eigene Unternehmensorganisation zu entwickeln. Es liegt an Ihnen, den ersten Schritt zu tun!

Mit gesundem Menschenverstand zur Nachhaltigkeit

Franz Obermayer
Geschäftsführer

Unternehmensbeschreibung

Name	FOXiT GmbH
Firmengründung	1992
Sitz	84558 Kirchweidach, Deutschland
Branche	IT-Systemhaus
Unternehmensgegenstand	IT-Beschaffung, IT-Betrieb, IT-Security
Umsatz 2013	3,9 Mio. EUR
Mitarbeiter 2013	35
Webseite	http.//www.fox-it.de

Management Summary

Franz Obermayer gibt Einblick in seine gut 20-jährige Erfahrung als Geschäftsführer eines mittelständischen IT-Systemhauses und in sein Verständnis von Nachhaltigkeit. Nachhaltige Unternehmensführung war für ihn nie eine modische Management-Methode, sondern schlicht eine Selbstverständlichkeit. Für diese vorbildliche Unternehmenspolitik wurde er im Jahr 2010 mit dem Best Business Award ausgezeichnet. Dabei musste er immer wieder mutige Entscheidungen treffen und auch weitreichende Kurskorrekturen vornehmen. Das Thema Nachhaltigkeit beschäftigte Obermayer bereits in seinem ersten Beruf als Landwirt. Nirgendwo sonst ist nachhaltiges Wirtschaften in seinen Augen essenzieller. Diese Erkenntnis half Obermayer auch als Unternehmer in der IT-Branche in großem Maße.

FOXiT – Think it, we make it!

Die FOXiT GmbH wurde im Jahr 2010 mit dem Best Business Award für nachhaltige Unternehmensführung ausgezeichnet. Mit diesem Preis, den wir in der Kategorie für Unternehmen mit weniger als 30 Mitarbeitern erhielten, wurde unsere Unternehmenspolitik bestätigt, mit der wir seit 1992 erfolgreich sind.

Das Unternehmen

Ursprünglich als Computerfachhandel gegründet, entwickelte sich die F. Obermayer Datentechnik binnen weniger Jahre zu einem erfolgreichen Systemhaus, das sich insbesondere durch frühzeitiges Aufgreifen von zukunftsorientierten Trends und Themen erfolgreich positionierte. Dabei setzte ich von Beginn an auf eine starke Verankerung in der Region Südostbayern und gründete den Firmensitz in meiner Heimatgemeinde Kirchweidach im Landkreis Altötting. Im Zuge einer Rechenzentrumserweiterung kam später ein zweiter Standort in Tittmoning hinzu. Zielgruppe waren von Beginn an kleine und mittelständische Unternehmen im Landkreis Altötting und den Nachbarlandkreisen Traunstein, Mühldorf und Berchtesgadener Land.

Der kontinuierliche Erfolg der FOXiT basiert auf einer nachhaltigen Unternehmensführung, die dafür sorgte, dass das Unternehmen ausgerechnet im Krisenjahr 2009 sein bis dato erfolgreichstes Wirtschaftsjahr verzeichnen konnte.

Die Grundsätze und Arbeitsabläufe des Unternehmens sind so gestaltet, dass der Einsatz von vorhandenen Ressourcen stets im Einklang mit der Zielsetzung der langfristigen Unternehmenssicherung erfolgt. Auf neue Gegebenheiten reagieren die Verantwortlichen mit Weitblick und fühlen sich bei ihren Entscheidungen vor allem der regionalen Wirtschaft, den Mitarbeitern, der Informationssicherheit und ökologischen Grundsätzen verpflichtet.

Neben den klassischen Kernaufgaben eines Systemhauses, wie der Durchführung von IT-Projekten und der Bereitstellung von IT-Support, liegt heute ein Schwerpunkt des Unternehmens auf der IT-Sicherheit. Dabei kommt mir meine langjährige Erfahrung als Auditor des Bundesamts für Sicherheit in der Informationstechnik (BSI) zu Gute. 2013 erfolgte die Berufung zu einem von drei Vertretern aus der Wirtschaft in den Arbeitskreis Awareness der Allianz für Cybersicherheit, die u. a. Empfehlungen für die Bundesregierung erarbeitet.

Ausgezeichnete innovative Produkte

Die innovativen Produkte der FOXiT fanden nicht nur bei unseren Kunden großen Anklang, sondern wurden mit zahlreichen Preisen ausgezeichnet. Die Anwendung „FOX Mobile" erhielt 2007 den Innovationspreis der Initiative Mittelstand und 2008 den Computer Reseller Solution Award für die beste mobile Lösung.

Im Jahr 2009 wurde das von der FOXiT entwickelte Workflow-Management-System „FOX Forward" unter die 20 innovativsten Softwarelösungen in Deutschland gewählt. Ausschlaggebend war dabei seine einfache Bedienbarkeit, wodurch es insbesondere den Anforderungen kleiner und mittelständischer Unternehmen entgegen kommt.

2010 eröffnete die FOXiT am Standort Tittmoning ein neues Rechenzentrum, das als eines der ersten nach der Norm ISO 27001 zertifiziert wurde. Diese Norm ist der weltweit anerkannte Standard im Bereich der Informationssicherheit und mittlerweile quasi ein Muss für Rechenzentrumsbetreiber.

Durch mutige Entscheidungen zu mehr Nachhaltigkeit

Im Folgenden möchte ich den Versuch unternehmen, Ihnen darzulegen, welchen starken Bezug das Thema Nachhaltigkeit auf die erfolgreiche Entwicklung der FOXiT hat. Wer hier eine wissenschaftliche Arbeit erwartet, wird enttäuscht: Das können andere besser. Ich will versuchen, Ihnen retrospektiv aus meiner Erfahrung als Geschäftsführer eines mittelständischen Systemhauses zu berichten.

In meiner mehr als 20-jährigen Erfahrung als Geschäftsführer konnte ich häufig feststellen, dass mutige Entscheidungen oft viel mehr zur Nachhaltigkeit beitragen können als Firmenleitlinien, die irgendwo verankert sind, um Investoren, Banken oder Kunden zu befriedigen. Gerade kleine und mittelständische Unternehmen haben meiner Meinung nach erheblich größere Spielräume, risikobehaftete, unpopuläre und an langfristigen Erfolgsaussichten orientierte Entscheidungen zu treffen als große Konzerne. Insbesondere bei börsennotierten Unternehmen wagen die Verantwortlichen kaum noch Investitionsentscheidungen, deren Früchte erst in fünf bis zehn Jahren geerntet werden können. Betrachtet man die Beschäftigungsdauer der Vorstände von DAX-Unternehmen, so wird schnell klar, dass bei diesen nur eine geringe Neigung zu langfristigen und nachhaltigen Entscheidungen bestehen kann. Im Gegensatz dazu können KMUs von ihrer Langfristorientierung in hohem Maße profitieren. Ich bin zudem der festen Überzeugung, dass die nicht getroffene Entscheidung immer die Schlechteste ist, was ich natürlich auch selbst das ein oder andere Mal schmerzhaft erfahren musste.

Bei vielen Unternehmen wird das Thema Nachhaltigkeit aus meiner Sicht häufig viel zu akademisch betrachtet, obwohl man nachhaltiges Wirtschaften ja seit Jahrhunderten kennt und praktiziert. Als gelernter Landwirt kann ich hierzu sehr einfach Parallelen ziehen. Der Beruf des Landwirts ist äußerst vielschichtig und wird leider oft verkannt. Ich kenne wenige Berufe, in denen größere Vielseitigkeit gefordert ist — sowohl in fachlicher und organisatorischer als auch in unternehmerischer Hinsicht. Ohne Innovationsbereitschaft kommt schon lange kein landwirtschaftlicher Betrieb mehr aus. So war die Landwirtschaft einer der ersten Branchen, in der Computer flächendeckend Einzug hielten.

Wie sehr nachhaltiges Wirtschaften erfolgsbestimmend ist, zeigt sich wohl nirgendwo deutlicher als in der Forst- und Feldwirtschaft. So kann man in der Forstwirtschaft nichts erzwingen und muss investieren, obwohl von vorneherein klar ist, dass der Ertrag erst späteren Generationen zu Gute kommen wird. In der Feldwirtschaft ist ebenfalls weitsichtiges Handeln zwingend gefordert, da z. B. eine ständige Verletzung der Fruchtfolge im Laufe der Jahre mit Ertragsminderung ihren Tribut fordert. Für Landwirte ist es eine Selbstverständlichkeit, dass sich die Erträge eines Feldes nicht unendlich steigern lassen. Es gibt natürliche Grenzen, die durch Bodenleben, Kapillarwirkung, Bodenbeschaffenheit und Witterung gezogen werden. In der Landwirtschaft wird sich also nur ein nachhaltig arbeitender Betrieb auf Dauer behaupten können.

Auch in meiner Tätigkeit als Kommunalpolitiker befasse ich mich besonders mit den Aspekten der Nachhaltigkeit. Meine Heimatgemeinde Kirchweidach, in der ich Gemeinderatsmitglied bin, hat mit einem mutigen Fernwärmeprojekt den Weg für eine nachhaltige Energieversorgung geebnet. Mit dem errichteten Geothermiekraftwerk können nicht nur alle Haushalte der 2300 Einwohner zählenden Gemeinde mit Wärme versorgt, sondern auch eines der größten Gewächshäuser Deutschlands beheizt werden. Seit Frühjahr 2014 werden in dieser modernen und emissionsfrei beheizbaren Gewächshausanlage Tomaten und Paprika gezogen, die bayernweit vertrieben werden.

Auch unsere Firma in Kirchweidach setzt künftig ausschließlich auf die Wärme aus der Geothermie, sodass Anfang 2015 der bisherige Heizölofen durch die Fernwärmeversorgung ersetzt werden konnte. Dadurch setzen wir konsequent unser nachhaltiges Energiemanagement fort, das wir bereits 2009 durch die Stromerzeugung über eine hauseigene Photovoltaikanlage begannen.

Ähnlich wie in der Wirtschaft gilt auch im öffentlichen-rechtlichen Bereich, dass kleine Gemeinden wesentlich flexibler und bürgernäher bzw. auch nachhaltiger agieren, weil sie z. B. die Zustimmung der Betroffenen einholen können. Wo andernorts nichts vorwärts geht, weil sich bereits die zwölfte Bürgerinitiative formiert, hat man in einem Dorf mit transparenter Aufklärungspolitik die Projekte oft schon umgesetzt.

Egal also ob in der Kommunalpolitik, der Unternehmensführung oder in der Landwirtschaft: Nachhaltigkeit entsteht für mich besonders durch Ehrlichkeit, Geradlinigkeit, Änderungsbereitschaft und Entscheidungsfreude.

20 Jahre FOXiT

Die FOXiT wurde im Jahre 1992 als Einzelfirma F. Obermayer Datentechnik gegründet. Damals sah das Portfolio noch gänzlich anders aus als heute. Nach der Ausbildung zum Landwirt und einer Weiterbildung zum Agrarinformatiker entwickelte ich Softwarelösungen für landwirtschaftliche Betriebe. So konzipierte ich beispielsweise einen „Kuhplaner" zur Verwaltung und Optimierung von Rinderbeständen. Zu diesem Zeitpunkt setzte ich auf eine für Windows optimierte Lösung. Das mag aus heutiger Sicht naheliegend sein; Anfang der 1990er-Jahre waren jedoch viele Wettbewerbsprodukte von Windows wesentlich stabiler und weiterentwickelter. Rückblickend war die Entscheidung für Windows die richtige, da das Betriebssystem einige Jahre später bekanntlich seinen Siegeszug antrat.

Da Handwerk und Handel bereits in den 1990er-Jahren großes Interesse an Komplettlösungen zur Optimierung von Betriebsabläufen zeigten, begann ich parallel mit dem Handel von Hardware, um meinen Kunden fertige Lösungen anbieten zu können.

Im Jahr 1996 entwickelten wir die erste Touchscreen-Kassenlösung und präsentierten diese auf der weltweit größten Computerfachmesse Cebit. Hier waren wir der Zeit jedoch insofern zu weit voraus, dass die hohen Hardwarekosten das Produkt nur bedingt wettbewerbsfähig machten.

Da die Nachfrage nach Hard- und Software im Privatkundensektor kontinuierlich stieg, eröffnete ich im Jahre 1996 ein klassisches Ladengeschäft in Garching an der Alz (Landkreis Altötting). Mit diesem Laden trafen wir exakt den Bedarf und konnten uns damit recht erfolgreich entwickeln. Dabei vertrieben wir nicht nur Hard- und Software, sondern boten regelmäßig auch PC-Schulungen an, die damals bei Privat- und Geschäftskunden gleichermaßen gefragt waren. Gegen Ende des Jahrtausends wurde der Computer jedoch immer mehr zum „Volksprodukt". Große Elektronikmarkt-Ketten eröffneten allerorts und auch Einzelhandelsketten und Discounter hatten plötzlich Computer im Angebot. Unser Ladengeschäft war zwar zu dieser Zeit durchaus noch rentabel, die Zukunft sah ich jedoch als nicht besonders rosig an. Ein Wachstum hin zu einer konkurrenzfähigen Größe wäre nur mit einer Vernachlässigung der Geschäftskunden möglich gewesen. Dieser Bereich erschien mir jedoch als wesentlich zukunftsträchtiger und profitabler. Getreu dem Motto „grow or go", entschied ich mich, das Ladengeschäft für Privatkunden aufzugeben und einen Neubau für das Unternehmen als reines Systemhaus zu wagen.

Hier will ich zum ersten Mal auf den — für mich sehr zentralen — Zusammenhang von Nachhaltigkeit und Veränderung verweisen: Oft werden mit dem Begriff der Nachhaltigkeit Aspekte wie „keine Veränderung", „Stillstand" und „falsch verstandene Tradition" verbunden. Aus meiner Sicht ist jedoch das Gegenteil der Fall. Ein Unternehmer, der seinen Betrieb nachhaltig lenkt, wird immer Kurskorrekturen vornehmen müssen — durchaus bis hin zur Kehrtwende.

Im Herbst 2002 schloss ich schließlich das Ladengeschäft in Garching. Zwar verzichtete ich dadurch auf das sehr lukrative Weihnachtsgeschäft, jedoch hätte ich es nicht als geradlinig empfunden, diesen Umsatz noch abzugreifen und danach den Kunden mitzuteilen, dass ihr Ansprechpartner zukünftig nicht mehr zur Verfügung steht. Diese Entscheidung wurde vom Wettbewerb teilweise belächelt und mit allgemeinem Unverständnis quittiert, wie man denn einen so florierenden Geschäftsbereich aufgeben könne.

Fortan konzentrierten wir uns ganz auf das Systemhausgeschäft und bezogen 2002 unseren Neubau in Edt bei Kirchweidach. Mit Büroräumen für 16 Mitarbeiter war das Gebäude aus damaliger Sicht noch stark überdimensioniert, jedoch glaubte ich fest an weiteres Wachstum, obgleich die IT-Branche zur damaligen Zeit im Keller war. Die Blasen an der Börse waren geplatzt, da die IT langsam zum alltäglichen und allgegenwärtigen Werkzeug wurde. Große Teile der Branche hatten jeglichen Bodenkontakt verloren und waren mehr damit beschäftigt, sich selbstherrlich zu feiern, als sich um nachhaltige Investitionen in die Zukunft zu kümmern. Die Krise führte dazu, dass anschließend der Arztkittel sinnbildlich wieder gegen den Blaumann getauscht werden musste — der handwerkliche Aspekt stand wieder vermehrt im Vordergrund. In dieser Phase größere Investitionen zu tätigen, hielten viele für äußerst riskant.

Dabei bieten Investitionen in Krisenzeiten u. U. erhebliche Chancen: Die Kosten für unseren Neubau waren aufgrund der geringen Nachfrage in der Baubranche relativ niedrig. Ferner war zu dieser Zeit der Arbeitsmarkt für IT-Kräfte deutlich entspannt, was uns in die Lage versetzte, das Unternehmen neu aufzustellen. Natürlich beinhalten Investitionen in Krisenzeiten auch enorme Risiken: Wenn die notwendigen Umsätze zur Finanzierung der Investitionen ausbleiben, kann schnell ein großes Ungleichgewicht zwischen Einnahmen und Ausgaben entstehen.

So war das Jahr 2003 auch bei uns ein sehr schlechtes — sowohl auf den Umsatz als auch auf die Rendite bezogen. Durch Rücklagen und geringer ausfallende Kosten für den Neubau konnten wir dieses schwache Jahr jedoch weitestgehend kompensieren. Ab dem Jahr 2004 ging es dann wieder steil bergauf und die Neupositionierung des Unternehmens, die schließlich zur Umfirmierung zur F. Obermayer Datentechnik GmbH & Co. KG führte, wurde den wachsenden Kundenanforderungen besser gerecht.

Neben dem klassischen Systemhausgeschäft hatte ich mich bereits seit dem Jahr 1996 mit dem Thema Informationssicherheit beschäftigt, seit 2001 intensiv. Nach dem schnellen Einzug des Personal Computers in alle Lebensbereiche war mir relativ schnell klar, dass sich die Art, wie

Informationen erhoben, verarbeitet und gespeichert werden, dramatisch verändern wird. Während die technischen Möglichkeiten rasant zunahmen, machte sich zu dieser Zeit kaum jemand Gedanken über Datenschutz oder Informationssicherheit, obwohl es bereits damals schon die ersten Datenskandale gegeben hatte. Ich war jedoch recht früh davon überzeugt, dass das Thema IT-Security zukünftig eine erhebliche Rolle spielen würde.

Mit der Ausbildung zum Datenschutzbeauftragten an der FH Augsburg legte ich hierfür den Grundstein. Danach folgten die Weiterbildung und Qualifizierung zum Auditteamleiter für ISO 27001 beim Bundesamt für Sicherheit in der Informationstechnik (BSI) sowie weitere Fortbildungen zum IS-Berater[269] und IS-Revisor in den darauffolgenden Jahren.

2006 konnte ich einen der größten Lohntablettenhersteller Europas zur ISO-27001-Zertifizierung führen. Die ISO 27001 beschreibt als erste und einzige Norm alle relevanten Aspekte der Informationssicherheit und ist heute für alle Unternehmen, die große Datenmengen vorhalten und verarbeiten, nahezu unerlässlich.

Die FOXiT hatte sich mit der Beratung zu Fragen der Informationssicherheit ein weiteres Standbein geschaffen, die Norm ISO 27001 jedoch auch zur Verbesserung der eigenen innerbetrieblichen Prozesse eingesetzt. Im Jahr 2007 wurden wir als einer der ersten Betriebe in der IT-Branche selbst ISO-27001-zertifiziert.

Im Jahr 2009 bahnten sich erneut große Veränderungen für das Unternehmen an: Neben der Umfirmierung zur FOXiT GmbH wurde ein weiterer Standort in München-Oberhaching eröffnet, der zur Risikominimierung als selbstständige Einheit unter FOXiS GmbH firmierte (IS stand hier für Infrastructure Solutions). Ziel war es, die Kunden im Münchner Umkreis schneller bedienen zu können.

Auch in Südostbayern expandierten wir weiter. Mit mittlerweile 35 Mitarbeitern waren wir unserem Hauptsitz in Kirchweidach entwachsen, sodass wir in Tittmoning einen zweiten Standort mit angebundenem Rechenzentrum errichteten. Dieses Rechenzentrum sollte fortan speziell den Mittelstand bedienen. Die großen Rechenzentren vernachlässigten zur damaligen Zeit kleine und mittelständische Kunden und boten keine KMU-gerechten Lösungen an, die bezahlbar und trotzdem sicher waren. Mit unserem Rechenzentrum wollten wir auch „dem Handwerker von nebenan" die Möglichkeit bieten, leistungsfähige IT-Infrastrukturen nutzen zu können. Dabei setzten wir bereits damals auf „Green IT". Unser Rechenzentrum wird seit seiner Eröffnung mit Wasser aus einem nahegelegenen Bach gekühlt und kann dadurch verhältnismäßig umweltfreundlich und somit nachhaltig betrieben werden.

[269] IS steht hier für Informationssicherheit.

Um das Trendthema Informationssicherheit weiter ausbauen zu können, trennte ich dieses im Jahr 2010 komplett vom Systemhausgeschäft ab. Ich gründete die complimant AG, die sich als reines Beratungsunternehmen etablieren sollte. In der Wortschöpfung „complimant“ — aus den Begriffen Compliance und Management — fanden wir schnell den für uns perfekten Firmennamen. Durch meine Tätigkeit als Lead Auditor ISO 27001 für den TÜV Rheinland konnte ich auf zahlreiche Referenzen verweisen, sodass die complimant AG schnell auch große Unternehmen deutschlandweit erfolgreich beraten konnte — von führenden Großbanken über Automobilhersteller bis hin zu Großkonzernen aus der Pharmazie. Spätestens seit dem von Edward Snowden aufgedeckten Abhörskandal der NSA war das Thema Informationssicherheit und damit die Notwendigkeit von systematischen Risikomanagement-Methoden, wie der ISO 27001, auch in den KMUs angekommen, sodass auch hier immer mehr Beratungen und Zertifizierungen stattfanden.

Auch viele führende Rechenzentren in Deutschland und Österreich investierten in die Informationssicherheit und konnten erfolgreich zur ISO 27001 geführt werden. Dass sich dieser Standard nun endgültig in der Rechenzentrumswelt etablierte, war eine wichtige Voraussetzung für die schnelle Verbreitung von Cloud-Lösungen und ein wichtiger Schritt hin zu den vielfältigen Angeboten an Mobility-Lösungen für die Wirtschaft und den Privatbereich.

2013 war für mich erneut der Zeitpunkt für einen Richtungswechsel gekommen. Durch die Ereignisse rund um Snowden und die NSA sah ich mich darin bestärkt, das Thema IT-Security in den Mittelpunkt meiner Geschäftsaktivitäten zu rücken. Durch Partnerschaften mit einigen Security-Herstellern und Distributoren gelang es, IT-Security-Techniken mittelstandsgerecht aufzubereiten und so dem breiten Markt der KMUs zugänglich zu machen. Infolge dieser starken Fokussierung auf die Informationssicherheit war es unumgänglich, das überregionale Systemhausgeschäft und somit den Standort Oberhaching aufzugeben. So findet man die FOXiT heute als klassisches Systemhaus mit dem Schwerpunkt IT-Security an den Standorten Kirchweidach und Tittmoning.

Künftig wollen wir darüber hinaus auch Seminare für nachhaltige Unternehmensführung und Maßnahmen zur Anpassung an den Klimawandel anbieten. Mit der Erweiterung unseres Dienstleistungsportfolios um diese Spezialthemen wollen wir uns noch stärker als Dienstleister mit Weitblick positionieren und dadurch die Kundenbindung weiter festigen.

Damit wir daran auch weiterhin mit einem motivierten Team arbeiten können, binde ich die Mitarbeiter der FOXiT seit vielen Jahren aktiv in Innovationen ein. Unser Innovationsprozess hatte die Jury des Best Business Awards besonders von unserem nachhaltigen Ansatz überzeugt. Im Rahmen dieses Prozesses durchläuft jeder Projektantrag ein systematisches Verfahren und sieht eine intensive Einbindung der Mitarbeiter vor — prinzipiell kann damit jeder Mitarbeiter Projektideen einbringen. In unserer bisherigen Praxis haben derartige Produktideen von Mitarbeitern bereits mehrfach zu erfolgreichen Projekten geführt.

Nicht nur für Innovationen hat sich ein standardisierter Prozess etabliert. Obwohl für ein kleines Systemhaus vielleicht nicht üblich, hat die FOXiT bereits vor einigen Jahren ein Rahmenwerk aus Prozessen und Arbeitsanweisungen für alle wertschöpfenden und unterstützenden Tätigkeiten geschaffen, was bei der Verleihung des Best Business Awards besonders gewürdigt wurde und für uns der entscheidende Schlüssel ist, um Erfolg wiederholbar zu machen. Dieses Regelwerk war nötig, um dem schnell wachsenden Unternehmen ausreichend Struktur und den Mitarbeitern Handlungssicherheit zu geben. So gibt es in der FOXiT beispielsweise Prozesse für Änderungsmanagement, Risikoanalyse, mobile Geräte, aber auch dazu, wie ein Angebot zu erstellen ist und wie die Dienstwagenregelung erfolgt. Gerade das Änderungsmanagement ist in einem IT-Betrieb von großer Bedeutung, da bereits kleinste Parameter, z. B. in einer Firewall, gravierende Auswirkungen haben können.

Um vermeidbare Fehler vorzubeugen, leben wir außerdem in vielen Bereichen ein Vier-Augen-Prinzip, was auf den ersten Blick als übertriebener Bürokratismus verstanden werden kann. So wurde zum Beispiel für die Angebotserstellung ein eigener Prozess eingeführt, um im Verkaufsprozess die Schnittstelle zwischen Vertrieb und Technik zu schaffen. Will auf der einen Seite der Vertrieb seine Lösungen möglichst schnell verkaufen, verlangt auf der anderen Seite die Technik nach Sicherheit bei der Umsetzung. Durch unseren Angebotsprozess haben wir es geschafft, beide Bedürfnisse unter einen Hut zu bringen. An erster Stelle steht jedoch, die Kundenbedürfnisse maximal zu befriedigen, weshalb ein Angebot nicht nur aus vertrieblicher – sondern insbesondere auch aus technischer Sicht vor Versand geprüft wird. Dieses Quality Gate half uns, die Qualität unserer Angebote signifikant zu verbessern.

Durch diese Strukturen konnten wir auf relativ kurzem Wege unseren Betrieb ISO27001 zertifizieren lassen, was aus eigenem Antrieb und aus eigener Überzeugung erfolgte und als weiterer Baustein zum Gewinn des Best Business Awards verhalf.

Genau wie die Mitarbeiter ist natürlich auch die Geschäftsleitung zu einer nachvollziehbaren Arbeitsweise angehalten. Ein auf zwei Jahre angelegter Business Plan gibt die wesentlichen Unternehmensziele vor und unterstützt so die planvolle Entwicklung der Firma. Die gesetzten Ziele müssen wohl überlegt sein, da Korrekturen nur gemeinsam vorgenommen werden können.

So müssen alle Routinearbeiten in einem Zweijahreszyklus unter die Lupe genommen werden, wobei besonders auf die Erfahrung neuer Mitarbeiter gesetzt wird. Diese werden gezielt dazu angehalten, bestehende Arbeitsabläufe neutral und anhand ihrer bisherigen Erfahrung zu beleuchten. Dies vermeidet Betriebsblindheit und kann in Zusammenarbeit mit den bestehenden Mitarbeitern zu sehr interessanten und neuen Erkenntnissen führen. So konnten wir bereits einige Prozesse in Hinblick auf Effizienzgewinn oder auch Qualitätsgewinn verbessern und erneuern.

Auch die Tatsache, dass die FOXiT als GmbH freiwillig einen Beirat implementiert hat, konnte die Jury des Best Business Award überzeugen. Durch intensive Gespräche zwischen Geschäftsführung und den Mitgliedern des Beirats, die auf ein langes Unternehmertum zurückblicken können, konnte oftmals eruiert werden, welche Wege begangen – aber besonders auch welche Wege nicht beschritten werden sollten.

Auch durch die kontinuierliche Ausbildung neuer Fachkräfte pflegen wir den praxisorientierten Ansatz und sorge selbst für qualifizierten und motivierten Nachwuchs, indem wir bereits seit 1998 jährlich mindestens einen Auszubildenden einstellen und davon gut zwei Drittel übernehmen. Mein praktisches Know-how bringe ich auch seit mehr als zehn Jahren in die IHK ein, bei der ich regelmäßig in Prüfungsausschüssen tätig bin.

Gesunde Mitarbeiter sind die Grundlage für nachhaltige Betriebsführung, weshalb alle Mitarbeiter der FOXiT und complimant AG die Möglichkeit haben, kostenlos verschiedene Fitnessstudios und eine Physiotherapiepraxis zu nutzen und an Seminaren zum Thema Gesundheitsvorsorge teilzunehmen. Auch das Thema Ergonomie und Gesundheit am Arbeitsplatz wird fortlaufend unter Einbezug von Experten adressiert. Dass sich diese Investition auszahlt, zeigte bereits nach kürzester Zeit der Rückgang der Krankheitstage.

Als kleines Unternehmen wollen wir Großkonzernen in Sachen Sozialleistungen in nichts nachstehen und bieten neben der Gesundheitsvorsorge auch eine betriebliche Altersvorsorge an.

Fazit und Ausblick

Mit der oben beschriebenen jüngsten „Kurskorrektur“ hinsichtlich der Unternehmensstrategie der FOXiT hoffe ich, erneut die richtigen Weichenstellungen in Richtung Nachhaltigkeit vorgenommen und mit dem Schwerpunkt IT-Security den Grundstein für ein erfolgreiches Geschäftsmodell gelegt zu haben.

Dass die Informationssicherheit und IT-Security künftig eine zentrale Bedeutung in unserer Gesellschaft haben werden, hat sich bereits seit einigen Jahren abgezeichnet. Auf der einen Seite gibt es große Bemühungen, Informationssicherheit und Datenschutz zu wahren und mit der immer größer werdenden Datenflut zu Recht zu kommen. Auf der anderen Seite zeichnen sich zunehmend kritische Tendenzen ab, die darauf hindeuten, dass zahlreiche Branchenvertreter wieder einmal den Bodenkontakt vermissen lassen. Die Datensammelwut lässt die Speicher in scheinbar unermessliche Sphären wachsen. Facebook wächst z. B. um 2,7 Milliarden Likes und um 300 Millionen Bilder täglich; 90 % der heute verfügbaren Daten wurden in den letzten zwei

Jahren erzeugt.[270] Bis 2020 wird das seit elf Jahren erzeugte Datenvolumen um den Faktor 50 gestiegen sein.[271] Handys haben in den letzten vier Jahren eine Entwicklung vollzogen, die sich mit der Entwicklung des Personal Computers in den letzten 20 Jahren vergleichen lässt. Diese Entwicklung muss von unserer Gesellschaft und in der Art der Verarbeitung erst einmal bewältigt werden.

Unsere Bundeskanzlerin wurde von verschiedenen Seiten harsch kritisiert, als sie im Zusammenhang mit den neuen Medien den Begriff „Neuland" verwendete — wie ich finde zu Unrecht. Denn meiner Ansicht nach befinden wir uns hier tatsächlich in einem weitgehenden Neuland, was ich durch die oben aufgezeigten Entwicklungen und den daraus resultierenden Herausforderungen zu verdeutlichen versucht habe.

Ein kluger Mann traf in einer vergleichbaren Situation folgende Aussage: „Das neue Medium ist brandgefährlich, weil es nicht berechtigten Personen Informationen zugänglich macht, vom Wesentlichen ablenkt und zu gefährlichen Spielchen verführt". Wer denken Sie hat diese auf die aktuelle Lage passende Aussage von sich gegeben? — Es war Platon, um 350 v. Chr., zur Verbreitung der Schrift.

Dies lässt hoffen, dass wir auch mit den Neuen Medien umzugehen lernen und nach einer gewissen Zeit Bodenkontakt finden werden. Dann wird hoffentlich auch in den Großkonzernen nachhaltige Unternehmensführung wieder Einzug halten, so wie sie im Mittelstand im Grunde immer schon praktiziert wurde und wird.

Literaturverzeichnis

Toedt, M. (2013): Big Data — Challenges for the Hospitality Industry

[270] Toedt, Michael (2013), S. 16.

[271] Toedt, Michael (2013), S. 16.

Autorenverzeichnis

Dr. Fritz Audebert ist Gründer und Vorstandsvorsitzender der ICUnet.AG. Er machte eine Ausbildung als Groß- und Außenhandelskaufmann und absolvierte das Studium der Verwaltungswirtschaften an der Fachhochschule Hof. Durch einen langen Auslandsaufenthalt als Projektleiter in Ecuador, Kolumbien, Peru und Brasilien von den interkulturellen Unterschieden inspiriert, studierte Dr. Audebert als einer der ersten an der Universität Passau Sprachen-, Wirtschaft und Kulturraumstudien und ging dann für fast zwei Jahre als Mitarbeiter eines deutschen Unternehmens nach Russland. Dr. Fritz Audebert spricht Russisch, Englisch, Spanisch und Portugiesisch. Der Diplom-Kulturwirt und Diplom-Verwaltungswirt (FH) ist glücklich verheiratet und hat mit seiner Frau Cäcilia zwei Söhne und eine Tochter.

Thomas Bader ist der älteste Sohn von Kastulus Bader und Elfriede Bader-Nusser. Er studierte zunächst Werkstofftechnik mit Schwerpunkt „Glas und Keramik" mit Abschluss Diplom-Ingenieur (FH) in Koblenz. Das zweite Studium der Betriebswirtschaft mit Schwerpunkt „Mittelständische Unternehmensführung" untermauerte den Weg zum Inhaber von Leipfinger-Bader. Zunächst gründete er jedoch 1999 ein eigenes Media-Unternehmen in Köln, bei dem er bis heute Geschäftsführender Gesellschafter ist. 2008 trat er als Komplementär in die Leipfinger Bader KG ein, wo er sich die Geschäftsführung zunächst mit seinem Vater teilte. Seit Dezember 2011 leitet Thomas Bader das Familienunternehmen eigenständig. Neben seiner Arbeit geht er mehreren Ehrenämtern in Politik und Gesellschaft nach und verbringt möglichst viel Zeit mit seiner Frau und seinen vier Söhnen.

Prof. Dr. Andreas Buske studierte an der Technischen Hochschule Darmstadt Wirtschaftsingenieurwesen (Maschinenbau). Die Promotion erfolgte 1998 an der Justus-Liebig-Universität Gießen. Nach seiner Assistentenzeit leitete er ein Inhouse-Consulting der Schott AG in Mainz. Ab 1999 bekleidete Dr. Andreas Buske das Amt des kaufmännischen Leiters der Schott Zwiesel AG, heute Zwiesel Kristallglas AG. Im Jahr 2001 wurde er zum Finanzvorstand dieses Konzerns ernannt. Kurz darauf übernahm er 50 % der Anteile der damaligen Schott Zwiesel AG im Rahmen eines Management Buy Outs. Heute ist er 100 %-iger Aktionär der Zwiesel Kristall AG und weiterer Firmen im Verbund.

Dr. Joachim ten Eicken ist Mitglied des Vorstands der HDI-Gerling Industrie Versicherung AG. Der promovierte Chemiker verantwortet dort die Sparten Sachversicherung, Technische Versicherung, Transport- und Kreditversicherung sowie die Tochtergesellschaft HDI-Gerling Sicherheitstechnik, den Risk-Engineering-Dienstleister von HDI-Gerling Industrie.

Georg Fahrenschon ist seit Mai 2012 Präsident des Deutschen Sparkassen- und Giroverbandes in Berlin. Daneben ist er Vorsitzender des Verwaltungsrates der DekaBank, Vorsitzender des Aufsichtsrates der Berliner Sparkasse/LBBH und der Berlin Hyp AG. Zudem ist er Mitglied im Verwaltungsrat der KfW Bankengruppe, der Landwirtschaftlichen Rentenbank sowie Mitglied des Verwaltungsrates und der Trägerversammlung der Landesbank Hessen-Thüringen Girozentrale. Desweiteren ist er Vorsitzender des Aufsichtsrates der Deutschen Sparkassen Leasing Verwaltungs AG sowie Mitglied des Verwaltungsrates der Bundesanstalt für Finanzdienstleistungsaufsicht und Mitglied des Vorstandes des Bundesverbandes Öffentlicher Banken. Georg Fahrenschon war von 2002 bis 2007 Mitglied des Deutschen Bundestages, von 2007 bis 2008 Staatssekretär im Bayerischen Staatsministerium der Finanzen in München und von 2008 bis 2011 Bayerischer Staatsminister der Finanzen. Von 2011 bis 2012 war er zusätzlich Mitglied des Bayerischen Landtags.

Rudolf Fellner war nach einer technischen Ausbildung und dem Studium der Betriebswirtschaftslehre in der Finanzdienstleistung tätig, u. a. bei der BMW AG. Seit 1991 ist er selbstständiger Unternehmensberater in Passau und Linz (Österreich). Der Diplom-Kaufmann arbeitet seit über 20 Jahren als Trainer mit den Schwerpunkten Strategisches Führen, Organisations- und Managementtechniken. Darüber hinaus besitzt er langjährige Praxis in Unternehmens- und QM-Audits sowie Referenzen in betrieblichen Personalberatungs- und Reorganisationsprozessen. Er ist Mitglied in mehreren Aufsichtsorganen und Interessenvertretungen sowie Initiator des Best Business Award für nachhaltige Unternehmensführung.

Andreas Fill ist Geschäftsführer und Eigentümer der Fill Gesellschaft m.b.H. Der gelernte Betriebswirt führt seit dem Jahr 2000 den Industriebetrieb im oberösterreichischen Gurten. Wertorientiertes Management und Marketing sind ihm besondere Anliegen. 1969 geboren ist Andreas Fill verheiratet und Vater von zwei Kindern.

Veronika Hackl verantwortet gemeinsam mit ihrem Team den Außenauftritt der ICUnet.AG. Die begeisterte Geografin ist getrieben von der Vision, die interkulturelle Kommunikation zu vereinfachen. In Medien-Beratungsprojekten unterstützt sie Kunden dabei, den eigenen strategischen Schwerpunkt in der Kommunikation zu finden, denn ein globaler Kommunikationsansatz etwa in Bildsprache oder Tonalität funktioniert in den seltensten Fällen in den diversen Regionen des Globus. Als Mitglied des innoLABs widmet sie sich dem Bereich Forschung und Entwicklung rund um Interkulturelle Beratung, Qualifizierung, Assessment und Global Mobility.

Christa Hangl studierte Betriebswirtschaftslehre mit den Schwerpunkten Rechnungswesen/Controlling und Marketing an der Johannes Kepler Universität in Linz. Seit 2001 ist sie hauptberufliche Professorin für Externe Rechnungslegung an den Fachhochschulstudiengängen Oberösterreich, Campus Steyr. Ihr Forschungsschwerpunkt ist Social Finance.

Gerald Hanisch, Visionär und Kunstliebhaber, gründete 1991 den Linzer Leitbetrieb RUBBLE MASTER. Der gebürtige Oberösterreicher lebt heute in Linz und Wien.

Mgr. Václav Hanzlík, PR und HR Marketing Spezialist bei Rohde & Schwarz im Werk Vimperk (CZ), studierte Journalismus, Medienwissenschaft und Germanistik. Schon während der Studienzeit arbeitete er als Fußballredakteur bei der tschechischen Fachzeitung Sport, wo er vor allem für die Bundesliga-Berichterstattung zuständig war. Nach 7 Jahren in den Medien wechselte er zum elektrotechnischen Unternehmen Rohde & Schwarz, wo er HR-Marketing und PR-Kommunikation betreibt. Im Jahr 2014 hat Václav Hanzlík auch ein eigenes Buch herausgegeben.

Prof. Dr. Carola Jungwirth promovierte 1998 an der TU Bergakademie Freiberg zum Thema Karrierechancen von Frauen. Nach Stationen an den Universitäten Zürich (Habilitation), Witten/Herdecke (Vertretungsprofessur für BWL) und Liechtenstein (Professur für Corporate Entrepreneurship) hat sie seit 2007 den Lehrstuhl für Betriebswirtschaftslehre mit Schwerpunkt Internationales Management an der Universität Passau inne. Sie forscht zu „Management von Standortentwicklung“, wozu auch das Themenfeld „Innovationskraft und Nachhaltigkeit“ gehört. Carola Jungwirth bemüht sich aktiv um die Vernetzung der Universität Passau mit der Region und ist u. a. im Vorstand des Wirtschaftsforums, des Neuburger Gesprächskreises und im Aufsichtsrat der Caritas der Diözese Passau e. V. aktiv. Seit 2016 ist sie Präsidentin der Universität Passau.

Joe Kaeser ist der Vorstandsvorsitzende der Siemens AG, einem weltweit führenden Unternehmen der Elektronik und Elektrotechnik. Er hat mehr als 30 Jahre Erfahrung bei Siemens, wo er eine Vielzahl leitender Management-Positionen im Finanzwesen und in der Strategie im In- und Ausland innehatte.
Joe Kaeser begann seine Karriere bei Siemens 1980 im Bereich der Bauelemente und Halbleiter, für den er unter anderem auch in Malaysia und den USA arbeitete. 1999 wechselte er in die Zentralabteilung Finanzen. 2001 wurde Joe Kaeser Chief Financial Officer des Bereichs „Information and Communication Mobile“. Von 2004 bis 2006 war er Chief Strategy Officer der Siemens AG. Bis unmittelbar vor seiner Berufung zum Vorstandsvorsitzenden im August 2013 war er sieben Jahre lang Chief Financial Officer der Siemens AG.

Thomas Kasparbauer ist seit 1984 bei Rohde & Schwarz in verschiedenen Funktionen tätig. Aktuell ist er als Leiter Ideen- und Leanmanagement im Werk Teisnach aktiv.

Claudia Köhler, persönliche Referentin des Direktors, Studium der Philosophie und der Soziologie an der Universität Potsdam. Seit dem Jahr 2008 am Potsdam-Institut für Klimafolgenforschung tätig, frühere berufliche Stationen am Max-Planck-Institut für Gravitationsphysik und der Stiftung Wissenschaft und Politik.

Prof. (FH) Dipl. Ing. Dr. Heimo Losbichler ist Professor für Controlling an der Fachhochschule Oberösterreich Fakultät für Management in Steyr und Leiter des Studiengangs „Controlling, Rechnungswesen und Finanzmanagement". Er ist auch stellvertretender Vorstandsvorsitzender des Internationalen Controller Vereins, Mitglied der Zertifizierungskommission der International Group of Controlling (IGC) und Geschäftsführender Gesellschafter der Competence Center Controlling GmbH.

Prof. (FH) Mag. Dr. Albert Mayr ist Professor für Controlling an der Fachhochschule Oberösterreich Fakultät für Management in Steyr. Er ist nebenberuflich als Unternehmensberater und Managementtrainer tätig. Forschungs- und Beratungsbereiche sind Kostenmanagement und KMU-Controlling. Im Internationalen Controller Verein leitet er die Region Österreich.

Franz Obermayer ist Gründer und geschäftsführender Gesellschafter der FOXiT GmbH. Der gelernte Landwirt und Agrarinformatiker gründete 1992 das Unternehmen F. Obermayer Datentechnik, aus dem später die FOXiT GmbH hervorging. Recht früh erweiterte Obermayer seine Kenntnisse in Richtung Informationssicherheit und ist heute auch als Auditor des Bundesamts für Sicherheit in der Informationstechnik tätig. Zudem ist Obermayer Mitglied der Allianz für Cybersicherheit und einer von drei Beratern aus der Wirtschaft im „ERFA-Kreis Awareness" – eine Arbeitsgruppe hochrangiger Vertreter aus Forschung, öffentlicher Hand und Wirtschaft, die Empfehlungen für die Bundesregierung erarbeitet.

Dr. Klaus Pirklbauer hat Informatik studiert und in technischen Wissenschaften an der Johannes Kepler Universität Linz promoviert. Er war in Forschung und Lehre im Bereich Algorithmen, Formale Sprachen, Übersetzerbau und Software Engineering an der Johannes Kepler Universität tätig. Zusätzlich gab er sein Wissen auch als Lehrender an der Fachhochschule Oberösterreich und als Berater und Trainer im Bereich Software Engineering und objektorientierte Softwarekonstruktion weiter. Praktische Erfahrung hat er in zahlreichen nationalen und internationalen Projekten gewonnen. Seit 1999 ist Klaus Pirklbauer Geschäftsführer der Software Competence Center Hagenberg GmbH, eines anwendungsorientierten Forschungszentrums im Softwarepark Hagenberg. Darüber hinaus ist er im Vorstand des Best Business Award für nachhaltige Unternehmensführung und Sprecher der Jury des Best Business Award.

Ambros Pree ist Unternehmensberater und eingetragener Wirtschaftsmediator. Er übte acht Jahre lang hauptamtliche Leitungsfunktionen in der kirchlichen Jugendarbeit auf Diözesan- und Bundesebene aus und besitzt 30-jährige Erfahrung in regionalwirtschaftlicher Entwicklungsarbeit. Von 1992 bis 2008 war er für Aufbau und Leitung des Bereiches Betriebsansiedlung und Standortentwicklung in der OÖ Technologie- u. Marketinggesellschaft verantwortlich. Von 2008 bis 2011 übernahm er Führungsaufgaben in der STIWA Group – Organisation, Kommunikation. Mit 60 Jahren gründete er als Jungunternehmer seine Unternehmensberatung.

Mag. Hubert Preisinger ist seit 2014 selbstständiger Unternehmensberater für die Schwerpunkte Innovation, Marketing und Vertrieb. Nach dem Studium der Wirtschaftsinformatik an der JKU Linz sammelte er Erfahrungen in diesen Bereichen sowohl in nationalen als auch internationalen Unternehmen wie BMD oder Compuware. Bei Profactor, als Leiter der angewandten Forschung und Marketing arbeitete er an Forschungsprojekten zum Thema Innovationsmanagement. Heute arbeitet er in virtuellen Unternehmen mit anderen Experten für Unternehmen, lehrt an der FH OÖ, JKU und LIMAK und ist in der internationalen Start-up-Szene tätig.

Stephan Rixinger kommt aus der Praxis. Was er schreibt hat er auch so in der Praxis umgesetzt. Handwerksbetriebe sind das Metier, Organisieren, Informieren und Dokumentieren im Teamwork das tägliche Geschäft. In Kombination mit der Software kwp-bnWin.net entwickelt, berät und trainiert Stephan Rixinger mit seinem Orga-Team Handwerksbetriebe jeder Größenordnung. Die KWP Informationssysteme zählt im Heizungs-, Sanitär- und Elektrohandwerk zum Marktführer im deutschsprachigen Raum.

Mag. Dr. Enrico Savio, freiberuflicher Philosoph und Autor. Früher auch Hochschullehrer und Unternehmer (Privatmedien). http://www.saviomedia.at

Prof. Dr. Hans Joachim Schellnhuber ist Direktor des Potsdam-Instituts für Klimafolgenforschung (PIK) seit er das Institut im Jahr 1992 gegründet hat. Er ist Professor für Theoretische Physik an der Universität Potsdam und External Professor am Santa Fe Institute, USA. Darüber hinaus hat er den Vorsitz des Wissenschaftlichen Beirats der Bundesregierung für Globale Umweltveränderungen (WBGU) inne. Er ist gewähltes Mitglied der Leopoldina, der Academia Europaea, der US National Academy of Sciences (NAS), der Max-Planck-Gesellschaft und verschiedener anderer Akademien und Gesellschaften.

Harald Scherrer, BA leitet bei der Kammer für Arbeiter und Angestellte für Oberösterreich das Finanzcontrolling. Er setzt aktuell an der Fachhochschule Oberösterreich Fakultät für Management in Steyr das abgeschlossene Bachelorstudium Controlling, Rechnungswesen und Finanzmanagement im berufsbegleitenden Masterstudium fort.

Dr. Walter Schmidt, Jahrgang 1950, diplomierter Chemiker, Doktor der Ökonomie, Praxisexperte für die Entwicklung und Umsetzung von Strategien; Mitglied im Vorstand des Internationalen Controller Vereins, Lehrtätigkeiten an der Controller Akademie, der Universität Rostock und der Humboldt-Universität zu Berlin; Co-Autor der Bestseller „Balanced Scorecard — Mehr als ein Kennzahlensystem“, „My Balanced Scorecard“ und „Balanced Scorecard“ (Taschenguide) sowie von „Balanced Scorecard — einfach konsequent“; Co-Herausgeber von „Die neue Rolle des Controllers“ und „Turnaround — Navigation in stürmischen Zeiten“.

Dr. Rudolf Staudigl studierte Chemie an der Ludwig-Maximilians-Universität in München. Nach Abschluss der Promotion 1981 verbrachte er einen einjährigen Forschungsaufenthalt an der Harvard University in USA. Seit 1983 ist Dr. Staudigl bei der Wacker Chemie AG beschäftigt. Nach verschiedenen Managementpositionen im In- und Ausland wurde er 1995 in die Konzernleitung berufen und ist seit 2008 Vorsitzender des Vorstands. Dr. Staudigl ist Honorarprofessor für Industrielle Chemie an der Technischen Universität München.

Prof. Dr. Ernst Ulrich von Weizsäcker, geb.1939. 1972 o. Prof. f. Biologie, Univ. Essen, 1975 Präsident, Univ. Kassel, 1981 Direktor, UN Zentrum für Wissenschaft & Technik, New York, 1984 Direktor, Inst. f. Europ. Umweltpolitik, 1991 Präsident, Wuppertal Institut f. Klima, Umwelt, Energie, 1998–2005 MdB (Wahlkreis Stuttgart, SPD). 2006–2008 Dean, School of Environmental Science and Management, Univ. of California, Santa Barbara. Seit 2009 wohnh. in Emmendingen. Seit 2012 Ko-Präsident, The Club of Rome.

Dr. jur. Otto Wiesheu ist Staatsminister a.D. des Freistaats Bayern und Präsident des Wirtschaftsbeirats der Union e. V. Er war von 1974 bis 2005 Mitglied des Bayerischen Landtags und von 1984 bis 1990 Geschäftsführer der Hanns-Seidel-Stiftung. Von 1990 bis 1993 war er Staatssekretär im Bayerischen Staatsministerium für Unterricht, Kultus, Wissenschaft und Kunst und danach bis 2005 Bayerischer Staatsminister für Wirtschaft, Infrastruktur, Verkehr und Technologie. Von 2006 bis 2009 war er Vorstand Wirtschaft und Politik der Deutschen Bahn AG. 2007 wurde er zum Präsidenten der Deutsch-Arabischen Freundschaftsgesellschaft e. V. gewählt, seit 2009 ist er Präsident des Wirtschaftsbeirats der Union e. V.

Dr.-Ing. Drs. h.c. Peter A. Wilderer, Studium des Bauingenieurstudiums an der Universität Karlsruhe, Professuren an der Universität Karlsruhe, der Technischen Universität Hamburg-Harburg und der Technischen Universität München (TUM), Ordinarius für Wassergüte und Abfallwirtschaft der TUM, Leiter des Bayerischen Forschungsverbunds für Abfall- und Reststoffverwertung (BaxFORREST), Träger des Stockholm Wasserpreises

Max Wittrock, geboren 1982, ging in München zur Schule. Von 2001 bis 2006 studierte er Jura in Passau. Ab 2002 erfolgte seine parallele Ausbildung am Institut für Journalistenausbildung der Uni Passau. Für kurze Zeit war Max Wittrock als Journalist tätig, gründete wenig später im April 2007 zusammen mit seinen Studienfreunden Hubertus Bessau und Philipp Kraiss das Bio-Müsli-Startup mymuesli. Dort kümmert er sich unter anderem um rechtliche Aspekte und die PR. Das Unternehmen beschäftigt rund 375 Mitarbeiter und betreibt in Deutschland und Österreich mittlerweile auch eigene Müsli-Läden.

Barbara Wohanka, staatl. geprüfte Übersetzerin für die Sprachen Englisch und Spanisch, arbeitete als Dozentin und freiberufliche Übersetzerin. Im Jahre 2000 gründete sie zwei Übersetzungsunternehmen in Deutschland und eines in England.

Stichwortverzeichnis